内 容 简 介

本书是根据普通高等院校理工科及经济类"概率论与数理统计课程教学基本要求",结合应用型本科院校学生的实际情况和培养目标精心编写而成的. 本书沿袭传统的理论体系,对通常的"概率论与数理统计"课程内容做了适当的调整,以更便于学生的理解和掌握. 全书共分九章,内容包括: 随机事件与概率、随机变量及其分布、多维随机变量及其分布、随机变量的数字特征、大数定律与中心极限定理、抽样分布、参数估计、假设检验、方差分析与回归分析等.

"概率论与数理统计"是学生接触的第一门以不确定性现象为研究对象的学科,对概念、定理缺少感性认识,加上对术语的陌生,是学生学习困难较大的主要原因. 本教材力求讲出概念与定理的本质含义,讲出概率思想,且在知识点的讲解中注意思路、层次清晰,由浅入深,举重若轻,好教好学. 书后习题答案给出了较详细的解题思路提示,而非解题过程,以求更有利于读者学习.

本书可作为高等院校非数学专业本科生"概率论与数理统计"课程的教材或教学参考书.

概率论与数理统计

李博纳　赵志文　编著

图书在版编目(CIP)数据

概率论与数理统计/李博纳，赵志文编著. —北京：北京大学出版社，2017.8
ISBN 978-7-301-28584-8

Ⅰ. ①概… Ⅱ. ①李… ②赵… Ⅲ. ①概率论—高等学校—教材 ②数理统计—高等学校—教材 Ⅳ. ①O21

中国版本图书馆 CIP 数据核字（2017）第 190690 号

书　　名	概率论与数理统计 GAILÜLUN YU SHULI TONGJI
著作责任者	李博纳　赵志文　编著
责任编辑	曾琬婷
标准书号	ISBN 978-7-301-28584-8
出版发行	北京大学出版社
地　　址	北京市海淀区成府路 205 号　100871
网　　址	http://www.pup.cn　　新浪微博：@ 北京大学出版社
电子信箱	zpup@pup.cn
电　　话	邮购部 62752015　发行部 62750672　编辑部 62767347
印 刷 者	北京大学印刷厂
经 销 者	新华书店
	787 毫米 × 960 毫米　16 开本　15.25 印张　350 千字 2017 年 8 月第 1 版　2017 年 8 月第 1 次印刷
印　　数	0001—3000 册
定　　价	38.00 元

前　　言

"概率论与数理统计"主要以随机现象为研究对象，在实际中具有广泛的应用，是各个领域中研究和分析试验观测数据的一种科学、有效的方法. 该课程主要以微积分、线性代数知识为基础，不仅是高等学校理工科数学专业开设的一门重要的理论基础课，也是理工科非数学专业的必修课和限定选修课程. 近几十年来，许多社会科学研究领域也越来越重视和使用统计方法，因此一些文科专业也开设了这门课程. 本书主要是针对理工科非数学专业学生编写的，也可供文科专业、成人本科教育以及高等职业教育的学生选用. 本书主要介绍"概率论与数理统计"的基本理论、思想及方法，使学生在较为严格的数学理论基础上，掌握该课程在实际中处理问题的思维方式和方法.

在编写本书之前，我们一直从事"概率论与数理统计"的一线教学工作，曾针对不同层次、不同学科专业的学生讲授过该课程，对知识的结构框架、重点、难点以及授课对象等均有深入的了解. 本书正是在我们的讲义基础上，经过扩充和完善编写而成的. 在编写过程中，我们还借鉴了国内外相关教材的编写经验，适当使用这些教材中的一些经典例题、习题，尽可能做到问题的引入和描述深入浅出. 同时，我们也结合自己多年来的教学积累，对知识脉络进一步梳理，力求层次更清楚，内容之间衔接得更好，更方便读者阅读和学习.

在内容的选取方面，一方面考虑知识的科学性和系统性，因而注意理论阐述的严谨性和完整性，使学生在学习过程中能够充分体会到该课程的的确确是一门具有完美逻辑的学科. 另一方面，注意到该课程具有很强的实际应用背景，所有的理论背后都有其非常具体的直观解释，都在描述和解决实际中的一个具体问题，因而在知识的引入和进一步展开介绍的过程中，我们重点引导学生加深对这一思想的认识，使学生能够通过学习知道该课程不仅是抽象的数学逻辑，更重要的是理解数学符号所表示的直观背景.

在新知识的引入方面，我们紧紧抓住问题的实际背景，引导学生用数学符号表示直观背景，按照学生的认知规律，以直观、具体的实际案例作为引入新知识的切入点，培养学生用数学语言描述和解决实际问题以及从数学符号背后寻找直观背景的思维习惯，使学生摆脱数学单纯是逻辑科学的错误认识. 为了达到这一目标，对书中涉及的一些重要定理、结论以及一些难点内容，我们注意从多方面、多角度进行剖析，使得难点分散、重点突出.

此外，本书也强调学生基本能力的培养，注意学以致用的培养目标. 为了达到这一目标，本书前四章按节配置习题，作为课下基本练习，同时也按章配置总习题. 这样使学生不仅能够对每节课的知识在课后通过练习进一步得到巩固，同时也可以利用每章的总习题加深对知识前后联系的认识，进而提高解决实际问题的能力.

全书共分九章，前五章为概率论部分，重点介绍一些相关的概率基本理论；后四章为数理统计部分，重点介绍一些基本的处理实际问题的统计方法. 本书第一至八章由李博纳编写，第九章由赵志文编写；第一、二、七、八章的习题由李博纳编写；第三至六章的习题由赵志文编写；全书由赵志文统稿.

在本书的编写过程中，许多同行专家及同事给予了大量的帮助，提出了许多宝贵意见，使得本书的质量得以进一步提升，在此一并表示感谢！

由于作者水平有限，书中难免出现一些纰漏，敬请各位读者予以指正.

编　者

2016 年 12 月

目　录

第一章　随机事件与概率

本章首先介绍“概率论”中用到的基本概念和术语，然后介绍随机事件之间的关系以及概率的基本关系式，最后介绍应用非常广泛的两类概率问题：等可能概型和 n 重伯努利概型.

本章是学习“概率论与数理统计”的基础.

§1.1　随 机 事 件

一、随机现象与频率稳定性

让我们先来了解“概率论与数理统计”这门课程研究的对象和内容.

在自然界与人类社会普遍存在着两类现象：一类为确定现象，指的是在一定条件下，事情没有发生之前就清楚结果；另一类为不确定现象，指的是条件相同，事情的结果却不一定，即在事情发生之前，不清楚哪一个结果会发生. 例如，手拿一枚硬币，松开手，硬币往下落；种瓜得瓜，种豆得豆. 这些均为确定现象. 但是，当我们关心的结果是落下去的硬币哪一面朝上，或瓜长多大，豆结多少时，尽管条件相同，结果却不唯一，事前难以确定什么结果发生. 又如，保险公司的投保人数一定时，一年中索赔的人数却不能确定. 再如，对于一个国家一年的国内生产总值 GDP，为了保证其适度增长，采取相应的金融政策，控制投资规模等手段，期望达到预期目标，然而在发生之前，都难以确定结果. 这些都是**不确定现象**.

事实上，有一类不确定现象并不是一切都不确定，其也有确定的一面. 以掷一枚均匀硬币为例. 历史上多位数学家做过掷硬币的试验(见表 1.1)，发现随着投掷次数的增多，正面朝上的次数 n_1 与投掷次数 n 的比值 $\frac{n_1}{n}$(称为频率)越来越接近 $\frac{1}{2}$. 这类不确定现象称为**随机现象**. 随机现象的这一规律，即随着试验次数的增多，一个结果发生的频率越来越接近一个确定的数值，称为**频率稳定性**. 频率稳定性是随机现象背后隐藏的一个**统计规律性**. 随机现象背后往往隐藏着许多重要的统计规律性. “概率论与数理统计”主要是研究随机现象的统计规律性.

表　1.1

试验者	试验次数 n	正面朝上次数 n_1	频率
德・摩根(De Morgan)	2048	1061	0.5181
蒲丰(Buffon)	4040	2048	0.5069
皮尔逊(Pearson)	12000	6019	0.5016
皮尔逊	24000	12012	0.5005

二、随机试验和样本空间

随机现象的统计规律性是在大量重复试验中体现出的规律，研究随机现象的最好方法就是试验与观察. 为此，给出下面的定义.

定义 对随机现象做试验或观察，若具有如下三个特点：

(1) 可以在相同条件下重复进行；

(2) 试验的可能结果不唯一，全部可能结果清楚；

(3) 试验前不能确定哪一个结果发生，

则这种试验或观察称为**随机试验**(random experiment)，记作 E.

随机试验的每一个结果称为**样本点**(sample point)，记作 ω, e 等.

全部可能结果，即全体样本点组成的集合，称为**样本空间**(sample space)，记为 S.

例 1 下面是一些随机试验与相应的样本空间：

(1) E_1：掷一颗骰子，观察出现的点数.

样本空间为 $S_1=\{1,2,3,4,5,6\}$.

(2) E_2：一枚硬币掷两次，观察朝上一面的图案. 记字面朝上为"正"，朝下为"反".

样本空间为 $S_2=\{$正正，正反，反正，反反$\}$.

(3) E_3：记录 120 急救站一个小时内接到的呼叫次数.

样本空间为 $S_3=\{0,1,2,\cdots\}$.

(4) E_4：对灯泡做破坏性试验，记录灯泡的寿命.

样本空间为 $S_4=[0,+\infty)$ 或 $S_4=\{t \mid t\geqslant 0\}$.

(5) E_5：按户调查城市居民食品、穿衣的支出.

样本空间为 $S_5=\{(x,y) \mid x\geqslant 0, y\geqslant 0\}$.

在例 1 中，S_1, S_2 中的样本点数为有限个，称它们为**有限样本空间**；S_3, S_4, S_5 中的样本点数为无限个，称它们为**无限样本空间**. 又 S_3 中的样本点可按一定顺序排列，将它简称为**可列样本空间**. S_4, S_5 中的样本点则不可排列.

三、随机事件的概念、关系与运算

在随机试验中，人们关心的往往是某一类结果是否发生，如在例 1 的 E_4 中，看灯泡的寿命是否大于 1000 h. 记 $A=\{t \mid t\geqslant 1000\}$，显然 A 是样本空间 $S_4=[0,+\infty)$ 的一个子集. 在概率论中，我们称 $A=\{t \mid t\geqslant 1000\}$ 是随机试验 E_4 的一个随机事件.

一般地，随机试验 E 的样本空间 S 的子集，称为**随机事件**(random event)，简称**事件**，通常记为 A, B, C 等.

随机事件发生是常用的一个术语，规定：

随机事件 A 发生的充分必要条件是做随机试验时 A 中的一个样本点出现.

利用符号"$\Longleftrightarrow$"表示"充分必要"，也称"等价"，则随机事件发生的规定可以简记为

随机事件 A 发生 $\Longleftrightarrow$ 做随机试验时 A 中的一个样本点出现.

特殊的随机事件：

基本事件 由一个样本点构成的事件称为基本事件，记作 $\{e\}$ 或 e；

必然事件 每次试验都必然发生的事件，即样本空间 S，称为必然事件；

不可能事件 每次试验都不会发生的事件，即空集 $\varnothing$，称为不可能事件.

严格地说，必然事件和不可能事件已经不是随机事件.

事件是集合，因此事件的关系和运算就是集合的关系和运算. 例如，设 A,B 是随机事件，即 A,B 是样本空间的子集，则 A,B 的并集 $A\cup B$，交集 $A\cap B$ 仍然是样本空间的子集，所以 $A\cup B$，$A\cap B$ 也是随机事件. 在概率论中只是用"事件"这一术语称呼这些集合. 再如，事件的包含、相等就是集合的包含、相等，都不是新内容. 在概率论中，我们要强调的是，从事件发生的角度去理解或定义事件的关系与运算.

设 $A,B,C,A_1,A_2,\cdots,A_n$ 均为随机事件.

1. 事件的包含

从事件发生的角度理解：事件 B 包含事件 A ($A\subset B$ 或 $B\supset A$) $\Longleftrightarrow$ 若事件 A 发生，则事件 B 一定发生.

请读者试从集合包含与事件发生的定义证明上述等价关系.

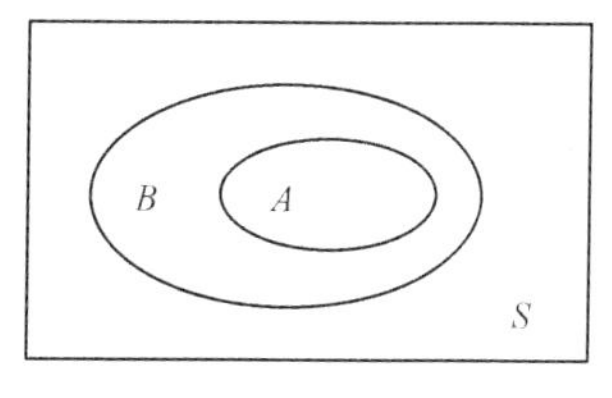

图 1-1

用平面上的区域分别表示样本空间 S 和事件 A,B，称为**文氏图**. 事件 $A\subset B$ 的文氏图如图 1-1 所示.

2. 事件相等

如果事件 $A\supset B$ 且事件 $B\supset A$，则称事件 A 与事件 B **相等**，记为 $A=B$.

从事件发生的角度理解：事件 $A=B \Longleftrightarrow$ 事件 A,B 同时发生.

3. 和事件

事件 $A\cup B$(也记作 $A+B$)称为事件 A,B 的**和事件**.

从事件发生的角度理解：和事件 $A\cup B$ 发生 $\Longleftrightarrow$ 事件 A 发生或事件 B 发生(常常称作事件 A,B 至少有一个发生).

事件 $A\cup B$ 如图 1-2 中阴影部分所示.

n 个事件 $A_1,A_2,\cdots,A_n$ 的和记作

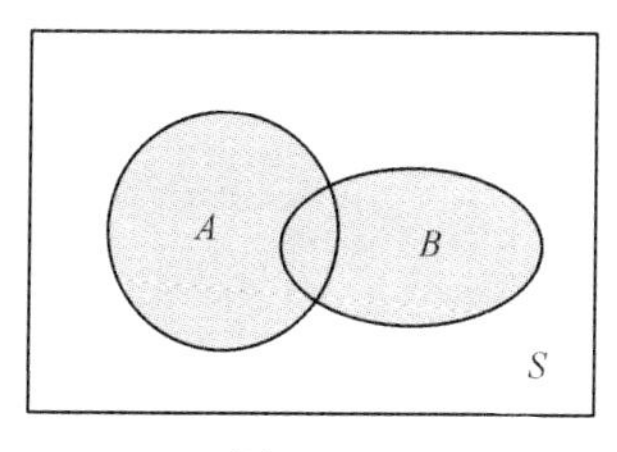

图 1-2

$$\bigcup_{k=1}^{n} A_k = A_1 \cup A_2 \cup \cdots \cup A_n$$

或

$$\bigcup_{k=1}^{n} A_k = A_1 + A_2 + \cdots + A_n.$$

从事件发生的角度理解：和事件 $\bigcup\limits_{k=1}^{n} A_k$ 发生 $\Longleftrightarrow$ 事件 $A_1,A_2,\cdots,A_n$ 中至少有一个发生.

无限可列事件 $A_1,A_2,\cdots,A_n,\cdots$ 的和事件记作

$$\bigcup_{n=1}^{\infty}A_n=A_1\cup A_2\cup\cdots\cup A_n\cup\cdots \quad 或 \quad \bigcup_{n=1}^{\infty}A_n=A_1+A_2+\cdots+A_n+\cdots.$$

从事件发生的角度理解：和事件 $\bigcup_{n=1}^{\infty}A_n$ 发生 $\Longleftrightarrow$ 事件 $A_1,A_2,\cdots,A_n,\cdots$ 中至少有一个发生.

4. 积事件

事件 $A\cap B$(也记作 AB)称为事件 A,B 的**积事件**.

从事件发生的角度理解：积事件 $A\cap B$ 发生 $\Longleftrightarrow$ 事件 A 发生且事件 B 发生(即事件 A，B 同时发生).

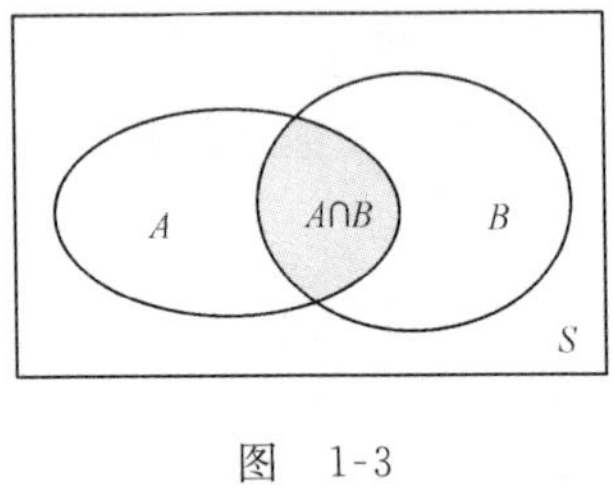

图　1-3

事件 $A\cap B$ 如图 1-3 中阴影部分所示.

n 个事件的积事件记作

$$\bigcap_{k=1}^{n}A_k=A_1\cap A_2\cap\cdots\cap A_n$$

或

$$\bigcap_{k=1}^{n}A_k=A_1A_2\cdots A_n.$$

从事件发生的角度理解：积事件 $\bigcap_{k=1}^{n}A_k$ 发生 $\Longleftrightarrow$ 事件 $A_1,A_2,\cdots,A_n$ 同时发生.

无限可列事件的积事件记作

$$\bigcap_{n=1}^{\infty}A_n=A_1\cap A_2\cap\cdots\cap A_n\cap\cdots \quad 或 \quad \bigcap_{n=1}^{\infty}A_n=A_1A_2\cdots A_n\cdots.$$

从事件发生的角度理解：积事件 $\bigcap_{n=1}^{\infty}A_n$ 发生 $\Longleftrightarrow$ 事件 $A_1,A_2,\cdots,A_n,\cdots$ 同时发生.

5. 差事件

事件 $A-B=\{\omega|\omega\in A$ 且 $\omega\notin B\}$ 称为事件 A 与事件 B 的**差事件**.

从事件发生的角度理解：差事件 $A-B$ 发生 $\Longleftrightarrow$ 事件 A 发生且事件 B 不发生.

事件 $A-B$ 如图 1-4 中阴影部分所示.

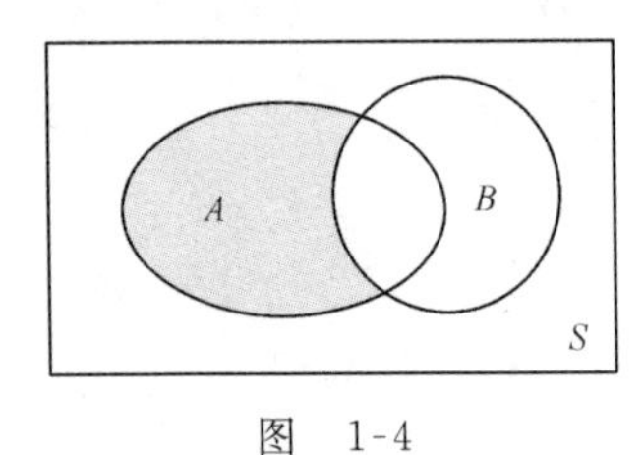

图　1-4

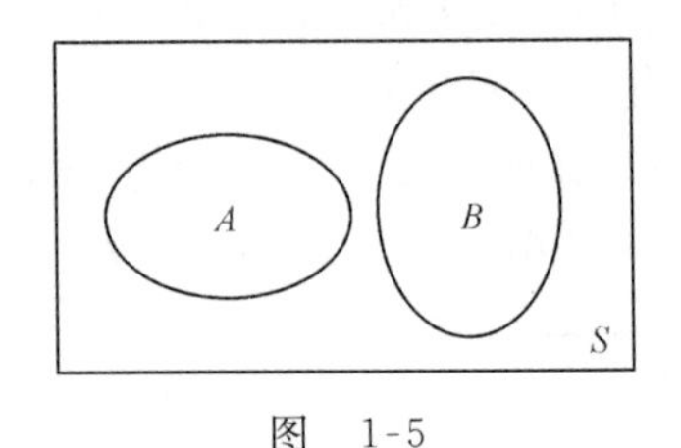

图　1-5

6. 事件互不相容(也称事件互斥)

若 $A\cap B=\varnothing$，则称事件 A 与事件 B **互不相容**或**互斥**.

从事件发生的角度理解：事件 A,B 互不相容 $\Longleftrightarrow$ 事件 A,B 不会同时发生.

事件 A 与事件 B 互不相容图示如图 1-5 所示.

若事件 $A_1,A_2,\cdots,A_n$ 满足 $A_iA_j=\varnothing(i\neq j;i,j=1,2,\cdots,n)$，则称事件 $A_1,A_2,\cdots,A_n$ **两两互不相容**，也简称 $A_1,A_2,\cdots,A_n$ 为**互不相容事件**.

7. 事件的对立

如果事件 $A\cap B=\varnothing$，且 $A\cup B=S$，则称事件 A,B 互为**对立事件**，也称 A,B 互为**逆事件**，记作 $B=\overline{A},A=\overline{B}$.

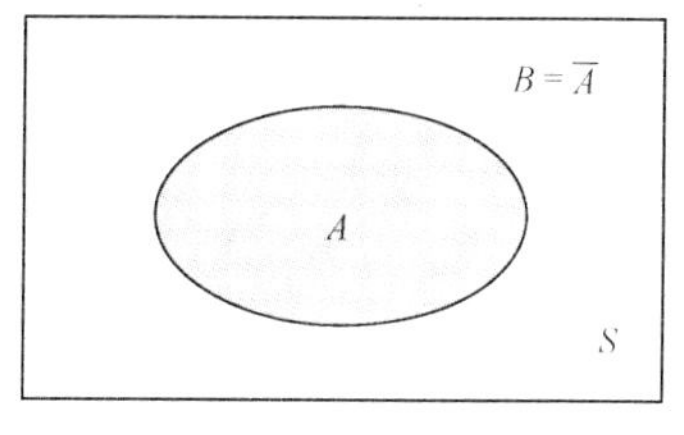

图 1-6

从事件发生的角度理解：事件 A,B 互为对立事件 $\Longleftrightarrow$ 每次试验事件 A,B 有且仅有一个发生.

事件 A,B 互为对立事件如图 1-6 所示.

关于随机事件的关系与运算，有下面的推论：

(1) 如果事件 A,B 互为对立事件，则事件 A,B 互不相容；反之，不一定成立.

(2) (i) $\varnothing\subset AB\subset A$(或 B)$\subset A+B\subset S$；

(ii) 如果 $A\subset B,B\subset C$，则 $A\subset C$；

(iii) $A+\varnothing=A$, $A+A=A$, $A+S=S$, $A\varnothing=\varnothing$, $AA=A$, $AS=A$；

(iv) 如果 $A\subset B$，则 $A+B=B,AB=A,\overline{A}\supset\overline{B}$.

(3) 几个常用变形：

(i) 由图 1-7(a)，(b)可知

$$A+B=A+\overline{A}B=B+A\overline{B},$$
$$A=AB+A\overline{B},\quad A-B=A-AB.$$

(ii) 因为事件 $A-B$ 发生表示事件 A 发生且事件 B 不发生，也即事件 A 发生且事件 $\overline{B}$ 发生，所以有

$$A-B=A\overline{B},\quad \overline{A}=S-A.$$

在后面的学习中，我们会逐渐体会这些变形的意义.

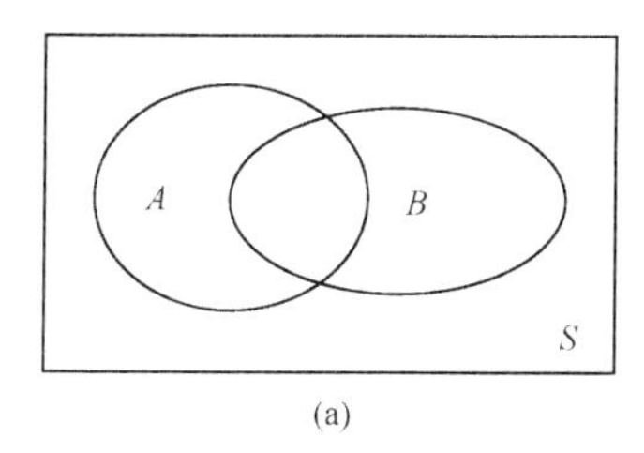

(a)

(b)

图 1-7

(4) 运算顺序应该是先“逆”，后“积”，最后“和”与“差”.

例 2 甲、乙、丙三位射手向同一目标各射击一次，设 A,B,C 分别代表甲、乙、丙击中目标的事件.

(1) 用 A,B,C 表示下列事件：

(i) 目标被击中；　　(ii) 目标被击中一次.

(2) 用文字叙述下列事件：

(i) $AB+AC+BC$；　　(ii) $\overline{A+B}$；　　(iii) $\overline{AB}$.

解　(1) (i) 目标被击中即至少有一人击中目标，应该是 $A+B+C$.

(ii) 目标被击中一次即三人中必有一人击中，且其他人未击中，所以应该是

$$A\overline{B}\overline{C}+\overline{A}B\overline{C}+\overline{A}\overline{B}C.$$

(2) (i) $AB+AC+BC$ 表示三人中至少有两人击中目标.

(ii) $A+B$ 是甲、乙至少一人击中目标，因此 $A+B$ 的对立事件 $\overline{A+B}$ 则是甲、乙都没击中目标. 所以又有 $\overline{A+B}=\overline{A}\,\overline{B}$.

(iii) AB 为甲、乙都击中目标，因此 AB 的对立事件 $\overline{AB}$ 应该是甲没击中目标或乙没击中目标，也即甲、乙至少有一人没击中目标. 所以又有 $\overline{AB}=\overline{A}+\overline{B}$.

随机事件有下列运算律：

(1) **交换律**　$A+B=B+A$, $AB=BA$；

(2) **结合律**　$A+(B+C)=(A+B)+C$, $A(BC)=(AB)C$；

(3) **分配律**　$A+BC=(A+B)(A+C)$, $A(B+C)=AB+AC$, $A(B-C)=AB-AC$；

(4) **德・摩根律**

$$\overline{A+B}=\overline{A}\,\overline{B}，即\ \overline{A\cup B}=\overline{A}\cap\overline{B}；\quad \overline{AB}=\overline{A}+\overline{B}，即\ \overline{A\cap B}=\overline{A}\cup\overline{B}.$$

德・摩根律的推广：

$$\overline{A_1+A_2+\cdots+A_n}=\overline{A}_1\overline{A}_2\cdots\overline{A}_n,\quad \overline{A_1A_2\cdots A_n}=\overline{A}_1+\overline{A}_2+\cdots+\overline{A}_n.$$

例 3　从一批产品中任取两件，观察其中的合格品数. 记

$$A=\{两件都是合格品\},\quad B_i=\{第\ i\ 件是合格品\}\ (i=1,2),$$

试分析：

(1) $\overline{A}=\{$两件都不是合格品$\}$对否？

(2) 如何用 B_1,B_2 表示 $A,\overline{A}$？

解　(1) 样本空间的样本点可以分为三类：两件都是合格品；一件是合格品，另一件不是合格品；两件都不是合格品. 所以，{两件都是合格品}的对立事件应该包含{一件是合格品，另一件不是合格品}和{两件都不是合格品}，即 $\overline{A}=\{$两件不都是合格品$\}$，习惯说 $\overline{A}=\{$至少有一件不是合格品$\}$，而非{两件都不是合格品}.

(2) 显然 $A=B_1B_2$.

分析 $\overline{A}$：

思路 1　由 $\overline{A}$ 的本质含义，$\overline{A}$ 为{至少有一件不是合格品}，所以 $\overline{A}=\overline{B}_1+\overline{B}_2$.

思路 2　由德・摩根律有 $A=B_1B_2$，所以 $\overline{A}=\overline{B_1B_2}=\overline{B}_1+\overline{B}_2$.

例 4　下列结论成立否？

(1) $A+B-C=A+(B-C)$；　　(2) $A-(B-C)=A-B+C$.

解　(1) 左边 $=A+B-C=(A+B)\overline{C}=A\overline{C}+B\overline{C}$；右边 $=A+B\overline{C}$. 显然，左边与右边不一定相等.

该结论也可以从文氏图得出，见图 1-8，其中图 1-8(b)中阴影部分为事件 $A+B-C$，图 1-8(c)中阴影部分为事件 $B-C$，图 1-8(d)中阴影部分为事件 $A+(B-C)$. 显然，这时

$$A+B-C \neq A+(B-C).$$

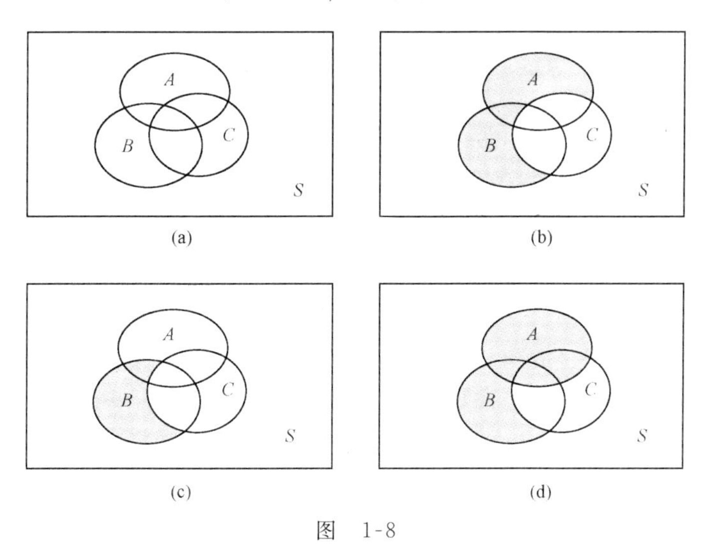

图 1-8

(2) 左边$=A-B\bar{C}=A\overline{B\bar{C}}=A(\bar{B}+C)=A\bar{B}+AC$；右边$=A\bar{B}+C$. 显然，左边与右边不一定相等.

注 例 4 提示我们和事件的结合律不能随便套用到差事件上.

习 题 1.1

1. 写出下列随机试验的样本空间：

(1) 袋中有标号为 1,2,3 的三个球.

(i) 随机取两次，一次一个，取后不放回，观察取到的球的号码；

(ii) 随机取两次，一次一个，取后放回，观察取到的球的号码；

(iii) 一次随机取两个，观察取到的球的号码.

(2) 向篮筐投球，直到投中为止，记录投球的总次数.

(3) 公交车每 10 min 一辆，随机到车站候车，记录自己的候车时间.

(4) 记录每个交易日上证与深证股票指数.

2. A,B,C 三人分别去完成一项任务，设随机事件 A,B,C 分别表示 A,B,C 完成任务，试用 A,B,C 表示下列事件：

(1) {三人中仅 A 完成了任务}；　　(2) {三人中仅 A 没完成任务}；

(3) {三人都没完成任务}；　　(4) {至少一人没完成任务}；

(5) {仅有一人完成任务}；　　(6) {至多一人完成任务}.

3. 某人用步枪射击目标 5 次，记 $A_i=\{$第 i 次击中目标$\}$，$B_i=\{$5 次射击中击中目标 i 次$\}$($i=0,1,2,3,4,5$). 用文字叙述下列事件，并指出各对事件之间的关系：

(1) $\bigcup\limits_{i=1}^{5} A_i$ 与 $\bigcup\limits_{i=1}^{5} B_i$；　(2) $\bigcup\limits_{i=2}^{5} A_i$ 与 $\bigcup\limits_{i=2}^{5} B_i$；　(3) $\bigcup\limits_{i=1}^{2} A_i$ 与 $\bigcup\limits_{i=3}^{5} A_i$；　(4) $\bigcup\limits_{i=1}^{2} B_i$ 与 $\bigcup\limits_{i=3}^{5} B_i$.

§1.2　概率的公理化定义

随着文化知识的普及,人们对“概率”这一数学术语已经不陌生,有些城市的天气预报就有“明天降水概率 20%”等内容,并且知道降水概率 20%说明下雨的可能性较小,降水概率 80%表示下雨的可能性较大.“概率”本身就是描述随机事件发生可能性大小的指标.对随机事件发生的可能性大小给以定量的刻画是“概率论”这门学科的核心内容.

能够对随机事件发生的可能性大小给以定量的刻画基于这样两个前提：一是人们认可的一个常识：多次试验中,事件 A 发生的次数多,也即频率大,说明一次试验事件 A 发生的可能性大.二是§1.1 介绍过的随机现象具有频率稳定性,即随着随机试验次数的增多,事件 A 发生的频率越来越接近一个常数 p.正是随机现象的这一固有规律,说明了随机事件发生的可能性大小是随机现象固有的特征,也即在一定条件下,随机事件发生的可能性大小为一确定数值,从而使我们对它进行量的刻画成为可能.对这一点,后面的学习中还会给以理论证明.

既然频率与事件发生可能性的大小密切相关,先来分析频率.

一、频率

定义 1　在相同条件下做 n 次试验,事件 A 发生 n_A 次,称 $\dfrac{n_A}{n}$ 为事件 A 发生的**频率**(frequency),记作 $f_n(A)$.

频率具有下列性质：

(1) 频率的取值在 0,1 之间,即 $0\leqslant f_n(A)\leqslant 1$；

(2) 必然事件发生的频率为 1,不可能事件发生的频率为 0,即 $f_n(S)=1$, $f_n(\varnothing)=0$；

(3) 若事件 $A_1,A_2,\cdots,A_k$ 两两互斥,则和事件的频率等于频率的和,即

$$f_n(A_1+A_2+\cdots+A_k)=f_n(A_1)+f_n(A_2)+\cdots+f_n(A_k).$$

以上性质由频率的定义很容易得到,如：

对性质(2),S 是必然事件,包含了所有结果,n 次试验当然发生 n 次,所以

$$f_n(S)=\frac{n}{n}=1.$$

对性质(3),设 $A_1,A_2,\cdots,A_k$ 分别发生 $n_1,n_2,\cdots,n_k$ 次,又因为两两互斥,从而和事件 $A_1+A_2+\cdots+A_k$ 发生 $n_1+n_2+\cdots+n_k$ 次,所以

$$\begin{aligned}f_n(A_1+A_2+\cdots+A_k)&=\frac{n_1+n_2+\cdots+n_k}{n}=\frac{n_1}{n}+\frac{n_2}{n}+\cdots+\frac{n_k}{n}\\&=f_n(A_1)+f_n(A_2)+\cdots+f_n(A_k).\end{aligned}$$

频率的性质进一步说明了事件发生的频率体现了事件发生可能性大小的合理性，如 $0\leqslant f_n(A)\leqslant 1$，符合可能性最大是 $100\%=1$，最小是 0，不会为负数.

历史上就曾以试验次数无限增多时频率无限接近的数值作为概率，这称为概率的统计定义. 但是，概率的统计定义又有不便之处：因为无论试验做到何时，得到的频率也不是极限，况且有些试验不能大量做. 实际上，概率统计定义的价值在于提供了一种估计概率的方法，即用试验次数 n 较大时得到的频率作为概率的估计.

尽管讨论频率未能完全解决问题，但是给我们以启示：明白刻画随机事件发生的可能性大小的指标应该满足的条件.

二、概率的公理化定义

定义 2(概率的公理化定义) 设 E 是随机试验，S 为样本空间. 如果对于随机试验 E 的每一个事件 A，有实数 $P(A)$ 与其对应，且 $P(\cdot)$ 满足：

(1) **非负性** $P(A)\geqslant 0$；

(2) **规范性** $P(S)=1$；

(3) **可列可加性** 当 $A_1,A_2,\cdots,A_k,\cdots$ 两两互斥时，有 $P\left(\bigcup_{k=1}^{\infty}A_k\right)=\sum_{k=1}^{\infty}P(A_k)$，

则称实数 $P(A)$ 为事件 A 的**概率**(probability).

注 概率的公理化定义没有解决随机事件概率 $P(A)$ 的具体计算方法，但是它给出了评价一个指标是否有资格作为概率的标准.

概率的**基本性质**：

(1) 不可能事件的概率为 0，即 $P(\varnothing)=0$.

(2) 有限个两两互斥事件的和事件的概率，等于各事件概率的和，即设事件 $A_1,A_2,\cdots,A_n$ 两两互斥，则

$$P\left(\bigcup_{k=1}^{n}A_k\right)=\sum_{k=1}^{n}P(A_k) \quad (\text{称为}\textbf{有限可加性}).$$

(3) 如果事件 $A\supset B$，则 $P(A-B)=P(A)-P(B)$，且 $P(A)\geqslant P(B)$.

推论 对任意两个事件 A,B，有 $P(A-B)=P(A-AB)=P(A)-P(AB)$.

(4) 对任意事件 A，有 $P(A)\leqslant 1$，且 $P(\bar{A})=1-P(A)$.

(5) 设 A,B 为两个事件，则 $P(A+B)=P(A)+P(B)-P(AB)$.

性质(5)推广到三个事件，则有

$$P(A+B+C)=P(A)+P(B)+P(C)-P(AB)-P(AC)-P(BC)+P(ABC).$$

一般地，对于 n 个事件 $A_1,A_2,\cdots,A_n$，有

$$P(A_1+A_2+\cdots+A_n)=\sum_{i=1}^{n}P(A_i)-\sum_{1\leqslant i<j\leqslant n}P(A_iA_j)+\sum_{1\leqslant i<j<k\leqslant n}P(A_iA_jA_k)+\cdots+(-1)^{n-1}P(A_1A_2\cdots A_n). \tag{1}$$

证明　(1) 由概率的定义有 $P(\varnothing)\geqslant 0$.

用反证法. 设 $P(\varnothing)=p>0$,由可列可加性有

$$P\left(\bigcup_{k=1}^{\infty}\varnothing\right)=\sum_{k=1}^{\infty}P(\varnothing)=\sum_{k=1}^{\infty}p=+\infty.$$

又 $\bigcup\limits_{k=1}^{\infty}\varnothing=\varnothing$,于是 $P\left(\bigcup\limits_{k=1}^{\infty}\varnothing\right)=P(\varnothing)=p$,矛盾. 所以 $P(\varnothing)=0$.

(2) 设 $A_{n+1}=\varnothing,A_{n+2}=\varnothing,\cdots$,则

$$P\left(\bigcup_{k=1}^{n}A_k\right)=P\left(\bigcup_{k=1}^{\infty}A_k\right)=\sum_{k=1}^{\infty}P(A_k)=\sum_{k=1}^{n}P(A_k)+\sum_{k=n+1}^{\infty}P(\varnothing)=\sum_{k=1}^{n}P(A_k).$$

(3) 因为 $A\supset B$,所以 $A=B+(A-B)$,且 B 与 $A-B$ 互斥. 于是,由性质(2)有

$$P(A)=P(B)+P(A-B),\quad 即\quad P(A-B)=P(A)-P(B).$$

又 $P(A-B)\geqslant 0$,所以 $P(A)\geqslant P(B)$.

(4) 因为 $S\supset A$,所以 $P(A)\leqslant P(S)=1$,且

$$P(\overline{A})=P(S-A)=P(S)-P(A)=1-P(A).$$

(5) 因为 $A+B=A+(B-AB)$,A 与 $B-AB$ 互斥,$B\supset AB$(见图 1-9),所以

$$\begin{aligned}P(A+B)&=P[A+(B-AB)]\\&=P(A)+P(B-AB)\\&=P(A)+P(B)-P(AB).\end{aligned}$$

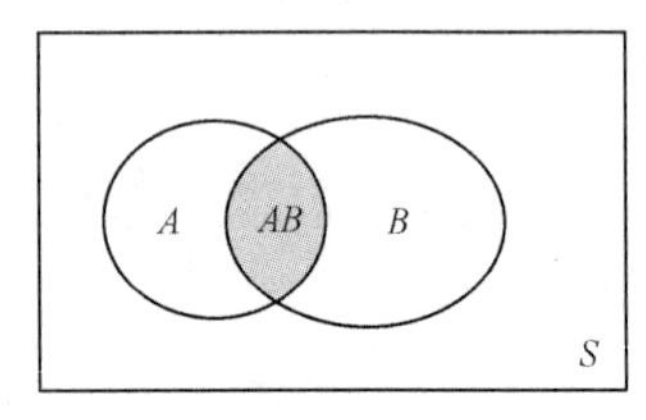

图　1-9

注　(1) 上述性质给出了概率之间的基本关系式,使复杂事件的概率可以通过简单事件的概率来计算.

(2) 上述性质进一步说明了概率定义的合理性,如事件 $A\supset B$,事件 B 发生必有事件 A 发生,从而 A 发生的可能性当然不应该小于 B 发生的可能性,性质(3)正是保证了这一点.

例　设 A,B 为两个事件,且已知 $P(A)=\dfrac{1}{3},P(B)=\dfrac{1}{2}$.

(1) 当 A,B 互斥时,求概率 $P(\overline{A}B)$;

(2) 当 $A\subset B$ 时,求概率 $P(\overline{A}B)$;

(3) 当 $P(AB)=\dfrac{1}{8}$时,求概率 $P(\overline{A}B)$.

解　用文氏图表示出所给事件的关系,则容易得出结论.

(1) 当 A,B 互斥时,文氏图如图 1-5 所示,从而有 $\overline{A}B=B$,所以

$$P(\overline{A}B)=P(B)=\frac{1}{2}.$$

(2) 当 $A\subset B$ 时,文氏图如图 1-1 所示,从而有 $\overline{A}B=B\overline{A}=B-A$,所以

$$P(\overline{A}B)=P(B-A)=P(B)-P(A)=\frac{1}{6}.$$

(3) 因为 $B=AB+\overline{A}B$，且 AB 与 $\overline{A}B$ 互斥，所以

$$P(B)=P(AB)+P(\overline{A}B),\quad \text{从而}\quad P(\overline{A}B)=P(B)-P(AB)=\frac{3}{8}.$$

习 题 1.2

1. 设随机事件 A,B 及 $A+B$ 的概率分别为 $\frac{1}{3},\frac{1}{2},\frac{2}{3}$，求 $P(AB),P(A\overline{B}),P(\overline{A}B),P(\overline{A}\,\overline{B})$.

2. 设 A,B 是两随机事件，$P(A)=0.5,P(B)=0.8$，问：在什么条件下 $P(AB)$ 取到最小值？在什么条件下 $P(AB)$ 取到最大值？为什么？并求出最小值、最大值.

3. 设 A,B 为两随机事件，且 $P(A)=0.4,P(B)=0.25,P(A-B)=0.25$，求 $P(A+B)$，$P(B-A)$，$P(\overline{A}\,\overline{B})$.

§1.3 古典概型和几何概型

一、古典概型(等可能概型)

古典概型是一类最简单、直观的随机试验，也是概率论发展初期就开始被研究的一类概率问题. 一方面，因为它简单，通过对它的讨论可以帮助我们理解概率论的基本概念和数量关系. 另一方面，古典概型在实际中仍然有着重要作用. 例如，随机试验 E 为掷一颗均匀的骰子，观察朝上面的点数，共有 6 种可能结果，每种结果发生的可能性相同，这类概率问题即为古典概型.

定义 如果随机试验 E 具有以下特点：

(1) 样本空间 S 中所含样本点为有限个；

(2) 一次试验中每个样本点出现的可能性相同，

则称这类随机试验 E 为**古典概型**(classical probability model)或**等可能概型**.

设古典概型样本空间 S 中包含 n 个样本点，事件 A 含 k 个样本点，则事件 A 的概率定义为

$$P(A)=\frac{A\text{ 中所含样本点数 }k}{\text{样本点总数 }n}=\frac{k}{n}.$$

显然，如上定义的随机事件 A 的概率满足概率公理化定义标准：

(1) $P(A)\geqslant 0$；　　(2) $P(S)=1$.

关于满足可列可加性条件，可作如下证明：

设样本空间 S 含有 n 个样本点，$A_1,A_2,\cdots,A_k,\cdots$ 为两两互斥的随机事件，其中非不可能事件有 m 个，$m\leqslant n$，不妨设为前 m 个. 设 $A_1,A_2,\cdots,A_m$ 中分别有 $n_1,n_2,\cdots,n_m$ 个样本点，则

$$P\left(\bigcup_{k=1}^{\infty}A_k\right)=P\left(\bigcup_{k=1}^{m}A_k\right)+P\left(\bigcup_{k=m+1}^{\infty}\varnothing\right)=\frac{n_1+n_2+\cdots+n_m+0+\cdots}{n}$$

$$=\frac{n_1}{n}+\frac{n_2}{n}+\cdots+\frac{n_m}{n}+0+\cdots=\sum_{k=1}^{\infty}P(A_k).$$

今天我们用概率的公理化定义推导古典概型概率的计算，实际上是古典概型概率的计算公式在前，概率的公理化定义在后. 早在17世纪中叶人们便开始了对随机现象的研究，建立了概率论的基本概念，如随机事件、概率等. 当时研究的概率问题即现在通称的古典概型. 经过了近三个世纪的研究发展，直到20世纪30年代，伴随着数学的公理化潮流，才由苏联的数学家柯尔莫哥洛夫提出概率的公理化定义.

例1(摸球(抽样)问题)　袋中有5个形状相同的球，3个白球，2个红球.

(1) 取两次，一次一个，第1次取出记下颜色放回，再取第2次，通常称之为"放回式抽样". 试求事件{两球均为白球}、{两球颜色相同}、{两球中至少有一白球}的概率.

(2) 取两次，一次一个，第1次取后不放回，继续取第2次，称之为"不放回式抽样". 求事件{两球均为白球}、{两球颜色相同}、{一个白球一个红球}的概率.

(3) 取两次，一次一个，第1次取后不放回，求事件"第1次取到白球，第2次取到红球"的概率.

(4) 一次取两个，试求事件{两球均为白球}、{两球颜色相同}、{一个白球一个红球}的概率.

解　(1) 先来分析解题中应注意的一些问题.

(i) 设事件：当然可以设 A,B,C 分别为上述三个事件，但是{两球颜色相同}必然由{两球均为白球}与{两球均为红球}构成，计算样本点也是按照{两球均为白球}与{两球均为红球}分别进行的，即计算事件{两球均为白球}与{两球均为红球}的概率比较简单. 因此，不如设事件 $A=$ {两球均为白球}，$B=$ {两球均为红球}，使复杂事件可以用简单事件表示，即

$$A+B=\{两球颜色相同\},\quad \overline{B}=\{两球中至少有一白球\}.$$

(ii) 样本空间的确定：

关心的结果是球的颜色，若设样本空间为 $S=$ {两个白球，一个白球一个红球，两个红球}，显然这样基本事件非等可能. 因为取到每个球的可能性是相同的，若将球编号，1，2，3号为3个白球，4，5号为2个红球，则样本空间为

$$S_1=\left\{\begin{matrix}(1,1) & (1,2) & \cdots & (1,5)\\(2,1) & (2,2) & \cdots & (2,5)\\\vdots & \vdots & & \vdots\\(5,1) & (5,2) & \cdots & (5,5)\end{matrix}\right\}.$$

这时每个基本事件为等可能的，且样本点总数为 $n=5\times5=25$. 于是

事件 $A=$ {两球均为白球}中所含样本点数为 $k_A=3\times3$，故 $P(A)=\dfrac{9}{25}$；

事件 $B=$ {两球均为红球}中所含样本点数为 $k_B=2\times2$，故 $P(B)=\dfrac{4}{25}$.

因为 A,B 互斥，所以

$$P(\text{两球颜色相同}) = P(A+B) = P(A)+P(B) = \frac{9}{25}+\frac{4}{25} = \frac{13}{25},$$

$$P(\text{两球中至少有一白球}) = P(\overline{B}) = 1-P(B) = 1-\frac{4}{25} = \frac{21}{25}.$$

以上样本点数的计法，依据乘法原理，具体说是可重复的排列.

(2) 设事件 $A=\{\text{两球均为白球}\}$，$B=\{\text{两球均为红球}\}$，$C=\{\text{一个白球一个红球}\}$.

解法 1　样本点总数为 $n=\mathrm{A}_5^2=5\times4=20$. 因为事件 A 中所含样本点数为 $k_A=\mathrm{A}_3^2=3\times2=6$，事件 B 中所含样本点数为 $k_B=\mathrm{A}_2^2=2!=2$，事件 C 中所含样本点数为 $k_C=\mathrm{C}_3^1\mathrm{C}_2^1\mathrm{A}_2^2=12$，所以

$$P(A)=\frac{\mathrm{A}_3^2}{\mathrm{A}_5^2}=\frac{6}{20}=\frac{3}{10},\quad P(B)=\frac{\mathrm{A}_2^2}{\mathrm{A}_5^2}=\frac{2}{20}=\frac{1}{10},\quad P(C)=\frac{\mathrm{C}_3^1\mathrm{C}_2^1\mathrm{A}_2^2}{\mathrm{A}_5^2}=\frac{12}{20}=\frac{6}{10},$$

$$P(\text{两球颜色相同}) = P(A+B) = P(A)+P(B) = \frac{3}{10}+\frac{1}{10} = \frac{4}{10}.$$

以上样本点数的计法，相当于计算不可重复的排列数，其样本空间为

$$S_2=\left\{\begin{matrix}(1,2) & (1,3) & (1,4) & (1,5)\\ (2,1) & (2,3) & (2,4) & (2,5)\\ (3,1) & (3,2) & (3,4) & (3,5)\\ (4,1) & (4,2) & (4,3) & (4,5)\\ (5,1) & (5,2) & (5,3) & (5,4)\end{matrix}\right\},$$

其中将球号数顺序不同的(1,2)，(2,1)作为两个不同的样本点.

实际上，若将仅是顺序不同，号数相同的样本点看作相同的结果，其仍为等可能概型，且不影响求解我们所讨论问题的概率，见下面的解法 2.

解法 2　样本点总数为 $n=\mathrm{C}_5^2=\dfrac{5\times4}{2!}=10$，相当于样本空间为

$$S_2=\left\{\begin{matrix}(1,2) & (1,3) & (1,4) & (1,5)\\ & (2,3) & (2,4) & (2,5)\\ & & (3,4) & (3,5)\\ & & & (4,5)\end{matrix}\right\}.$$

因为 A 中所含样本点数为 $k_A=\mathrm{C}_3^2=\dfrac{3\times2}{2!}=3$，$B$ 中所含样本点数为 $k_B=\mathrm{C}_2^2=1$，C 中所含样本点数为 $k_C=\mathrm{C}_3^1\mathrm{C}_2^1=6$，所以

$$P(A)=\frac{\mathrm{C}_3^2}{\mathrm{C}_5^2}=\frac{3}{10},\quad P(B)=\frac{\mathrm{C}_2^2}{\mathrm{C}_5^2}=\frac{1}{10},\quad P(C)=\frac{\mathrm{C}_3^1\mathrm{C}_2^1}{\mathrm{C}_5^2}=\frac{6}{10},$$

$$P(\text{两球颜色相同}) = P(A+B) = P(A)+P(B) = \frac{3}{10}+\frac{1}{10} = \frac{4}{10}.$$

(3) 该事件对顺序有要求，(2)中解法 2 从组合角度分析不记顺序的方法则无能为力，应该考虑到取球顺序，即用排列计算样本点数：

$$P(\text{第 1 次取到白球第 2 次取到红球}) = \frac{C_3^1 C_2^1}{A_5^2} = \frac{3\times 2}{5\times 4} = \frac{6}{20}.$$

(4) 设 $A=\{$两球均为白球$\}$,$B=\{$两球均为红球$\}$,$C=\{$一个白球一个红球$\}$. 因为样本点总数为 $n=C_5^2=10$,A 中所含样本点数为 $k_A=C_3^2=3$,B 中所含样本点数为 $k_B=C_2^2=1$,C 中所含样本点数为 $k_C=C_3^1C_2^1=6$,所以

$$P(A) = \frac{C_3^2}{C_5^2} = \frac{3}{10},\quad P(B) = \frac{C_2^2}{C_5^2} = \frac{1}{10},\quad P(C) = \frac{C_3^1 C_2^1}{C_5^2} = \frac{6}{10},$$

$$P(\text{两球颜色相同}) = P(A+B) = P(A)+P(B) = \frac{4}{10}.$$

注　比较例 1(2)的解法 2 与例 1(4)的解法,会发现:不放回地取两次,一次一个,当所讨论的事件不考虑取球前后顺序时,概率的计算与一次取两个时概率的计算,方法可以相同.

例 2(超几何概型)　(1) 设有 N 件产品,其中含有 N_1 件次品. 任取 n 件,求恰有 k($k\leqslant \min\{n,N_1\}$)件次品的概率.

(2) 池塘中有 1000 条鱼,其中有 400 条鲢鱼,350 条鲫鱼,250 条鲤鱼. 随机捞 100 条,求:

(i) 恰有 40 条鲢鱼的概率;

(ii) 恰有 40 条鲢鱼,25 条鲤鱼的概率.

解　(1) $P(\text{恰有 } k \text{ 件次品})=\dfrac{C_{N_1}^k C_{N-N_1}^{n-k}}{C_N^n}$.

(2) 样本点总数为 $n=C_{1000}^{100}$.

(i) 事件{恰有 40 条鲢鱼}中所含样本点数为 $k_1=C_{400}^{40}C_{600}^{60}$,所以

$$P(\text{恰有 40 条鲢鱼}) = \frac{C_{400}^{40}C_{600}^{60}}{C_{1000}^{100}}.$$

(ii) 事件{恰有 40 条鲢鱼,25 条鲤鱼}中所含样本点数为 $k_2=C_{400}^{40}C_{250}^{25}C_{350}^{35}$,所以

$$P(\text{恰有 40 条鲢鱼,25 条鲤鱼}) = \frac{C_{400}^{40}C_{250}^{25}C_{350}^{35}}{C_{1000}^{100}}.$$

注　例 2 以及例 1(4)属于同一种类型的概率问题,称为**超几何概型**.

例 3(排队问题)　将 4 册一套的书籍随机地放在书架上,求下列事件的概率:

(1) 自左至右或自右至左恰好排成 1,2,3,4 册的顺序;

(2) 第 1 册恰好排在最左边或最右边;

(3) 第 1 册与第 2 册相邻;

(4) 第 1 册排在第 2 册的左边(不一定相邻).

解　分别设上述四个事件为 A,B,C,D. 样本点总数为 $n=A_4^4=4!=24$.

(1) 因为事件 A 中所含样本点数为 $k_A=C_2^1$,所以 $P(A)=\dfrac{2}{24}=\dfrac{1}{12}$.

(2) 因为事件 B 中所含样本点数为 $k_B=\mathrm{C}_2^1\mathrm{A}_3^3=2\times3!=12$,所以 $P(B)=\frac{12}{24}=\frac{1}{2}$.

(3) 因为事件 C 中所含样本点数为 $k_C=\mathrm{C}_2^1\mathrm{A}_3^3=12$,所以 $P(C)=\frac{1}{2}$.

(4) 因为总样本点中第 1 册排在第 2 册左边与右边的必然各为一半,所以 $P(D)=\frac{1}{2}$.

注 (3)中的事件相当于将第 1,2 册绑在一起排队.

例 4(放盒子问题) (1) 将 n 个球随机地放入 $N(N\geqslant n)$ 个盒子中,盒子的容量不限,试求下列事件的概率:

$A=\{$指定的 n 个盒子中各有一个球$\}$; $B=\{$每盒至多一个球$\}$;

$C=\{$某个指定的盒子不空$\}$; $D=\{$某个指定的盒子恰有 k 个球$\}(k\leqslant n)$.

(2) 某班有学生 50 人,一位教师对该班学生并不了解,但是他预测说这个班至少有两个人的生日相同,问:这位教师预测准确的可能性有多大?

解 (1) 因为每一个球都有 N 种放法,n 个球有 N^n 种放法,所以样本点总数为 N^n. 于是

$$P(A)=\frac{n!}{N^n}\quad(\text{第一个球有 } n \text{ 种可能放法,第二个球则有 } n-1 \text{ 种可能放法},\cdots),$$

$$P(B)=\frac{\mathrm{A}_N^n}{N^n}=\frac{N(N-1)\cdots(N-n+1)}{N^n}.$$

对于事件 C,某个指定的盒子不空,则该盒子中的球数可以是 1 个,也可以是 n 个. 计算 C 中所含样本点数比较烦琐,故试考虑逆事件的概率. 因为 $\overline{C}=\{$某个指定的盒子是空的$\}$,其含样本点数为$(N-1)^n$,所以

$$P(\overline{C})=\frac{(N-1)^n}{N^n},\quad P(C)=1-P(\overline{C})=1-\frac{(N-1)^n}{N^n}.$$

对于事件 D,其含样本点数为 $\mathrm{C}_n^k(N-1)^{n-k}$,所以

$$P(D)=\frac{\mathrm{C}_n^k(N-1)^{n-k}}{N^n}.$$

(2) 预测准确的可能性也即这个班至少有两个人的生日相同的概率. 其实,这仍然是一个放盒子问题,相当于每个人有 365 天可放.

先计算对立事件{所有人生日不同}={每天至多一个人过生日}的概率,再利用对立事件概率的公式可得所求. 所以

$$\begin{aligned}P(\text{至少有两个人生日相同})&=1-P(\text{所有人生日不同})\\&=1-\frac{\mathrm{A}_{365}^{50}}{365^{50}}\approx1-0.03=0.97.\end{aligned}$$

注 (1) 放盒子问题总样本点数的计算,从数学角度来说,即可重复排列.

(2) 以上“放盒子问题”中样本点总数计为 N^n,是将球看作不同的,相当于球编号了,或者说球是可识别的. 以 3 个盒 2 个球为例:样本点总数为 $3^2=9$,如图 1-10(a)所示,是将 1,

2 号球放在 1,2 号盒,与放在 2,1 号盒看作不同的样本点.若球是不可识别的,则以上两种情况应该为一个样本点,如图 1-10(b)所示,样本点总数应该为 6.在我们的教材中,如果不声明,均看作球是可识别的.

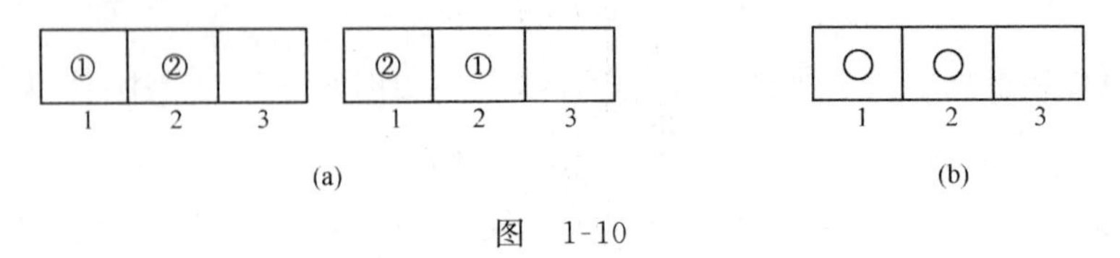

图 1-10

(3) 教师在对该班学生并不了解的情况下敢做出预测,是基于如下原理:一次试验,小概率事件一般不会发生.称之为**实际推断原理**.因为 50 个人生日全不同的概率仅为 0.03,所以一般不会发生.

例 5(配对问题) 将 n 封不同的信随机放入 n 个不同的信封,求没有一封信装对的概率.

解 信没装对较之装对要复杂,试从计算逆事件的概率着手.

设事件 $A=\{$至少有一封信装对$\}$,则 $\overline{A}=\{$没有一封信装对$\}$.再设事件 $A_i=\{$第 i 封信装对$\}$ $(i=1,2,\cdots,n)$,则

$$P(A_i)=\frac{(n-1)!}{n!}=\frac{1}{n}\quad(i=1,2,\cdots,n),$$

$$P(A_iA_j)=\frac{(n-2)!}{n!}\quad(i,j=1,2,\cdots,n\text{ 且 }i\neq j),$$

$$P(A_iA_jA_h)=\frac{(n-3)!}{n!}\quad(i,j,h=1,2,\cdots,n\text{ 且 }i,j,h\text{ 不同}),$$

$$\cdots\cdots$$

$$P(A_1A_2\cdots A_n)=\frac{1}{n!},$$

由 §1.2 中 n 个事件的和事件的概率计算公式(1)有

$$\begin{aligned}P(A)&=P(A_1+A_2+\cdots+A_n)\\&=n\cdot\frac{1}{n}-\mathrm{C}_n^2\frac{(n-2)!}{n!}+\mathrm{C}_n^3\frac{(n-3)!}{n!}-\cdots+(-1)^{n-1}\frac{1}{n!}\\&=1-\frac{1}{2!}+\frac{1}{3!}-\cdots+(-1)^{n-1}\frac{1}{n!},\end{aligned}$$

$$P(\overline{A})=1-P(A)=\frac{1}{2!}-\frac{1}{3!}+\cdots+(-1)^n\frac{1}{n!}.$$

二、几何概型

几何概型是古典概型的推广,也属"等可能"概率问题.这类随机试验的结果是几何空间(线、面、立体)中一个区域上的点,因此它的样本点有无限个.

我们先以样本空间为平面上的区域为例介绍几何概型的定义和概率计算方法.

1. 几何概型的定义

有一平面区域 D,面积为 $S^*(D)$. 随机试验为向区域 D 投点. 如果点落入 D 的任意子区域 A 的可能性大小与 A 的面积 $S^*(A)$ 成正比,而与 A 的位置和形状无关,那么称这一类型的概率问题为**几何概型**(geometric probability model).

2. 几何概型概率的计算

设区域 A 为平面区域 D 的子区域,$S^*(A)$,$S^*(D)$ 分别为区域 A,D 的面积. 若设事件 $A=\{$点落在子区域 $A\}$,则由几何概型的定义易知

$$P(A)=\frac{S^*(A)}{S^*(D)}.$$

例 6 设甲、乙两艘船均为 7:00—8:00 到达码头,且两艘船到达时间是随机的. 若每艘船卸货需要 20 min,且码头同时仅能允许一艘船卸货,试计算两艘船使用码头发生冲突的概率.

解 因为两艘船在 7:00—8:00 的 60 min 内任一时刻都可能到达,所以两艘船到达的时间 (x,y) 为区域

$$D=\{(x,y)\,|\,0\leqslant x\leqslant 60,0\leqslant y\leqslant 60\}$$

上的点. 要发生冲突,应该满足不等式 $|x-y|\leqslant 20$. 设

$$A=\{(x,y)\,|\,|x-y|\leqslant 20,(x,y)\in D\}$$

(见图 1-11 中阴影部分),则只有两艘船在区域 A 内到达,才会发生冲突.

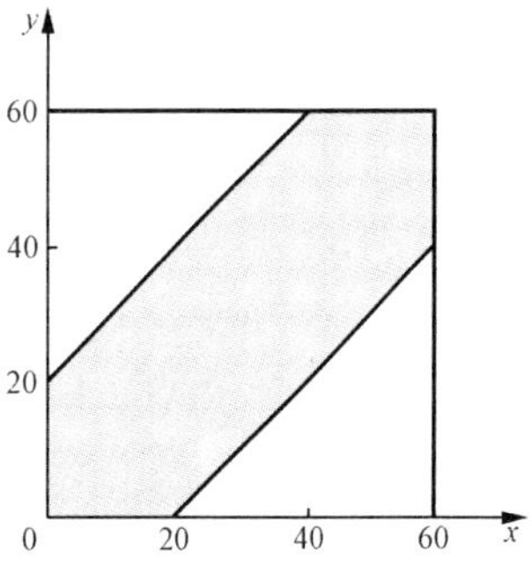

图 1-11

因为事件 $\overline{A}$ 所在区域的面积为

$$S^*(\overline{A})=40\times 40\times\frac{1}{2}\times 2=1600,$$

所以

$$P(A)=1-P(\overline{A})=1-\frac{S^*(\overline{A})}{S^*(D)}=1-\frac{1600}{3600}=\frac{5}{9},$$

即两艘船使用码头发生冲突的概率为 $\frac{5}{9}$.

注 (1) 由于二维几何概型的概率为面积比,形象直观,借助几何概型分析概率规律是一个不错的方法.

(2) 几何概型中投中区域 D 的任何一点都是可能的,而点的面积为 0,也即投中一点的概率为 0. 由此可以知道:**事件 A 为不可能事件与事件 A 的概率为 0 不等价**. 类似地,**事件 A 为必然事件与事件 A 的概率为 1 不等价.**

(3) 上面的定义与概率计算方法很容易推广到一维几何空间——线和三维几何空间——立体:如果 D 是线段,那么概率为长度比;如果 D 是空间立体,那么概率为体积比.

例 7 设一个人醒来时表停了,试求他在 10 min 内听到收音机报时的概率.

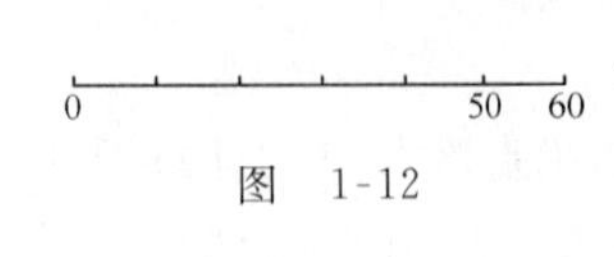

图　1-12

解　如图 1-12 所示，因为可能在时间区间[0,60](单位：min)内任一时刻醒来，报时在时刻 0 与 60 发生，恰在时刻 0 时醒，立刻可以听到报时，但是在这一刻醒的概率为 0，再有醒来的时刻在时间区间[50,60]内时，也可以在 10 min 内听到报时，所以

$$P(10\ \text{min 内听到报时}) = \frac{60-50}{60-0} = \frac{1}{6}.$$

习　题　1.3

1. 已知有 50 件产品，其中有 4 件不合格. 从中随机取 5 件，求：

(1) 恰有一件是不合格品的概率；　(2) 没有不合格品的概率；

(3) 至少有一件是不合格品的概率.

2. 设袋中有 5 个白球，6 个黑球，连续取出 3 个球，求顺序为黑、白、黑球的概率.

3. 设有 20 套房间排成一排，某人先分得不在两端的一套. 随后分出 9 套，求与该人相邻的两套未被分配的概率.

4. 从 1,2,…,9 这 9 个数字中，有放回地取 3 次，每次取一个，求下列事件的概率：

(1) A_1={3 个数字全不同}；　(2) A_2={3 个数字没有偶数}；

(3) A_3={3 个数字中最大数字为 6}；　(4) A_4={3 个数字形成一个严格单调数列}；

(5) A_5={3 个数字之乘积能被 10 整除}.

5. 将 C,C,E,E,I,N,S 等 7 个字母随机排成一行，求恰好排成 SCIENCE 的概率.

6. 抛掷 3 颗骰子，求出现 3 个点数全不相同的概率.

7. 一个教室中有 100 名学生，求至少有一名学生的生日在元旦的概率(一年以 365 天计).

8. 将 4 个球随机地放入 4 个盒子中，求空盒数分别为 0,1,2,3 的概率.

9. 两人约定 7:00—8:00 在校门口见面，试求一人要等另一人半小时以上的概率.

10. 某码头只能容纳一艘船，预知某日 24 h 内会有甲、乙两艘船分别到达. 如果停靠的时间分别为 3 h 和 4 h，试求有一艘船要在江中等待的概率.

§1.4　条件概率与全概公式

一、条件概率

条件概率是概率论中一个既重要又实用的概念，它是讨论在已知某一信息的条件下事件发生的概率. 在介绍这一概念之前，我们先来看一个例子.

例 1　某班级有学生 50 人，其中男生 20 人，女生 30 人. 已知此班级通过英语四级的学生有 40 人，其中男生 15 人，女生 25 人. 现从此班级 50 人中任取一名学生，求：

(1) 该学生为男生的概率，该学生通过英语四级的概率，该学生为男生且通过英语四级的概率；

(2) 已知抽取的学生是男生的条件下，该学生通过英语四级的概率.

解 设事件 $A=\{$任取一名学生为男生$\}$，$B=\{$通过英语四级$\}$.

问题(1)即要求 $P(A)$，$P(B)$ 及 $P(AB)$，显然为古典概型问题. 易知

$$P(A)=\frac{20}{50}=\frac{2}{5},\quad P(B)=\frac{40}{50}=\frac{4}{5},\quad P(AB)=\frac{15}{50}=\frac{3}{10}.$$

而对于问题(2)，是在已知抽取的是男生的条件下，求抽取到的学生通过英语四级的概率，也就是已知事件 A 发生的条件下，考虑事件 B 发生的概率. 我们把这个概率称为事件 A 发生的条件下事件 B 发生的条件概率，记为 $P(B|A)$. 由于已知是男生，因此 $P(B|A)$ 等于男生中通过英语四级的比例，即

$$P(B|A)=\frac{15}{20}=\frac{3}{4}.$$

分析 $P(B|A)$ 与 $P(A)$，$P(AB)$ 的关系，有

$$P(B|A)=\frac{15}{20}=\frac{\frac{15}{50}}{\frac{20}{50}}=\frac{P(AB)}{P(A)}.$$

这一规律不但对古典概型成立，而且具有一般性. 受此启发，可以给出当事件 A 发生后，事件 B 发生的条件概率的定义.

定义 1 设 A，B 是两随机事件，且 $P(A)>0$，称

$$P(B|A)=\frac{P(AB)}{P(A)} \tag{1}$$

为在事件 A 发生的条件下事件 B 发生的条件概率，简称**条件概率**(conditional probability).

注 (1) 条件概率 $P(B|A)$ 是在事件 A 发生条件下就一个新的样本空间讨论事件 B 发生的概率，其本质仍然是概率.

(2) 这样定义的条件概率符合概率公理化定义的三个条件：

(i) $P(B|A)=\dfrac{P(AB)}{P(A)}\geqslant 0$；

(ii) $P(S|A)=\dfrac{P(AS)}{P(A)}=\dfrac{P(A)}{P(A)}=1$；

(iii) 设随机事件 $B_1,B_2,\cdots,B_n,\cdots$ 两两互斥，则

$$P\left(\bigcup_{k=1}^{\infty}B_k\,|\,A\right)=\frac{P\left(\bigcup\limits_{k=1}^{\infty}B_kA\right)}{P(A)}=\frac{P(B_1A)+P(B_2A)+\cdots+P(B_kA)+\cdots}{P(A)}$$
$$=P(B_1|A)+P(B_2|A)+\cdots+P(B_k|A)+\cdots.$$

例 2 设有 5 件产品，其中一等品 3 件，二等品 2 件. 随机取两次，一次一件，不放回. 设事件 $A=\{$第 1 次取到一等品$\}$，$B=\{$第 2 次取到一等品$\}$，试求 $P(B|A)$.

解 解法 1 利用条件概率的定义式求. 因为

$$P(A)=\frac{\mathrm{A}_3^1\mathrm{A}_4^1}{\mathrm{A}_5^2}=\frac{3\times 4}{5\times 4},\quad P(AB)=\frac{\mathrm{A}_3^2}{\mathrm{A}_5^2}=\frac{3\times 2}{5\times 4},$$

所以
$$P(B|A)=\frac{P(AB)}{P(A)}=\frac{3\times 2}{3\times 4}=\frac{1}{2}.$$

解法 2　由条件概率的本质含义,第 1 次取到一等品这一事件发生了,余下 4 件产品,其中还有 2 件一等品,这时取到一等品的概率显然为 $\frac{1}{2}$,故 $P(B|A)=\frac{2}{4}=\frac{1}{2}$.

条件概率的定义满足概率的公理化定义,也就必然有如下**性质**:

(1) $P(\varnothing|A)=0$;

(2) 设随机事件 $B_1,B_2,\cdots,B_n$ 两两互斥,则
$$P\left(\bigcup_{k=1}^{n}B_k|A\right)=\sum_{k=1}^{n}P(B_k|A);$$

(3) 若随机事件 $C\supset B$,则
$$P(C-B|A)=P(C|A)-P(B|A),\quad 且\quad P(C|A)\geqslant P(B|A);$$

(4) $P(\bar{B}|A)=1-P(B|A),\quad P(B|A)\leqslant 1$;

(5) $P(B+C|A)=P(B|A)+P(C|A)-P(BC|A)$.

证明　只证性质(3),其他略.由公式(1)得
$$P(C-B|A)=\frac{P((C-B)A)}{P(A)}=\frac{P(CA-BA)}{P(A)}$$
$$=\frac{P(CA)-P(BA)}{P(A)}=P(C|A)-P(B|A).$$

由于 $P(C-B|A)\geqslant 0$,故 $P(C|A)\geqslant P(B|A)$.

例 3　设市场上的灯泡有 70% 产自甲厂,30% 产自乙厂.已知甲厂产品的合格率为 95%,乙厂产品的合格率为 80%.随机抽取一只灯泡,记事件
$$A=\{抽到甲厂生产的灯泡\},\quad B=\{抽到合格的灯泡\}.$$

(1) 分析下列事件的概率:$P(B|A),P(\bar{B}|A),P(B|\bar{A}),P(\bar{B}|\bar{A})$;

(2) 求 $P(AB)$.

解　(1) $P(B|A)$为在事件{抽到甲厂生产的灯泡}发生的条件下事件{抽到合格的灯泡}发生的概率,该概率即为甲厂产品的合格率 95%,即 $P(B|A)=0.95$.

同理,有　$P(\bar{B}|A)=0.05,\quad P(B|\bar{A})=0.80,\quad P(\bar{B}|\bar{A})=0.2$.

(2) 甲厂生产的合格灯泡在市场上所占份额应是 $0.7\times 0.95=0.665$,故应该有 $P(AB)=0.665$.这正相当于 $P(AB)=P(A)P(B|A)$.

若在实际问题中遇到上述情况:有了条件概率,求积事件的概率,则常常用到条件概率定义式的变形,称之为**乘法定理**.

二、乘法定理

定理 1　设 A,B 是两随机事件,且 $P(A)>0$,则 $P(AB)=P(A)P(B|A)$.

注　(1) $P(A)>0$ 的作用在于它是 $P(B|A)$存在的前提.

(2) 若 $P(B)>0$,则有 $P(AB)=P(B)P(A|B)$.

(3) 乘法定理的价值在于：若先有 $P(B|A)$,则由 $P(A)P(B|A)$可确定 $P(AB)$.

推论　设 $A_1,A_2,\cdots,A_n$ 为 n 个随机事件,且 $P(A_1A_2\cdots A_{n-1})>0$,则

$$P(A_1A_2\cdots A_n)=P(A_1)P(A_2|A_1)P(A_3|A_1A_2)\cdots P(A_n|A_1A_2\cdots A_{n-1}).$$

以三个事件为例,若 $P(AB)>0$,则有

$$P(ABC)=P(A)P(B|A)P(C|AB).$$

注意条件只给出 $P(AB)>0$,事件 A 发生可以作为条件的原因在于：$A\supset AB$,从而有

$$P(A)\geqslant P(AB)>0.$$

例 4　已知袋中有 5 个红球,4 个白球.

(1) 不放回取 3 次,一次一个,试求前两次取到红球,后一次取到白球的概率.

(2) 取 3 次,一次一个,如果取到红球,则将红球拿出,放回 2 个白球;否则,不放回.试求前两次取到红球,后一次取到白球的概率.

解　(1) 解法 1　样本点总数为 $n=\mathrm{A}_9^3=9\times8\times7$,事件{前两次取到红球,后一次取到白球}中所含样本点数为 $5\times4\times4$,所以

$$P(\text{前两次取到红球,后一次取到白球})=\frac{5\times4\times4}{9\times8\times7}=0.1587.$$

解法 2　设 $A_i=\{\text{第 } i \text{ 次取到红球}\}(i=1,2,3)$,则

$$A_1A_2\overline{A}_3=\{\text{前两次取到红球,后一次取到白球}\}.$$

于是所求的概率为

$$P(A_1A_2\overline{A}_3)=P(A_1)P(A_2|A_1)P(\overline{A}_3|A_1A_2)=\frac{5}{9}\times\frac{4}{8}\times\frac{4}{7}=0.1587.$$

(2) 若按照(1)中解法 1,数样本点且保证等可能,则不太方便;若用解法 2,则很容易计算.

仍沿用(1)中解法 2 的符号,则所求的概率为

$$P(A_1A_2\overline{A}_3)=P(A_1)P(A_2|A_1)P(\overline{A}_3|A_1A_2)=\frac{5}{9}\times\frac{4}{10}\times\frac{8}{11}=0.16.$$

例 5　设甲袋有 3 个白球,5 个黑球;乙袋有 4 个白球,6 个黑球.从甲袋中任取一球放入乙袋,再从乙袋任取一球放入甲袋,求事件{甲袋中球的成分不变}的概率.

解　只有从甲袋中取出白球又放回白球,或者从甲袋中取出黑球又放回黑球,甲袋中球的成分才会不变.

设 $A=\{\text{从甲袋中取到白球}\}$, $B=\{\text{从乙袋中取到白球}\}$,则

$$\begin{aligned}P(\text{甲袋中球的成分不变})&=P(AB+\overline{A}\,\overline{B})=P(AB)+P(\overline{A}\,\overline{B})\\&=P(A)P(B|A)+P(\overline{A})P(\overline{B}|\overline{A})\\&=\frac{3}{8}\times\frac{5}{11}+\frac{5}{8}\times\frac{7}{11}=\frac{50}{88}=\frac{25}{44}.\end{aligned}$$

例 6　设某种动物由出生算起活到 20 岁以上的概率为 0.8,活到 25 岁以上的概率为

0.4,问：现年 20 岁的该种动物,能活到 25 岁以上的概率是多少?

解　该问题相当于求在已经活到 20 岁的条件下,继续活到 25 岁以上的概率.

设 $A=\{$活到 20 岁以上$\}$,$B=\{$活到 25 岁以上$\}$,则所求的概率为

$$P(B|A)=\frac{P(AB)}{P(A)}=\frac{P(B)}{P(A)}=\frac{0.4}{0.8}=\frac{1}{2}.$$

三、全概公式与逆概公式

例 7　设有 6 盒粉笔,其中 3 盒每盒有 3 支白粉笔,6 支红粉笔,记作第 1 类;2 盒每盒有 3 支白粉笔,3 支红粉笔,记作第 2 类;1 盒盒内有 3 支白粉笔,没有红粉笔,记作第 3 类.现在从 6 盒中任取一支粉笔,求取到红粉笔的概率.

解　取粉笔,必先要取盒,且不同类盒,取到红粉笔的概率不同.所以,取到红粉笔这一事件,可以从取盒角度根据取到不同类盒分为三个事件,而从不同类盒取到红粉笔的概率很容易得到,从而可求得所需的概率.

设 $A=\{$取到红粉笔$\}$,$B_i=\{$取到第 i 类盒$\}$, $i=1,2,3$,则 B_1,B_2,B_3 两两相斥,且

$$\begin{aligned}P(A)&=P(AB_1+AB_2+AB_3)=P(AB_1)+P(AB_2)+P(AB_3)\\&=P(B_1)P(A|B_1)+P(B_2)P(A|B_2)+P(B_3)P(A|B_3)\\&=\frac{3}{6}\times\frac{6}{9}+\frac{2}{6}\times\frac{3}{6}+\frac{1}{6}\times\frac{0}{3}\\&=\frac{3}{9}+\frac{1}{6}=\frac{9}{18}=\frac{1}{2}.\end{aligned}$$

故取到红粉笔的概率为 $\frac{1}{2}$.

分析例 7 的解题思路：

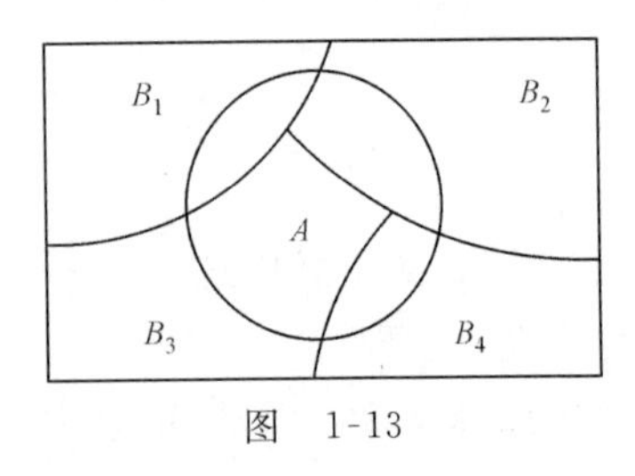

图　1-13

若一组两两互斥的事件 $B_1,B_2,\cdots,B_n$ 将样本空间 S 划分,则这一组事件必将任一事件 A 划分为 $AB_1,AB_2,\cdots,AB_n$,且它们是两两互斥的,见图 1-13.因此,计算事件 A 的概率 $P(A)$可以转化为计算 $P(AB_1),P(AB_2),\cdots,P(AB_n)$：

$$P(A)=P(AB_1)+P(AB_2)+\cdots+P(AB_n).$$

当然这要在 $P(AB_i)$容易得到的前提下.为此,特别给出“完备事件组”的定义,并归纳出“全概公式”.

定义 2　设有随机试验 E 与样本空间 S,$B_1,B_2,\cdots,B_n$ 是随机试验 E 的一组事件.若

(1) $B_iB_j=\varnothing(i\neq j;i,j=1,2,\cdots,n)$;

(2) $\bigcup\limits_{i=1}^{n}B_i=S$,

则称 $B_1,B_2,\cdots,B_n$ 是样本空间 S 的一个**完备事件组**,也称作 S 的一个**划分**.

从事件发生的角度理解完备事件组的定义：$B_1,B_2,\cdots,B_n$ 是样本空间 S 的一个完备事

件组$\Longleftrightarrow$每次试验 $B_1,B_2,\cdots,B_n$ 中有一个发生且仅有一个发生.

互为对立的两个事件 B 与 $\bar{B}$ 即为一个完备事件组.

上面的推导及定义 2 可概括为如下定理：

定理 2 设有随机试验 E 与样本空间 S,A 为随机事件,$B_1,B_2,\cdots,B_n$ 是 S 的一个完备事件组,$P(B_i)>0(i=1,2,\cdots,n)$,则

$$P(A)=\sum_{i=1}^{n}P(B_i)P(A|B_i). \tag{2}$$

公式(2)称为**全概公式**.

例 7(续) 如果知道取到了红粉笔,试求红粉笔取自第 1 类盒的概率.

解 这相当于求 $P(B_1|A)$,故所求的概率为

$$P(B_1|A)=\frac{P(AB_1)}{P(A)}=\frac{P(B_1)P(A|B_1)}{P(A)}=\frac{\frac{3}{6}\times\frac{6}{9}}{\frac{1}{2}}=\frac{2}{3}.$$

由例 7(续)的求解过程可知,求以 A 为条件的概率,可以转化为求以 B_i 为条件的概率.称这一转化式为逆概公式.

定理 3 设有随机试验 E,样本空间为 S,A 为随机事件,$B_1,B_2,\cdots,B_n$ 是 S 的一个完备事件组.若 $P(A)>0,P(B_i)>0(i=1,2,\cdots,n)$,则

$$P(B_i|A)=\frac{P(B_i)P(A\mid B_i)}{\sum\limits_{j=1}^{n}P(B_j)P(A\mid B_j)}. \tag{3}$$

公式(3)称为**逆概公式**,也称作**贝叶斯(Bayes)公式**.

例 8 对以往数据的分析表明,当机器调整好时,产品的合格率为 90%,当机器未调整好时,产品的合格率为 30%.早上开机先调整机器,经验知道机器调整好的概率为 75%.试求当第一件产品是合格品时,机器未调整好的概率.

解 相当于求概率 P(机器未调整好|生产出合格品).给出的概率分别是

P(生产出合格品|机器调整好)=0.90, P(生产出合格品|机器未调整好)=0.30.

设 A={生产出合格品},B={机器调整好},则所求概率为

$$P(\bar{B}|A)=\frac{P(A\bar{B})}{P(A)}=\frac{P(A\bar{B})}{P(AB)+P(A\bar{B})}=\frac{P(\bar{B})P(A|\bar{B})}{P(B)P(A|B)+P(\bar{B})P(A|\bar{B})}$$

$$=\frac{0.25\times0.30}{0.75\times0.90+0.25\times0.30}=0.1.$$

0.25 是没有经过生产产品验证时机器未调整好的概率,称为“先验概率”;0.1 是在已经生产出合格品后,推测出的机器未调整好的概率,称为“后验概率”.当生产出合格品后,我们更有理由认为机器调整好了的依据即在此.

例 9 用血清甲胎蛋白法诊断肝癌.已知肝癌患者检验反应为阳性的概率为 0.95,健康人反应为阴性的概率为 0.90,人群中患肝癌的概率为 0.0004.现在某人的检验呈阳性,试求

此人患肝癌的概率.

解 设A={检验呈阳性},B={患肝癌},则所给概率为$P(A|B)=0.95$,$P(\bar{A}|\bar{B})=0.90$,要求的概率应该是

$$P(B|A)=\frac{P(AB)}{P(A)}=\frac{P(B)P(A|B)}{P(B)P(A|B)+P(\bar{B})P(A|\bar{B})}$$

$$=\frac{0.0004\times 0.95}{0.0004\times 0.95+0.9996\times 0.10}=0.0038.$$

注 从所给的两个条件概率

P{检验呈阳性|患肝癌}$=0.95$, P{检验呈阴性|健康人}$=0.90$

看,似乎此检验方法很准确.事实上,由计算得到的概率P{患肝癌|检验呈阳性}$=0.0038$可见,呈阳性而患肝癌的概率很小,故用它作为确诊肝癌的手段看来不妥.不过,若检验呈阳性,则得肝癌的概率较之人群中患肝癌的概率0.0004约扩大了10倍,所以该检验不失为一种辅助诊断手段.

习 题 1.4

1. 计算下列概率:

(1) 已知$P(A)=\frac{1}{2}$,$P(B)=\frac{1}{3}$,$P(B|A)=\frac{2}{3}$,求$P(A|B)$;

(2) 已知$P(\bar{A})=0.3$,$P(B)=0.4$,$P(A\bar{B})=0.5$,求$P(B|A+\bar{B})$;

(3) 已知$P(A)=\frac{1}{4}$,$P(B|A)=\frac{1}{3}$,$P(A|B)=\frac{1}{2}$,求$P(A+B)$.

2. 已知10个电子元件中有2个是次品.在其中取两次,每次任取一个,做不放回抽样,求下列事件的概率:

(1) 第1次取到正品,第2次取到次品; (2) 一次取到正品,一次取到次品;

(3) 两次都取到正品; (4) 第2次取到次品.

3. 设袋中有5个球,其中有3个新球,2个旧球.每次取一个,用后放回,新球用过一次即算作旧球.设A={第1次取到新球},B={第2次取到新球},试求$P(A)$,$P(AB)$,$P(\bar{A}B)$,$P(B)$.

4. 设甲袋中有6个红球,4个白球;乙袋中有7个红球,3个白球.现在从甲袋中随机取一球,放入乙袋,再从乙袋中随机取一球,试求下列事件的概率:

(1) 两次都取到红球; (2) 从乙袋中取到红球.

5. 设袋中有形状相同的5个球,其中有1个红球,4个白球.若5个人依次从袋中取一个球,不放回,试求每个人取到红球的概率.

6. 设箱中有一号袋1个,二号袋2个.一号袋中装有1个红球,2个黄球;二号袋中装有2个红球,1个黄球.今从箱中任取一袋,从中任取一球,结果为红球,求这个红球是从一号袋中取得的概率.

7. 设有两箱同种类的零件,第一箱装了50个,其中有10个一等品;第二箱装了30个,其中有18个一等品.今从两箱中任挑出一箱,然后从该箱中取零件两次,每次任取一个,不放回,试求:

(1) 第1次取到的零件是一等品的概率;

(2) 在第1次取到的零件是一等品的条件下,第2次取到的零件也是一等品的概率.

8. 设 10 件产品中有 4 件是次品. 从中任取两件,已知所取的两件产品中有一件是次品,求另一件是合格品的概率.

9. 设玻璃杯整箱出售,每箱 20 只,各箱含 0,1,2 只残次品的概率分别为 0.8,0.1,0.1. 一顾客欲购买一箱玻璃杯,由售货员任取一箱,顾客开箱随机查看 4 只,若无残次品,则买此箱玻璃杯,否则不买. 求:

(1) 顾客买此箱玻璃杯的概率;

(2) 在顾客所买的一箱玻璃杯中,确实没有残次品的概率.

§1.5 随机事件的独立性

一、两个随机事件相互独立

例 1 设一袋中有 a 个红球,b 个白球. 从中随机抽取两次,每次一个,观察球的颜色,抽取采用两种方式:(1) 不放回取球;(2) 放回取球. 设事件 $A=\{$第 1 次取到红球$\}$, $B=\{$第 2 次取到红球$\}$. 在两种方式下求概率 $P(A)$,$P(B|A)$,$P(B|\overline{A})$,$P(B)$,$P(AB)$,并分析其结果.

解 (1) 不放回:

$$P(A)=\frac{a}{a+b},$$

$$P(B|A)=\frac{a-1}{a+b-1},$$

$$P(B|\overline{A})=\frac{a}{a+b-1},$$

$$P(B)=\frac{a}{a+b},$$

$$P(AB)=P(A)P(B|A)=\frac{a}{a+b}\cdot\frac{a-1}{a+b-1}.$$

(2) 放回:

$$P(A)=\frac{a}{a+b},$$

$$P(B|A)=\frac{a}{a+b},$$

$$P(B|\overline{A})=\frac{a}{a+b},$$

$$P(B)=\frac{a}{a+b},$$

$$P(AB)=P(A)P(B|A)=\frac{a}{a+b}\cdot\frac{a}{a+b}.$$

分析 (1) 对取后不放回抽样,$P(B)$,$P(B|A)$,$P(B|\overline{A})$三个概率不相等,说明事件 A 发生与否对事件 B 发生的概率有影响.

(2) 对取后放回抽样,$P(B)=P(B|A)=P(B|\overline{A})$. 从取后放回这一背景,可知上述等式成立不奇怪. 这是因为无论第 1 次取到什么,取到后放回去,第 2 次取时条件一样,即事件 A 发生与否对事件 B 发生的概率没有影响.

注意到如果 $P(B)=P(B|A)=P(B|\overline{A})$成立,也就必然有 $P(AB)=P(A)P(B)$. 由上述分析可知,这两个等式成立,标志着事件 A(或 B)发生与否,对事件 B(或 A)发生的概率没有影响. 借此,我们给出事件独立的定义.

定义 1 设 A,B 是两随机事件. 如果

$$P(AB)=P(A)P(B),$$

则称事件 A 与 B **相互独立**(mutually independent).

例 2　从不含大小王的扑克牌中任取一张,设事件 $A=\{$抽到 K$\}$,$B=\{$抽到黑色的牌$\}$,问:A 与 B 是否相互独立?

解　由 $P(A)=\frac{4}{52}$,$P(B)=\frac{26}{52}$,$P(AB)=\frac{2}{52}$ 知 $P(AB)=P(A)P(B)$,所以 A 与 B 相互独立.

由定义 1 可以进一步得到下列结论:

推论 1　若随机事件 A 与 B 相互独立,则 A 与 $\bar{B}$,$\bar{A}$ 与 B,$\bar{A}$ 与 $\bar{B}$ 均相互独立.

证明　因为 $A\bar{B}=A-AB$,且 $A\supset AB$,所以

$$\begin{aligned} P(A\bar{B}) &= P(A-AB) = P(A)-P(AB) = P(A)-P(A)P(B) \\ &= P(A)[1-P(B)] = P(A)P(\bar{B}). \end{aligned}$$

故 A 与 $\bar{B}$ 相互独立.

同理可证 $\bar{A}$ 与 B 相互独立,$\bar{A}$ 与 $\bar{B}$ 相互独立.

推论 2　设 A,B 为两随机事件. 若 $P(A)>0$,则

$$A \text{ 与 } B \text{ 相互独立} \Leftrightarrow P(B)=P(B|A).$$

推论 3　设 A,B 为两随机事件. 若 $0<P(A)<1$,则

$$A \text{ 与 } B \text{ 相互独立} \Leftrightarrow P(B|A)=P(B|\bar{A}).$$

推论 2 和推论 3 的证明留作练习.

注　由事件相互独立容易联想到事件互斥,实际二者不是一个概念.

二者定义的角度不同,互斥是从集合角度定义的,而相互独立是从概率的关系定义的. 特别地,当 $P(A)>0$,$P(B)>0$ 时,有

$$A \text{ 与 } B \text{ 相互独立} \Rightarrow A,B \text{ 不互斥};\quad A,B \text{ 互斥} \Rightarrow A \text{ 与 } B \text{ 不相互独立}.$$

事实上,设 A 与 B 相互独立,则 $P(AB)=P(A)P(B)>0$,从而 A,B 不互斥. 而第二个结论为第一个结论的逆否命题,同样成立.

请思考是否存在既相互独立又互斥的事件?

例 3　考查家庭中孩子的性别构成. 设生男、生女是等可能的,再设

$$A=\{\text{一个家庭中既有男孩又有女孩}\},\quad B=\{\text{一个家庭中最多有一个女孩}\}.$$

针对下面两种情况讨论 A 与 B 的独立性:

(1) 有两个小孩的家庭;　　(2) 有三个小孩的家庭.

解　(1) 对于有两个小孩的家庭,样本空间为

$$S_1=\{\text{男男,男女,女男,女女}\},$$

所以 $P(A)=\frac{2}{4}$,$P(B)=\frac{3}{4}$,$P(AB)=P(A)=\frac{2}{4}$. 显然 A 与 B 不相互独立.

(2) 对于有三个小孩的家庭,样本空间为

$S_2=\{$男男男,男男女,男女男,男女女,女男男,女男女,女女男,女女女$\}$,

所以 $P(A)=\frac{3}{4}, P(B)=\frac{1}{2}, P(AB)=\frac{3}{8}$. 显然 A 与 B 相互独立.

注 这个例题又提示我们,凭经验判断相互独立并不一定可靠.

二、多个随机事件相互独立

定义 2 设 A,B,C 为三个事件. 若有

(1) $P(AB)=P(A)P(B), P(AC)=P(A)P(C), P(BC)=P(B)P(C)$;

(2) $P(ABC)=P(A)P(B)P(C)$,

则称 A,B,C 三个事件**相互独立**.

注意定义 2 中两组条件不能互相代替,看下面的反例:

例 4 设有 4 张卡片,分别标有号码 1,2,3,4. 任取一张,设事件 $A=\{$取到 1,2$\}$, $B=\{$取到 1,3$\}$, $C=\{$取到 1,4$\}$,问: A,B,C 三事件是否相互独立?

解 因为

$$P(A)=\frac{1}{2},\quad P(B)=\frac{1}{2},\quad P(C)=\frac{1}{2},$$

$$\left.\begin{aligned}P(AB)&=\frac{1}{4}=P(A)P(B),\\ P(AC)&=\frac{1}{4}=P(A)P(C),\\ P(BC)&=\frac{1}{4}=P(B)P(C),\end{aligned}\right\}\quad (\text{满足条件}(1))$$

$$P(ABC)=\frac{1}{4}\neq P(A)P(B)P(C)=\frac{1}{8},\quad (\text{不满足条件}(2))$$

所以 A,B,C 三个事件非相互独立.

例 4 说明有条件(1)不一定有条件(2).

例 5 设有均匀的八面体,其中 1,2,3,4 面染上红色,1,2,3,5 面染上白色,1,6,7,8 面染上黑色. 投下去,观察朝上一面有的颜色. 设 $A=\{$有红色$\}$, $B=\{$有白色$\}$, $C=\{$有黑色$\}$,问: A,B,C 三个事件是否相互独立?

解 因为

$$P(A)=P(B)=P(C)=\frac{1}{2},$$

$$P(ABC)=\frac{1}{8}=P(A)P(B)P(C),\quad (\text{满足条件}(2))$$

$$P(AB)=\frac{3}{8}\neq P(A)P(B)=\frac{1}{4},\quad (\text{不满足条件}(1))$$

所以 A,B,C 三个事件不相互独立.

例 5 说明有条件(2)不一定有条件(1).

定义 3 设 A,B,C 为三个随机事件. 若有

$$P(AB)=P(A)P(B), \quad P(AC)=P(A)P(C), \quad P(BC)=P(B)P(C),$$

则称 A,B,C 三个事件**两两相互独立**.

类似有 n 个随机事件两两相互独立的定义.

三个随机事件相互独立与三个随机事件两两相互独立,从定义上看,前者较后者多了条件(2). 为了进一步理解条件(2)的作用,给出关于三个随机事件相互独立的两个结论:

推论 1 如果随机事件 A,B,C 相互独立,则从 A 与 $\overline{A}$,B 与 $\overline{B}$,C 与 $\overline{C}$ 每对随机事件中任选一个随机事件得到的三个随机事件相互独立.

证明 以证明 $A,B,\overline{C}$ 相互独立为例.

显然有 $A,B,\overline{C}$ 两两相互独立,又

$$\begin{aligned}P(AB\overline{C}) &= P(AB)-P(ABC)=P(A)P(B)-P(A)P(B)P(C)\\&=P(A)P(B)[1-P(C)]=P(A)P(B)P(\overline{C}),\end{aligned}$$

所以 $A,B,\overline{C}$ 相互独立.

推论 2 如果随机事件 A,B,C 相互独立,则 A 与 BC,A 与 $B+C$,A 与 $B-C$ 均相互独立.

证明 因为 $P(A(BC))=P(ABC)=P(A)P(B)P(C)=P(A)P(BC)$,所以 A 与 BC 相互独立.

由推论 1 知 $A,\overline{B},\overline{C}$ 相互独立,则 A 与 $\overline{B}\overline{C}$ 相互独立,所以 A 与 $\overline{\overline{B}\overline{C}}=B+C$ 相互独立.

请读者自己证明 A 与 $B-C$ 相互独立.

这一结论对三个事件两两相互独立则不一定成立. 继续分析例 4,已证 A,B,C 两两相互独立,可以验证 A 与 $BC,B+C,B-C$ 均不相互独立. 可见,只有三个事件相互独立,有了条件(2),才保证一个事件与另外两个事件的和、差、积事件均相互独立.

定义 4 设 $A_1,A_2,\cdots,A_n$ 为 n 个随机事件. 如果对于任意 $1\leqslant i_1<i_2<\cdots<i_k\leqslant n(1<k\leqslant n)$,有

$$P(A_{i_1}A_{i_2}\cdots A_{i_k})=P(A_{i_1})P(A_{i_2})\cdots P(A_{i_k})$$

成立,则称事件 $A_1,A_2,\cdots,A_n$ **相互独立**.

注 n 个随机事件相互独立定义的条件非常苛刻,也正因为苛刻的条件,才保证了 n 个事件中任意两组不同事件的和、积事件相互独立.

例 6 设每个人血清中含有肝炎病毒的概率为 0.4%,且每个人血清是否含有肝炎病毒相互独立. 现在混合 100 个人的血清,求此血清中含有肝炎病毒的概率.

解 设 $A_i=\{$第 i 个人血清中含有肝炎病毒$\}$ $(i=1,2,\cdots,100)$,则所求的概率为

$$\begin{aligned}P\left(\bigcup_{i=1}^{100}A_i\right)&=1-P\left(\overline{\bigcup_{i=1}^{100}A_i}\right)=1-P\left(\bigcap_{i=1}^{100}\overline{A}_i\right)=1-\prod_{i=1}^{100}P(\overline{A}_i)\\&=1-0.996^{100}=1-0.6698=0.3302.\end{aligned}$$

注 (1) 每个人血清中含有肝炎病毒的概率并不大,混合 100 个人的血清后,含有肝炎病毒的概率约为 0.33,也就不小了.这说明多次试验小概率事件也不能忽视.

(2) 当随机事件相互独立,求事件和的概率时,可以先找其逆事件的概率,因为逆事件的概率可以通过德·摩根律转化为计算事件积的概率,较简便.

例 7 设一盒中有 5 枚硬币,每枚硬币抛掷出正面朝上的概率分别为 $p_1=0, p_2=\frac{1}{4}$, $p_3=\frac{1}{2}, p_4=\frac{3}{4}, p_5=1$. 从该盒中任取一枚抛掷两次,试求两次均出现正面朝上的概率.

解 设 $A_i=\{$取到第 i 枚硬币$\}(i=1,2,\cdots,5)$, $B_j=\{$第 j 次抛掷正面朝上$\}(j=1,2)$, 则所求的概率为

$$\begin{aligned} P(B_1B_2) &= P(A_1B_1B_2+A_2B_1B_2+A_3B_1B_2+A_4B_1B_2+A_5B_1B_2) \\ &= \sum_{i=1}^{5} P(A_iB_1B_2) = 0+\sum_{i=2}^{5} P(A_iB_1B_2). \end{aligned}$$

以 $P(A_2B_1B_2)$ 为例,分析计算方法.

方法 1 由乘法定理有

$$P(A_2B_1B_2)=P(A_2)P(B_1|A_2)P(B_2|A_2B_1)=\frac{1}{5}\times\frac{1}{4}\times\frac{1}{4}.$$

方法 2 在 A_2 发生的条件下, B_1, B_2 相互独立,于是

$$P(A_2B_1B_2)=P(A_2)P(B_1B_2|A_2)=P(A_2)P(B_1|A_2)P(B_2|A_2)=\frac{1}{5}\times\frac{1}{4}\times\frac{1}{4}.$$

显然,两种方法结果相同.最后求得

$$P(B_1B_2) = \sum_{i=2}^{5} P(A_iB_1B_2) = \frac{3}{8}.$$

例 8 有一项任务,派甲、乙两人单独完成.若甲能完成任务的概率为 0.9,乙能完成任务的概率为 0.8,求:

(1) 任务被完成的概率; (2) 任务完成了,是甲一人完成的概率.

解 设 A_1, A_2 分别为甲、乙完成任务,则 $A_1+A_2=\{$任务被完成$\}$.

(1) 所求的概率为

$$P(A_1+A_2) = P(A_1)+P(A_2)-P(A_1A_2) = 0.9+0.8-0.9\times0.8 = 0.98;$$

(2) 所求的概率为

$$\begin{aligned} P(A_1\overline{A}_2|A_1+A_2) &= \frac{P(A_1\overline{A}_2(A_1+A_2))}{P(A_1+A_2)} = \frac{P(A_1\overline{A}_2)}{P(A_1+A_2)} \\ &= \frac{P(A_1)P(\overline{A}_2)}{P(A_1+A_2)} = \frac{0.9\times0.2}{0.98} = 0.1837. \end{aligned}$$

注 由 A_1 与 A_2 相互独立知道 A_1 与 $\overline{A}_2$ 相互独立.下面分析在 A_1+A_2 发生的条件下, A_1 与 $\overline{A}_2$ 是否相互独立:

$$P(A_1|A_1+A_2)\cdot P(\overline{A}_2|A_1+A_2)=\frac{P(A_1(A_1+A_2))}{P(A_1+A_2)}\cdot\frac{P(\overline{A}_2(A_1+A_2))}{P(A_1+A_2)}$$

$$=\frac{P(A_1)}{P(A_1+A_2)}\cdot\frac{P(A_1\overline{A}_2)}{P(A_1+A_2)}=\frac{0.9}{0.98}\times\frac{0.18}{0.98}=0.1687\neq P(A_1\overline{A}_2|A_1+A_2).$$

这说明，在 A_1+A_2 发生条件下，A_1，$\overline{A}_2$ 不一定仍然相互独立.

三、伯努利概型

伯努利概型是对又一类随机试验的概括，我们会经常遇到它.

若随机试验的内容是进行 n 次重复试验，任何一次试验中各结果发生的概率不受其他各次试验结果的影响，则称此 n 次试验为 n 次**独立试验**.

若随机试验满足：

(1) 进行 n 次独立试验；

(2) 每次试验只有两个结果：A 与 $\overline{A}$，其中 $P(A)=p$，$P(\overline{A})=1-p$，$0<p<1$，

则称该试验为 n **重伯努利试验**，简称**伯努利试验**(Bernoulli trials)，也称**伯努利概型**.

例如：

(1) 掷一枚硬币，连续掷 5 次，每次两个结果，这为伯努利试验.

(2) 一次掷 5 枚硬币，可视掷每一枚硬币是一次独立试验，掷 5 枚是 5 次独立试验，每一枚掷后，有两个可能结果，这仍为伯努利试验.

(3) 设袋中有 a 个红球，b 个白球，c 个黑球，有放回地取 n 次. 若关心的是取到红球与否，仍是两个结果，这也为伯努利试验.

分析 n 重伯努利试验中事件 A 发生 k 次的概率的计算：

先看 n 次试验中前 k 次 A 发生，后 $n-k$ 次 $\overline{A}$ 发生的概率.

设事件 $A_i=\{$第 i 次 A 发生$\}(i=1,2,\cdots,n)$，显然 $A_1,A_2,\cdots,A_n$ 相互独立，且事件

$$\{前\ k\ 次\ A\ 发生，后\ n-k\ 次\ \overline{A}\ 发生\}=A_1A_2\cdots A_k\overline{A}_{k+1}\cdots\overline{A}_n,$$

于是

$$P(A_1A_2\cdots A_k\overline{A}_{k+1}\cdots\overline{A}_n)=P(A_1)P(A_2)\cdots P(A_k)P(\overline{A}_{k+1})\cdots P(\overline{A}_n)$$

$$=p^kq^{n-k},\quad 其中\quad q=1-p.$$

n 次试验中任意 k 次 A 发生，其他 $n-k$ 次 $\overline{A}$ 发生，都为 A 发生 k 次，共有 C_n^k 种，所以

$$P(A\ 发生\ k\ 次)=C_n^kp^kq^{n-k},\quad 其中\quad q=1-p. \tag{1}$$

例 9　一大批电子元件中，一级品率为 0.2. 从中随机取 10 个，求恰有 6 个一级品的概率.

解　由公式(1)得所求的概率为

$$P\{恰有\ 6\ 个一级品\}=C_{10}^6\times 0.2^6\times 0.8^4=0.0055.$$

习　题　1.5

1. 证明：(1) 不可能事件 $\varnothing$ 和必然事件 S 与任何事件相互独立；

(2) 若 $0<P(A)<1$，则随机事件 A,B 相互独立的充分必要条件是 $P(B|A)=P(B|\overline{A})$；

(3) 如果随机事件 A,B,C 相互独立，则 A 与 $B-C$ 相互独立.

2. 甲、乙两人独立地对同一目标射击一次，其命中率分别为 0.6 和 0.65. 现已知目标被命中，求是甲单独命中目标的概率.

3. 三人独立地去破译一份密码，他们破译出的概率分别为 $\frac{1}{5}$，$\frac{1}{3}$，$\frac{1}{4}$. 问：能将此密码译破出的概率是多少？

4. 当危险情况发生时，自动报警器的电路即会自动闭合而发出警报. 我们可以将两个或多个报警器并联，以增加其可靠性. 当危险情况发生时，这些并联中的任何一个报警器电路闭合，就能发出警报. 已知当危险情况发生时，每一报警器能闭合电路的概率为 0.96.

(1) 如果将两个报警器并联，则报警器的可靠性是多少？

(2) 若想使报警器的可靠性达到 0.9999，则需要将多少个报警器并联？

5. 一大楼装有 5 个同类型的供水设备，调查表明在 1 h 内平均每个设备使用 6 min，问：在同一时刻，(1) 恰有 2 个设备被使用的概率是多少？(2) 至少有 2 个设备被使用的概率是多少？

总习题一

1. 设 A,B 为两随机事件，且 $P(A)=0.5$，$P(B)=0.3$.

(1) 若 $B\subset A$，求 $P(\overline{A}+\overline{B})$，$P(A|\overline{A}+\overline{B})$；

(2) 若 A,B 互斥，求 $P(\overline{A}\,\overline{B})$；

(3) 若 A 与 B 互相独立，求 $P(A-B)$，$P(A-B|\overline{B})$.

2. 设随机事件 A 与 B 相互独立，且 $P(A)=0.5$，$P(A\cup B)=0.8$，计算：

(1) $P(A\overline{B})$；　(2) $P(\overline{A}+\overline{B})$.

3. 设 A,B 为两随机事件，且 $P(A)=0.4$，$P(\overline{A}+B)=0.8$，求 $P(\overline{B}|A)$.

4. 在五位随机整数中(含以 0 开头的数)，任取一个数，求下列事件的概率：

(1) 恰有一个数字出现两次；　(2) 最大的数字为 6；

(3) 5 个数字恰好严格单增.

5. 从 5 双不同的鞋子中任取 4 只，求其中至少有两只配成一双的概率.

6. 将两个好零件与两个坏零件放在一起，从中随机逐个往外取，不放回，直到两个坏零件均被取出为止，求下列事件的概率：

(1) 两次就把两个坏零件都取出；

(2) 取了 3 次才把两个坏零件都取出.

7. 在一线段 AB 中任取两点 X_1，X_2，求 AX_1，X_1X_2，X_2B 可以构成一个三角形的概率.

8. 在一通信渠道中，能传送字符 AAAA，BBBB，CCCC 三者之一. 由于通信噪声干扰，正确接收到被传送字母的概率为 0.6，接收到其他两个字母的概率均为 0.2. 假设前后字母是否被误传互不影响.

(1) 求收到字符 ABCA 的概率；

(2) 若收到的字符为 ABCA，问被传送字符为 AAAA 的概率多大.

9. 已知每箱产品有 10 件，其次品数从 0 到 2 是等可能的. 开箱检验时，从中任取一件，如果检验是次品,则认为该箱产品不合格而拒收.假设由于检验有误,一件正品被误检为次品的概率为 2%,而一件次品被误检为正品的概率为 5%,求一箱产品通过验收的概率.

10. 设一枪室里有 10 支枪,其中 6 支经过校正,命中率可达 0.8,另外 4 支尚未校正,命中率仅为 0.5.

(1) 从枪室里任取一支枪,独立射击 3 次,求 3 次均命中目标的概率;

(2) 从枪室里任取一支枪,射击一次,然后放回,如此连续 3 次,结果 3 次均命中目标,求取出的 3 支枪中有 2 支是校正过的概率.

11. 设有来自三个地区的各 10 名,15 名和 25 名的报名表,其中女生的报名表分别为 3 份,7 份和 5 份.随机地取一个地区的报名表,从中先后抽出两份,求:

(1) 先抽到的一份是女生报名表的概率 p;

(2) 已知后抽到的一份是男生报名表,求先抽到的一份是女生报名表的概率 q.

12. 已知甲、乙、丙三人的射击命中率分别为 100%,50%,30%.设每个人都够聪明与理智,按丙、乙、甲顺序先后射击决斗,求每个人胜出的概率.

13. 某人共买了 11 个水果,其中有 3 个是二级品,8 个是一级品.随机地将水果分给 A,B,C 三个人,分别得到 4 个,6 个,1 个.

(1) 求 C 未拿到二级品的概率;

(2) 已知 C 未拿到二级品,求 A,B 均拿到二级品的概率;

(3) 求 A,B 均拿到二级品,而 C 未拿到二级品的概率.

14. 一架长机和两架僚机一同飞往某目的地进行轰炸,但要到达目的地,非有无线电导航不可,而只有长机具有此项设备.一旦到达目的地,各飞机将独立地进行轰炸,且炸毁目标的概率均为 0.3.在到达目的地之前,必须经过高射炮阵地上空,此时任一飞机被击落的概率为 0.2.求目标被炸毁的概率.

15. 设一袋子中装有 5 个红球,3 个黄球,2 个黑球.现从中每次任取一球,观察其颜色后放回,如此继续,求在取到黄球之前取到红球的概率.

第二章 随机变量及其分布

本章引进随机变量以描述随机试验的结果；介绍刻画随机变量取值及其概率的三个函数：分布律、分布函数、概率密度函数(统称随机变量的分布)；介绍一些常用的分布.

§2.1 随 机 变 量

仅用文字描述随机试验的结果，数学工具难以发挥作用，对随机现象的研究也就难以深入.下面引进随机变量以描述随机试验的结果.

在一些随机试验中，观察到的各种可能结果本身就是量.例如：

E_1：掷骰子，观察朝上的点数，结果是量.设朝上的点数为 X，X 的所有可能取值构成样本空间

$$S_1=\{1,2,3,4,5,6\};$$

E_2：在 n 重伯努利试验中，观察事件 A 发生的次数 Y，Y 的所有可能取值构成样本空间

$$S_2=\{0,1,2,\cdots,n\};$$

E_3：记录 120 急救站在 1 h 内接到的呼叫次数 Z，Z 的所有可能取值构成样本空间

$$S_3=\{0,1,2,\cdots\};$$

E_4：测试灯泡寿命，设灯泡寿命为 T，T 的所有可能取值构成样本空间

$$S_4=\{T\mid T\geqslant 0\},\quad \text{或记}\quad S_4=[0,+\infty).$$

在此，称 X,Y,Z,T 为随机变量顺理成章：是量；取值不唯一，是变量；变量的取值具有随机性，是随机变量.

也有的随机试验其结果不是量，但可以转化为量.例如：

掷硬币，结果为正面或反面.若令出现正面为 1，反面为 0，则结果可以表现为随机变量.

从装有红、白、黑三种颜色球的袋中随机取一个球，观察球的颜色.如果设取出红球为 1，白球为 2，黑球为 3，那么结果仍然可以表现为随机变量.

随机变量的一般定义如下：

定义 设 E 是随机试验，S 为 E 的样本空间.如果对任意样本点 $e\in S$，有唯一确定的实数 $X(e)$ 与之对应，则称 $X=X(e)$ 为定义在样本空间 S 上的**随机变量**(random variable).

随机变量常常用大写字母 X,Y,Z 或希腊字母 ξ,η 来表示.

有了随机变量，可以使随机事件的描述更简明扼要.例如，上述随机试验 E_4 中事件 $A=$ {灯泡寿命在 500～800 h}，即可以记作

$$A=\{500\leqslant X\leqslant 800\}.$$

随机变量一般分为两类：离散型随机变量与非离散型随机变量. 取值为有限个或无限可列个的随机变量称为**离散型随机变量**(discrete random variable). 上面提到的掷骰子朝上的点数 X，n 重伯努利试验事件 A 发生的次数 Y，120 急救站在 1 h 内收到的呼叫次数 Z，都是离散型随机变量. 在非离散型随机变量中，我们主要讨论连续型随机变量，如 E_4 中灯泡寿命 T.

在以后的学习中会发现，由于随机变量的引入，使得数学工具更充分地发挥了作用，概率论的研究由古典概率跨到分析概率，开辟了概率论史的新阶段.

§2.2 离散型随机变量的分布律

一、离散型随机变量分布律的定义与性质

概率论关心的是随机试验结果发生的可能性大小，引入随机变量表示随机试验的结果，如果清楚了随机变量的所有取值及取值的概率，也就清楚了随机现象. 为此，给出下面的定义：

定义 1 设离散型随机变量 X 取值 x_k 时的概率为 $p_k(k=1,2,\cdots)$，则称 X 的所有取值及取值的概率为离散型随机变量 X 的**分布律**(distribution law)(也称**概率分布**)，记作

$$P\{X=x_k\}=p_k \quad (k=1,2,\cdots),$$

也可列表记为

X	x_1	x_2	$\cdots$	x_k	$\cdots$
P	p_1	p_2	$\cdots$	p_k	$\cdots$

分布律的充分必要条件：

(1) $p_k \geqslant 0, k=1,2,\cdots$；

(2) $\sum\limits_{k=1}^{\infty} p_k=1$.

例 1 (1) 掷骰子，设 X 为出现的点数，求 X 的分布律.

(2) 从号码为 1,2,3,4,5 的 5 个球中随机取 3 个，求最大号码 Y 的分布.

(3) 设汽车到达目的地需要通过 3 个设有红绿信号灯的路口，信号灯之间相互独立，红绿信号显示的时间相等. 以 Z 表示该汽车首次遇到红灯前已通过的路口个数，求 Z 的分布律及概率 $P\{Z<0\}, P\{Z\leqslant 0\}, P\{Z<1.6\}, P\{Z<4\}$.

解 既然离散型随机变量的分布律为随机变量的所有取值及取值的概率，先确定随机变量的取值，进而求每一个取值的概率即可.

(1) X 的分布律为

X	1	2	3	4	5	6
P	1/6	1/6	1/6	1/6	1/6	1/6

或 $$P\{X=k\}=1/6 \quad (k=1,2,3,4,5,6).$$

(2) 最大号码 Y 的取值为 3,4,5,且

$$P\{Y=3\}=\frac{1}{C_5^3}=\frac{1}{10},\quad P\{Y=4\}=\frac{C_3^2}{C_5^3}=\frac{3}{10},$$

而事件$\{Y=5\}$是事件$\{Y=3\}\cup\{Y=4\}$的对立事件,所以

$$P\{Y=5\}=1-P\{X=3\}-P\{X=4\}=\frac{6}{10}.$$

故 Y 的分布律为

Y	3	4	5
P	1/10	3/10	6/10

(3) Z 的取值为 0,1,2,3. 设 $A_i=\{$第 i 个路口遇到红灯$\}(i=1,2,3)$. 红绿信号显示的时间相等相当于汽车遇到红灯和绿灯的概率均为 $\frac{1}{2}$.

事件$\{Z=0\}$发生即遇到红灯前通过的路口数为 0,也即第一个路口就遇到红灯,所以

$$P\{Z=0\}=P(A_1)=\frac{1}{2}.$$

同理,可得

$$P\{Z=1\}=P(\overline{A}_1A_2)=P(\overline{A}_1)P(A_2)=\frac{1}{2}\times\frac{1}{2}=\frac{1}{4},$$

$$P\{Z=2\}=P(\overline{A}_1\overline{A}_2A_3)=P(\overline{A}_1)P(\overline{A}_2)P(A_3)=\frac{1}{8},$$

$$P\{Z=3\}=P(\overline{A}_1\overline{A}_2\overline{A}_3)=P(\overline{A}_1)P(\overline{A}_2)P(\overline{A}_3)=\frac{1}{8}.$$

故 Z 的分布律为

Z	0	1	2	3
P	1/2	1/4	1/8	1/8

由 Z 的分布律得

$$P\{Z<0\}=0,\quad P\{Z\leqslant 0\}=P\{Z=0\}=\frac{1}{2},$$

$$P\{Z<1.6\}=P\{Z=0\}+P\{Z=1\}=\frac{3}{4},$$

$$P\{Z<4\}=P\{Z=0\}+P\{Z=1\}+P\{Z=2\}+P\{Z=3\}=1.$$

例 2 设随机变量 X 的分布律为 $P\{X=k\}=b\lambda^k(k=1,2,\cdots)$, $b>0$,求 λ.

解 由分布律的充分必要条件有 $\sum\limits_{k=1}^{\infty}b\lambda^k=1$,得$|\lambda|<1$,所以

$$\sum_{k=1}^{\infty} b\lambda^k = b\sum_{k=1}^{\infty}\lambda^k = b\cdot\frac{\lambda}{1-\lambda} = 1,\quad 即\quad \lambda = \frac{1}{1+b}.$$

二、常用的离散型随机变量的分布

1. 0-1 分布

定义 2　若离散型随机变量 X 的分布律为

X	0	1
P	$1-p$	p

$(0<p<1)$

则称 X 服从 0-1 **分布**、**两点分布**或**伯努利分布**.

注　由仅有两个结果的随机试验所确定的随机变量,均可看作服从 0-1 分布.

例如,掷一枚硬币一次,所确定的随机变量 $X=\begin{cases}1, & 正面朝上,\\ 0, & 正面朝下\end{cases}$ 服从 0-1 分布;又如,抽样检查,结果为正品或次品,所确定的随机变量 $Y=\begin{cases}1, & 抽到正品,\\ 0, & 抽到次品\end{cases}$ 服从 0-1 分布.

2. 二项分布

定义 3　若离散型随机变量 X 的分布律为

$$P\{X=k\} = C_n^k p^k q^{n-k}\quad (k=0,1,2,\cdots,n),$$

其中 $0<p<1, q=1-p$,则称 X 服从**二项分布**(binomial distribution),记作 $X\sim B(n,p)$.

二项分布的背景即 n 重伯努利试验,因此二项分布记作 $B(n,p)$. 0-1 分布是 $n=1$ 时的特殊二项分布.

例 3　设池塘中有 1000 条鱼,其中鲢鱼 400 条,鲫鱼 350 条,鲤鱼 250 条. 随机捞 4 次,每次一条,捞后放回,并设 X_1, X_2, X_3 分别为 4 次中捞到鲢鱼、鲫鱼、鲤鱼的条数,求:

(1) X_1, X_2, X_3 的分布律;　　(2) 至少捞到两条鲢鱼的概率.

解　以 X_1 为例,捞到放回,每次条件不变,每次捞到鲢鱼的概率均为 $\frac{400}{1000}=0.4$,捞 4 次相当于 4 次独立试验. 从捞到鲢鱼与否的角度分析,每次仍为两个结果,即相当于 4 重伯努利试验.

(1) $X_1\sim B(4,0.4)$,所以

$$P\{X_1=k\} = C_4^k\times 0.4^k\times 0.6^{4-k}\quad (k=0,1,2,3,4);$$

$X_2\sim B(4,0.35)$,所以

$$P\{X_2=k\} = C_4^k\times 0.35^k\times 0.65^{4-k}\quad (k=0,1,2,3,4);$$

$X_3\sim B(4,0.25)$,所以

$$P\{X_3=k\} = C_4^k\times 0.25^k\times 0.75^{4-k}\quad (k=0,1,2,3,4).$$

(2) $P\{X_1\geqslant 2\}=1-P\{X_1=0\}-P\{X_1=1\}=1-C_4^0\times 0.4^0\times 0.6^4-C_4^1\times 0.4^1\times 0.6^3$

$$=1-0.1296-0.3456=0.5248,$$

即至少捞到两条鲢鱼的概率为 0.5248.

注 即使无放回，由于鱼的数量较大，捞鱼次数少，第一次捞出鲢鱼的概率为 $\frac{400}{1000}=0.4$，第一次捞出鲢鱼后，第二次再捞到鲢鱼的概率为 $\frac{399}{999}=0.399$，与 0.4 差异不大，仍然可看作独立试验，按二项分布考虑.

3. 泊松分布

定义 4 若离散型随机变量 X 的分布律为

$$P\{X=k\}=\frac{\lambda^k e^{-\lambda}}{k!}\quad (k=0,1,2,\cdots),$$

其中 $\lambda>0$，则称 X 服从参数为 λ 的**泊松(Poisson)分布**，记作 $X\sim P(\lambda)$.

注 泊松分布描述了大量试验中，稀有事件(即概率较小事件)出现次数的概率分布. 例如，操作系统出现故障的次数、商店中贵重商品出售的件数、布匹上的疵点数等，一般可以看作服从泊松分布.

例 4 设一交通路口一个月内发生交通事故的次数服从参数为 4 的泊松分布，求：

(1) 一个月内恰发生 8 次交通事故的概率；

(2) 一个月内发生交通事故的次数大于 10 的概率.

解 设 X 为该路口一个月内发生交通事故的次数，则 $X\sim P(4)$.

(1) 一个月内恰发生 8 次交通事故的概率为 $P\{X=8\}=\frac{4^8 e^{-4}}{8!}=0.02977$.

(2) 一个月内发生交通事故的次数大于 10 的概率为 $P\{X\geqslant 11\}=\sum_{k=11}^{\infty}\frac{4^k e^{-4}}{k!}$. 这一概率计算，即使通过逆事件概率也颇费劲. 书后附有泊松分布表(附表 2)，通过查表可得到上述概率值. 取 $x=11,\lambda=4$，即得到

$$P\{X\geqslant 11\}=\sum_{k=11}^{\infty}\frac{4^k e^{-4}}{k!}=0.00284.$$

注 $P\{X=8\}$ 也可以如下计算：

$$P\{X=8\}=P\{X\geqslant 8\}-P\{X\geqslant 9\}=0.051134-0.021363=0.02977.$$

二项分布与泊松分布之间有下列关系定理：

定理(泊松定理) 设有数列 $\{a_n\}$，$a_n=C_n^k p_n^k(1-p_n)^{n-k}$，其中 k 为任意固定非负整数. 如果当 $n\to\infty$ 时，有 $np_n\to\lambda$，则

$$\lim_{n\to\infty}C_n^k p_n^k(1-p_n)^{n-k}=\frac{\lambda^k e^{-\lambda}}{k!}.$$

注 泊松定理可以如下叙述：

若随机变量 X 服从二项分布 $B(n,p)$，则当 n 较大，p 较小(一般 $n\geqslant 20,p\leqslant 0.1$)时，$X$ 近似服从参数为 np 的泊松分布 $P(np)$，即

$$C_n^k p^k (1-p)^{n-k} \approx \frac{(np)^k e^{-np}}{k!} \quad (k=0,1,\cdots,n).$$

例 5 某学院有 4 个计算机实验室,每个实验室有 50 台计算机,计算机工作相互独立,每台计算机发生故障的概率为 0.01,一台计算机发生故障可由一人处理.考虑两种方案:

A. 配备 4 名实验室工作人员,每人负责一个实验室;

B. 配备 3 名实验室工作人员,共同负责 4 个实验室.

试比较两种方案的优劣.

解 优劣的标准是比较两种方案中,事件{计算机出现故障没人修}发生的概率大小.

对方案 A,设一个实验室 50 台计算机中出故障的台数为 X,则 $X \sim B(50,0.01)$. 于是

$$\begin{aligned} P\{X \geqslant 2\} &= \sum_{k=2}^{50} C_{50}^k \times 0.01^k \times 0.99^{50-k} \\ &\approx \sum_{k=2}^{50} \frac{0.5^k e^{-0.5}}{k!} \quad (\lambda = 50 \times 0.01 = 0.5) \\ &\approx \sum_{k=2}^{\infty} \frac{0.5^k e^{-0.5}}{k!} = 0.09, \end{aligned}$$

即每个实验室发生计算机出现故障没人修的概率约为 0.09.

设 A_i={第 i 个实验室的计算机发生故障没人修} $(i=1,2,3,4)$,则计算机出现故障没人修的概率为

$$\begin{aligned} P(A_1+A_2+A_3+A_4) &= 1 - P(\overline{A_1+A_2+A_3+A_4}) \\ &= 1 - P(\overline{A}_1\overline{A}_2\overline{A}_3\overline{A}_4) = 1 - P(\overline{A}_1)P(\overline{A}_2)P(\overline{A}_3)P(\overline{A}_4) \\ &\approx 1 - 0.91^4 = 0.3143. \end{aligned}$$

对方案 B,设 200 台计算机中出故障的台数为 Y,则 $Y \sim B(200,0.01)$. 于是计算机出现故障没人修的概率为

$$\begin{aligned} P\{Y \geqslant 4\} &= \sum_{k=4}^{200} C_{200}^k \times 0.01^k \times 0.99^{200-k} \\ &\approx \sum_{k=4}^{200} \frac{2^k e^{-2}}{k!} \quad (\lambda = 200 \times 0.01 = 2) \\ &\approx \sum_{k=4}^{\infty} \frac{2^k e^{-2}}{k!} = 0.1429. \end{aligned}$$

可见,方案 A 下计算机出现故障没人修的概率较大,也即相比之下方案 B 更可取.

4. 超几何分布

定义 5 若离散型随机变量 X 的分布律为

$$P\{X=k\} = \frac{C_{N_1}^k C_{N_2}^{n-k}}{C_N^n}$$

$$(k=0,1,2,\cdots,l;\ l=\min\{N_1,n\};\ N_1+N_2=N),$$

则称 X 服从**超几何分布**(hypergeometric distribution),记作 $X\sim H(N,N_1,n)$.

注 第一章介绍过的超几何概型:有 N 件产品,其中 N_1 件次品,N_2 件正品,抽 n 件检查,其中的次品数 X 即服从超几何分布;若做 n 次不放回抽样,一次一件,抽到的次品数 X 同样服从超几何分布.

当 N 较大,n 较小时,超几何分布近似服从二项分布 $B\left(n,\dfrac{N_1}{N}\right)$,即

$$\frac{C_{N_1}^k C_{N_2}^{n-k}}{C_N^n}\approx C_n^k\left(\frac{N_1}{N}\right)^k\left(\frac{N_2}{N}\right)^{n-k},$$

其依据是

$$\frac{N_1}{N}\approx\frac{N_1-1}{N-1}\approx\frac{N_1-2}{N-2}\approx\cdots.$$

例 6 设有 1000 件产品,其中有 100 件废品.从中取 3 次,每次任取一件,不放回,计算恰有一件废品的概率.

解 设 X 为取到的 3 件产品中的废品数,则 X 服从超几何分布.于是恰有一个废品的概率为

$$P\{X=1\}=\frac{C_{100}^1 C_{900}^2}{C_{1000}^3}=\frac{9}{37}\approx 0.243.$$

因为产品总数 $N=1000$ 很大,取出的产品数 $n=3$ 很小,尽管取后不放回,每次取时废品比例变化不大,取废品率约为 $100/1000=0.1$.若按二项分布计算,即视 $X\sim B(3,0.1)$,则

$$P\{X=1\}\approx C_3^1\times 0.1\times 0.9^2=0.243.$$

可见结果几乎一样.

5. 几何分布

先来看下面的例题.

例 7 某人打靶直到命中为止,命中率为 0.2,试求其射击次数 X 的分布律.

解 X 的取值为 $1,2,\cdots$,又事件 $\{X=k\}$ 发生必然是前 $k-1$ 次没命中,第 k 次命中,所以射击次数 X 的分布律为

$$P\{X=k\}=(1-0.2)^{k-1}\times 0.2\quad(k=1,2,\cdots).$$

定义 6 若离散型随机变量 X 的分布律为

$$P\{X=k\}=q^{k-1}p\quad(k=1,2,\cdots),$$

其中 $0<p<1$,$q=1-p$,则称 X 服从参数为 p 的**几何分布**(geometric distribution),记为

$$X\sim G(p).$$

注 在伯努利试验序列中,记每次试验事件 A 发生的概率为 p,X 为事件 A 首次发生时试验的次数,则 X 服从几何分布.

例 8 若一段防洪大堤按照抗百年一遇洪水的标准设计,求建成后的 50 年内,第一次遭遇百年一遇大洪水的概率.

解　任何一年中发生百年一遇洪水的概率为 $p=\frac{1}{100}=0.01$. 设大堤建成到第一次遭遇百年一遇洪水需经过 X 年，则 X 服从几何分布. 于是所求的概率为

$$P\{X\leqslant 50\}=\sum_{k=1}^{50}(1-p)^{k-1}p=\sum_{k=1}^{50}0.99^{k-1}\times 0.01=\frac{0.01\times(1-0.99^{50})}{1-0.99}$$
$$=1-e^{50\ln 0.99}=1-0.605=0.395.$$

习　题　2.2

1. (1) 设袋中有形状、质地相同的球，其中有 3 个 1 号球，2 个 2 号球，5 个 3 号球. 从中随机取一个球，设 X 为取到球的号数，求 X 的分布律.

(2) 设袋中有形状、质地相同的红、白、黑三种颜色的球各三分之一. 从中随机取一个球，观察球的颜色，试用随机变量描述随机试验的结果，并写出分布律.

(3) 掷两颗均匀的骰子，记 X 为两颗骰子的点数和，求 X 的分布律.

(4) 已知某种股票现行市场价格为 100 元/股，假设该股票每年收益率以等可能呈 20% 与 −10% 两种状态，求两年后该股票价格的分布律.

2. 设离散型随机变量 X 的分布律为

(1) $P\{X=i\}=\frac{i}{a}\ (i=1,2,3,4,5)$；　(2) $P\{X=i\}=2^i a\ (i=1,2,3,4,5)$.

求(1),(2)中 a 的值.

3. 设一批产品的次品率为 0.1，随机抽取 5 件检验，求：

(1) 检验出的次品数的分布律；　(2) 至少有两件次品的概率.

4. 某人投篮的命中率为 0.2，连续投篮.

(1) 若直到首次投中停止，求投篮次数的分布律；

(2) 若直到投中 r 次停止，求投篮次数的分布律.(该分布律称为**巴斯卡分布**)

5. 甲、乙两人投篮，已知投中的概率分别为 0.4，0.5. 今各投两次，求：

(1) 两人投中次数相同的概率；　(2) 甲比乙投中次数少的概率；　(3) 甲比乙投中次数多的概率.

6. 设有一大批产品，其验收方案如下：先做第 1 次检验，从中任取 10 件，经检验无次品则接受这批产品，次品数大于 2 则拒收；否则，做第 2 次检验，其做法是从中再任取 5 件，仅当 5 件中无次品时接受这批产品. 若产品的次品率为 10%，求：

(1) 这批产品经第 1 次检验就能被接受的概率；

(2) 需做第 2 次检验的概率；

(3) 这批产品按第 2 次检验的标准被接受的概率；

(4) 这批产品在第 1 次检验未能作决定且第 2 次检验时被接受的概率；

(5) 这批产品被接受的概率.

7. 设某书一页中印刷错误的个数服从 $\lambda=0.02$ 的泊松分布，该书共 100 页，试求该书至多有 5 页存在印刷错误的概率.(试用泊松定理求解)

8. 设某证券营业部开有1000个资金账户，每户资金为10万元.若每日每个资金账户到营业部提取20%现金的概率为0.006，问：该营业部每日至少要准备多少现金才能以95%以上的概率满足客户提款的需求？（试用泊松定理求解）

§2.3 随机变量的分布函数

对于离散型随机变量，有分布律就可以把随机变量的取值与取值的概率描述得非常清楚了.有的随机变量则做不到将所有取值的概率一一描述.例如，测试灯泡寿命，设寿命为X，X的取值为$[0,+\infty)$，由实数的稠密性，任意两个实数之间都还有无穷多个实数，要描述X的取值及其概率，用分布律的形式则难以实现.对这类随机变量，取值为一个数的概率是多少意义并不大，人们关心的是取值在某个区间的概率，如灯泡寿命在500～1000 h的概率，即$P\{500<X\leqslant 1000\}$为多少.如果能知道$P\{X\leqslant 1000\}$与$P\{X\leqslant 500\}$，则得到

$$P\{500 < X \leqslant 1000\} = P\{X \leqslant 1000\} - P\{X \leqslant 500\}.$$

为此，定义如下分布函数：

定义 设X是随机变量，x为任意实数，则称函数

$$F(x) = P\{X \leqslant x\}$$

为随机变量X的**分布函数**(distribution function)，记作$X\sim F(x)$.

注 分布函数首先是函数，掌握一个函数的关键是函数的两个要素：

定义域 分布函数$F(x)$的定义域为实数域$\mathbf{R}$.

对应法则 对自变量x，分布函数$F(x)$的函数值为事件$\{X\leqslant x\}$发生的概率，也即X取值在区间$(-\infty,x]$上的概率.

可见，有了随机变量的分布函数$F(x)$，对任意a,b，随机变量取值在$(a,b]$上的概率都可以确定：

$$P\{a < X \leqslant b\} = P\{X \leqslant b\} - P\{X \leqslant a\} = F(b) - F(a).$$

同时，由于分布函数是普通的实函数，"微积分"这一数学工具有了用武之地，这使得对概率的研究得以深入.

例1 设随机变量X的分布律为

X	1	2	3
P	1/4	1/2	1/4

试求X的分布函数.

解 分布函数是定义在实数域上的，应该在实数域上给出分布函数的函数式.

当$x<1$时，因为$\{X\leqslant x\}$是不可能事件，所以

$$F(x) = P\{X \leqslant x\} = 0.$$

例如,当 $x=-6$ 时,$\{X\leqslant -6\}$是不可能事件,所以 $F(-6)=P\{X\leqslant -6\}=0$.

当 $x=1$ 时,事件$\{X\leqslant 1\}$中仅有$\{X=1\}$可能发生,所以

$$F(1)=P\{X\leqslant 1\}=P\{X<1\}+P\{X=1\}=\frac{1}{4}.$$

当 $1<x<2$ 时,事件$\{X\leqslant x\}$可以分解为$\{X<1\}$,$\{X=1\}$,$\{1<X<x\}$几个互斥事件的和事件,仍然仅有$\{X=1\}$可能发生,所以

$$F(x)=P\{X\leqslant x\}=P\{X<1\}+P\{X=1\}+P\{1<X<x\}=\frac{1}{4}.$$

当 $2\leqslant x<3$ 时,

$$\begin{aligned}F(x)&=P\{X\leqslant x\}\\&=P\{X<1\}+P\{X=1\}+P\{1<X<2\}\\&\quad+P\{X=2\}+P\{2<X<x\}\\&=\frac{1}{4}+\frac{1}{2}=\frac{3}{4};\end{aligned}$$

当 $x\geqslant 3$ 时,$\{X\leqslant x\}$是必然事件,所以 $F(x)=1$.

综上所述,随机变量 X 的分布函数为

$$F(x)=\begin{cases}0, & x<1,\\ 1/4, & 1\leqslant x<2,\\ 3/4, & 2\leqslant x<3,\\ 1, & x\geqslant 3.\end{cases}$$

分布函数 $F(x)$的图像如图 2-1 所示.

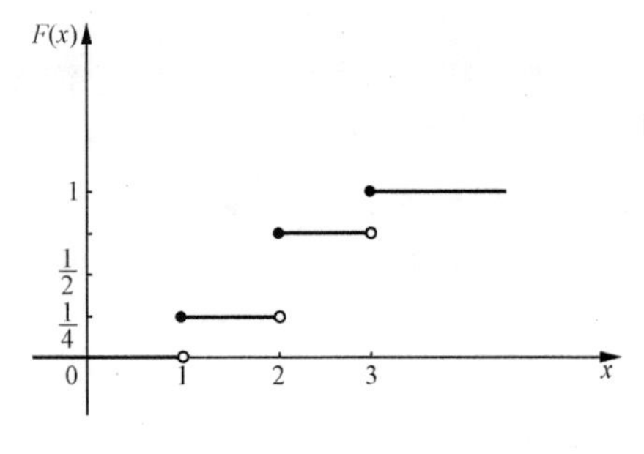

图　2-1

一般地,当随机变量 X 的分布律为

$$P\{X=x_k\}=p_k\quad(k=1,2,\cdots)$$

时,其分布函数为

$$F(x)=\sum_{x_k\leqslant x}p_k.$$

随机变量 X 的分布函数 $F(x)$有下列**性质**:

(1) 分布函数 $F(x)$是不减函数;

(2) $0\leqslant F(x)\leqslant 1$;

(3) 分布函数 $F(x)$右连续.

证明　(1) 对任意 $x_1<x_2$,事件$\{X\leqslant x_1\}\subset\{X\leqslant x_2\}$,所以

$$P\{X\leqslant x_1\}\leqslant P\{X\leqslant x_2\},\quad 即\quad F(x_1)\leqslant F(x_2).$$

(2) 由 $F(x)$的定义,$F(x)$是概率,显然成立.

(3) 证明略.

特别地,有 $\lim\limits_{x\to-\infty}F(x)=0$, $\lim\limits_{x\to+\infty}F(x)=1$,分别记作

$$F(-\infty)=\lim_{x\to-\infty}F(x)=0,\quad F(+\infty)=\lim_{x\to+\infty}F(x)=1.$$

注 (1) 以上性质在分布函数的图像上得到很好的体现.

(2) 上述三条性质又是一个函数可以作为随机变量分布函数的充分必要条件. 因为分布函数是用来刻画随机变量的统计规律性的，通俗的说是用来计算随机事件概率的，故所谓充分条件就在于：若一个函数满足这三点，则保证了用其计算随机事件的概率满足概率的公理化定义.

(3) 由分布函数的图像可以知道，随机变量在点 a 处取值的概率为分布函数在点 a 处的函数值减去在点 a 处的左极限，即

$$P\{X=a\}=F(a)-F(a-0). \tag{1}$$

例 2 设离散型随机变量 X 的分布函数为

$$F(x)=\begin{cases}0, & x<-1,\\ 0.2, & -1\leqslant x<0,\\ 0.8, & 0\leqslant x<2,\\ 1, & x\geqslant 2,\end{cases}$$

试求 X 的分布律.

解 分布函数仅在 $-1,0,2$ 三处有跳跃间断点，在其余处均连续，也即其余各点处分布函数值与左极限相等，概率为 0. 由(1)式得

$$P\{X=-1\}=F(-1)-F(-1-0)=0.2-0=0.2,$$

$$P\{X=0\}=F(0)-F(0-0)=0.8-0.2=0.6,$$

$$P\{X=2\}=F(2)-F(2-0)=1-0.8=0.2.$$

综上所述，X 的分布律为

X	-1	0	2
P	0.2	0.6	0.2

例 3 设随机变量 X 的分布函数为 $F(x)=A+B\arctan x, x\in\mathbf{R}$，试求：

(1) 参数 A,B； (2) 随机变量 X 落在$(-1,1)$内的概率.

解 (1) 由分布函数的性质有

$$\lim_{x\to-\infty}(A+B\arctan x)=A-\frac{\pi}{2}B=0,\quad \lim_{x\to+\infty}(A+B\arctan x)=A+\frac{\pi}{2}B=1,$$

所以 $A=\dfrac{1}{2}, B=\dfrac{1}{\pi}$.

(2) 所求的概率为

$$\begin{aligned}P\{-1<X<1\}&=F(1)-F(-1)-P\{X=1\}\\&=\left(\frac{1}{2}+\frac{1}{\pi}\arctan 1\right)-\left(\frac{1}{2}+\frac{1}{\pi}\arctan(-1)\right)-0=\frac{1}{2}.\end{aligned}$$

注　因为分布函数 $F(x)=A+B\arctan x$ 在实数域上连续，所以

$$P\{X=1\}=F(1)-F(1-0)=0.$$

例 4　设向半径为 $R=0.5$ m 的圆形区域上投点且都能投中，投中区域上任一同心圆的概率与该同心圆的面积成正比. 若 X 表示投中点与圆心的距离，试求随机变量 X 的分布函数.

解　显然，当 $x<0$ 时，$F(x)=0$；当 $x>0.5$ 时，$F(x)=1$.

当 $0\leqslant x\leqslant 0.5$ 时，事件 $\{X\leqslant x\}$ 即投中点与圆心距离小于或等于 x 的事件，亦即投中半径为 x 的同心圆的事件，见图 2-2. 所以 $F(x)=P\{X\leqslant x\}=kx^2\pi$.

当 $x=0.5$ 时，$F(0.5)=k\times 0.25\pi=1$，所以 $k=\dfrac{4}{\pi}$.

综上所述，X 的分布函数为

$$F(x)=\begin{cases}0, & x<0,\\ 4x^2, & 0\leqslant x\leqslant 0.5,\\ 1, & x>0.5.\end{cases}$$

图 2-3 为分布函数 $F(x)$ 的图像，该图像为连续曲线.

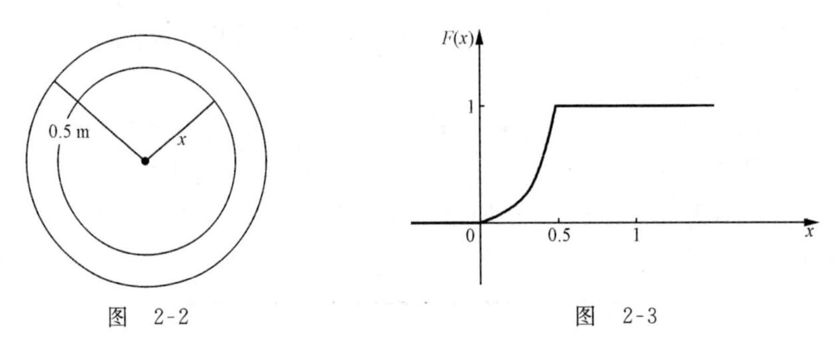

图　2-2　　　　图　2-3

习　题　2.3

1. 设一袋中装有 5 个球，编号为 1,2,3,4,5. 在该袋中同时取 3 个球，以 X 表示取出的 3 个球中的最大号码，求 X 的分布函数.

2. 设离散型随机变量 X 的分布函数为

$$F(x)=\begin{cases}0, & x<-1,\\ 1/3, & -1\leqslant x<2,\\ 1/2, & 2\leqslant x<3,\\ 1, & x\geqslant 3,\end{cases}$$

求：(1) X 的分布律；　(2) $P\{X\leqslant -0.5\}$；　(3) $P\{X=1\}$；

(4) $P\{0<X\leqslant 2.5\}$；　(5) $P\{X<3\,|\,X>-1\}$.

3. 设随机变量 X 的分布律为 $P\{X=x\}=p^x(1-p)^{1-x}$，$x=0,1$，求 X 的分布函数并作出分布函数的图像.

4. 设随机变量 X 的分布函数为

$$F(x)=\begin{cases}0, & x\leqslant 0,\\ Ax^2, & 0<x\leqslant 1,\\ 1, & x>1,\end{cases}$$

求：(1) 常数 A； (2) 概率 $P\{0.5<X\leqslant 0.8\}$ 与 $P\{0.5\leqslant X\leqslant 0.8\}$.

5. 设随机变量 X 的分布函数为 $F(x)$，用 $F(x)$ 表示下列概率：

(1) $P\{X\leqslant a\}$； (2) $P\{X>a\}$； (3) $P\{X=a\}$； (4) $P\{X\geqslant a\}$.

6. 在 $(0,a)$ 上任意投掷一个点，由第一章知道其为一维几何概型，即点落在区间 $(0,a)$ 任意子区间的概率与子区间的长度成正比，比例系数即 $\dfrac{1}{a-0}=\dfrac{1}{a}$. 设 X 为点的坐标，试求 X 的分布函数.

§2.4 连续型随机变量的概率密度

在§2.3的例4中，投中点到圆心距离这一随机变量 X，显然不是离散型随机变量，其可以取到区间 $[0,0.5]$ 上的一切实数，取值非有限也不可列. 分析其分布函数

$$F(x)=\begin{cases}0, & x<0,\\ 4x^2, & 0\leqslant x\leqslant 0.5,\\ 1, & x>0.5,\end{cases}$$

有函数 $f(x)=\begin{cases}8x, & 0<x<0.5,\\ 0, & \text{其他},\end{cases}$ 使得

$$F(x)=\int_{-\infty}^{x}f(t)\mathrm{d}t.$$

例如，对 $0\leqslant x\leqslant 0.5$，有

$$\int_{-\infty}^{x}f(t)\mathrm{d}t=\int_{-\infty}^{0}0\mathrm{d}t+\int_{0}^{x}8t\mathrm{d}t=4t^2\Big|_0^x=4x^2=F(x);$$

对 $x>0.5$，有

$$\int_{-\infty}^{x}f(t)\mathrm{d}t=\int_{-\infty}^{0}0\mathrm{d}t+\int_{0}^{0.5}8t\mathrm{d}t+\int_{0.5}^{x}0\mathrm{d}t=4t^2\Big|_0^{0.5}=1=F(x).$$

下面用这一规律给出连续型随机变量及其概率密度的定义.

一、连续型随机变量的概率密度及其性质

1. 连续型随机变量与概率密度的概念

定义 1 设 X 是在实数域或区间上连续取值的随机变量，随机变量 X 的分布函数为 $F(x)$. 若存在非负可积函数 $f(x)$，使得对于任意实数 x，有

$$F(x)=\int_{-\infty}^{x}f(t)\mathrm{d}t,$$

则称 X 为**连续型随机变量**，并称 $f(x)$ 为 X 的**概率密度函数**(probability density function)，

简称**概率密度**,记作 $X\sim f(x)$.

2. 概率密度的性质

概率密度 $f(x)$具有如下**性质**:

(1) $f(x)\geqslant 0$;　　(2) $\int_{-\infty}^{+\infty} f(x)\mathrm{d}x=1$;

(3) 对任意实数 $a,b(a<b)$,有 $P\{a<X\leqslant b\}=\int_a^b f(x)\mathrm{d}x$;

(4) 若 $f(x)$在点 x_0 处连续,$F(x)$为对应的分布函数,则 $F'(x_0)=f(x_0)$.

证明 性质(1)显然.

(2) $\int_{-\infty}^{+\infty} f(x)\mathrm{d}x=\lim\limits_{x\to+\infty}\int_{-\infty}^{x} f(t)\mathrm{d}t=\lim\limits_{x\to+\infty}F(x)=1$.

(3) $P\{a<X\leqslant b\}=F(b)-F(a)=\int_{-\infty}^{b} f(x)\mathrm{d}x-\int_{-\infty}^{a} f(x)\mathrm{d}x=\int_a^b f(x)\mathrm{d}x$.

(4) 因为 $F(x)$是 $f(x)$的积分上限函数,又 $f(x)$连续,所以 $F(x)$是 $f(x)$的原函数,即

$$F'(x)=f(x).$$

注 (1) 性质(3)说明计算随机变量 X 取值在区间$(a,b]$上的概率,只要在区间$(a,b]$上对 X 的概率密度作积分即可;

(2) 性质(4)给出了由分布函数求概率密度的方法.

3. 关于定义与性质的几点注释

(1) 性质(1),(2)是一个函数可以作为某个随机变量的概率密度的充分必要条件,满足性质(1),(2)保证了计算随机事件发生的概率满足公理化定义.

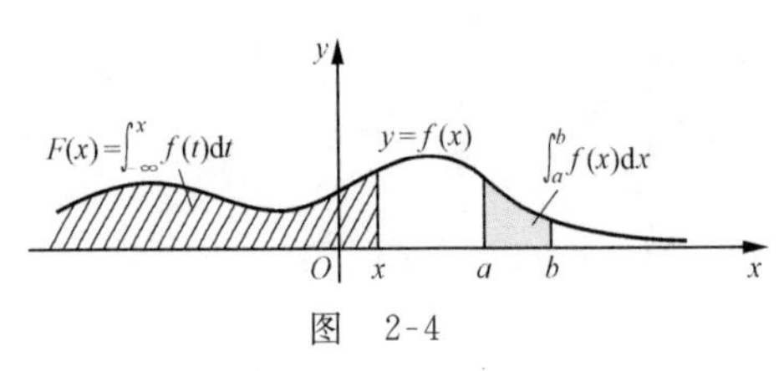

图 2-4

(2) 概率密度、分布函数与概率的几何意义见图 2-4.该图中曲线为概率密度 $f(x)$的图像,所以

(i) x 轴与曲线 $y=f(x)$所夹的广义曲边梯形的面积为 1;

(ii) 分布函数 $F(x)$为图中斜线部分面积;

(iii) $P\{a<X\leqslant b\}$为图中以$[a,b]$为底 $y=f(x)$为曲边的曲边梯形面积.

(3) 概率密度的意义:

(i) 概率密度不是概率,如同密度不是质量.例如,在本节开始的引例中,有概率密度

$$f(x)=\begin{cases}8x, & 0\leqslant x\leqslant 0.5,\\ 0, & \text{其他},\end{cases}$$

从而 $f\left(\frac{1}{4}\right)=2$,它显然不是 $X=\frac{1}{4}$ 时的概率.

(ii) 概率密度 $f(x)$刻画了随机变量 X 在 $f(x)$的连续点 x 附近取值概率的大小.从概率密度与概率的几何意义知,此结论显然成立.事实上,在概率密度 $f(x)$的连续点 x 处,分布函数 $F(x)$可导(即可微),从而

$$\Delta F(x)=F(x+\Delta x)-F(x)=P\{x<X\leqslant x+\Delta x\}$$
$$\approx \mathrm{d}F(x)=f(x)\mathrm{d}x.$$

显然,若 $f(x)$较大,则 $\Delta F(x)=P\{x<X\leqslant x+\Delta x\}$较大,即 X 在点 x 附近取值的概率较大.

(4) 连续型随机变量 X 的分布函数 $F(x)=\int_{-\infty}^{x} f(t)\mathrm{d}t$ 在 $\mathbf{R}$ 上连续,非仅仅右连续.

(5) 对连续型随机变量 X 及任意常数 a,有 $P\{X=a\}=0$,即连续型随机变量 X 在任意一点取值的概率为 0. 事实上,由 $P\{X=a\}=F(a)-F(a-0)$,又连续型随机变量的分布函数连续,即 $F(a)=F(a-0)$,所以

$$P\{X=a\}=F(a)-F(a-0)=0.$$

注 (1) 对任意常数 $a,b(a<b)$,连续型随机变量 X 取值在区间$(a,b]$,$[a,b]$,(a,b)上的概率相等,即

$$P\{a<X\leqslant b\}=P\{a\leqslant X\leqslant b\}=P\{a<X<b\}.$$

(2) 这里又一次说明**概率为 0 的事件与不可能事件不等价**,因为在区间$[a,b]$上取值的连续型随机变量 X 取区间$[a,b]$上任意一点的概率为 0,却不能说 X 取区间$[a,b]$上任意一点都是不可能事件. 同理,**概率为 1 的事件与必然事件不等价**.

例 1 设随机变量 X 的概率密度为

$$f(x)=\begin{cases} k\mathrm{e}^{-3x}, & x>0, \\ 0, & x\leqslant 0, \end{cases}$$

试求:(1) 常数 k; (2) X 的分布函数; (3) $P\{X>0.1\}$.

解 (1) 由概率密度的性质有

$$\int_{-\infty}^{+\infty} f(x)\mathrm{d}x=\int_{-\infty}^{0} 0\mathrm{d}x+\int_{0}^{+\infty} k\mathrm{e}^{-3x}\mathrm{d}x=-\frac{1}{3}k\int_{0}^{+\infty}\mathrm{e}^{-3x}\mathrm{d}(-3x)$$
$$=-\frac{k}{3}\mathrm{e}^{-3x}\Big|_{0}^{+\infty}=\frac{k}{3}=1,$$

所以 $k=3$.

(2) 设 X 的分布函数为 $F(x)$.

当 $x\leqslant 0$ 时,$F(x)=\int_{-\infty}^{x} 0\mathrm{d}t=0$;

当 $x>0$ 时,$F(x)=\int_{-\infty}^{x} f(t)\mathrm{d}t=\int_{0}^{x} 3\mathrm{e}^{-3t}\mathrm{d}t=-\mathrm{e}^{-3t}\Big|_{0}^{x}=1-\mathrm{e}^{-3x}$.

综上所述,X 的分布函数为

$$F(x)=\begin{cases} 0, & x\leqslant 0, \\ 1-\mathrm{e}^{-3x}, & x>0. \end{cases}$$

(3) $P\{X>0.1\}=1-P\{X\leqslant 0.1\}=1-F(0.1)=1-(1-\mathrm{e}^{-3\times 0.1})=\mathrm{e}^{-0.3}$.

注 (1) 如果本例不要求求分布函数,仅求 $P\{X>0.1\}$,则

$$P\{X>0.1\}=\int_{0.1}^{+\infty} 3\mathrm{e}^{-3x}\mathrm{d}x=-\mathrm{e}^{-3x}\Big|_{0.1}^{+\infty}=\mathrm{e}^{-0.3}.$$

(2) 若随机变量 X 的概率密度为

$$f(x)=\begin{cases}\lambda e^{-\lambda x}, & x>0,\\ 0, & x\leqslant 0,\end{cases}$$

则称 X 服从参数为 λ 的指数分布. 这一点以后还会提到. 此例中 X 即服从参数为 3 的指数分布.

例 2　已知连续型随机变量 X 的分布函数为

$$F(x)=\begin{cases}0, & x<0,\\ a+be^{x}, & 0\leqslant x\leqslant 1,\\ 1, & x>1,\end{cases}$$

试求: (1) 常数 a,b;　(2) $P\left\{\frac{1}{2}\leqslant X\leqslant\frac{3}{2}\right\}$;　(3) X 的概率密度.

解　(1) 由连续型随机变量分布函数的性质, $F(x)$ 在实数域 $\mathbf{R}$ 上连续, 从而

$$\lim_{x\to 0^-}F(x)=\lim_{x\to 0^-}0=0=F(0),\quad 即\quad a+be^0=a+b=0,$$

$$\lim_{x\to 1^+}F(x)=\lim_{x\to 1^+}1=1=F(1),\quad 即\quad a+be^1=a+be=1,$$

所以

$$a=\frac{1}{1-e},\quad b=\frac{1}{e-1}.$$

(2) $P\left\{\frac{1}{2}\leqslant X\leqslant\frac{3}{2}\right\}=F\left(\frac{3}{2}\right)-F\left(\frac{1}{2}\right)=1-\left(\frac{1}{1-e}+\frac{1}{e-1}e^{1/2}\right)=\frac{e-e^{1/2}}{e-1}=0.6225.$

(3) 设 X 的概率密度为 $f(x)$.

当 $0<x<1$ 时, $f(x)=F'(x)=be^{x}=\frac{e^{x}}{e-1}$; 当 $x<0$ 或 $x>1$ 时, $f(x)=F'(x)=0$.

因为概率密度 $f(x)$ 在个别点的值不影响分布函数及随机事件概率的计算, 所以对 $x=0$ 与 $x=1$ 两点, 概率密度的值 $f(0)$, $f(1)$ 可以任意定义.

综上所述, X 的概率密度为

$$f(x)=\begin{cases}\dfrac{e^{x}}{e-1}, & 0<x<1,\\ 0, & 其他.\end{cases}$$

二、常用的连续型随机变量的分布

1. 均匀分布

说随机变量 X 服从区间 $[a,b]$ 上的均匀分布, 顾名思义, 应该是 X 在 $[a,b]$ 上各部分取值的概率一样, 所以其概率密度 $f(x)$ 应为常量. 设 $f(x)=C, x\in(a,b)$, 则由概率密度、分布函数的几何意义(见图 2-5)知道

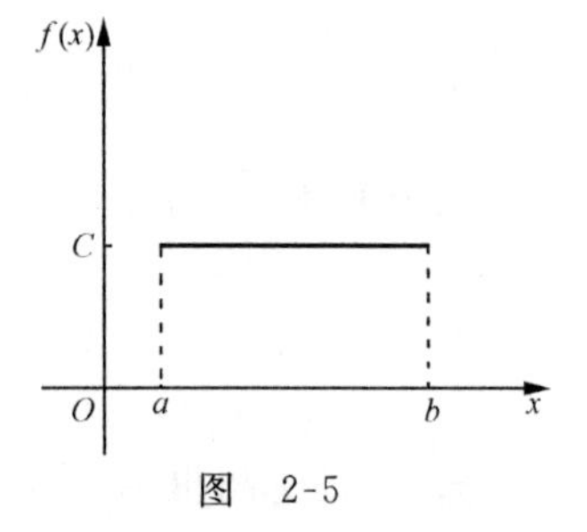

图　2-5

$$C\cdot(b-a)=1,\quad 即\quad C=\frac{1}{b-a}.$$

所以有 X 的概率密度为

$$f(x)=\frac{1}{b-a},\quad x\in(a,b).$$

定义 2 若随机变量 X 的概率密度为

$$f(x)=\begin{cases}\dfrac{1}{b-a}, & a\leqslant x\leqslant b,\\ 0, & \text{其他},\end{cases}$$

则称随机变量 X 服从$[a,b]$上的**均匀分布**(uniform distribution),记作 $X\sim U(a,b)$.

注 (1)"均匀"的意义在于随机变量 X 在$[a,b]$的任意子区间$[c,c+l]$上取值的概率只决定于子区间长度 l,而与子区间所在的位置 c 无关. 事实上,

$$P\{c<X<c+l\}=\int_c^{c+l}\frac{1}{b-a}\mathrm{d}x=\frac{x}{b-a}\bigg|_c^{c+l}=\frac{1}{b-a}(c+l-c)=\frac{l}{b-a}.$$

上式进一步说明,服从均匀分布的随机变量 X 取值在子区间$[c,c+l]$上的概率等于子区间长度 l 与总区间长度 $b-a$ 的比.

(2) 均匀分布的背景即一维几何概型,例如四舍五入的误差,乘客候车的时间等随机变量一般都服从均匀分布.

例 3 已知某车站从 7:00—8:00 每 15 min 有一班车到达. 一位乘客到达该车站的时间为 7:00—7:30,试求他候车时间少于 5 min 的概率.

解 设乘客到达车站时间为 X,则 X 服从 7:00—7:30 的均匀分布,或说 X 服从时间区间$[0,30]$(单位: min)上的均匀分布. 乘客可能乘坐的班车有 7:00,7:15,7:30 到达的,所以

$$\begin{aligned}P(\text{候车时间少于 5 min})&=P\{\{X=0\}\cup\{10<X\leqslant 15\}\cup\{25<X\leqslant 30\}\}\\&=P\{X=0\}+P\{10<X\leqslant 15\}+P\{25<X\leqslant 30\}=0+\frac{5}{30}+\frac{5}{30}=\frac{1}{3}.\end{aligned}$$

例 4 设随机变量 $X\sim U(0,2)$. 以 Y 表示对 X 做三次独立观察中事件$\{X<0.5\}$发生的次数,试求事件$\{Y=2\}$的概率.

解 设 p 为一次观察事件$\{X<0.5\}$发生的概率,则

$$p=P\{X<0.5\}=\frac{0.5-0}{2-0}=0.25.$$

由题设知 $Y\sim B(3,0.25)$,所以

$$P\{Y=2\}=\mathrm{C}_3^2\times 0.25^2\times 0.75=0.1406.$$

2. 正态分布

定义 3 若随机变量 X 的概率密度为

$$f(x)=\frac{1}{\sqrt{2\pi}\sigma}\mathrm{e}^{-\frac{(x-\mu)^2}{2\sigma^2}},\quad x\in\mathbf{R},$$

其中 $\sigma>0$,则称随机变量 X 服从参数为 μ,σ^2 的**正态分布**(normal distribution),记作

$$X\sim N(\mu,\sigma^2).$$

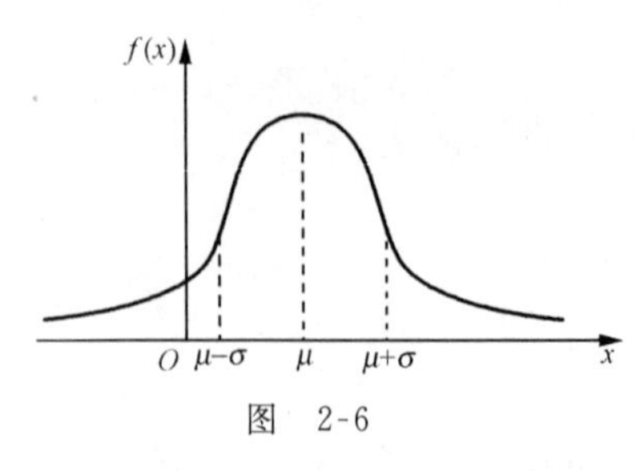

图　2-6

图 2-6 为正态分布概率密度 $f(x)$ 的图像，其有如下几个特征：

(1) 关于 $x=\mu$ 对称.

(2) 当 $x<\mu$ 时，$f(x)$ 单调递增；当 $x>\mu$ 时，$f(x)$ 单调递减. 在 $x=\mu$ 处，$f(x)$ 有最大值 $\frac{1}{\sqrt{2\pi}\sigma}$.

(3) 曲线 $y=f(x)$ 在 $(-\infty,\mu-\sigma)$，$(\mu+\sigma,+\infty)$ 内上凹，在 $(\mu-\sigma,\mu+\sigma)$ 内下凹，在 $x=\mu\pm\sigma$ 处有拐点.

(4) x 轴为曲线 $y=f(x)$ 的水平渐近线.

注　由概率密度的图像特点可以知道正态分布描述了随机变量取值在中间的概率大，在两头的概率很小的一类随机现象.

当正态分布 $N(\mu,\sigma^2)$ 的参数 $\mu=0,\sigma=1$ 时，称之为**标准正态分布**(standard normal distribution)，记作 $N(0,1)$.

标准正态分布的概率密度为

$$\varphi(x)=\frac{1}{\sqrt{2\pi}}\mathrm{e}^{-\frac{x^2}{2}},\quad x\in\mathbf{R},$$

其图像如图 2-7 所示. 标准正态分布的分布函数为

$$\Phi(x)=\int_{-\infty}^{x}\frac{1}{\sqrt{2\pi}}\mathrm{e}^{-\frac{u^2}{2}}\mathrm{d}u,\quad x\in\mathbf{R}.$$

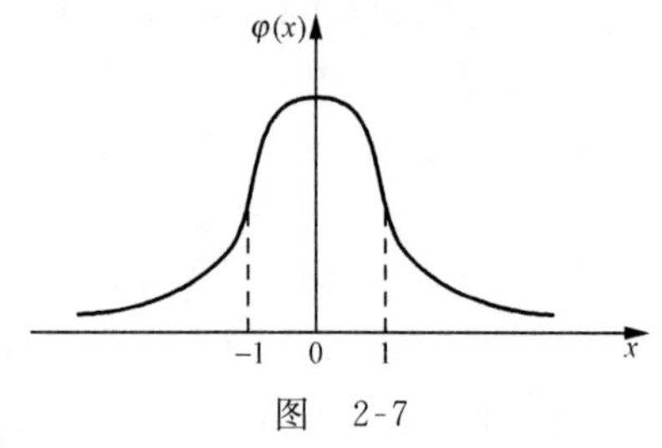

图　2-7

由于其函数值计算较复杂，书后附有标准正态分布表(见附表 1)，给出了大于 0 的数 x 所对应的分布函数值 $\Phi(x)$. 例如

$$\Phi(0.51)=0.6950,\quad \Phi(3.9)=1.0000.$$

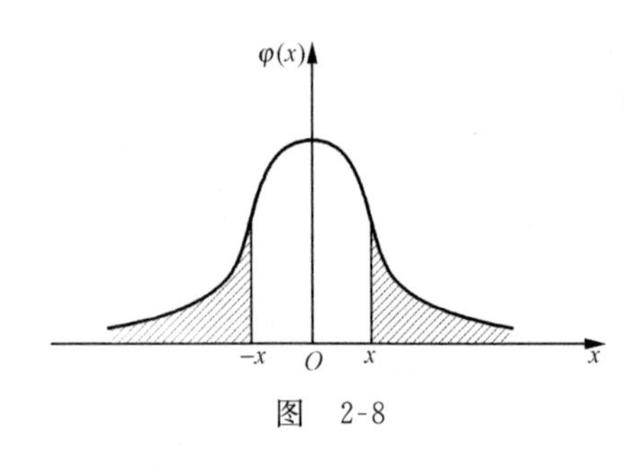

图　2-8

注　(1) 对于小于 0 的数 x 所对应的分布函数值 $\Phi(x)$，附表 1 上没有列出. 其实，由分布函数的几何意义知道，$\Phi(-x)$ 为图 2-8 中左边阴影部分的面积，$1-\Phi(x)$ 为图 2-8 中右边阴影部分的面积，即由标准正态分布概率密度为偶函数有

$$\Phi(-x)=1-\Phi(x).$$

例如，$\Phi(-0.51)=1-\Phi(0.51)=1-0.6950=0.3050$.

(2) $\Phi(3.9)=1.0000$ 是精确到小数点后四位的取值，这也是当一个随机变量的取值不能遍布实数域而满足正态分布的其他条件时，仍然可以看作服从正态分布的原因，因为在距离 $x=\mu$ 很远的地方取值，概率很小，可以忽略不计.

定理　若随机变量 X 服从正态分布 $N(\mu,\sigma^2)$，则随机变量 $Z=\frac{X-\mu}{\sigma}$ 服从标准正态分

布 $N(0,1)$.

分析 只要证明随机变量 Z 的概率密度为 $f(z)=\frac{1}{\sqrt{2\pi}}e^{-\frac{z^2}{2}}$ 即可，也即随机变量 Z 的分布函数为 $F(z)=\int_{-\infty}^{z}\frac{1}{\sqrt{2\pi}}e^{-\frac{u^2}{2}}du$ 即可.

证明 对任意 $z\in\mathbf{R}$，随机变量 Z 的分布函数为

$$F(z)=P\{Z\leqslant z\}=P\left\{\frac{X-\mu}{\sigma}\leqslant z\right\}=P\{X\leqslant\sigma z+\mu\}=\int_{-\infty}^{\sigma z+\mu}\frac{1}{\sqrt{2\pi}\sigma}e^{-\frac{(x-\mu)^2}{2\sigma^2}}dx.$$

令 $u=\frac{x-\mu}{\sigma}$，则

$$F(z)=\int_{-\infty}^{z}\frac{1}{\sqrt{2\pi}\sigma}e^{-\frac{u^2}{2}}\sigma du=\int_{-\infty}^{z}\frac{1}{\sqrt{2\pi}}e^{-\frac{u^2}{2}}du.$$

所以 Z 服从标准正态分布 $N(0,1)$.

注 这一定理解决了一般正态分布概率的计算.

例 5 (1) 设随机变量 $X\sim N(1,4)$，求 $P\{0<X\leqslant 2.08\}$；

(2) 设随机变量 $X\sim N(\mu,\sigma^2)$，且 $P\{X<-5\}=0.045$，$P\{X\leqslant 3\}=0.618$，试求 μ,σ^2；

(3) 设随机变量 $X\sim N(0,1)$，求 a，使得 $P\{X>a\}=0.005$.

解 (1) 因为 $X\sim N(1,4)$，所以 $\frac{X-1}{2}\sim N(0,1)$. 故

$$P\{0<X\leqslant 2.08\}=P\left\{\frac{0-1}{2}<\frac{X-1}{2}\leqslant\frac{2.08-1}{2}\right\}=\Phi(0.54)-\Phi(-0.5)$$
$$=\Phi(0.54)-[1-\Phi(0.5)]=0.7054+0.6915-1=0.3969.$$

(2) 因为

$$P\{X<-5\}=P\left\{\frac{X-\mu}{\sigma}<\frac{-5-\mu}{\sigma}\right\}=\Phi\left(\frac{-5-\mu}{\sigma}\right)=0.045,$$

所以
$$\Phi\left(\frac{5+\mu}{\sigma}\right)=1-\Phi\left(\frac{-5-\mu}{\sigma}\right)=1-0.045=0.955.$$

又
$$P\{X\leqslant 3\}=P\left\{\frac{X-\mu}{\sigma}<\frac{3-\mu}{\sigma}\right\}=\Phi\left(\frac{3-\mu}{\sigma}\right)=0.618.$$

查标准正态分布表，得

$$\begin{cases}\frac{5+\mu}{\sigma}=1.7,\\ \frac{3-\mu}{\sigma}=0.3,\end{cases}\quad\text{即}\quad\begin{cases}\mu=1.8,\\ \sigma=4.\end{cases}$$

(3) 因为 $P\{X>a\}=1-P\{X\leqslant a\}=0.005$，所以

$$P\{X\leqslant a\}=\Phi(a)=1-0.005=0.995.$$

查标准正态分布表，得 $a=2.57$.

注　设随机变量 $X\sim N(0,1)$. 若 $P\{X>u_\alpha\}=\alpha(0<\alpha<1)$，则称 u_α 为标准正态分布的**上 α 分位点**.

例 6　设随机变量 $X\sim N(\mu,\sigma^2)$，试分析概率 $P\{\mu-\sigma<X<\mu+\sigma\}$ 与 μ,σ 的关系.

解　$P\{\mu-\sigma<X<\mu+\sigma\}=P\left\{-1<\dfrac{X-\mu}{\sigma}<1\right\}=\Phi(1)-\Phi(-1)=2\Phi(1)-1=0.6826.$

由此可知 X 取值在 $(\mu-\sigma,\mu+\sigma)$ 之间的概率与 μ,σ 都无关.

注　由几何意义知道，μ 决定了概率密度最大的位置，故称 μ 为**位置参数**，见图 2-9(a). 同样，由几何意义与例 6 的结论可知，以 $[\mu-\sigma_1,\mu+\sigma_1]$ 和 $[\mu-\sigma_2,\mu+\sigma_2]$ 为底，以概率密度曲线为曲边的两个曲边梯形面积相等. 可见，σ 决定了概率密度曲线的形状，故称 σ 为**形状参数**，见图 2-9(b).

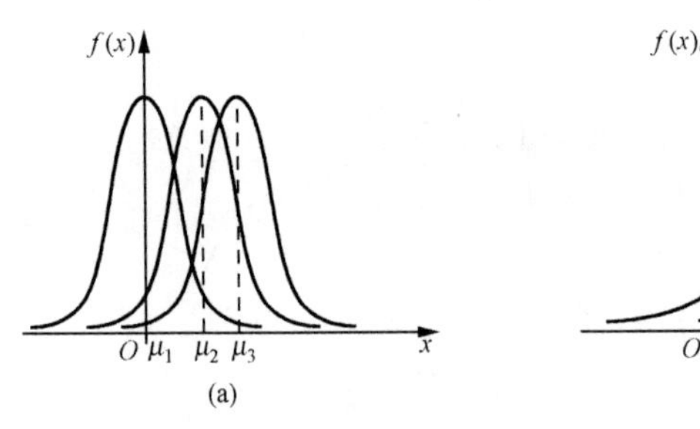

图　2-9

3. 指数分布

定义 4　若随机变量 X 的概率密度为

$$f(x)=\begin{cases}\theta e^{-\theta x}, & x>0,\\ 0, & x\leqslant 0,\end{cases}$$

其中 $\theta>0$ 为常数，则称随机变量 X 服从参数为 θ 的**指数分布**(exponential distribution)，记作 $X\sim e(\theta)$.

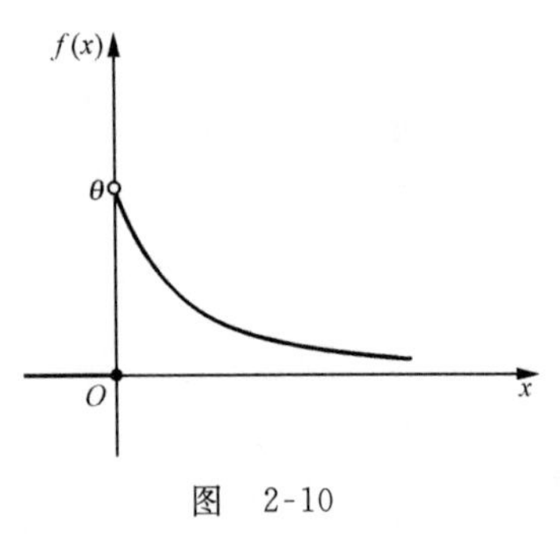

图　2-10

指数分布概率密度的图像如图 2-10 所示.

注　(1) 指数分布常常用来作为各种"寿命"分布的近似.

(2) 指数分布有重要性质："无记忆性"，也风趣地称为"永远年轻"，通俗地说，即已经活了 s 年，再活 t 年的概率与年龄 s 无关. 用数学式表达上述性质，即

$$P\{X>s+t\mid X>s\}=P\{X>t\}.$$

事实上，例 1 已求出指数分布的分布函数，即当随机变量 X 服从参数为 θ 的指数分布时，分布函数为

$$F(x)=\begin{cases}0, & x\leqslant 0,\\ 1-\mathrm{e}^{-\theta x}, & x>0,\end{cases}$$

所以

$$P\{X>s+t\mid X>s\}=\frac{P\{X>s+t,X>s\}}{P\{X>s\}}=\frac{P\{X>s+t\}}{P\{X>s\}}$$

$$=\frac{1-[1-\mathrm{e}^{-\theta(s+t)}]}{1-(1-\mathrm{e}^{-\theta s})}=\mathrm{e}^{-\theta t}=P\{X>t\}.$$

指数分布既然是“寿命”分布的近似，却又具有性质“永远年轻”，看来是矛盾的，其实指数分布仅在“寿命”没有进入衰退期时是“寿命”分布的近似. 例如，人 0 岁时能够再活 10 年的概率与 40 岁时能够再活 10 年的概率没有区别.

习　题　2.4

1. 设随机变量 X 的概率密度为 $f(x)=\begin{cases}Ax, & 0\leqslant x\leqslant 1,\\ 0, & 其他,\end{cases}$ 求：

(1) 常数 A；　(2) X 的分布函数 $F(x)$；　(3) 概率 $P\{0.5\leqslant X<1.5\}$.

2. 设随机变量 X 的概率密度为

$$f(x)=\begin{cases}x, & x\in(0,1),\\ 2-x, & x\in(1,2),\\ 0, & 其他,\end{cases}$$

求概率 $P\left\{X<\frac{1}{2}\right\}$，$P\{0.2<X<1.5\}$，$P\{X>1.3\}$，$P\{0.2<X<1.5\mid X>1.3\}$.

3. 已知随机变量 X 的分布函数为

$$F(x)=\begin{cases}0, & x<1,\\ \ln x, & 1\leqslant x<\mathrm{e},\\ 1, & x\geqslant \mathrm{e},\end{cases}$$

问：X 是否为连续型随机变量？

4. 甲、乙、丙三位乘客在车站分别等 1，2，3 路公交车，若乘客到站时间是随机的，公交车到站时间相互独立，且均为 5 min 一趟，求这三位乘客中至少有两人候车时间在 3 min 以上的概率.

5. 设随机变量 $X\sim N(3,2^2)$.

(1) 求概率 $P\{2<X\leqslant 5\}$，$P\{-4<X\leqslant 10\}$，$P\{|X|>2\}$，$P\{X>3\}$；

(2) 确定常数 a，使得 $P\{X>a\}=P\{X<a\}$.

6. 设电子管寿命 X(单位：h)为随机变量，其概率密度为

$$f(x)=\begin{cases}\dfrac{100}{x^2}, & x\geqslant 100,\\ 0, & x<100,\end{cases}$$

电子管损坏与否相互独立. 现从中任取 5 个，求其中至少有 2 个寿命大于 150 h 的概率.

7. 设随机变量 $Y\sim U(a,5)$，且方程 $x^2+Yx+\frac{3}{4}Y+1=0$ 有实根的概率为 $\frac{1}{4}$，试确定常数 a.

8. 根据学生的学习状况，优秀者(90 分以上)约占 5%，不及格者(60 分以下)约占 15%. 设考试成绩服

从正态分布 $N(\mu,\sigma^2)$，问：

(1) μ,σ^2 各取多少为宜？

(2) 确定 μ,σ^2 后，分数在 85 分以上的比例为多少？在 60～70 分的比例为多少？

9. 在电流电压不超过 200 V，200～240 V 和超过 240 V 三种情况下，某种电子元件损坏的概率分别为 0.1，0.001 和 0.2. 假设电流电压 X(单位：V)服从正态分布 $N(220,25^2)$，试求：

(1) 该种电子元件损坏的概率；

(2) 该种电子元件损坏时，电流电压在 200～240 V 的概率.

§2.5 随机变量函数的分布

设 X 为随机变量，$Y=g(X)$. Y 是 X 的函数，X 的随机性决定了 Y 的随机性，所以 Y 也是随机变量. 这一节通过例题介绍如何利用 X 的分布求 $Y=g(X)$的分布的方法.

一、离散型随机变量函数的分布

例 1 设随机变量 X 的分布律为

X	-1	0	1	2
P	0.2	0.3	0.1	0.4

试求：(1) $Y=3X+1$ 的分布律； (2) $Y=(X-1)^2$ 的分布律.

解 求 Y 的分布律，应该先针对随机变量 X 的取值找到 Y 的所有可能取值，再求 Y 取值对应的概率.

(1) 由 X 的取值确定 Y 相应的取值：

$$X=-1,0,1,2;\quad Y=3X+1=-2,1,4,7.$$

显然 $P\{Y=-2\}=P\{X=-1\}=0.2$，其余类推，所以 $Y=3X+1$ 的分布律为

Y	-2	1	4	7
P	0.2	0.3	0.1	0.4

(2) 由 X 的取值确定 Y 相应的取值：

$$X=-1,0,1,2;\quad Y=(X-1)^2=4,1,0,1.$$

可看出$\{Y=4\}$的概率就是$\{X=-1\}$的概率，即 $P\{Y=4\}=P\{X=-1\}=0.2$；

$\{Y=1\}$的概率应该是$\{X=0\}$与$\{X=2\}$的概率的和，即

$$\begin{aligned}P\{Y=1\}&=P\{(X-1)^2=1\}=P\{\{X-1=1\}\cup\{X-1=-1\}\}\\&=P\{\{X=2\}\cup\{X=0\}\}=P\{X=2\}+P\{X=0\}=0.7;\end{aligned}$$

$\{Y=0\}$的概率即$\{X=1\}$的概率，为 0.1，或

$$P\{Y=0\}=1-P\{Y=4\}-P\{Y=1\}=0.1.$$

综上所述，$Y=(X-1)^2$ 的分布律为

Y	0	1	4
P	0.1	0.7	0.2

例 2　已知随机变量 X 的分布律为

$$P\{X=k\}=\frac{1}{2^k}\quad(k=1,2,\cdots).$$

设 $Y=\sin\frac{\pi}{2}X$，试求随机变量 Y 的分布律.

解　由 X 的取值确定 Y 相应的取值：

$$X=1,2,3,4,5,6,7,8,\cdots;$$

$$Y=\sin\frac{\pi}{2}X=1,0,-1,0,1,0,-1,0,\cdots.$$

综合起来，有

$$Y=\sin\frac{\pi}{2}X=\begin{cases}-1, & X=4k-1,\\ 0, & X=2k,\\ 1, & X=4k-3\end{cases}\quad(k=1,2,\cdots).$$

所以

$$P\{Y=-1\}=\sum_{k=1}^{\infty}P\{X=4k-1\}=\sum_{k=1}^{\infty}\frac{1}{2^{4k-1}}=\frac{2}{15},$$

$$P\{Y=0\}=\sum_{k=1}^{\infty}P\{X=2k\}=\sum_{k=1}^{\infty}\frac{1}{2^{2k}}=\frac{1}{3},$$

$$P\{Y=1\}=\sum_{k=1}^{\infty}P\{X=4k-3\}=\sum_{k=1}^{\infty}\frac{1}{2^{4k-3}}=\frac{8}{15}.$$

故 $Y=\sin\frac{\pi}{2}X$ 的分布律为

Y	−1	0	1
P	2/15	1/3	8/15

二、连续型随机变量函数的分布

这一问题在§2.4的定理证明中已经讨论过.分析基本思路与方法：

思路　应该先针对随机变量 X 的概率密度不为 0 的区间，求出 Y 的取值范围，再求出该区间上 Y 的概率密度；在随机变量 X 的概率密度为 0 的区间，即使 X 有取值，从而 Y 有取值，取值的概率也为 0，令 Y 的概率密度为 0 即可.

方法　从随机变量 Y 的分布函数 $F_Y(y)$ 着手，因为分布函数是概率，便于计算；再对分布函数求导数，得 $F_Y'(y)=f_Y(y)$. 在个别点处的概率密度可以任意定义，因为其不影响分布函数、概率的计算.

例 3 设随机变量 X 的概率密度为

$$f_X(x)=\begin{cases}x/18, & 0<x<6,\\ 0, & \text{其他},\end{cases}$$

求随机变量 $Y=\frac{1}{3}X+2$ 的概率密度.

解 当 X 取值为 $(0,6)$ 时, Y 取值为 $(2,4)$, 所以

当 $y\in(2,4)$ 时, 随机变量 Y 的分布函数及概率密度分别为

$$F_Y(y)=P\{Y\leqslant y\}=P\left\{\frac{1}{3}X+2\leqslant y\right\}=P\{X\leqslant 3y-6\}=F_X(3y-6),$$

$$\begin{aligned}f_Y(y)&=F_Y'(y)=[F_X(3y-6)]'=F_X'(3y-6)(3y-6)'\\&=f_X(3y-6)\times 3=\frac{3y-6}{18}\times 3=\frac{1}{2}(y-2)=\frac{1}{2}y-1;\end{aligned}$$

当 $y\leqslant 2$ 时, $F_Y(y)=P\{Y\leqslant y\}=0, f_Y(y)=F_Y'(y)=0$;

当 $y\geqslant 4$ 时, $F_Y(y)=P\{Y\leqslant y\}=1, f_Y(y)=F_Y'(y)=0$.

所以随机变量 Y 的概率密度为

$$f_Y(y)=\begin{cases}\frac{1}{2}y-1, & 2<y<4,\\ 0, & \text{其他}.\end{cases}$$

注 强调 $y\in(2,4)$ 的目的, 不仅是因为在区间 $(2,4)$ 内 Y 的概率密度未知, 还因为它是推导过程中确定 $f_X(3y-6)$ 的依据: 当 $y\in(2,4)$ 时, 则 $3y-6\in(0,6)$, 才有

$$f_X(3y-6)=\frac{3y-6}{18}.$$

例 4 设随机变量 X 的概率密度为

$$f_X(x)=\begin{cases}2x, & 0\leqslant x\leqslant 1,\\ 0, & \text{其他},\end{cases}$$

求随机变量 $Y=\mathrm{e}^{-X}$ 的分布.

解 当 X 取值为 $[0,1]$ 时, Y 取值为 $\left[\frac{1}{\mathrm{e}},1\right]$, 所以

当 $y\in\left(\frac{1}{\mathrm{e}},1\right)$ 时, 随机变量 Y 的分布函数及概率密度分别为

$$\begin{aligned}F_Y(y)&=P\{Y\leqslant y\}=P\{\mathrm{e}^{-X}\leqslant y\}=P\{-X\leqslant \ln y\}=P\{X\geqslant -\ln y\}\\&=1-P\{X<-\ln y\}=1-F_X(-\ln y),\end{aligned}$$

$$\begin{aligned}f_Y(y)&=[1-F_X(-\ln y)]'=-f_X(-\ln y)\left(-\frac{1}{y}\right)\\&=-2(-\ln y)\left(-\frac{1}{y}\right)=-\frac{2\ln y}{y};\end{aligned}$$

当 $y<\frac{1}{e}$ 时，$F_Y(y)=P\{Y\leqslant y\}=0, f_Y(y)=0$；

当 $y>1$ 时，$F_Y(y)=P\{Y\leqslant y\}=1, f_Y(y)=0$.

综上所述，$Y=e^{-X}$ 的概率密度为

$$f_Y(y)=\begin{cases}-\dfrac{2\ln y}{y}, & \dfrac{1}{e}<y<1,\\ 0, & 其他.\end{cases}$$

注 以上两道例题求解的主要步骤如下：

(1) 先写出随机变量 Y 的分布函数 $F_Y(y)$，即概率 $P\{Y\leqslant y\}$；

(2) 通过事件的等价变形转化为用 X 的分布函数表达概率 $P\{Y\leqslant y\}$；

(3) 将随机变量 Y 的分布函数对 y 求导数，得到 Y 的概率密度.

例如，设 $Y=g(X)$，函数 $y=g(x)$ 单调递增，$X=g^{-1}(Y)$，则

$$F_Y(y)=P\{Y\leqslant y\}=P\{X\leqslant g^{-1}(y)\}=F_X[g^{-1}(y)],$$

$$f_Y(y)=F_Y'(y)=f_X[g^{-1}(y)][g^{-1}(y)]'.$$

当函数 $y=g(x)$ 单调递减或有增有减时，应具体处理.

例 5 设随机变量 $X\sim N(0,1)$，求 $Y=X^2$ 的概率密度.

解 Y 的值域为 $[0,+\infty)$，所以

当 $y>0$ 时，随机变量 Y 的分布函数及概率密度分别为

$$\begin{aligned}F_Y(y)&=P\{Y\leqslant y\}=P\{X^2\leqslant y\}=P\{-\sqrt{y}\leqslant X\leqslant\sqrt{y}\}\\&=\Phi(\sqrt{y})-\Phi(-\sqrt{y}),\\ f_Y(Y)&=[F_Y(y)]'=\varphi(\sqrt{y})(\sqrt{y})'-\varphi(-\sqrt{y})(-\sqrt{y})'\\&=\frac{1}{\sqrt{2\pi}}e^{-\frac{(\sqrt{y})^2}{2}}\frac{1}{2\sqrt{y}}-\frac{1}{\sqrt{2\pi}}e^{-\frac{(-\sqrt{y})^2}{2}}\left(-\frac{1}{2\sqrt{y}}\right)\\&=\frac{1}{\sqrt{2\pi}\sqrt{y}}e^{-\frac{y}{2}}=\frac{1}{\sqrt{2\pi}}y^{-\frac{1}{2}}e^{-\frac{y}{2}};\end{aligned}$$

当 $y<0$ 时，$F_Y(y)=P\{Y\leqslant y\}=0, f_Y(y)=0$.

综上所述，随机变量 $Y=X^2$ 的概率密度为

$$f_Y(y)=\begin{cases}\dfrac{1}{\sqrt{2\pi}}y^{-\frac{1}{2}}e^{-\frac{y}{2}}, & y>0,\\ 0, & y\leqslant 0.\end{cases}$$

注 例 5 中 Y 的分布，称为自由度为 1 的 χ^2 分布，记为 $\chi^2(1)$.

由例 5 知道，服从标准正态分布的随机变量 X，其平方 Y 服从自由度为 1 的 χ^2 分布. 这一结论，以后的学习中还会遇到.

例 6 设随机变量 X 服从正态分布 $N(\mu,\sigma^2)$，试证：$Y=aX+b(a\neq 0)$ 服从正态分布.

分析 关键在于求出随机变量 Y 的概率密度，并说明其为正态分布的概率密度.

证明　Y 的值域为$(-\infty,+\infty)$. 对任意 $y\in(-\infty,+\infty)$,有

$$F_Y(y)=P\{Y\leqslant y\}=P\{aX+b\leqslant y\}. \tag{1}$$

当 $a>0$ 时,由(1)式得

$$F_Y(y)=P\left\{X\leqslant\frac{y-b}{a}\right\}=F_X\left(\frac{y-b}{a}\right),$$

于是 Y 的概率密度为

$$f_Y(y)=[F_Y(y)]'=f_X\left(\frac{y-b}{a}\right)\cdot\frac{1}{a}=\frac{1}{\sqrt{2\pi}\sigma}\mathrm{e}^{-\frac{\left(\frac{y-b}{a}-\mu\right)^2}{2\sigma^2}}\cdot\frac{1}{a}=\frac{1}{\sqrt{2\pi}a\sigma}\mathrm{e}^{-\frac{[y-(a\mu+b)]^2}{2(a\sigma)^2}},$$

即

$$Y=aX+b\sim N(a\mu+b,(a\sigma)^2);$$

当 $a<0$ 时,由(1)式得

$$F_Y(y)=P\left\{X\geqslant\frac{y-b}{a}\right\}=1-P\left\{X\leqslant\frac{y-b}{a}\right\}=1-F_X\left(\frac{y-b}{a}\right),$$

于是 Y 的概率密度为

$$\begin{aligned}f_Y(y)&=[F_Y(y)]'=-f_X\left(\frac{y-b}{a}\right)\cdot\frac{1}{a}=-\frac{1}{\sqrt{2\pi}\sigma}\mathrm{e}^{-\frac{\left(\frac{y-b}{a}-\mu\right)^2}{2\sigma^2}}\cdot\frac{1}{a}\\&=\frac{1}{\sqrt{2\pi}(-a\sigma)}\mathrm{e}^{-\frac{[y-(a\mu+b)]^2}{2(a\sigma)^2}}=\frac{1}{\sqrt{2\pi}|a\sigma|}\mathrm{e}^{-\frac{[y-(a\mu+b)]^2}{2|a\sigma|^2}},\end{aligned}$$

即

$$Y=aX+b\sim N(a\mu+b,|a\sigma|^2).$$

综上所述,对任意 $a\neq0$,有

$$Y=aX+b\sim N(a\mu+b,|a\sigma|^2).$$

注　由例 6 可得出一重要**结论**:服从正态分布的随机变量的线性函数仍然服从正态分布.

例 7　设随机变量 X 的概率密度为

$$f(x)=\begin{cases}\dfrac{2x}{\pi^2}, & 0<x<\pi,\\ 0, & \text{其他},\end{cases}$$

试求 $Y=\sin X$ 的概率密度.

解　当 X 取值为$(0,\pi)$时,Y 取值为$(0,1)$,所以

当 $y\in(0,1)$时,Y 的分布函数和概率密度分别为

$$\begin{aligned}F_Y(y)&=P\{\sin X\leqslant y\}=P\{\{X\leqslant\arcsin y\}\cup\{X\geqslant\pi-\arcsin y\}\}\\&=P\{X\leqslant\arcsin y\}+P\{X\geqslant\pi-\arcsin y\}\\&=F_X(\arcsin y)+1-F_X(\pi-\arcsin y),\end{aligned}$$

$$f_Y(y)=[F_Y(y)]'=f_X(\arcsin y)(\arcsin y)'-f_X(\pi-\arcsin y)(\pi-\arcsin y)'$$
$$=\frac{2\arcsin y}{\pi^2}\cdot\frac{1}{\sqrt{1-y^2}}+\frac{2\pi-2\arcsin y}{\pi^2}\cdot\frac{1}{\sqrt{1-y^2}}=\frac{2}{\pi\sqrt{1-y^2}};$$

当 $y\leqslant 0$ 时，$F_Y(y)=P\{Y\leqslant y\}=0, f_Y(y)=0$;

当 $y\geqslant 1$ 时，$F_Y(y)=P\{Y\leqslant y\}=1, f_Y(y)=0$.

综上所述，随机变量 Y 的概率密度为

$$f_Y(y)=\begin{cases}\dfrac{2}{\pi\sqrt{1-y^2}}, & 0<y<1,\\ 0, & \text{其他}.\end{cases}$$

注 例 7 的求解关键在于准确找到随机事件 $\{\sin X\leqslant y\}$ 的等价事件

$$\{X\leqslant \arcsin y\}\cup\{X\geqslant \pi-\arcsin y\}.$$

图 2-11 可以帮助理解二者的关系.

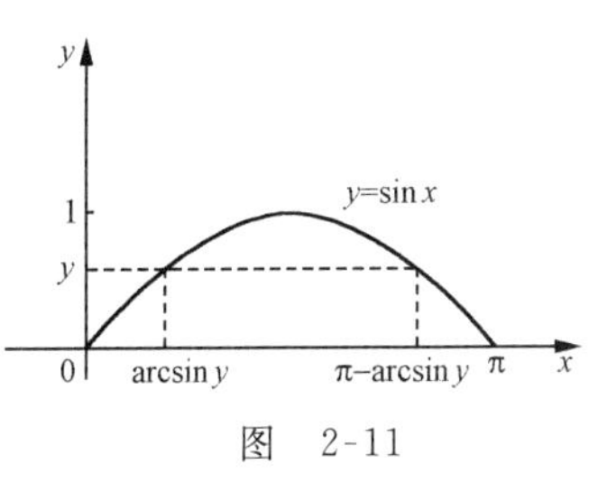

图 2-11

例 8 设连续型随机变量 X 的分布函数 $F_X(x)$ 严格单调递增，求 $Y=F_X(X)$ 的分布.

解 由于随机变量 Y 与 X 的函数关系是用 X 的分布函数定义的，因此 Y 的值域为 $[0,1]$. 因为 $F_X(x)$ 连续、严格单调递增，从而存在反函数，且反函数严格单调递增，所以对任意 $y\in(0,1)$，有

$$F_Y(y)=P\{F_X(X)\leqslant y\}=P\{X\leqslant F_X^{-1}(y)\}=F_X[F_X^{-1}(y)]=y.$$

故 Y 的分布函数为

$$F_Y(y)=\begin{cases}0, & y\leqslant 0,\\ y, & 0<y<1,\\ 1, & y\geqslant 1,\end{cases}$$

Y 的概率密度为

$$f_Y(y)=\begin{cases}1, & 0<y<1,\\ 0, & \text{其他},\end{cases}$$

即 Y 服从 $(0,1)$ 内的均匀分布.

三、其他举例

例 9 设随机变量 X 服从参数为 θ 的指数分布，随机变量 $Y=\min\{X,2\}$，试求 Y 的分布函数.

解 仍然从确定随机变量 Y 的值域着手. 随机变量 Y 与 X 的函数关系为

$$Y=\begin{cases}X, & X<2,\\ 2, & X\geqslant 2,\end{cases}$$

显然 Y 的值域为 $(0,2]$，所以

当 $y\in(0,2)$时,有 $F_Y(y)=P\{Y\leqslant y\}=P\{X\leqslant y\}=\int_0^y\theta e^{-\theta x}dx=1-e^{-\theta y}$;

当 $y\leqslant 0$ 时,$F_Y(y)=P\{Y\leqslant y\}=0$;

当 $y\geqslant 2$ 时,$F_Y(y)=P\{Y\leqslant y\}=1$.

故 Y 的分布函数为

$$F_Y(y)=\begin{cases}0, & y\leqslant 0,\\ 1-e^{-\theta y}, & 0<y<2,\\ 1, & y\geqslant 2.\end{cases}$$

注 例 9 中的随机变量 Y 非离散型随机变量,也非连续型随机变量,其分布函数在 $y=2$ 处有跳跃间断点.

例 10 假设一大型设备在任何长为 t 的时间内发生故障的次数 $N(t)$服从参数为 λt 的泊松分布,试求相继两次故障之间时间间隔 T 的概率密度.

解 随机变量 T 的值域为$[0,+\infty)$. 当 $t>0$ 时,T 的分布函数为

$$F_T(t)=P\{T\leqslant t\}.$$

事件$\{T\leqslant t\}$即{两次故障之间时间间隔 T 小于或等于 t},而在时间段$[0,t]$内故障发生的次数不确定,从而不可直接求得 $P\{T\leqslant t\}$. 不过其对立事件$\{T>t\}$表示在时间段$[0,t]$内一定没发生故障,即 $N(t)=0$. 从事件发生的角度容易证明,事件$\{T>t\}=\{N(t)=0\}$,所以

$$\begin{aligned}F_T(t)&=P\{T\leqslant t\}=1-P\{T>t\}=1-P\{N(t)=0\}\\&=1-\frac{(\lambda t)^0e^{-\lambda t}}{0!}=1-e^{-\lambda t}.\end{aligned}$$

故相继两次故障之间时间间隔 T 的概率密度为

$$f_T(t)=\begin{cases}\lambda e^{-\lambda t}, & t>0,\\ 0, & t\leqslant 0,\end{cases}$$

即 T 服从参数为 λ 的指数分布.

习 题 2.5

1. 设随机变量 X 的分布律为

X	-2	-1	0	1	2
P	3/30	4/30	9/30	6/30	8/30

求:(1) $Y=2X+1$ 的分布律;　　(2) $Z=X^2$ 的分布律.

2. 设随机变量 X 的分布律为 $P\{X=n\}=\frac{2}{3^n}$ $(n=1,2,\cdots)$,试求 $Y=1+(-1)^X$ 的分布律.

3. 设随机变量 X 的概率密度为 $f(x)=\begin{cases}2x, & 0\leqslant x\leqslant 1,\\ 0, & \text{其他},\end{cases}$ 试求:

(1) $Y=e^X$ 的概率密度;　　(2) $Z=e^{-X}$的概率密度.

4. 设随机变量 $X \sim U(0,1)$，求 $Y=-\ln X$ 的概率密度.

5. 设随机变量 $X \sim N(5,16)$，求 $Y=-2X+3$ 的概率密度.

6. 设随机变量 $X \sim N(0,1)$，求：

(1) $Y=e^X$ 的概率密度； (2) $Z=|X|$ 的概率密度.

7. (1) 设随机变量 $X \sim U(c,d)$，求 $Y=aX+b$ 的概率密度；

(2) 设随机变量 $X \sim e(1)$，求 $Y=aX+b$ 的概率密度，并分析结果；

(3) 设随机变量 $X \sim f_X(x)$，$Y=aX+b\ (a\neq 0)$，试证：

$$f_Y(y)=\frac{1}{|a|}f_X\left(\frac{y-b}{a}\right).$$

8. 设随机变量 $X \sim f(x)=\begin{cases} e^{-x}, & x\geqslant 0, \\ 0, & x<0, \end{cases}$ 求 $Y=X^2$ 的概率密度.

9. 设随机变量 $X \sim U(0,2\pi)$，求 $Y=\cos X$ 的概率密度.

总习题二

1. 设随机变量 $X \sim P(\lambda)$，试求 X 的最可能取值.

2. 设 10 个同种电器元件中有两个废品. 装配仪器时，从这些仪器中任取一个；若是废品，则扔掉重新任取一个；若仍是废品，则再扔掉还任取一个. 求在取到正品之前，已取出废品数的分布律.

3. 已知每次试验成功的概率为 p. 令 X 表示独立重复试验中连续成功或连续失败的次数，求 X 的分布律.

4. 已知每条蚕的产卵数量 X 服从参数为 λ 的泊松分布，每个卵变为小蚕的概率为 p，且各个卵是否变成小蚕相互独立，求一条蚕养出的小蚕数 Y 的概率分布.

5. 设一设备开机后无故障工作的时间 X(单位：h)服从参数为 5 的指数分布. 设备定时开机，出故障后自动关机；在无故障的情况下，工作 2 h 便关机. 试求该设备每次开机无故障工作时间 Y 的分布函数.

6. 设随机变量 X 服从$(-1,2)$上的均匀分布，求 $Y=|X|$ 的概率密度.

7. 设随机变量 X 的概率密度为

$$f_X(x)=\begin{cases} 0, & x\leqslant 0, \\ \dfrac{1}{2}, & 0<x<1, \\ \dfrac{1}{2x^2}, & x\geqslant 1, \end{cases}$$

求 $Y=\dfrac{1}{X}$ 的概率密度.

8. 通过点$(0,1)$任意作直线与 x 轴相交成 α 角$(0<\alpha<\pi)$，求这直线在 x 轴上的截距 X 的概率密度.

第三章　多维随机变量及其分布

本章首先介绍二维随机变量的概念及一些描述二维随机变量分布的函数：联合分布函数、联合分布律、联合概率密度；然后介绍联合分布与边缘分布之间的关系以及条件分布；最后介绍随机变量的独立性.

§3.1　二维随机变量的联合分布

一、二维随机变量的概念

在第二章中，我们介绍过当随机试验的结果对应一个数时，可以引进随机变量以表示随机试验的结果. 有的随机试验结果对应多个数值，看下列随机试验：

E_1：同时抛掷两颗骰子，观察每颗朝上的点数，每个样本点都是一对数字；

E_2：打炮，炮弹落点同时有经度、纬度；

E_3：按户抽样调查城市居民食品、穿衣的支出，每个结果为两个数值；

E_4：体检验血，每个人的化验结果同时有血脂，高、低密度蛋白，胆固醇等若干个指标；

E_5：考查股票的投资价值，对每一支股票要考虑股票的市盈率、市净率、资本报酬率等指标.

顺理成章，可以引进多维随机变量以表示这些随机试验的结果. 本章主要分析二维随机变量分布的规律. 由二维随机变量推广到 n 维时，有质变，更多的是量变，其规律容易得到. 首先给出二维随机变量的定义：

定义 1　设有随机试验 E，样本空间为 S. 如果对任意 $e\in S$，有 $X=X(e)$，$Y=Y(e)$ 为定义在样本空间 S 上的两个随机变量，则称由它们构成的向量 (X,Y) 为定义在 S 上的**二维随机变量**(bi-dimensional random variable)，也称为**二维随机向量**.

前面所举随机试验 E_1,E_2,E_3 的结果均可表示为二维随机变量 (X,Y). 将 (X,Y) 看作在平面上取值的随机点，可以使我们对 (X,Y) 取值的规律有更直观的认识.

既然 (X,Y) 作为同一随机试验的结果，一般来说 X,Y 之间有着依存关系，因此要把握一个结果为二维随机变量的随机试验，或者说随机现象，应该将 X,Y 作为一个整体来研究它们的统计规律：(X,Y) 的取值及其概率，即二维随机变量的联合分布.

二、二维随机变量的联合分布函数

定义 2　设 (X,Y) 是二维随机变量，x,y 为任意实数，称函数

$$F(x,y)=P\{X\leqslant x,Y\leqslant y\}$$

为二维随机变量(X,Y)的**联合分布函数**(joint distribution function)，简称**分布函数**，记作

$$(X,Y)\sim F(x,y).$$

注 定义2中的联合分布函数是二元函数，把握此函数关键还是两个要素：

(1) 对应法则 事件$\{X\leqslant x,Y\leqslant y\}$表示事件$\{X\leqslant x\}$与$\{Y\leqslant y\}$的积事件，所以实数$x,y$所对应的联合分布函数值$F(x,y)$是随机变量$(X,Y)$取值在图3-1中斜线阴影区域内的概率；

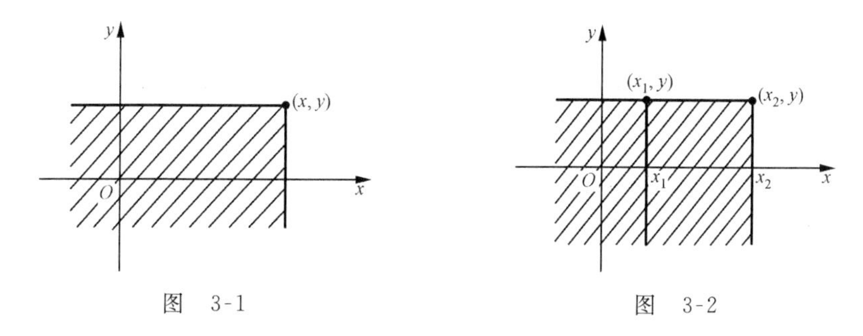

图 3-1　　　　图 3-2

(2) 定义域 联合分布函数$F(x,y)$的定义域为整个实平面$\mathbf{R}^2$.

二维随机变量(X,Y)的联合分布函数$F(x,y)$具有下列**性质**：

(1) 分布函数$F(x,y)$关于x和y分别为不减函数，即

(i) 对任意y，若$x_1<x_2$(见图3-2)，则

$$F(x_1,y)\leqslant F(x_2,y);\tag{1}$$

(ii) 对任意x，若$y_1<y_2$，则

$$F(x,y_1)\leqslant F(x,y_2).\tag{2}$$

(2) 对任意$x,y\in\mathbf{R}$，分布函数$F(x,y)$满足$0\leqslant F(x,y)\leqslant 1$.

特别地，有

(i) $F(-\infty,y)=\lim\limits_{x\to-\infty}P\{X\leqslant x,Y\leqslant y\}=0$;

(ii) $F(x,-\infty)=\lim\limits_{y\to-\infty}P\{X\leqslant x,Y\leqslant y\}=0$;

(iii) $F(-\infty,-\infty)=\lim\limits_{\substack{x\to-\infty\\y\to-\infty}}P\{X\leqslant x,Y\leqslant y\}=0$;

(iv) $F(+\infty,+\infty)=\lim\limits_{\substack{x\to+\infty\\y\to+\infty}}P\{X\leqslant x,Y\leqslant y\}=1$.

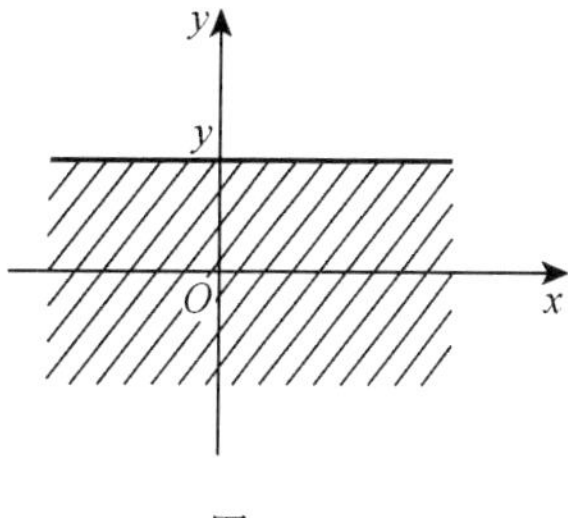

图 3-3

注 不一定有$F(+\infty,y)=1$与$F(x,+\infty)=1$，因为$F(+\infty,y)=P\{X<+\infty,Y\leqslant y\}$只相当于$(X,Y)$取值在图3-3中斜线阴影区域内的概率，显然不一定为1.

(3) 分布函数$F(x,y)$关于x,y分别右连续，即

$$F(x+0,y)=\lim_{\Delta x\to0^+}F(x+\Delta x,y)=F(x,y),$$

$$F(x,y+0)=\lim_{\Delta y\to0^+}F(x,y+\Delta y)=F(x,y).$$

(4) 设$F(x,y)$为二维随机变量(X,Y)的分布函数，则对任意常数x_1,x_2,y_1,y_2

$(x_1<x_2,y_1<y_2)$有

$$F(x_2,y_2)-F(x_1,y_2)-F(x_2,y_1)+F(x_1,y_1)\geqslant 0.$$

事实上,上式左端为二维随机变量(X,Y)取值在图 3-4 中斜线阴影区域内的概率,即为$P\{x_1<X\leqslant x_2,y_1<Y\leqslant y_2\}$,结论显然成立.

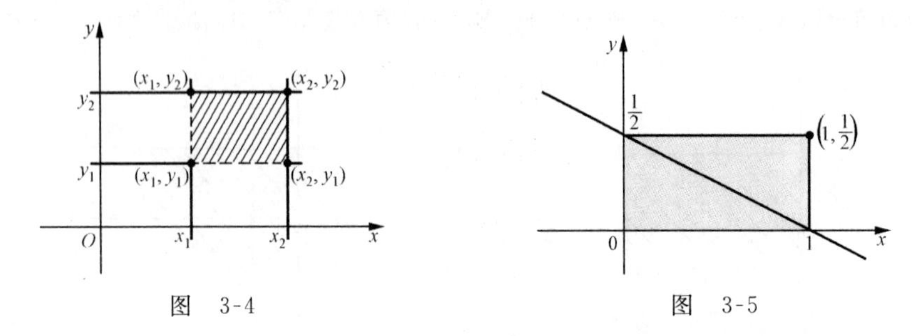

图 3-4　　　　图 3-5

注 上述四个性质构成一个二元函数作为分布函数的充分必要条件.

比较一维随机变量分布函数的充分条件,二维随机变量分布函数的充分条件多了性质(4),原因是有前三个性质并不能保证第四个性质成立,而第四个性质恰是用分布函数计算随机变量(X,Y)取值在矩形区域内的概率的表达式,必须保证非负.看下面的反例:设函数

$$F(x,y)=\begin{cases}1, & x+2y\geqslant 1,\\ 0, & x+2y<1,\end{cases}$$

容易证明$F(x,y)$满足前三个性质.若用其计算(X,Y)取值在图 3-5 中矩形区域内的概率,有

$$F\left(1,\frac{1}{2}\right)-F(1,0)-F\left(0,\frac{1}{2}\right)+F(0,0)=1-1-1+0=-1,$$

不满足性质(4).

显然,性质(4)作为充分条件之一,不可缺少.

例 1 设二维随机变量(X,Y)的分布函数为$F(x,y)$,试用其表示下列概率:

(1) $P\{a<X\leqslant b,Y\leqslant c\}$,其中$a,b,c$为常数,且$a<b$;

(2) $P\{X\leqslant x,Y<+\infty\}$.

解 (1) $P\{a<X\leqslant b,Y\leqslant c\}=F(b,c)-F(a,c)$,其为二维随机变量$(X,Y)$取值在图 3-6(a)中斜线阴影区域内的概率.

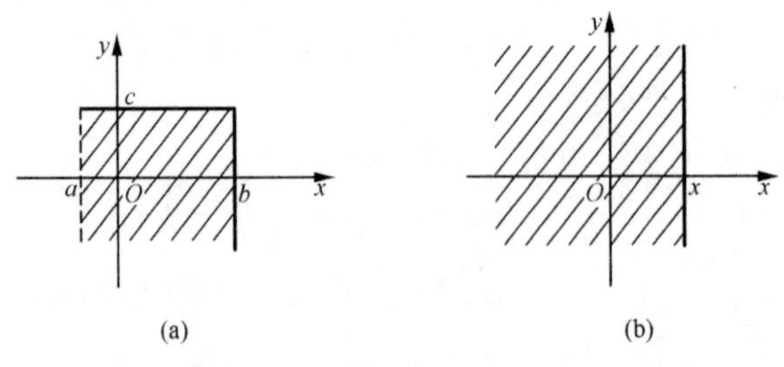

图 3-6

(2) $P\{X\leqslant x, Y<+\infty\}=F(x,+\infty)$，其为二维随机变量$(X,Y)$取值在图 3-6(b)中斜线阴影区域内的概率.

三、二维离散型随机变量的联合分布律

二维随机变量(X,Y)的所有可能取值为有限对或无限可列对时，称(X,Y)为**二维离散型随机变量**(bi-dimensional discrete random variable).

例如，E_1：掷两颗骰子，设 X,Y 分别为两颗骰子朝上的点数，则样本空间为

$$S=\{(1,1),(1,2),\cdots,(6,6)\},$$

(X,Y)为二维离散型随机变量.

定义 3 设二维离散型随机变量(X,Y)取值(x_i,y_j)的概率为 p_{ij}，则称(X,Y)的所有可能取值(x_i,y_j)与取值的概率 $p_{ij}(i,j=1,2,\cdots)$为二维离散型随机变量(X,Y)的**联合分布律**(joint distribution law)(或**概率分布**)，记作

$$P\{X=x_i,Y=y_j\}=p_{ij}\quad(i,j=1,2,\cdots),$$

或列表(表 3.1)记作

表 3.1

Y \ X	x_1	x_2	$\cdots$	x_i	$\cdots$
y_1	p_{11}	p_{21}	$\cdots$	p_{i1}	$\cdots$
y_2	p_{12}	p_{22}	$\cdots$	p_{i2}	$\cdots$
$\vdots$	$\vdots$	$\vdots$	$\vdots$	$\vdots$	$\vdots$
y_j	p_{1j}	p_{2j}	$\cdots$	p_{ij}	$\cdots$
$\vdots$	$\vdots$	$\vdots$	$\vdots$	$\vdots$	$\vdots$

联合分布律有下面的**性质**：

(1) $p_{ij}\geqslant 0$；　　(2) $\sum\limits_{i=1}^{\infty}\sum\limits_{j=1}^{\infty}p_{ij}=1$.

上述性质显然成立：p_{ij}是概率，当然非负；将(X,Y)所有取值的概率相加即是必然事件的概率 1.

注 这两个性质也是函数 $P\{X=x_i,Y=y_j\}=p_{ij}(i,j=1,2,\cdots)$可以作为二维离散型随机变量的联合分布律的充分必要条件.

例 2 掷两颗均匀的骰子，设 X,Y 分别为两颗骰子朝上的点数，求二维随机变量(X,Y)的联合分布律.

解 解法 1 共有 $6\times6=36$ 对取值，取每一对值等可能，所以

$$P\{X=i,Y=j\}=\frac{1}{36}\quad(i,j=1,2,\cdots,6).$$

解法 2 对任意的 $i,j(i,j=1,2,\cdots,6)$，事件$\{X=i\}$与$\{Y=j\}$相互独立，所以

$$P\{X=i,Y=j\}=P\{X=i\}P\{Y=j\}=\frac{1}{6}\cdot\frac{1}{6}=\frac{1}{36}\quad(i,j=1,2,\cdots,6).$$

列表(表 3.2)则为

表 3.2

Y \ X	1	2	3	…	6
1	1/36	1/36	1/36	…	1/36
2	1/36	1/36	1/36	…	1/36
⋮	⋮	⋮	⋮	⋮	⋮
6	1/36	1/36	1/36	…	1/36

例 3 设在 1,2,3,4 中随机取一个数为 X,再从 $1\sim X$ 中随机取一个整数为 Y,求:

(1) 二维随机变量(X,Y)的联合分布律;

(2) 二维随机变量(X,Y)的联合分布函数在点$(3.6,2)$处的函数值 $F(3.6,2)$.

解 (1) 二维随机变量(X,Y)的取值有

$$(1,1),\ (2,1),\ (2,2),\ \cdots,\ (4,3),\ (4,4).$$

求事件$\{X=i,Y=j\}$的概率,相当于求$\{X=i\}$与$\{Y=j\}$的积事件的概率,积事件概率的公式当然适用.因为 X 能取到 4 个数,取每一个数的概率相同,所以 $P\{X=1\}=\dfrac{1}{4}$.在$\{X=1\}$发生的条件下,Y 只能得 1,所以 $P\{Y=1|X=1\}=1$,$P\{Y=2|X=1\}=0$.因此有

$$P\{X=1,Y=1\}=P\{X=1\}P\{Y=1|X=1\}=\frac{1}{4}\cdot 1=\frac{1}{4},$$

$$P\{X=1,Y=2\}=P\{X=1\}P\{Y=2|X=1\}=\frac{1}{4}\cdot 0=0.$$

因为 $P\{X=2\}=\dfrac{1}{4}$,又在$\{X=2\}$发生的条件下,Y 可能是 1,也可能是 2,且可能性相同,即

$$P\{Y=1|X=2\}=P\{Y=2|X=2\}=\frac{1}{2},$$

所以

$$P\{X=2,Y=1\}=P\{X=2\}P\{Y=1|X=2\}=\frac{1}{4}\cdot\frac{1}{2}=\frac{1}{8},$$

$$P\{X=2,Y=2\}=P\{X=2\}P\{Y=2|X=2\}=\frac{1}{4}\cdot\frac{1}{2}=\frac{1}{8}.$$

同理可求得(X,Y)取其他各对值的概率,列表得到表 3.3.用公式表示联合分布律为

表 3.3

Y \ X	1	2	3	4
1	1/4	1/8	1/12	1/16
2	0	1/8	1/12	1/16
3	0	0	1/12	1/16
4	0	0	0	1/16

$$P\{X=i,Y=j\}=\frac{1}{4}\cdot\frac{1}{i}\quad(i=1,2,3,4;j=1,2,\cdots,i).$$

(2) 由联合分布函数的定义有 $F(3.6,2)=P\{X\leqslant 3.6,Y\leqslant 2\}$.

事件$\{X\leqslant 3.6,Y\leqslant 2\}$包含$(X,Y)$取$(1,1),(2,1),(2,2),(3,1),(3,2)$等值,所以应求联合分布律表3.3中虚线所框部分概率值的和,即

$$F(3.6,2)=P\{X\leqslant 3.6,Y\leqslant 2\}=\frac{1}{4}+\frac{1}{8}+\frac{1}{8}+\frac{1}{12}+\frac{1}{12}=\frac{2}{3}.$$

由联合分布律求联合分布函数,可以概括为如下公式:

$$F(x,y)=\sum_{x_i\leqslant x}\sum_{y_j\leqslant y}p_{ij},$$

即 $F(x,y)$的值为将二维随机变量(X,Y)中 X 取值小于或等于 x 且 Y 取值小于或等于 y 的概率相加.

例 4 抛掷一枚均匀的硬币3次,设 X 为3次抛掷中正面出现的次数,Y 为正、反面出现次数之差的绝对值,求(X,Y)的联合分布律.

解 (X,Y)的可能取值如表3.4所示.

表 3.4

正面出现的次数 X	0	1	2	3
反面出现的次数	3	2	1	0
正、反面出现次数之差的绝对值 Y	3	1	1	3

计算(X,Y)各个取值的概率:

从事件发生的角度容易证明,事件$\{X=0,Y=3\}$与$\{X=0\}$相等,所以

$$P\{X=0,Y=3\}=P\{X=0\}=\left(\frac{1}{2}\right)^3=\frac{1}{8}.$$

同理,有

$$P\{X=1,Y=1\}=P\{X=1\}=C_3^1\cdot\frac{1}{2}\cdot\left(\frac{1}{2}\right)^2=\frac{3}{8},$$

$$P\{X=2,Y=1\}=P\{X=2\}=C_3^2\cdot\left(\frac{1}{2}\right)^2\cdot\frac{1}{2}=\frac{3}{8},$$

$$P\{X=3,Y=3\}=P\{X=3\}=\left(\frac{1}{2}\right)^3=\frac{1}{8}.$$

列出联合分布律,见表3.5.

表 3.5

X \ Y	1	3
0	0	1/8
1	3/8	0
2	3/8	0
3	0	1/8

四、二维连续型随机变量的联合概率密度

1. 二维连续型随机变量与联合概率密度的概念

定义 4 设(X,Y)为二维随机变量,$F(x,y)$为其联合分布函数.若存在非负函数

$f(x,y)$，对任意实数 x,y，有

$$F(x,y)=\int_{-\infty}^{x}\mathrm{d}u\int_{-\infty}^{y}f(u,v)\mathrm{d}v,$$

则称(X,Y)为**二维连续型随机变量**，并称 $f(x,y)$为(X,Y)的**联合概率密度函数**(joint probability density function)，简称**概率密度**，记作$(X,Y)\sim f(x,y)$.

2. 联合概率密度的性质

二维随机变量(X,Y)的概率密度 $f(x,y)$具有如下**性质**：

(1) $f(x,y)\geqslant 0$；

(2) $\int_{-\infty}^{+\infty}\int_{-\infty}^{+\infty}f(x,y)\mathrm{d}x\mathrm{d}y=1$；

(3) 在 $f(x,y)$的连续点(x,y)处，有 $\dfrac{\partial^2 F(x,y)}{\partial x\partial y}=f(x,y)$；

(4) 设 G 为一平面区域，则 $P\{(X,Y)\in G\}=\iint\limits_{G}f(x,y)\mathrm{d}x\mathrm{d}y$.

证明 (1) 显然.

(2) $\int_{-\infty}^{+\infty}\int_{-\infty}^{+\infty}f(x,y)\mathrm{d}x\mathrm{d}y=\lim\limits_{\substack{x\to+\infty\\ y\to+\infty}}\int_{-\infty}^{x}\mathrm{d}u\int_{-\infty}^{y}f(u,v)\mathrm{d}v=F(+\infty,+\infty)=1.$

(3) $\dfrac{\partial^2 F(x,y)}{\partial x\partial y}=\dfrac{\partial^2}{\partial x\partial y}\int_{-\infty}^{x}\left[\int_{-\infty}^{y}f(u,v)\mathrm{d}v\right]\mathrm{d}u=\dfrac{\partial}{\partial y}\left[\int_{-\infty}^{y}f(x,v)\mathrm{d}v\right]=f(x,y).$

(4) 证明略.

注 性质(1)，(2)是一个二元函数 $f(x,y)$作为二维随机变量(X,Y)的概率密度的充分必要条件. 性质(4)的意义在于：给出了计算二维连续型随机变量取值在区域 G 内的概率的方法，即在区域 G 内对联合概率密度 $f(x,y)$作二重积分.

例 5 设二维随机变量(X,Y)的联合概率密度为

$$f(x,y)=\begin{cases}4xy, & 0<x<1,0<y<1,\\ 0, & \text{其他},\end{cases}$$

求：(1) $P\left\{0<X<\dfrac{1}{2},\dfrac{1}{4}<Y<\dfrac{3}{2}\right\}$； (2) $P\{X=Y\}$.

解 (1) 因为(X,Y)的联合概率密度仅在图 3-7(a)中正方形区域内不为 0，而事件 $\left\{0<X<\dfrac{1}{2},\dfrac{1}{4}<Y<\dfrac{3}{2}\right\}$为$(X,Y)$的取值在长方形区域内，其中只有在区域

$$G=\left\{(x,y)\,\middle|\,0<x<\frac{1}{2},\frac{1}{4}<y<1\right\}$$

内(X,Y)的联合概率密度不为 0，所以只要在区域 G 上对联合概率密度作积分即可. 因此

$$P\left\{0<X<\frac{1}{2},\frac{1}{4}<Y<\frac{3}{2}\right\}=\int_{0}^{1/2}\mathrm{d}x\int_{1/4}^{1}4xy\mathrm{d}y=\int_{0}^{1/2}2x\cdot y^2\Big|_{1/4}^{1}\mathrm{d}x$$

$$=\int_{0}^{1/2}2x\left(1-\frac{1}{16}\right)\mathrm{d}x=\frac{15}{16}x^2\Big|_{0}^{1/2}=\frac{15}{64}.$$

(2) $P\{X=Y\}=\int_0^1 \mathrm{d}x\int_x^x 4xy\,\mathrm{d}y=0.$

(2)中的积分区域为一条线,见图 3-7(b). 此处验证了二维连续型随机变量取值在一条线上的概率为 0.

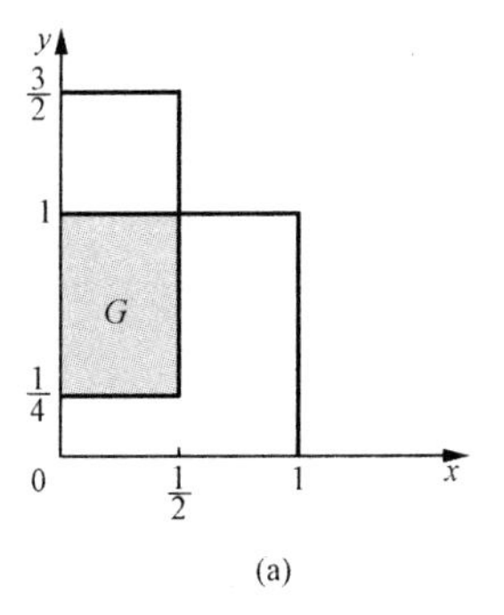

(a)

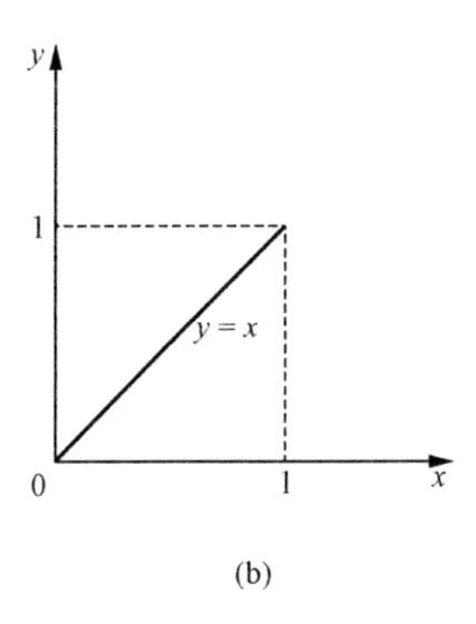

(b)

图 3-7

例 6 设二维随机变量(X,Y)的概率密度为

$$f(x,y)=\begin{cases}k\mathrm{e}^{-2x-y}, & x>0,y>0,\\ 0, & \text{其他},\end{cases}$$

求:(1) 常数 k; (2) $P\{Y\leqslant X\}$; (3) $P\{X+Y\leqslant 1\}$; (4) 分布函数 $F(x,y)$.

解 (1) $f(x,y)$仅在第一象限不为 0,见图 3-8(a),从而有

$$\int_0^{+\infty}\mathrm{d}x\int_0^{+\infty}k\mathrm{e}^{-2x-y}\mathrm{d}y=k\int_0^{+\infty}\mathrm{e}^{-2x}\left[-\mathrm{e}^{-y}\right]\Big|_0^{+\infty}\mathrm{d}x=k\int_0^{+\infty}\mathrm{e}^{-2x}\mathrm{d}x$$

$$=-\frac{k}{2}\mathrm{e}^{-2x}\Big|_0^{+\infty}=\frac{k}{2}=1,$$

所以 $k=2$.

(2) 事件$\{Y\leqslant X\}$为(X,Y)取值在图 3-8(b)中两组斜线相交的阴影区域内,所以

$$P\{Y\leqslant X\}=\int_0^{+\infty}\mathrm{d}x\int_0^x f(x,y)\mathrm{d}y=\int_0^{+\infty}\mathrm{d}x\int_0^x 2\mathrm{e}^{-2x-y}\mathrm{d}y=\int_0^{+\infty}2\mathrm{e}^{-2x}\left[-\mathrm{e}^{-y}\right]\Big|_0^x\mathrm{d}x$$

$$=\int_0^{+\infty}2\mathrm{e}^{-2x}(1-\mathrm{e}^{-x})\mathrm{d}x=\int_0^{+\infty}(2\mathrm{e}^{-2x}-2\mathrm{e}^{-3x})\mathrm{d}x$$

$$=-\mathrm{e}^{-2x}\Big|_0^{+\infty}+\frac{2}{3}\mathrm{e}^{-3x}\Big|_0^{+\infty}=1-\frac{2}{3}=\frac{1}{3}.$$

(3) 事件$\{X+Y\leqslant 1\}$为(X,Y)取值在图 3-8(c)中两组斜线相交的阴影区域内,所以

$$P\{X+Y\leqslant 1\}=\int_0^1\mathrm{d}x\int_0^{1-x}2\mathrm{e}^{-2x-y}\mathrm{d}y=\int_0^1 2\mathrm{e}^{-2x}\left[-\mathrm{e}^{-y}\right]\Big|_0^{1-x}\mathrm{d}x=\int_0^1 2\mathrm{e}^{-2x}(1-\mathrm{e}^{x-1})\mathrm{d}x$$

$$=\int_0^1(2\mathrm{e}^{-2x}-2\mathrm{e}^{-x-1})\mathrm{d}x=-\mathrm{e}^{-2x}\Big|_0^1+2\mathrm{e}^{-x-1}\Big|_0^1$$

$$=1-\mathrm{e}^{-2}+2\mathrm{e}^{-2}-2\mathrm{e}^{-1}=1+\mathrm{e}^{-2}-2\mathrm{e}^{-1}=0.4.$$

（4）当 $x>0$ 且 $y>0$ 时，如图 3-8(d)中的点 D，$F(x,y)$为取值在图 3-8(d)中矩形阴影区域内的概率，即

$$F(x,y)=\int_0^x \mathrm{d}u\int_0^y f(u,v)\mathrm{d}v=\int_0^x \mathrm{d}u\int_0^y 2\mathrm{e}^{-2u-v}\mathrm{d}v=\int_0^x 2\mathrm{e}^{-2u}[-\mathrm{e}^{-v}]\Big|_0^y \mathrm{d}u$$

$$=\int_0^x 2\mathrm{e}^{-2u}(1-\mathrm{e}^{-y})\mathrm{d}u=(1-\mathrm{e}^{-y})\int_0^x(-\mathrm{e}^{-2u})\mathrm{d}(-2u)$$

$$=(1-\mathrm{e}^{-y})[-\mathrm{e}^{-2u}]\Big|_0^x=(1-\mathrm{e}^{-2x})(1-\mathrm{e}^{-y}).$$

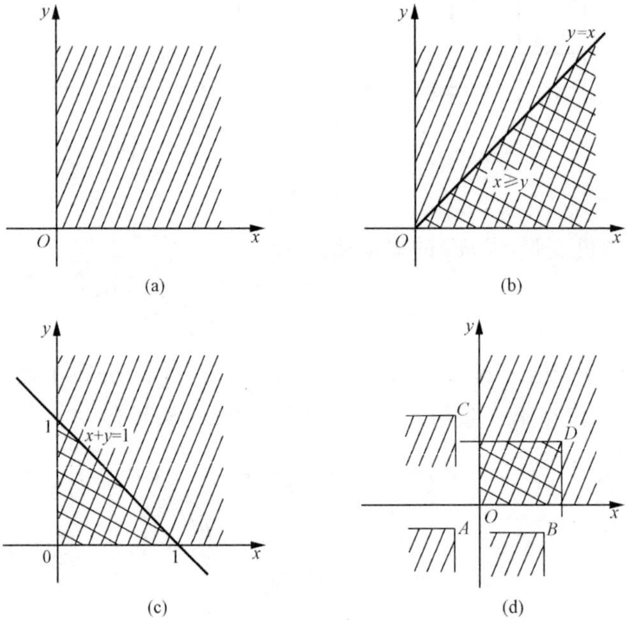

图　3-8

当 $x\leqslant 0$ 或 $y\leqslant 0$ 时，如图 3-8(d)中的点 A,B,C，则有

$$F(x,y)=P\{X\leqslant x,Y\leqslant y\}=0.$$

综上所述，(X,Y)的分布函数为

$$F(x,y)=\begin{cases}(1-\mathrm{e}^{-2x})(1-\mathrm{e}^{-y}), & x>0,y>0,\\ 0, & x\leqslant 0 \text{ 或 } y\leqslant 0.\end{cases}$$

五、常见的二维连续型随机变量的分布

1. 均匀分布

如同一维随机变量的均匀分布，若二维随机变量(X,Y)在区域 G 上是均匀分布的，其在 G 上的概率密度应为常量 C. 设 G 的面积为 A，则

$$\iint_G f(x,y)\mathrm{d}x\mathrm{d}y = \iint_G C\mathrm{d}x\mathrm{d}y = C \cdot A = 1, \quad 即 \quad C = \frac{1}{A}.$$

定义 5　设 G 为平面上一有界区域，面积为 A. 若二维随机变量 (X,Y) 的概率密度为

$$f(x,y)=\begin{cases}\dfrac{1}{A}, & (x,y)\in G,\\ 0, & 其他,\end{cases}$$

则称 (X,Y) 服从区域 G 上的**均匀分布**.

注　(1) 二维连续型随机变量 (X,Y) 服从均匀分布的本质含义在于：(X,Y) 取值在 G 中任意小区域内的概率只与小区域面积成正比，与小区域的形状和位置无关；

(2) 均匀分布的背景即平面上的几何概型.

例 7　设二维随机变量 (X,Y) 服从区域 $G=\{(x,y)\mid 0\leqslant y\leqslant x\leqslant 1\}$ 上的均匀分布，求：

(1) $P\{X+Y\leqslant 1\}$；　　(2) $P\left\{X\leqslant\dfrac{1}{2}\,\middle|\, X+Y\leqslant 1\right\}$.

解　(X,Y) 服从区域 G(见图 3-9(a)) 上的均匀分布，区域 G 的面积为 $\dfrac{1}{2}$，则 (X,Y) 的概率密度为

$$f(x,y)=\begin{cases}2, & (x,y)\in G,\\ 0, & 其他.\end{cases}$$

可以通过对概率密度在相关区域积分计算所求的概率.

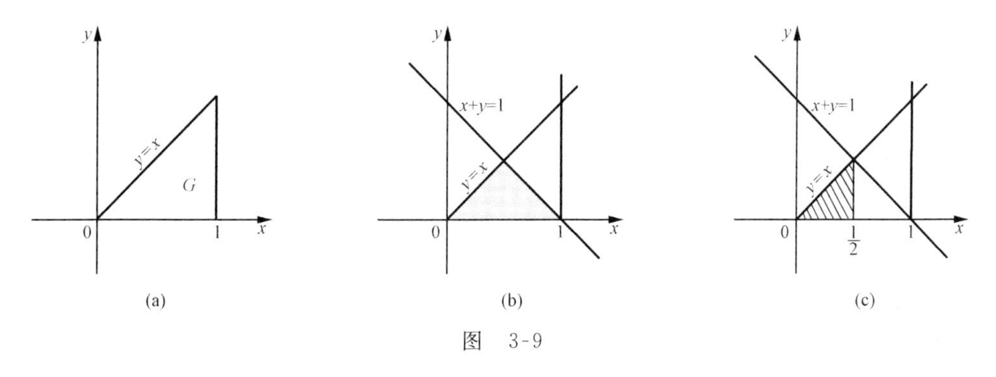

图　3-9

下面通过面积比计算所求的概率.

(1) 对于样本空间 G，事件 $\{X+Y\leqslant 1\}$ 为图 3-9(b) 中阴影区域，面积为 $\dfrac{1}{4}$，所以

$$P\{X+Y\leqslant 1\}=\frac{1/4}{1/2}=\frac{1}{2}.$$

(2) 事件 $\left\{X\leqslant\dfrac{1}{2},X+Y\leqslant 1\right\}$ 为图 3-9(c) 中斜线阴影区域，面积为 $\dfrac{1}{8}$，则

$$P\left\{X \leqslant \frac{1}{2}, X+Y \leqslant 1\right\}=\frac{1/8}{1/2}=\frac{1}{4}.$$

所以
$$P\left\{X\leqslant\frac{1}{2}\,\middle|\,X+Y\leqslant1\right\}=\frac{P\left\{X\leqslant\frac{1}{2},X+Y\leqslant1\right\}}{P\{X+Y\leqslant1\}}=\frac{1/4}{1/2}=\frac{1}{2}.$$

或者直接用事件$\left\{X\leqslant\frac{1}{2},X+Y\leqslant1\right\}$的面积比事件$\{X+Y\leqslant1\}$的面积即可得.

2. 二维正态分布

定义 6 若二维随机变量(X,Y)的联合概率密度为

$$f(x,y)=\frac{1}{2\pi\sigma_1\sigma_2\sqrt{1-\rho^2}}\mathrm{e}^{-\frac{1}{2(1-\rho^2)}\left[\frac{(x-\mu_1)^2}{\sigma_1^2}-2\rho\frac{(x-\mu_1)(y-\mu_2)}{\sigma_1\sigma_2}+\frac{(y-\mu_2)^2}{\sigma_2^2}\right]},$$

其中 $\mu_1,\mu_2,\sigma_1,\sigma_2,\rho$ 为常数,$\sigma_1>0,\sigma_2>0,|\rho|<1$,则称$(X,Y)$服从**二维正态分布**(bi-dimensional normal distribution),记作$(X,Y)\sim N(\mu_1,\mu_2,\sigma_1^2,\sigma_2^2,\rho)$.

二维正态分布概率密度的图像如图 3-10 所示.

由于正态分布的重要性,我们将在§3.5 中对其进行专题讨论.

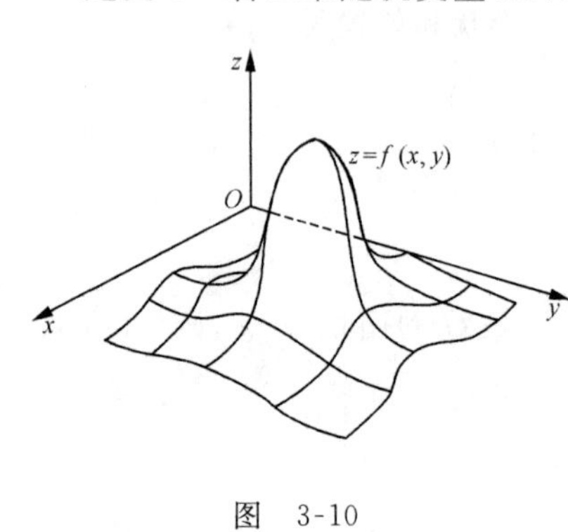

图 3-10

习 题 3.1

1. 设二维随机变量(X,Y)的联合分布函数为
$$F(x,y)=A(B+\arctan x)(C+\arctan y)\quad(-\infty<x,y<+\infty),$$
求常数 A,B 和 C.

2. 已知一批产品中一等品占50%,二等品占30%,三等品占20%. 从中有放回地抽取5件,以 X 和 Y 分别表示取出的5件产品中一等品、二等品的件数,求(X,Y)的联合分布列.

3. 设一口袋中有3个球,它们依次标有数字1,2,2. 从这一口袋中任取一球后,不放回,再从袋中任取一球. 设每次取球时袋中各个球被取到的可能性相同. 以 X,Y 分别记第1次、第2次取得的球上标有的数字,求:

(1) (X,Y)的联合分布律;　　(2) $P\{X\geqslant Y\}$.

4. 设盒子里装有3个黑球,2个红球,2个白球. 从中任取4个,以 X 表示取到黑球的个数,以 Y 表示取到红球的个数,试求 $P\{X=Y\}$.

5. 设二维随机变量(X,Y)的联合概率密度为
$$f(x,y)=\begin{cases}k(1-x)y, & 0<x<1,0<y<x,\\ 0, & \text{其他}.\end{cases}$$

(1) 确定常数 k;　　(2) 求 $P\left\{X\leqslant\frac{1}{2}\right\}$;　　(3) $P\left\{Y\leqslant\frac{1}{2}\right\}$.

6. 设二维随机变量(X,Y)的联合概率密度为
$$f(x,y)=\begin{cases}k(6-x-y), & 0<x<2,2<y<4,\\ 0, & \text{其他}.\end{cases}$$

(1) 确定 k 的值； (2) 求 $P\{X\leqslant 1,Y\leqslant 2\}$, $P\left\{X\leqslant \frac{1}{2}\right\}$, $P\{X+Y\leqslant 3\}$.

§3.2 边缘分布

有了二维随机变量(X,Y)的联合分布,有时仍然需要弄清楚 X 与 Y 自身作为一维随机变量的分布.为了区别联合分布,谈一个随机变量的分布时,前面都冠以“边缘”定语,就概念来说不是新内容.这一节将介绍由联合分布如何确定边缘分布.

一、边缘分布函数

1. 由联合分布函数求边缘分布函数

设(X,Y)为二维随机变量.随机变量 X 的**边缘分布函数**(marginal distribution function)记作 $F_X(x)$,则

$$F_X(x) = P\{X \leqslant x\}.$$

言外之意是其对随机变量 Y 的取值没限制,也即 Y 可以取任何值,所以

$$F_X(x) = P\{X \leqslant x\} = P\{X \leqslant x, Y < +\infty\} = F(x, +\infty).$$

同样,随机变量 Y 的**边缘分布函数**记作 $F_Y(y)$,且有

$$F_Y(y) = P\{Y \leqslant y\} = P\{X < +\infty, Y \leqslant y\} = F(+\infty, y).$$

2. 由联合分布律求离散型随机变量的边缘分布函数

例 1 设(X,Y)为掷两颗均匀骰子朝上的点数.§3.1 的例 2 中已求出(X,Y)的联合分布律如表 3.6 所示,试求随机变量 Y 的边缘分布函数在 $y=2.6$ 处的值.

表 3.6

Y \ X	1	2	3	…	6
1	1/36	1/36	1/36	…	1/36
2	1/36	1/36	1/36	…	1/36
3	1/36	1/36	1/36	…	1/36
⋮	⋮	⋮	⋮	⋮	⋮
6	1/36	1/36	1/36	…	1/36

解 $F_Y(2.6)=P\{Y\leqslant 2.6\}$,即只要满足 $Y\leqslant 2.6$,X 取任何值均可,所以应将联合分布律表 3.6 中虚线框内的概率值相加,即

$$F_Y(2.6)=12/36=1/3.$$

实际上,当 $2\leqslant y<3$ 时,都有 $F_Y(y)=1/3$.

上述做法可以归纳为下面的公式:

$$F_X(x)=\sum_{x_i\leqslant x}\sum_{j=1}^{\infty}p_{ij},\quad F_Y(y)=\sum_{i=1}^{\infty}\sum_{y_j\leqslant y}p_{ij}.$$

3. 由联合概率密度求连续型随机变量的边缘分布函数

设 $f(x,y)$ 为二维随机变量 (X,Y) 的联合概率密度，$F(x,y)$ 为其联合分布函数. 因为

$$F(x,y)=\int_{-\infty}^{x}\mathrm{d}u\int_{-\infty}^{y}f(u,v)\mathrm{d}v,$$

所以

$$F_X(x)=F(x,+\infty)=\int_{-\infty}^{x}\mathrm{d}x\int_{-\infty}^{+\infty}f(x,y)\mathrm{d}y,$$

$$F_Y(y)=F(+\infty,y)=\int_{-\infty}^{y}\mathrm{d}y\int_{-\infty}^{+\infty}f(x,y)\mathrm{d}x.$$

可见，$F_X(x)$ 相当于 (X,Y) 取值在图 3-11(a) 中斜线阴影区域内的概率，$F_Y(y)$ 为 (X,Y) 取值在图 3-11(b) 中斜线阴影区域内的概率.

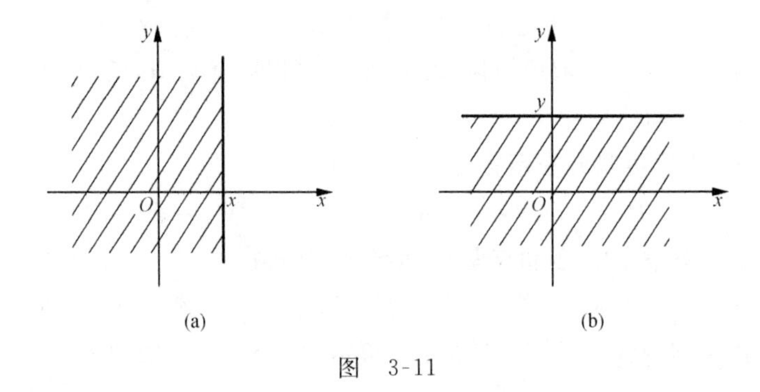

图　3-11

二、离散型随机变量的边缘分布律

我们要讨论的是由 (X,Y) 的联合分布律如何求 X 或 Y 的边缘分布律.

求随机变量 X 的边缘分布律，即对 X 的一切可能取值，求出对应的概率，亦即求

$$P\{X=x_i\}\quad(i=1,2,\cdots).$$

以计算 $\{X=x_i\}$ 的概率为例. 只要求 $X=x_i$，对随机变量 Y 的取值没限制，所以应该将 $X=x_i$，而 Y 取任意值的概率加起来，即

$$P\{X=x_i\}=P\{X=x_i,Y<-\infty\}=P\Big(\bigcup_{j=1}^{\infty}\{X=x_i,Y=y_j\}\Big)$$

$$=\sum_{j=1}^{\infty}p_{ij}\overset{\text{记为}}{=\!=}p_{i\cdot}\quad(i=1,2,\cdots).$$

同理，有

$$P\{Y=y_j\}=\sum_{i=1}^{\infty}p_{ij}\overset{\text{记为}}{=\!=}p_{\cdot j}\quad(j=1,2,\cdots).$$

例 2 从 1,2,3,4 中随机取一个数为 X,再从 1～X 中随机取一个数为 Y,试求 X,Y 的边缘分布律.

解 在§3.1 的例 3 中已求出(X,Y)的联合分布律,见表 3.3.

以 $P\{X=3\}$的计算为例:

$$\begin{aligned}P\{X=3\}&=P\{X=3,Y=1\}+P\{X=3,Y=2\}\\&\quad+P\{X=3,Y=3\}+P\{X=3,Y=4\}\\&=\frac{1}{12}+\frac{1}{12}+\frac{1}{12}+0=\frac{3}{12}=\frac{1}{4}.\end{aligned}$$

将 X,Y 的边缘分布律记在其联合分布律的边上,见表 3.7,既容易计算又一目了然,这也是"边缘"这一修饰语的来源.

表 3.7

Y \ X	1	2	3	4	$p_{\cdot j}$
1	1/4	1/8	1/12	1/16	25/48
2	0	1/8	1/12	1/16	13/48
3	0	0	1/12	1/16	7/48
4	0	0	0	1/16	3/48
$p_{i\cdot}$	1/4	1/4	1/4	1/4	

三、连续型随机变量的边缘概率密度

在一维连续型随机变量中介绍过,当 X 的分布函数为 $F_X(x)=\int_{-\infty}^{x}f(x)\mathrm{d}x$ 时,称被积函数 $f(x)$为 X 的概率密度.我们来看由联合概率密度求边缘分布函数的计算式

$$F_X(x)=\int_{-\infty}^{x}\left[\int_{-\infty}^{+\infty}f(x,y)\mathrm{d}y\right]\mathrm{d}x,$$

其外层是对 x 的积分,被积函数为$\int_{-\infty}^{+\infty}f(x,y)\mathrm{d}y$,所以若记随机变量 X 的边缘概率密度为 $f_X(x)$,则

$$f_X(x)=\int_{-\infty}^{+\infty}f(x,y)\mathrm{d}y,$$

即 $f_X(x)$等于联合概率密度 $f(x,y)$在横坐标为 x 的直线上对 y 积分(见图 3-12(a)).

同理,随机变量 Y 的边缘概率密度为

$$f_Y(y)=\int_{-\infty}^{+\infty}f(x,y)\mathrm{d}x,$$

即 $f_Y(y)$等于联合概率密度 $f(x,y)$在纵坐标为 y 的直线上对 x 积分(见图 3-12(b)).

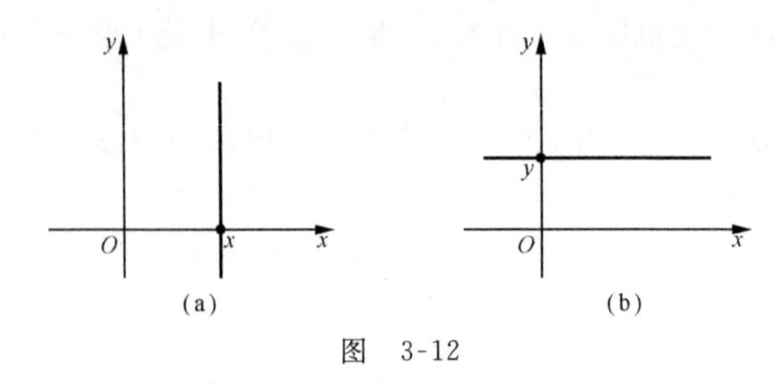

(a)　(b)

图　3-12

注　形象地解释，$f_X(x)$的计算相当于把横坐标同为 x，纵坐标不同点的所有联合概率密度"加"起来；$f_Y(y)$的计算相当于把纵坐标同为 y，横坐标不同点的所有联合概率密度"加"起来.

例 3　设二维随机变量(X,Y)在区域 $G=\{(x,y)\mid 0<x<1,|y|<x\}$上服从均匀分布，求：(1) X 的边缘概率密度 $f_X(x)$；　(2) Y 的边缘概率密度 $f_Y(y)$.

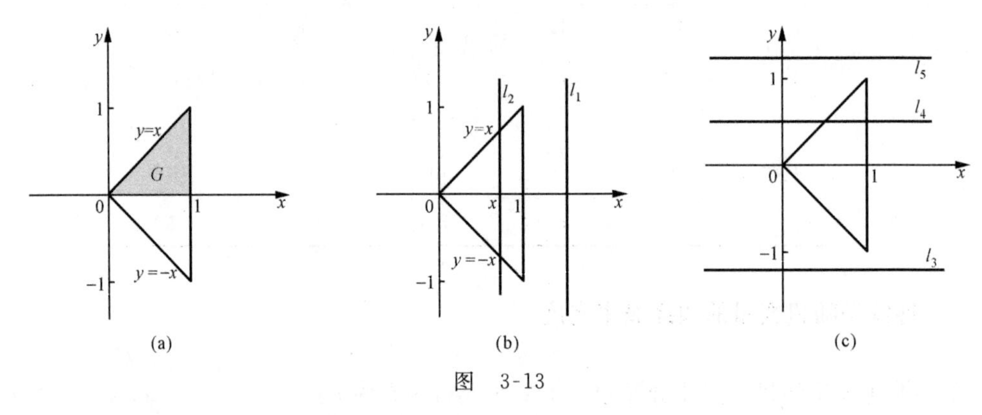

(a)　(b)　(c)

图　3-13

解　区域 G 如图 3-13(a)所示，其面积为 1，所以二维随机变量(X,Y)的概率密度为

$$f(x,y)=\begin{cases}1, & 0<x<1,|y|<x,\\ 0, & \text{其他}.\end{cases}$$

(1) 当 $x\leqslant 0$ 或 $x\geqslant 1$ 时，

$$f_X(x)=\int_{-\infty}^{+\infty}f(x,y)\mathrm{d}y=\int_{-\infty}^{+\infty}0\mathrm{d}y=0.$$

当 $x\geqslant 1$ 时，它相当于联合概率密度 $f(x,y)$在图 3-13(b)中直线 l_1 上对 y 作积分(l_1 上联合概率密度 $f(x,y)=0$).

当 $0<x<1$ 时，

$$f_X(x)=\int_{-\infty}^{+\infty}f(x,y)\mathrm{d}y=\int_{-\infty}^{-x}0\mathrm{d}y+\int_{-x}^{x}1\mathrm{d}y+\int_{x}^{+\infty}0\mathrm{d}y=2x.$$

它相当于联合概率密度 $f(x,y)$在图 3-13(b)中直线 l_2 上对 y 作积分.

综上所述，随机变量 X 的边缘概率密度为

$$f_X(x)=\begin{cases}2x, & 0<x<1,\\0, & \text{其他}.\end{cases}$$

(2) 当 $y<-1$ 或 $y>1$ 时，

$$f_Y(y)=\int_{-\infty}^{+\infty}f(x,y)\mathrm{d}x=\int_{-\infty}^{+\infty}0\mathrm{d}x=0.$$

当 $y<-1$ 时，它相当于联合概率密度 $f(x,y)$ 在图 3-13(c)中直线 l_3 或 l_5 上对 x 作积分(在 l_3 或 l_5 上，联合概率密度 $f(x,y)=0$)；

当 $-1<y<1$ 时，

$$f_Y(y)=\int_{-\infty}^{+\infty}f(x,y)\mathrm{d}x=\int_{-\infty}^{|y|}0\mathrm{d}x+\int_{|y|}^{1}1\mathrm{d}x+\int_{1}^{+\infty}0\mathrm{d}x=1-|y|.$$

它相当于联合概率密度 $f(x,y)$ 在图 3-13(c)中直线 l_4 上对 x 作积分.

综上所述，随机变量 Y 的边缘概率密度为

$$f_Y(y)=\begin{cases}1-|y|, & |y|<1,\\0, & \text{其他}.\end{cases}$$

注 (1) 也可以就 $-1<y<0$ 与 $0<y<1$ 分别考虑 Y 的边缘概率密度：

当 $-1<y<0$ 时，$f_Y(y)=\int_{-y}^{1}1\mathrm{d}x=1+y$；当 $0<y<1$ 时，$f_Y(y)=\int_{y}^{1}1\mathrm{d}x=1-y$.

可见结果同上.

(2) 该例说明，二维随机变量(X,Y)服从均匀分布，其边缘分布却不一定是均匀分布.

习 题 3.2

1. 设二维随机变量(X,Y)的联合分布函数为

$$F(x,y)=\begin{cases}1-\mathrm{e}^{-x}-\mathrm{e}^{-y}+\mathrm{e}^{-x-y-\lambda xy}, & x>0,y>0,\\0, & \text{其他},\end{cases}$$

求：(1) X 与 Y 的边缘分布函数； (2) $P\{X>1,Y>1\}$.

2. 设二维随机变量(X,Y)有如下联合分布律：

X \ Y	0	1	2
0	0.1	0.2	0.2
1	0.1	0.1	0.3

求：(1) X 与 Y 的边缘分布律； (2) X 与 Y 的边缘分布函数.

3. 设二维离散随机变量(X,Y)的可能取值为$(-1,0)$，$(-1,3)$，$(0,0)$，$(0,3)$，$(1,0)$，$(1,2)$，且取这些值的概率依次为$\frac{1}{3},\frac{1}{6},\frac{1}{12},\frac{1}{6},\frac{1}{12},\frac{1}{6}$，求：

(1) X 与 Y 的边缘分布律； (2) X 与 Y 的边缘分布函数.

4. 设二维随机变量(X,Y)的联合概率密度为

$$f(x,y)=\begin{cases}4xy, & 0<x<1,0<y<1,\\ 0, & \text{其他},\end{cases}$$

试求 X 与 Y 的边缘概率密度.

5. 设二维随机变量 (X,Y) 的联合概率密度为

$$f(x,y)=\begin{cases}e^{-y}, & 0<x<y,\\ 0, & \text{其他},\end{cases}$$

试求 X 与 Y 的边缘概率密度.

6. 设二维均匀分布随机变量 (X,Y) 的联合概率密度为

$$f(x,y)=\begin{cases}\dfrac{1}{\pi R^2}, & x^2+y^2\leqslant R^2,\\ 0, & \text{其他},\end{cases}$$

试求 X 与 Y 边缘概率密度.

§3.3 条件分布

由本节的标题会联想到"条件概率"与"随机变量的分布". 将二者结合,条件分布的含义应该是在某一事件发生的条件下,随机变量的所有取值与取值的概率. 例如,设有事件 $\{Y=y_j\}$,$P\{Y=y_j\}>0$,应该称

$$P\{X\leqslant x|Y=y_j\}\xlongequal{\text{记为}}F(x|Y=y_j),\quad x\in\mathbf{R}$$

为在条件 $Y=y_j$ 下,随机变量 X 的条件分布函数.

一、离散型随机变量的条件分布律

我们仅就在事件 $\{Y=y_j\}$($P\{Y=y_j\}>0$)发生的条件下,讨论随机变量 X 的条件分布律,以及在事件 $\{X=x_i\}$($P\{X=x_i\}>0$)发生的条件下,讨论随机变量 Y 的条件分布律.

定义 1 设有二维离散型随机变量 (X,Y),其联合分布律为

$$P\{X=x_i,Y=y_j\}=p_{ij}\quad (i,j=1,2,\cdots).$$

对于固定的 j,若 $P\{Y=y_j\}>0$,则称

$$P\{X=x_i|Y=y_j\}\quad (i=1,2,\cdots)$$

为**在条件 $Y=y_j$ 下,随机变量 X 的条件分布律**;

对于固定的 i,若 $P\{X=x_i\}>0$,则称

$$P\{Y=y_j|X=x_i\}\quad (j=1,2,\cdots)$$

为**在条件 $X=x_i$ 下,随机变量 Y 的条件分布律**.

注 (1) 通过定义可见,条件分布的本质是条件概率. 离散型随机变量 X 在 $\{Y=y_j\}$ 发生条件下的条件分布律,就是将 X 取每一个值的事件 $\{X=x_i\}$ $(i=1,2,\cdots)$ 在 $\{Y=y_i\}$ 发生条件下的条件概率列出.

(2) 条件分布律的计算,即条件概率的计算:

$$P\{X=x_i|Y=y_i\}=\frac{P\{X=x_i,Y=y_j\}}{P\{Y=y_j\}}=\frac{p_{ij}}{p_{\cdot j}}\quad(i=1,2,\cdots),$$

$$P\{Y=y_j|X=x_i\}=\frac{P\{X=x_i,Y=y_j\}}{P\{X=x_i\}}=\frac{p_{ij}}{p_{i\cdot}}\quad(j=1,2,\cdots).$$

(3) 之所以称其为分布律,因为其满足分布律的充分必要条件:

(i) $P\{X=x_i|Y=y_j\}=\frac{p_{ij}}{p_{\cdot j}}\geqslant 0(i=1,2,\cdots)$;

(ii) $\sum_{i=1}^{\infty}P\{X=x_i|Y=y_i\}=\sum_{i=1}^{\infty}\frac{p_{ij}}{p_{\cdot j}}=\frac{1}{p_{\cdot j}}\sum_{i=1}^{\infty}p_{ij}=\frac{p_{\cdot j}}{p_{\cdot j}}=1.$

同理,在条件 $X=x_i$ 下,随机变量 Y 的条件分布律也满足分布律的充分必要条件.

例 1 设在 1,2,3,4 中随机取一个数为 X,再从 $1\sim X$ 中随机取一个数为 Y,试求条件分布律 $P\{Y=j|X=i\}$.

解 解法 1 用条件分布律的定义解.

在§3.1 的例 3 及§3.2 的例 2 中已得到(X,Y)的联合分布律与 X,Y 的边缘分布律,如表 3.7 所示. 可见:

在条件 $X=1$ 下,Y 的条件分布律为

$$P\{Y=1|X=1\}=\frac{P\{X=1,Y=1\}}{P\{X=1\}}=\frac{1/4}{1/4}=1;$$

在条件 $X=2$ 下,Y 的条件分布律为

$$P\{Y=j|X=2\}=\frac{P\{Y=j,X=2\}}{P\{X=2\}}=\frac{1/8}{1/4}=\frac{1}{2}\quad(j=1,2);$$

在条件 $X=3$ 下,Y 的条件分布律为

$$P\{Y=j|X=3\}=\frac{P\{Y=j,X=3\}}{P\{X=3\}}=\frac{1/12}{1/4}=\frac{1}{3}\quad(j=1,2,3);$$

在条件 $X=4$ 下,Y 的条件分布律为

$$P\{Y=j|X=4\}=\frac{P\{Y=j,X=4\}}{P\{X=4\}}=\frac{1/16}{1/4}=\frac{1}{4}\quad(j=1,2,3,4).$$

解法 2 其实由条件分布律的本质含义直接可得

$$P\{Y=j|X=i\}=\frac{1}{i}\quad(i=1,2,3,4;j=1,2,\cdots,i).$$

例如,在条件 $X=3$ 下,Y 的取值为 1,2,3,取每一个值的概率相等,所以 Y 的条件分布律为

$$P\{Y=j|X=3\}=\frac{1}{3}\quad(j=1,2,3).$$

注 回想§3.1 的例 3 中求解联合分布律的过程,那时就是先求得条件概率

$$P\{Y=j|X=i\}=\frac{1}{i}\quad(i=1,2,3,4;\ j=1,2,\cdots,i),$$

再由其计算积事件的概率：

$$P\{X=i,Y=j\}=P\{X=i\}P\{Y=j\mid X=i\}=\frac{1}{4}\cdot\frac{1}{i}=\frac{1}{4i}$$

$$(i=1,2,3,4;\ j=1,2,\cdots,i).$$

二、连续型随机变量的条件概率密度

讨论连续型随机变量的条件分布应注意到以下两个方面：

一方面，连续型随机变量取任何一个值的概率为 0，所以当 Y 是连续型随机变量时，没有在条件 $Y=y$ 下，随机变量 X 的条件分布. 因此，我们只能讨论 Y 取值在 y 附近的条件下，也即 $y\leqslant Y\leqslant y+\varepsilon$ 的条件下，X 的条件分布. 为了使"附近"这一模糊概念有准确的含义，令 $\varepsilon\to 0^+$，从极限角度讨论条件分布.

另一方面，连续型随机变量的概率密度是通过分布函数来定义的，条件概率密度也如此，因此我们先来讨论在条件 $y\leqslant Y\leqslant y+\varepsilon$ 下，随机变量 X 的条件分布函数.

定义 2 给定 y，设对任意固定的正数 ε，有 $P\{y<Y\leqslant y+\varepsilon\}>0$. 若对任意实数 x，极限

$$\lim_{\varepsilon\to 0^+}P\{X\leqslant x\mid y<Y\leqslant y+\varepsilon\}=\lim_{\varepsilon\to 0^+}\frac{P\{X\leqslant x,y<Y\leqslant y+\varepsilon\}}{P\{y<Y\leqslant y+\varepsilon\}}$$

存在，则称此极限为**在条件 $Y=y$ 下，随机变量 X 的条件分布函数**，记作

$$P\{X\leqslant x\mid Y=y\}\quad 或\quad F_{X|Y}(x\mid y).$$

类似地，有**在条件 $X=x$ 下，随机变量 Y 的条件分布函数**，记作

$$P\{Y\leqslant y\mid X=x\}\quad 或\quad F_{Y|X}(y\mid x).$$

分析在条件 $Y=y$ 下，随机变量 X 的条件分布函数：因为

$$F_{X|Y}(x\mid y)=\lim_{\varepsilon\to 0^+}\frac{F(x,y+\varepsilon)-F(x,y)}{F_Y(y+\varepsilon)-F_Y(y)}=\lim_{\varepsilon\to 0^+}\frac{[F(x,y+\varepsilon)-F(x,y)]/\varepsilon}{[F_Y(y+\varepsilon)-F_Y(y)]/\varepsilon}$$

$$=\frac{\partial F(x,y)}{\partial y}\Big/\left[\frac{\mathrm{d}F_Y(y)}{\mathrm{d}y}\right]=\frac{\partial F(x,y)}{\partial y}\Big/f_Y(y),$$

而
$$F(x,y)=\int_{-\infty}^{y}\left[\int_{-\infty}^{x}f(x,y)\mathrm{d}x\right]\mathrm{d}y,\quad \frac{\partial F(x,y)}{\partial y}=\int_{-\infty}^{x}f(x,y)\mathrm{d}x,$$

所以
$$F_{X|Y}(x\mid y)=\lim_{\varepsilon\to 0^+}P\{X\leqslant x\mid y<Y\leqslant y+\varepsilon\}=\int_{-\infty}^{x}\frac{f(x,y)}{f_Y(y)}\mathrm{d}x.$$

可见，根据概率密度的定义，$\dfrac{f(x,y)}{f_Y(y)}$应为在条件 $Y=y$ 下，X 的条件概率密度.

定义 3 设连续型随机变量(X,Y)的联合概率密度为 $f(x,y)$，Y 的边缘概率密度为 $f_Y(y)$，X 的边缘概率密度为 $f_X(x)$.

若对固定的 y，有 $f_Y(y)>0$，则称 $\dfrac{f(x,y)}{f_Y(y)}$为**在条件 $Y=y$ 下，随机变量 X 的条件概率密度**，记作

$$f_{X|Y}(x|y)=\frac{f(x,y)}{f_Y(y)}.$$

若对固定的 x，有 $f_X(x)>0$，则称 $\frac{f(x,y)}{f_X(x)}$ 为**在条件 $X=x$ 下，随机变量 Y 的条件概率密度**，记作

$$f_{Y|X}(y|x)=\frac{f(x,y)}{f_X(x)}.$$

容易得到条件概率密度具有下面的**性质**：

(1) $f_{X|Y}(x|y)\geqslant 0$；　　(2) $\int_{-\infty}^{+\infty} f_{X|Y}(x|y)\mathrm{d}x=1$.

例 2 设随机变量(X,Y)服从 $G=\{(x,y)\mid x^2+y^2\leqslant 1,0<y<1\}$上的均匀分布，试求在条件 $Y=y$ 下，随机变量 X 的条件概率密度 $f_{X|Y}(x|y)$.

解 由题设知

$$(X,Y)\sim f(x,y)=\begin{cases}2/\pi, & (x,y)\in G,\\ 0, & \text{其他},\end{cases}$$

其中 G 为图 3-14 中的阴影部分.

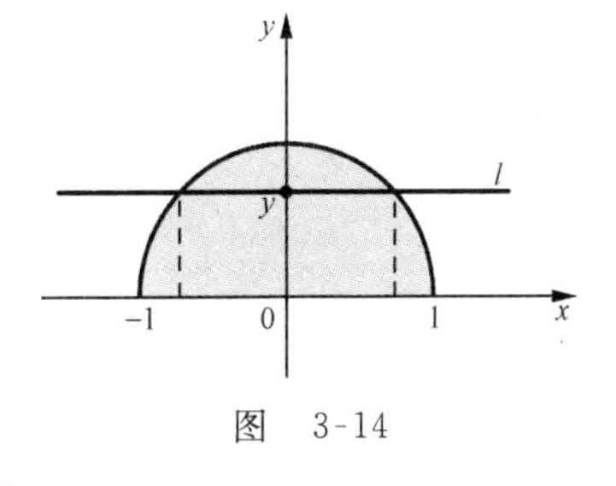

图 3-14

当 $0<y<1$ 时，

$$f_Y(y)=\int_{-\sqrt{1-y^2}}^{\sqrt{1-y^2}}\frac{2}{\pi}\mathrm{d}x=\frac{2}{\pi}x\Big|_{-\sqrt{1-y^2}}^{\sqrt{1-y^2}}=\frac{4}{\pi}\sqrt{1-y^2};$$

当 $y\leqslant 0$ 或 $y\geqslant 1$ 时，

$$f_Y(y)=\int_{-\infty}^{+\infty}f(x,y)\mathrm{d}x=\int_{-\infty}^{+\infty}0\mathrm{d}x=0.$$

综上所述，在条件 $Y=y(0<y<1)$下，X 的条件概率密度为

$$f_{X|Y}(x|y)=\begin{cases}\frac{2/\pi}{f_Y(y)}=\frac{1}{2\sqrt{1-y^2}}, & -\sqrt{1-y^2}<x<\sqrt{1-y^2},\\ 0, & \text{其他}.\end{cases}$$

注 (1) 上面所求在条件 $Y=y$ 下，X 的条件概率密度，相当于在图 3-14 中直线 l 上 X 的概率密度，其为分段函数，分段点因条件 y 的不同而变化. 在直线 l 上，只有当$-\sqrt{1-y^2}<x<\sqrt{1-y^2}$ 时，联合概率密度不为 0，才有

$$f_{X|Y}(x|y)=\frac{2/\pi}{f_Y(y)}=\frac{1}{2\sqrt{1-y^2}}.$$

(2) 由所求条件概率密度看到，当 $Y=y$ 时，X 服从区间$(-\sqrt{1-y^2},\sqrt{1-y^2})$上的均匀分布.

(3) 当 $y\leqslant 0$ 或 $y\geqslant 1$ 时，$f_Y(y)=0$，此时 $Y=y$ 没有作为条件的资格，所以强调条件 $Y=y$ 中 y 的取值范围是必要的.

例 3 设随机变量 X 在 $(0,1)$ 上随机取值，当 $X=x(0<x<1)$ 时，Y 在 $(x,1)$ 上随机取值，求 Y 的概率密度.

解 该随机试验的结果为二维随机变量 (X,Y)，要求确定 Y 的边缘概率密度.

由所给条件知道 X 服从 $(0,1)$ 内的均匀分布，所以 X 的边缘概率密度为

$$f_X(x)=\begin{cases}1, & 0<x<1,\\ 0, & \text{其他},\end{cases}$$

因为当 $X=x(0<x<1)$ 时，Y 在 $(x,1)$ 上随机取值，所以 Y 的条件概率密度为

$$f_{Y|X}(y|x)=\begin{cases}\dfrac{1}{1-x}, & x<y<1,\\ 0, & \text{其他}.\end{cases}$$

故 (X,Y) 的联合概率密度为

$$f(x,y)=f_X(x)f_{Y|X}(y|x)=\begin{cases}\dfrac{1}{1-x}, & 0<x<y<1,\\ 0, & \text{其他}.\end{cases}$$

进一步，得到 Y 的边缘概率密度：

当 $0<y<1$ 时，$f_Y(y)=\int_{-\infty}^{+\infty}f(x,y)\mathrm{d}x=\int_0^y\dfrac{1}{1-x}\mathrm{d}x=-\ln(1-y)$；

当 $y\leqslant 0$ 或 $y\geqslant 1$ 时，$f_Y(y)=\int_{-\infty}^{+\infty}f(x,y)\mathrm{d}x=\int_{-\infty}^{+\infty}0\mathrm{d}x=0$.

所以

$$f_Y(y)=\begin{cases}-\ln(1-y), & 0<y<1,\\ 0, & \text{其他}.\end{cases}$$

习 题 3.3

1. 在习题 3.2 第 2 题的题设下，求：

(1) 在 $Y=0$ 的条件下，随机变量 X 的条件分布律 $P\{X=i|Y=0\},i=0,1$；

(2) 在 $X=1$ 的条件下，随机变量 Y 的条件分布律 $P\{Y=j|X=1\},j=0,1,2$.

2. 在习题 3.2 第 4 题的题设下，求：在 $Y=y$ 条件下，随机变量 X 的条件概率密度 $f_{X|Y}(x|y)$；在 $X=x$ 条件下，随机变量 Y 的条件概率密度 $f_{Y|X}(y|x)$.

3. 在习题 3.2 第 5 题的题设下，求：在 $Y=y$ 条件下，随机变量 X 的条件概率密度 $f_{X|Y}(x|y)$；在 $X=x$ 条件下，随机变量 Y 的条件概率密度 $f_{Y|X}(y|x)$.

§3.4 相互独立的随机变量

从本节标题必然联想到随机事件的相互独立. 随机事件相互独立指的是，一个事件发生的概率不受另一事件发生与否的影响. 二维随机变量 (X,Y) 是同一随机试验的结果，一般具有依存关系，即一个随机变量取值的概率会受到另一个随机变量取值的影响. 但是，也有不

然，即一个随机变量取值的概率不受另一个随机变量取值的影响，亦即随机变量相互独立. 下面给出随机变量相互独立的定义：

定义　设二维随机变量(X,Y)的联合分布函数为$F(x,y)$，X,Y的边缘分布函数分别为$F_X(x)$，$F_Y(y)$. 若对任意实数x,y，有

$$P\{X\leqslant x,Y\leqslant y\}=P\{X\leqslant x\}P\{Y\leqslant y\},\quad 即\quad F(x,y)=F_X(x)F_Y(y),$$

则称随机变量X与Y**相互独立**(independence of random variable).

注　由定义可以看出：

(1) 随机变量的相互独立本质上还是随机事件的相互独立，因为它成立的条件仍然是积事件的概率等于事件概率的积.

(2) 随机变量相互独立的条件比随机事件相互独立更苛刻，它要求对任意实数x,y，随机事件$\{X\leqslant x\}$与$\{Y\leqslant y\}$相互独立. 然而可以证明，正是这一苛刻的条件保证了X,Y取值在任何实数集合的事件相互独立.

例 1　设二维随机变量(X,Y)的联合分布函数为

$$F(x,y)=\begin{cases}1-\mathrm{e}^{-0.5x}-\mathrm{e}^{-0.5y}+\mathrm{e}^{-0.5(x+y)}, & x>0,y>0,\\ 0, & 其他,\end{cases}$$

问：随机变量X与Y是否相互独立？

解　先求X,Y的边缘分布函数.

当$x>0$时，$F_X(x)=F(x,+\infty)=\lim\limits_{y\to+\infty}F(x,y)=1-\mathrm{e}^{-0.5x}$；

当$x\leqslant 0$时，$F_X(x)=F(x,+\infty)=\lim\limits_{y\to+\infty}F(x,y)=0$.

综上所述，有

$$F_X(x)=\begin{cases}1-\mathrm{e}^{-0.5x}, & x>0,\\ 0, & 其他.\end{cases}$$

当$y>0$时，$F_Y(y)=F(+\infty,y)=\lim\limits_{x\to+\infty}F(x,y)=1-\mathrm{e}^{-0.5y}$；

当$y\leqslant 0$时，$F_Y(y)=F(+\infty,y)=\lim\limits_{x\to+\infty}F(x,y)=0$.

综上所述，有

$$F_Y(y)=\begin{cases}1-\mathrm{e}^{-0.5y}, & y>0,\\ 0, & 其他.\end{cases}$$

下面用定义判别X与Y是否相互独立：

当$x>0,y>0$时，$F_X(x)F_Y(y)=1-\mathrm{e}^{-0.5x}-\mathrm{e}^{-0.5y}+\mathrm{e}^{-0.5(x+y)}$；

当$x\leqslant 0$或$y\leqslant 0$时，$F_X(x)F_Y(y)=0$.

综上所述，对任意$x,y\in\mathbf{R}$，有

$$F(x,y)=F_X(x)F_Y(y),$$

所以X与Y相互独立.

随机变量相互独立的定义是用联合分布函数与边缘分布函数的关系给出的，而在前面

的学习中应该有体会,求二维随机变量的联合分布函数一般都比较繁冗,因此用定义判断随机变量是否相互独立往往不方便.下面分别就离散型与连续型随机变量给出判别准则.

定理 1 设(X,Y)为二维离散型随机变量,联合分布律为

$$P\{X=x_i,Y=y_j\}\quad(i,j=1,2,\cdots),$$

边缘分布律分别为$P\{X=x_i\}(i=1,2,\cdots)$,$P\{Y=y_j\}(j=1,2,\cdots)$,则

$$X\text{ 与 }Y\text{ 相互独立}\Longleftrightarrow P\{X=x_i,Y=y_j\}=P\{X=x_i\}P\{Y=y_j\}\ (i,j=1,2,\cdots).$$

证明从略.

推论 (1) 若在条件$Y=y_j(j=1,2,\cdots)$下,随机变量X的条件分布律

$$P\{X=x_i|Y=y_j\}\quad(i=1,2,\cdots)$$

存在,则

$$X\text{ 与 }Y\text{ 相互独立}\Longleftrightarrow P\{X=x_i|Y=y_j\}=P\{X=x_i\}\ (i=1,2,\cdots;j=1,2,\cdots).$$

(2) 若在条件$X=x_i(i=1,2,\cdots)$下,随机变量Y的条件分布律

$$P\{Y=y_j|X=x_i\}\quad(j=1,2,\cdots)$$

存在,则

$$X\text{ 与 }Y\text{ 相互独立}\Longleftrightarrow P\{Y=y_j|X=x_i\}=P\{Y=y_j\}\ (i=1,2,\cdots;j=1,2,\cdots).$$

联想随机事件相互独立的几个充分必要条件,对上述推论则不难理解.

例 2 设X,Y分别为掷两颗均匀骰子时朝上的点数,判断X与Y是否相互独立.

解 在§3.1的例2中求联合分布律时,解法2即根据随机试验的特点进行计算:两颗骰子的投掷结果对对方的概率没有影响,从而对任意的$i,j(i,j=1,2,\cdots,6)$,事件$\{X=i\}$与$\{Y=j\}$相互独立,所以(X,Y)的联合分布律为

$$P\{X=i,Y=j\}=P\{X=i\}P\{Y=j\}=\frac{1}{6}\times\frac{1}{6}=\frac{1}{36}\quad(i,j=1,2,\cdots,6).$$

根据定理1,上式说明随机变量X与Y相互独立.

例 3 设在1,2,3,4中随机取一个数为X,再从$1\sim X$中随机取一个整数为Y,判断X与Y是否相互独立.

解 在§3.1的例3与§3.2的例2中已求得(X,Y)的联合分布律与边缘分布律,如表3.7所示.可见

$$P\{X=1,Y=1\}=\frac{1}{4},\quad P\{X=1\}P\{Y=1\}=\frac{25}{48}\times\frac{1}{4},$$

即$P\{X=1,Y=1\}\neq P\{X=1\}P\{Y=1\}$,所以$X$与$Y$不相互独立.

注 相互独立需取每一对数时,积事件的概率等于事件概率的积,所以推翻相互独立只要有一对数不满足要求即可.

例 4 设随机变量X_1与X_2相互独立,且分布律均为

X_i	-1	0	1
P	0.3	0.2	0.5

$(i=1,2)$

试求：(1) $P\{X_1=X_2\}$；　(2) $P\{\min\{X_1,X_2\}\leqslant 0\}$.

解 (1) $P\{X_1=X_2\}=P\{X_1=-1,X_2=-1\}+P\{X_1=0,X_2=0\}+P\{X_1=1,X_2=1\}$

$=P\{X_1=-1\}P\{X_2=-1\}+P\{X_1=0\}P\{X_2=0\}+P\{X_1=1\}P\{X_2=1\}$

$=0.3^2+0.2^2+0.5^2=0.38.$

(2) 解法1 $P\{\min\{X_1,X_2\}\leqslant 0\}=P\{\{X_1\leqslant 0\}\cup\{X_2\leqslant 0\}\}$

$=P\{X_1\leqslant 0\}+P\{X_2\leqslant 0\}-P\{X_1\leqslant 0,X_2\leqslant 0\}$

$=0.5+0.5-P\{X_1\leqslant 0\}P\{X_2\leqslant 0\}$

$=0.5+0.5-0.5^2=0.75.$

解法2 $P\{\min\{X_1,X_2\}\leqslant 0\}=1-P\{\min\{X_1,X_2\}>0\}=1-P\{X_1>0,X_2>0\}$

$=1-P\{X_1>0\}P\{X_2>0\}=1-0.5^2=0.75.$

定理2 设(X,Y)为二维连续型随机变量，其联合概率密度为$f(x,y)$，X,Y的边缘概率密度分别为$f_X(x)$，$f_Y(y)$，则

X与Y相互独立 $\Longleftrightarrow$ $f(x,y)=f_X(x)f_Y(y)$几乎处处成立[①].

证明从略.

推论 设(X,Y)为二维连续型随机变量，X,Y的条件概率密度分别为$f_{X|Y}(x|y)$，$f_{Y|X}(y|x)$，又X,Y的边缘概率密度分别为$f_X(x)$，$f_Y(y)$，则

X与Y相互独立 $\Longleftrightarrow$ $f_{X|Y}(x|y)=f_X(x)$几乎处处成立；

X与Y相互独立 $\Longleftrightarrow$ $f_{Y|X}(y|x)=f_Y(y)$几乎处处成立.

例5 设二维随机变量(X,Y)的概率密度为

$$f(x,y)=\begin{cases}e^{-x-y}, & x>0,y>0,\\ 0, & \text{其他},\end{cases}$$

试判断X与Y是否相互独立.

证明 先求X,Y的边缘概率密度$f_X(x)$和$f_Y(y)$.

当$x\leqslant 0$时，$f_X(x)=0$；

当$x>0$时，$f_X(x)=\int_{-\infty}^{+\infty}f(x,y)\mathrm{d}y=\int_0^{+\infty}e^{-x-y}\mathrm{d}y=e^{-x}[-e^{-y}]\Big|_0^{+\infty}=e^{-x}.$

综上所述，有

$$f_X(x)=\begin{cases}e^{-x}, & x>0,\\ 0, & x\leqslant 0.\end{cases}$$

同理，可得

$$f_Y(y)=\begin{cases}e^{-y}, & y>0,\\ 0, & y\leqslant 0.\end{cases}$$

下面判断X与Y是否相互独立：

① “几乎处处成立”有准确的数学含义，即不允许在面积不为0的区域上不成立，或者说在连续点处都成立.

当 $x\leqslant 0$ 或 $y\leqslant 0$ 时，$f(x,y)=f_X(x)f_Y(y)=0$；

当 $x>0$ 且 $y>0$ 时，$f(x,y)=\mathrm{e}^{-x-y}=f_X(x)f_Y(y)$.

综上所述，X 与 Y 相互独立.

例 6 设随机变量 X 与 Y 相互独立，X 服从均匀分布 $U(0,2)$，Y 服从参数 $\theta=3$ 的指数分布，试求：

(1) $P\{X\leqslant Y|X+Y\leqslant 2\}$；　　(2) $P\{X+Y\leqslant a\}$，a 为常数.

解 计算(X,Y)取值在平面区域内的概率，应该先确定(X,Y)的联合概率密度. 由所给 X,Y 的边缘分布及相互独立，有

$$(X,Y)\sim f(x,y)=\begin{cases}\dfrac{3}{2}\mathrm{e}^{-3y}, & 0<x<2,y>0,\\ 0, & \text{其他}.\end{cases}$$

可见，$f(x,y)$只有在图 3-15(a)中斜线阴影区域内不为 0.

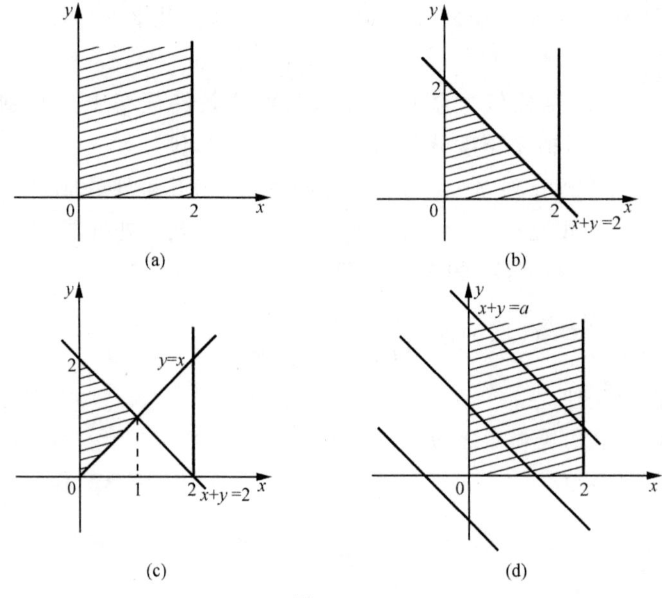

图 3-15

(1) 计算 $P\{X+Y\leqslant 2\}$应该在图 3-15(b)中斜线阴影区域上对联合概率密度作积分，即

$$P\{X+Y\leqslant 2\}=\int_0^2\mathrm{d}x\int_0^{2-x}\frac{3}{2}\mathrm{e}^{-3y}\mathrm{d}y=\frac{5}{6}+\frac{1}{6}\mathrm{e}^{-6}.$$

计算 $P\{X\leqslant Y,X+Y\leqslant 2\}$应该在图 3-15(c)中斜线阴影区域上对联合概率密度作积分，即

$$P\{X\leqslant Y,X+Y\leqslant 2\}=\int_0^1\mathrm{d}x\int_x^{2-x}\frac{3}{2}\mathrm{e}^{-3y}\mathrm{d}y=-\frac{1}{3}\mathrm{e}^{-3}+\frac{1}{6}\mathrm{e}^{-6}+\frac{1}{6}.$$

于是

$$P\{X\leqslant Y|X+Y\leqslant 2\}=\frac{P\{X\leqslant Y,X+Y\leqslant 2\}}{P\{X+Y\leqslant 2\}}=\frac{-\frac{1}{3}\mathrm{e}^{-3}+\frac{1}{6}\mathrm{e}^{-6}+\frac{1}{6}}{\frac{5}{6}+\frac{1}{6}\mathrm{e}^{-6}}=0.18.$$

(2) 如图 3-15(d)所示，数 a 的取值范围不同，计算 $P\{X+Y\leqslant a\}$ 的表达式不同，应分别讨论.

当 $a\leqslant 0$ 时，$P\{X+Y\leqslant a\}=0$；

当 $0<a\leqslant 2$ 时，$P\{X+Y\leqslant a\}=\int_0^a\mathrm{d}x\int_0^{a-x}\frac{3}{2}\mathrm{e}^{-3y}\mathrm{d}y=\frac{1}{6}\mathrm{e}^{-3a}+\frac{1}{2}a-\frac{1}{6}$；

当 $a>2$ 时，$P\{X+Y\leqslant a\}=\int_0^2\mathrm{d}x\int_0^{a-x}\frac{3}{2}\mathrm{e}^{-3y}\mathrm{d}y=1-\frac{1}{6}\mathrm{e}^{6-3a}+\frac{1}{6}\mathrm{e}^{-3a}$.

注 二维随机变量(X,Y)的联合分布律、边缘分布律、条件分布律的关系可以概括如下：

(1) 由联合分布律可以确定边缘分布律、条件分布律；

(2) 由边缘分布律和条件分布律可以确定联合分布律；

(3) 仅由边缘分布律不能确定联合分布律；

(4) 当 X 与 Y 相互独立时，联合分布律可以由边缘分布律确定.

例 7 从二维随机变量的角度再解§1.3 的例 6：甲、乙两艘船均为 7:00—8:00 到达某码头，且两艘船到达时间是随机的. 若每艘船卸货需要 20 min，码头同一时间只能允许一艘船卸货，试计算两艘船使用码头发生冲突的概率.

解 甲、乙两艘船到达的时间可表示为(X,Y). X,Y 分别服从$[0,60]$(单位：min)内的均匀分布，即

$$X\sim f_X(x)=\begin{cases}1/60, & 0\leqslant x\leqslant 60,\\ 0, & \text{其他},\end{cases}$$

$$Y\sim f_Y(y)=\begin{cases}1/60, & 0\leqslant y\leqslant 60,\\ 0, & \text{其他}.\end{cases}$$

发生冲突指事件$\{|X-Y|\leqslant 20\}$发生，也即(X,Y)取值在图 3-16 中斜线阴影区域内. 要计算此事件发生的概率，应该先求联合概率密度.

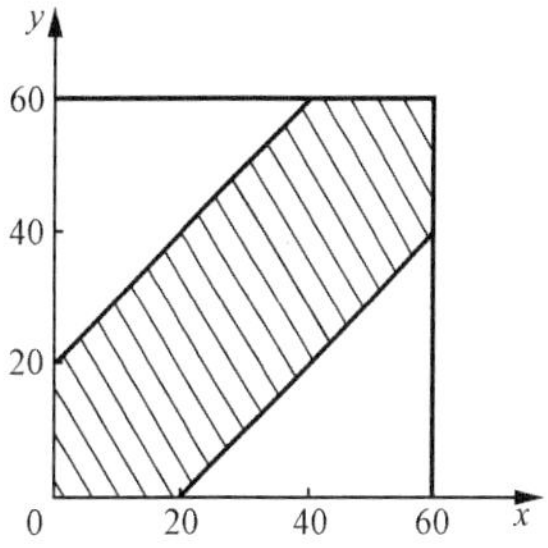

图 3-16

因为 X 与 Y 相互独立，所以(X,Y)的联合概率密度为

$$f(x,y)=f_X(x)f_Y(y)=\begin{cases}\frac{1}{3600}, & 0\leqslant x\leqslant 60,0\leqslant y\leqslant 60,\\ 0, & \text{其他},\end{cases}$$

即(X,Y)服从图 3-16 中正方形区域上的均匀分布.

同样，可以通过计算面积比得到概率：

$$P\{|X-Y|\leqslant 20\}=1-\frac{40\times 40}{60\times 60}=\frac{5}{9},$$

即两艘船使用码头发生冲突的概率为 $\frac{5}{9}$.

附录 n 维随机变量的分布与相互独立

定义 1 设有随机试验 E,样本空间为 S. 若对任意 $e\in S$,有 $X_1=X_1(e),X_2=X_2(e),\cdots,X_n=X_n(e)$ 为定义在样本空间 S 上的 n 个随机变量,则称 $(X_1,X_2,\cdots,X_n)$ 为定义在 S 上的 n **维随机变量**(n-dimensional random variable),也称为 n **维随机向量**.

定义 2 称 n 元函数 $F(x_1,x_2,\cdots,x_n)=P\{X_1\leqslant x_1,X_2\leqslant x_2,\cdots,X_n\leqslant x_n\}((x_1,x_2,\cdots,x_n)\in\mathbf{R}^n)$ 为 n 维随机变量 $(X_1,X_2,\cdots,X_n)$ 的**联合分布函数**.

定义 3 若有非负函数 $f(x_1,x_2,\cdots,x_n)$,使得对任意实数 $x_1,x_2,\cdots,x_n$,有

$$F(x_1,x_2,\cdots,x_n)=\int_{-\infty}^{x_n}\mathrm{d}x_n\int_{-\infty}^{x_{n-1}}\mathrm{d}x_{n-1}\cdots\int_{-\infty}^{x_1}f(x_1,x_2,\cdots,x_n)\mathrm{d}x_1,$$

则称 $f(x_1,x_2,\cdots,x_n)$ 为 $(X_1,X_2,\cdots,X_n)$ 的**联合概率密度函数**.

定义 4 设有 n 个随机变量 $X_1,X_2,\cdots,X_n$. 若对任意实数 $x_1,x_2,\cdots,x_n$,有

$$F(x_1,x_2,\cdots,x_n)=F_{X_1}(x_1)F_{X_2}(x_2)\cdots F_{X_n}(x_n),$$

其中 F 为 $(X_1,X_2,\cdots,X_n)$ 的联合分布函数,$F_{X_1},F_{X_2},\cdots,F_{X_n}$ 分别为 $X_1,X_2,\cdots,X_n$ 的边缘分布函数,则称 $X_1,X_2,\cdots,X_n$ **相互独立**.

定义 5 设有两个随机变量组 $(X_1,X_2,\cdots,X_{n_1})$ 与 $(Y_1,Y_2,\cdots,Y_{n_2})$. 若

$$F(x_1,x_2,\cdots,x_{n_1},y_1,y_2,\cdots,y_{n_2})=F_1(x_1,x_2,\cdots,x_{n_1})F_2(y_1,y_2,\cdots,y_{n_2}),$$

其中 F_1 与 F_2 分别为 $(X_1,X_2,\cdots,X_{n_1})$ 与 $(Y_1,Y_2,\cdots,Y_{n_2})$ 的联合分布函数,F 为 $(X_1,X_2,\cdots,X_{n_1},Y_1,Y_2,\cdots,Y_{n_2})$ 的联合分布函数,则称随机变量组 $(X_1,X_2,\cdots,X_{n_1})$ 与 $(Y_1,Y_2,\cdots,Y_{n_2})$ 相互独立.

推论 如果两个随机变量组 $(X_1,X_2,\cdots,X_{n_1})$ 与 $(Y_1,Y_2,\cdots,Y_{n_2})$ 相互独立,那么

(1) X_i 与 Y_j 相互独立,$i=1,2,\cdots,n_1,j=1,2,\cdots,n_2$;

(2) 若 $z_1=h(x_1,x_2,\cdots,x_{n_1}),z_2=g(y_1,y_2,\cdots,y_{n_2})$ 为连续函数,则随机变量 $Z_1=h(X_1,X_2,\cdots,X_{n_1})$ 与 $Z_2=g(Y_1,Y_2,\cdots,Y_{n_2})$ 相互独立.

上述定义与定理在数理统计中常常会用到.

习 题 3.4

1. 已知二维随机变量 (X,Y) 的联合分布律为

Y \ X	-1	1	2
1	1/4	1/10	1/4
2	0	3/10	1/10

试问:X 与 Y 是否相互独立?

2. 设随机变量 X 与 Y 相互独立,其联合分布律为

X \ Y	0	1	2
0	a	1/9	c
1	1/9	b	1/3

试求联合分布律中的 a,b,c.

3. 设二维随机变量 (X,Y) 的联合概率密度为

$$f(x,y)=\begin{cases}2, & 0<x<1,\ 0<y<x,\\ 0, & \text{其他},\end{cases}$$

试问：X 与 Y 是否相互独立？

4. 设随机变量 X 与 Y 相互独立，X 服从 $(0,2)$ 上的均匀分布，Y 服从 $(0,1)$ 上的均匀分布，求：

(1) (X,Y) 的联合概率密度 $f(x,y)$； (2) $P\{X\leqslant 1/2,Y\leqslant 1/2\}$，$P\{X+Y\leqslant 1\}$.

§3.5 二维正态分布

二维正态分布同一维正态分布一样，在理论与实践中都有着重要意义. 这一节将对二维正态分布集中进行讨论.

在 §3.1 中已介绍，二维正态分布的联合概率密度为

$$f(x,y)=\frac{1}{2\pi\sigma_1\sigma_2\sqrt{1-\rho^2}}e^{-\frac{1}{2(1-\rho^2)}\left[\frac{(x-\mu_1)^2}{\sigma_1^2}-2\rho\frac{(x-\mu_1)(y-\mu_2)}{\sigma_1\sigma_2}+\frac{(y-\mu_2)^2}{\sigma_2^2}\right]},$$

其中 $\mu_1,\mu_2,\sigma_1,\sigma_2,\rho$ 为常数，$\sigma_1>0,\sigma_2>0,|\rho|<1$. 下面介绍二维正态分布的边缘概率密度和条件概率密度以及二维正态分布中随机变量相互独立的条件.

一、二维正态分布的边缘概率密度

定理 1 若二维随机变量 $(X,Y)\sim N(\mu_1,\mu_2,\sigma_1^2,\sigma_2^2,\rho)$，则 $X\sim N(\mu_1,\sigma_1^2)$，$Y\sim N(\mu_2,\sigma_2^2)$.

证明 以求 Y 的边缘概率密度为例.

设 (X,Y) 的联合概率密度为 $f(x,y)$，Y 的边缘概率密度为 $f_Y(y)$，则

$$\begin{aligned}f(x,y)&=\frac{1}{2\pi\sigma_1\sigma_2\sqrt{1-\rho^2}}e^{-\frac{1}{2(1-\rho^2)}\left[\frac{(x-\mu_1)^2}{\sigma_1^2}-2\rho\frac{(x-\mu_1)(y-\mu_2)}{\sigma_1\sigma_2}+\frac{(y-\mu_2)^2}{\sigma_2^2}\right]}\\&=\frac{1}{2\pi\sigma_1\sigma_2\sqrt{1-\rho^2}}e^{-\frac{1}{2(1-\rho^2)}\left\{\left[\frac{x-\mu_1}{\sigma_1}-\frac{\rho(y-\mu_2)}{\sigma_2}\right]^2+(1-\rho^2)\frac{(y-\mu_2)^2}{\sigma_2^2}\right\}}\\&=\frac{1}{2\pi\sigma_1\sigma_2\sqrt{1-\rho^2}}e^{-\frac{(y-\mu_2)^2}{2\sigma_2^2}}e^{-\frac{\left[\frac{(x-\mu_1)}{\sigma_1}-\frac{\rho(y-\mu_2)}{\sigma_2}\right]^2}{2(1-\rho^2)}},\end{aligned}$$

$$f_Y(y)=\int_{-\infty}^{+\infty}f(x,y)\mathrm{d}x=\frac{1}{2\pi\sigma_1\sigma_2\sqrt{1-\rho^2}}e^{-\frac{(y-\mu_2)^2}{2\sigma_2^2}}\int_{-\infty}^{+\infty}e^{-\frac{\left[\frac{x-\mu_1}{\sigma_1}-\frac{\rho(y-\mu_2)}{\sigma_2}\right]^2}{2(1-\rho^2)}}\mathrm{d}x.$$

令 $t=\left[\dfrac{x-\mu_1}{\sigma_1}-\dfrac{\rho(y-\mu_2)}{\sigma_2}\right]\Big/\sqrt{1-\rho^2}$，有 $\mathrm{d}t=\dfrac{1}{\sigma_1\sqrt{1-\rho^2}}\mathrm{d}x$，即 $\mathrm{d}x=\sigma_1\sqrt{1-\rho^2}\,\mathrm{d}t$，则

$$f_Y(y)=\frac{1}{2\pi\sigma_1\sigma_2\sqrt{1-\rho^2}}\cdot\sigma_1\sqrt{1-\rho^2}\,\mathrm{e}^{-\frac{(y-\mu_2)^2}{2\sigma_2^2}}\int_{-\infty}^{+\infty}\mathrm{e}^{-\frac{t^2}{2}}\mathrm{d}t=\frac{1}{\sqrt{2\pi}\sigma_2}\mathrm{e}^{-\frac{(y-\mu_2)^2}{2\sigma_2^2}}.$$

所以

$$Y\sim N(\mu_2,\sigma_2^2).$$

同理，有

$$X\sim N(\mu_1,\sigma_1^2).$$

注　(1) 定理 1 的证明中用到 $\int_{-\infty}^{+\infty}\mathrm{e}^{-\frac{u^2}{2}}\mathrm{d}u=\sqrt{2\pi}$，且为了使积分可行，将 $f(x,y)$ 中 e 的指数以 x 为标准配成完全平方.

(2) 定理 1 说明，二维正态分布的两个边缘分布均为一维正态分布，且只决定于 $\mu_1,\mu_2,\sigma_1,\sigma_2$，与参数 ρ 无关.

(3) 由联合分布可以确定边缘分布. 上面的分析进一步验证由边缘分布却不一定能确定联合分布，因为只要 $\mu_1,\mu_2,\sigma_1,\sigma_2$ 相同，则边缘正态分布相同，然而由于参数 ρ 的不同，二维正态分布不相同.

(4) 注意定理 1 的逆命题不真，即 X,Y 的边缘分布分别是一维正态分布时，(X,Y) 却不一定服从二维正态分布. 看下面的反例：

设 $\varphi_1(x,y)$ 为二维正态分布 $N\left(0,0,1,1,\dfrac{1}{3}\right)$ 的联合概率密度，$\varphi_2(x,y)$ 为二维正态分布 $N\left(0,0,1,1,-\dfrac{1}{3}\right)$ 的联合概率密度，且 $f(x,y)=\dfrac{1}{2}[\varphi_1(x,y)+\varphi_2(x,y)]$，则

$$\begin{aligned}f(x,y)&=\frac{1}{2}[\varphi_1(x,y)+\varphi_2(x,y)]\\&=\frac{1}{2}\left[\frac{1}{2\pi\sqrt{1-\frac{1}{9}}}\mathrm{e}^{-\frac{1}{2\left(1-\frac{1}{9}\right)}\left(x^2-\frac{2}{3}xy+y^2\right)}+\frac{1}{2\pi\sqrt{1-\frac{1}{9}}}\mathrm{e}^{-\frac{1}{2\left(1-\frac{1}{9}\right)}\left(x^2+\frac{2}{3}xy+y^2\right)}\right]\\&=\frac{1}{4\pi\sqrt{1-\frac{1}{9}}}\mathrm{e}^{-\frac{1}{2\left(1-\frac{1}{9}\right)}(x^2+y^2)}\left(\mathrm{e}^{\frac{3}{8}xy}+\mathrm{e}^{-\frac{3}{8}xy}\right).\end{aligned}$$

设二维随机变量 $(X,Y)\sim f(x,y)$. 显然 $f(x,y)$ 非二维正态分布的概率密度，从而 (X,Y) 不服从二维正态分布. 然而，容易证明 $X\sim N(0,1)$，$Y\sim N(0,1)$.

二、二维正态分布的条件概率密度

定理 2　若二维随机变量 $(X,Y)\sim N(\mu_1,\mu_2,\sigma_1^2,\sigma_2^2,\rho)$，则

(1) 在条件 $Y=y\,(y\in\mathbf{R})$ 下，X 服从正态分布 $N\left(\mu_1+\dfrac{\sigma_1}{\sigma_2}\rho(y-\mu_2),\sigma_1^2(1-\rho^2)\right)$；

(2) 在条件 $X=x(x\in\mathbf{R})$下,Y 服从正态分布 $N\left(\mu_2+\frac{\sigma_2}{\sigma_1}\rho(x-\mu_1),\sigma_2^2(1-\rho^2)\right)$.

证明 (1) 设(X,Y)的联合概率密度为 $f(x,y)$,Y 的边缘概率密度为 $f_Y(y)$,在条件 $Y=y$ 下,X 的条件概率密度为 $f_{X|Y}(x|y)$,则

$$
\begin{aligned}
f_{X|Y}(x|y)&=\frac{f(x,y)}{f_Y(y)}\\
&=\frac{\dfrac{1}{2\pi\sigma_1\sigma_2\sqrt{1-\rho^2}}\mathrm{e}^{-\frac{1}{2(1-\rho^2)}\left[\frac{(x-\mu_1)^2}{\sigma_1^2}-2\rho\frac{(x-\mu_1)(y-\mu_2)}{\sigma_1\sigma_2}+\frac{(y-\mu_2)^2}{\sigma_2^2}\right]}}{\dfrac{1}{\sqrt{2\pi}\sigma_2}\mathrm{e}^{-\frac{(y-\mu_2)^2}{2\sigma_2^2}}}\\
&=\frac{1}{\sqrt{2\pi}\sigma_1\sqrt{1-\rho^2}}\mathrm{e}^{-\frac{1}{2(1-\rho^2)}\left(\frac{x-\mu_1}{\sigma_1}-\rho\frac{y-\mu_2}{\sigma_2}\right)^2}\\
&=\frac{1}{\sqrt{2\pi}\sigma_1\sqrt{1-\rho^2}}\mathrm{e}^{-\frac{1}{2\sigma_1^2(1-\rho^2)}\left[x-\mu_1-\frac{\sigma_1}{\sigma_2}\rho(y-\mu_2)\right]^2},
\end{aligned}
$$

即在条件 $Y=y(y\in\mathbf{R})$下,X 服从正态分布 $N\left(\mu_1+\frac{\sigma_1}{\sigma_2}\rho(y-\mu_2),\sigma_1^2(1-\rho^2)\right)$.

同理,可证(2)成立.

三、二维正态分布中随机变量相互独立的条件

定理 3 若二维随机变量$(X,Y)\sim N(\mu_1,\mu_2,\sigma_1^2,\sigma_2^2,\rho)$,则

$$X\text{ 与 }Y\text{ 相互独立}\Longleftrightarrow\rho=0.$$

证明 二维随机变量(X,Y)的联合概率密度为

$$f(x,y)=\frac{1}{2\pi\sigma_1\sigma_2\sqrt{1-\rho^2}}\mathrm{e}^{-\frac{1}{2(1-\rho^2)}\left[\frac{(x-\mu_1)^2}{\sigma_1^2}-2\rho\frac{(x-\mu_1)(y-\mu_2)}{\sigma_1\sigma_2}+\frac{(y-\mu_2)^2}{\sigma_2^2}\right]},\quad (x,y)\in\mathbf{R}^2.$$

由本节定理 1 知道,X,Y 均服从一维正态分布,即

$$X\sim f_X(x)=\frac{1}{\sqrt{2\pi}\sigma_1}\mathrm{e}^{-\frac{(x-\mu_1)^2}{2\sigma_1^2}},\quad x\in\mathbf{R},$$

$$Y\sim f_Y(y)=\frac{1}{\sqrt{2\pi}\sigma_2}\mathrm{e}^{-\frac{(y-\mu_2)^2}{2\sigma_2^2}},\quad y\in\mathbf{R}.$$

证"$\Longleftarrow$":当 $\rho=0$ 时,显然 $f(x,y)=f_X(x)f_Y(y)$,所以 X 与 Y 相互独立.

证"$\Longrightarrow$":当 X 与 Y 相互独立时,因为 $f(x,y)$在点(μ_1,μ_2)处连续,所以在点(μ_1,μ_2)处有 $f(x,y)=f_X(x)f_Y(y)$,即

$$\frac{1}{2\pi\sigma_1\sigma_2\sqrt{1-\rho^2}}=\frac{1}{\sqrt{2\pi}\sigma_1}\cdot\frac{1}{\sqrt{2\pi}\sigma_2},$$

从而 $\sqrt{1-\rho^2}=1$,即 $\rho=0$.

§3.6 多维随机变量函数的分布

如同§2.5,已知随机变量 X 的分布,求 X 的函数 $Y=g(X)$的分布,这一节讨论多个随机变量的函数的分布,仍然通过例题介绍.

一、二维离散型随机变量函数的分布

例 1 设随机变量 X_1,X_2 相互独立,有相同的分布律

X_k	-1	0	1
P	0.3	0.2	0.5

$(k=1,2)$

试求 $Y=\sin\dfrac{(X_1+X_2)\pi}{2}$ 的分布律.

解 应先分析 X_1+X_2 的所有可能取值及概率,也即 X_1+X_2 的分布,进而找 $\dfrac{(X_1+X_2)\pi}{2}$ 的分布,最后求 $Y=\sin\dfrac{(X_1+X_2)\pi}{2}$的分布.

解题过程可以通过列表完成,见表 3.8.

表 3.8

(X_1,X_2)	$(-1,-1)$	$(-1,0)$	$(-1,1)$	$(0,-1)$	$(0,0)$	$(0,1)$	$(1,-1)$	$(1,0)$	$(1,1)$
P	0.09	0.06	0.15	0.06	0.04	0.1	0.15	0.1	0.25
X_1+X_2	-2	-1	0	-1	0	1	0	1	2
$\dfrac{(X_1+X_2)\pi}{2}$	$-\pi$	$-\dfrac{\pi}{2}$	0	$-\dfrac{\pi}{2}$	0	$\dfrac{\pi}{2}$	0	$\dfrac{\pi}{2}$	π
$\sin\dfrac{(X_1+X_2)\pi}{2}$	0	-1	0	-1	0	1	0	1	0

由表 3.8 可知 $Y=\sin\dfrac{(X_1+X_2)\pi}{2}$ 的取值为$-1,0,1$,且

$$P\{Y=-1\}=0.06+0.06=0.12,\quad P\{Y=1\}=0.1+0.1=0.2,$$
$$P\{Y=0\}=1-P\{Y=-1\}-P\{Y=1\}=1-0.12-0.2=0.68,$$

所以 Y 的分布律为

Y	-1	0	1
P	0.12	0.68	0.2

注 尽管 X_1,X_2 同分布,不能认为 $X_1+X_2=2X_1$,因为 X_1,X_2 不是同时取相同的数.

例 2 设二维离散型随机变量(X,Y)的联合分布律如表 3.9 所示,试求下列 X,Y 函数的分布:

(1) $Z_1=X-Y$; (2) $Z_2=XY$;

(3) $Z_3=\max\{X,Y\}$.

表 3.9

X \ Y	−1	0	1
0	0.3	0	0.3
1	0.1	0.2	0.1

解 首先确定随机变量 Z_1,Z_2,Z_3 的取值,再将随机变量函数的取值、所对应的(X,Y)的值与概率列为数表不失为一个好方法.

(1) 通过列表 3.10,求出(X,Y)取每一对数值所对应的 $Z_1=X-Y$ 的取值.经计算整理得 Z_1 的分布律,见表 3.11.

表 3.10

Z_1 X \ Y	−1	0	1
0	1	0	−1
1	2	1	0

表 3.11

Z_1	−1	0	1	2
P	0.3	0.1	0.5	0.1

(2) 列表 3.12,经计算整理得 Z_2 的分布律,见表 3.13.

表 3.12

Z_2 X \ Y	−1	0	1
0	0	0	0
1	−1	0	1

表 3.13

Z_2	−1	0	1
P	0.1	0.8	0.1

(3) 列表 3.14,经计算整理得 Z_3 的分布律,见表 3.15.

表 3.14

Z_3 X \ Y	−1	0	1
0	0	0	1
1	1	1	1

表 3.15

Z_3	0	1
P	0.3	0.7

例 3 设随机变量 $X\sim B(n_1,p)$,$Y\sim B(n_2,p)$,且 X 与 Y 相互独立,试证:

$$X+Y\sim B(n_1+n_2,p).$$

证明 证法 1 $X+Y$ 的取值为 $0,1,2,\cdots,n_1+n_2$.对任意 $k\in\{0,1,2,\cdots,n_1+n_2\}$,有

$$\begin{aligned}P\{X+Y=k\}&=\sum_{i=0}^{k}P\{X=i,Y=k-i\}\\&=\sum_{i=0}^{k}C_{n_1}^{i}p^{i}(1-p)^{n_1-i}C_{n_2}^{k-i}p^{k-i}(1-p)^{n_2-(k-i)}\\&=\sum_{i=0}^{k}C_{n_1}^{i}C_{n_2}^{k-i}p^{k}(1-p)^{n_1+n_2-k}=p^{k}(1-p)^{n_1+n_2-k}\sum_{i=0}^{k}C_{n_1}^{i}C_{n_2}^{k-i}.\end{aligned}\tag{1}$$

因为$(1+t)^{n_1}(1+t)^{n_2}=(1+t)^{n_1+n_2}$两边$t^k$项的系数相等，而左边$t^k$项的系数为$\sum_{i=0}^{k}C_{n_1}^{i}C_{n_2}^{k-i}$，右边$t^k$项的系数为$C_{n_1+n_2}^{k}$，所以由(1)式有

$$P\{X+Y=k\}=C_{n_1+n_2}^{k}p^k(1-p)^{n_1+n_2-k}\quad(k=0,1,2,\cdots,n_1+n_2),$$

即
$$X+Y\sim B(n_1+n_2,p).$$

证法 2　由二项分布的背景，X,Y分别为n_1,n_2重伯努利试验中事件A发生的次数，X与Y相互独立，从而$X+Y$为n_1+n_2重伯努利试验事件中A发生的次数，显然

$$X+Y\sim B(n_1+n_2,p).$$

注　例 3 的结论可推广为：

若$X_1,X_2,\cdots,X_m$相互独立，且$X_i\sim B(n_i,p)(i=1,2,\cdots,m)$，则

$$X_1+X_2+\cdots+X_m\sim B(n_1+n_2+\cdots+n_m,p).$$

二、二维连续型随机变量函数的分布

例 4　设随机变量X与Y相互独立，均服从标准正态分布$N(0,1)$，试求$Z=X+Y$的分布.

分析　(1) X,Y均为连续型随机变量，且相互独立，故$Z=X+Y$也为连续型随机变量. 没有特别声明，应该求出Z的概率密度.

(2) 从Z的分布函数着手，因为分布函数是概率，容易计算. 再对分布函数求导数，即可得到Z的概率密度.

(3) X与Y相互独立，所以(X,Y)的联合概率密度为

$$f(x,y)=f_X(x)f_Y(y)=\frac{1}{\sqrt{2\pi}}e^{-\frac{x^2}{2}}\cdot\frac{1}{\sqrt{2\pi}}e^{-\frac{y^2}{2}}=\frac{1}{2\pi}e^{-\frac{x^2+y^2}{2}},\quad(x,y)\in\mathbf{R}^2.$$

解　$Z=X+Y$的值域为$\mathbf{R}$. 对任意$z\in\mathbf{R}$，Z的分布函数和概率密度分别为

$$F_Z(z)=P\{X+Y\leqslant z\}=\int_{-\infty}^{+\infty}dx\int_{-\infty}^{z-x}\frac{1}{2\pi}e^{-\frac{x^2+y^2}{2}}dy$$

$$\xlongequal{\text{令 }u=y+x}\int_{-\infty}^{+\infty}dx\int_{-\infty}^{z}\frac{1}{2\pi}e^{-\frac{x^2+(u-x)^2}{2}}du=\int_{-\infty}^{z}du\int_{-\infty}^{+\infty}\frac{1}{2\pi}e^{-\frac{x^2+(u-x)^2}{2}}dx,$$

$$f_Z(z)=F_Z'(z)=\int_{-\infty}^{+\infty}\frac{1}{2\pi}e^{-\frac{x^2+(z-x)^2}{2}}dx=\frac{1}{2\pi}\int_{-\infty}^{+\infty}e^{-\frac{\left(\sqrt{2}x-\frac{1}{\sqrt{2}}z\right)^2+\frac{z^2}{2}}{2}}dx$$

$$=\frac{1}{2\pi\sqrt{2}}e^{-\frac{z^2}{4}}\sqrt{2\pi}=\frac{1}{\sqrt{2\pi}\sqrt{2}}e^{-\frac{z^2}{2(\sqrt{2})^2}},$$

所以
$$Z\sim N(0,2).$$

注　(1) 例 4 在计算分布函数$F_Z(z)$的积分过程中作变量替换$u=y+x$的目的在于：以x,y作为积分变量时，积分区域为图 3-17 中斜线阴影区域，而以x,u作为积分变量，积分区域为图 3-18 中斜线阴影区域，是矩形区域，这为交换积分次序进一步求导数提供了方便.

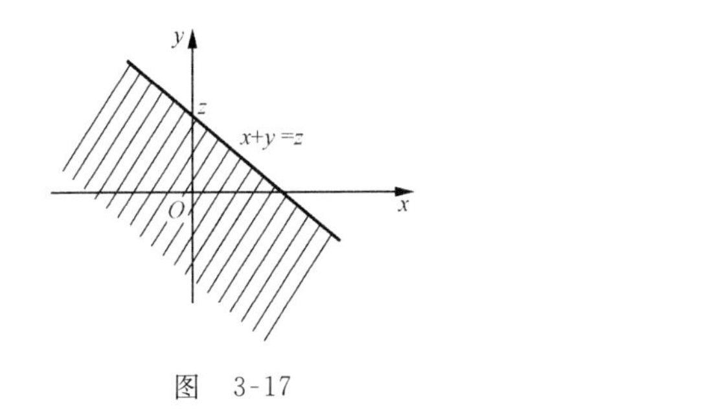

图　3-17

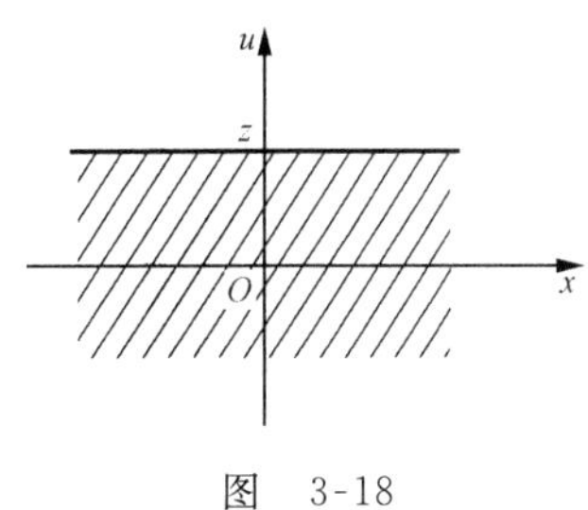

图　3-18

(2) 更一般的结论：

如果 $X_i \sim N(\mu_i, \sigma_i^2)(i=1,2,\cdots,n)$，且 $X_1, X_2, \cdots, X_n$ 相互独立，则

$$a_1X_1+a_2X_2+\cdots+a_nX_n+b \sim N(a_1\mu_1+a_2\mu_2+\cdots+a_n\mu_n+b, a_1^2\sigma_1^2+a_2^2\sigma_2^2+\cdots+a_n^2\sigma_n^2),$$

其中 a_i, b 为常数，$a_i(i=1,2,\cdots,n)$ 不全为 0. 也就是说，相互独立且服从正态分布的随机变量的线性函数仍然服从正态分布.

这一结论在数理统计中经常用到. 证明略.

例 5　设二维随机变量 (X,Y) 的联合概率密度为

$$f(x,y)=\begin{cases}\dfrac{1}{6}, & 0<x<2, 0<y<3,\\ 0, & \text{其他},\end{cases}$$

求 $Z=3X+2Y$ 的概率密度.

解　由联合概率密度 $f(x,y)$ 知道 (X,Y) 服从一矩形区域上的均匀分布.

当 (X,Y) 取值在该矩形区域内时，随机变量 $Z=3X+2Y$ 取值范围是 $(0,12)$.

对不同数值 z，直线 $3x+2y=z$ 在平面上的位置不同，如图 3-19(a) 所示，$z=0,6,12$ 为三个分界点，对应直线 l_1, l_2, l_3，所以 Z 的分布函数 $F_Z(z)=P\{3X+2Y\leqslant z\}$ 的表达式不同，应该分别进行.

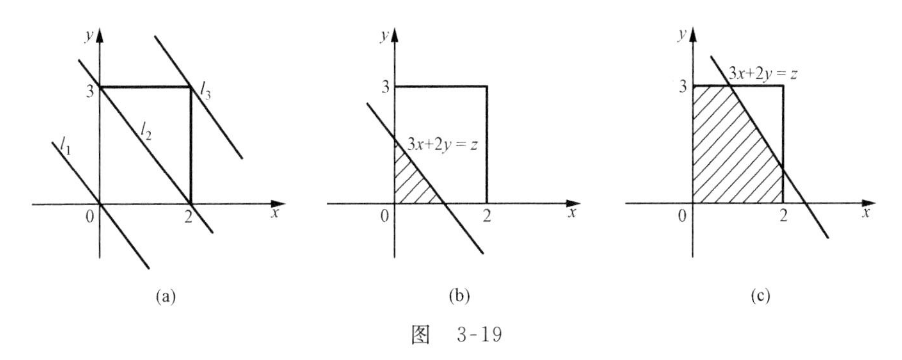

图　3-19

当 $0<z<6$ 时，$F_Z(z)=P\{3X+2Y\leqslant z\}$ 为 (X,Y) 取值在图 3-19(b) 中斜线阴影区域内的概率，而 (X,Y) 服从均匀分布，故用面积比计算概率：

$$F_Z(z)=P\{3X+2Y\leqslant z\}=\frac{\frac{1}{2}\times\frac{z}{3}\times\frac{z}{2}}{6}=\frac{z^2}{72}.$$

于是
$$f_Z(z)=F_Z'(z)=\frac{z}{36}\quad(0<z<6).$$

当 $6<z<12$ 时，$F_Z(z)=P\{3X+2Y\leqslant z\}$ 为 (X,Y) 取值在图 3-19(c)中斜线阴影区域内的概率，所以

$$F_Z(z)=P\{3X+2Y\leqslant z\}=1-\frac{\frac{1}{2}\times\left(4-\frac{z}{3}\right)\times\left(6-\frac{z}{2}\right)}{6}=-\frac{z^2}{72}+\frac{z}{3}-1.$$

于是
$$f_Z(z)=F_Z'(z)=\frac{1}{3}-\frac{z}{36}\quad(6\leqslant z<12).$$

当 $z\leqslant 0$ 时，$F_Z(z)=P\{Z\leqslant z\}=0$，从而 $f_Z(z)=0$.

当 $z\geqslant 12$ 时，$F_Z(z)=P\{Z\leqslant z\}=1$，从而 $f_Z(z)=0$.

综上所述，$Z=3X+2Y$ 的概率密度为

$$f_Z(z)=\begin{cases}\frac{z}{36}, & 0<z<6,\\ \frac{1}{3}-\frac{z}{36}, & 6\leqslant z<12,\\ 0, & \text{其他}.\end{cases}$$

例 6　设随机变量 X 与 Y 相互独立，X 服从参数为 λ 的指数分布，Y 服从 $(0,h)$ 上的均匀分布，即

$$X\sim f_X(x)=\begin{cases}\lambda e^{-\lambda x}, & x>0,\\ 0, & x\leqslant 0,\end{cases}\qquad Y\sim f_Y(y)=\begin{cases}\frac{1}{h}, & 0<y<h,\\ 0, & \text{其他},\end{cases}$$

试求 $Z=X+Y$ 的概率密度.

解　解法 1　先计算 $Z=X+Y$ 的分布函数 $F_Z(z)$，再求 Z 的概率密度 $f_Z(z)$.

由 X 与 Y 相互独立得 (X,Y) 的联合概率密度为

$$f(x,y)=\begin{cases}\frac{\lambda}{h}e^{-\lambda x}, & x>0,0<y<h,\\ 0, & \text{其他}.\end{cases}$$

可见，联合概率密度 $f(x,y)$ 只在图 3-20(a)中条形斜线阴影区域内不为 0.

$Z=X+Y$ 的值域为 $(0,+\infty)$.

当 $0<z<h$ 时，$F_Z(z)=P\{X+Y\leqslant z\}$ 为 (X,Y) 取值在图 3-20(b)中斜线阴影区域内的概率，所以

$$F_Z(z)=\int_0^z dy\int_0^{z-y}\frac{\lambda}{h}e^{-\lambda x}dx=\int_0^z\left[-\frac{1}{h}e^{-\lambda x}\right]\Big|_0^{z-y}dy$$

$$=-\int_0^z \frac{1}{h}(\mathrm{e}^{-\lambda z+\lambda y}-1)\mathrm{d}y=\frac{z}{h}-\frac{1}{h\lambda}(1-\mathrm{e}^{-\lambda z}),$$

$$f_Z(z)=F_Z'(z)=\frac{1}{h}(1-\mathrm{e}^{-\lambda z});$$

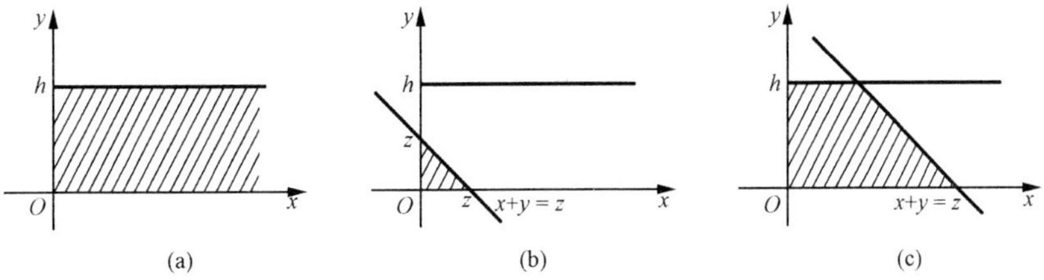

(a) (b) (c)

图 3-20

当 $z>h$ 时，$F_Z(z)=P\{X+Y\leqslant z\}$ 为 (X,Y) 取值在图 3-20(c)中斜线阴影区域内的概率，所以

$$F_Z(z)=\int_0^h \mathrm{d}y\int_0^{z-y}\frac{\lambda}{h}\mathrm{e}^{-\lambda x}\mathrm{d}x=\int_0^h\left[-\frac{1}{h}\mathrm{e}^{-\lambda x}\right]\Bigg|_0^{z-y}\mathrm{d}y=1-\frac{1}{h\lambda}\mathrm{e}^{-\lambda z}(\mathrm{e}^{\lambda h}-1),$$

$$f_Z(z)=F_Z'(z)=\frac{1}{h}\mathrm{e}^{-\lambda z}(\mathrm{e}^{\lambda h}-1);$$

当 $z\leqslant 0$ 时，$F_Z(z)=P\{X+Y\leqslant z\}=0$，从而 $f_Z(z)=0$.

综上所述，Z 的概率密度为

$$f_Z(z)=\begin{cases}\dfrac{1}{h}(1-\mathrm{e}^{-\lambda z}), & 0<z<h,\\ \dfrac{1}{h}\mathrm{e}^{-\lambda z}(\mathrm{e}^{\lambda h}-1), & z\geqslant h,\\ 0, & z\leqslant 0.\end{cases}$$

注 本例也可用下面的**卷积公式**来求解：

设 X,Y 的边缘概率密度分别为 $f_X(x),f_Y(y)$，$Z=X+Y$，则当 X 与 Y 相互独立时，有

$$f_Z(z)=\int_{-\infty}^{+\infty}f_X(x)f_Y(z-x)\mathrm{d}x, \tag{2}$$

$$f_Z(z)=\int_{-\infty}^{+\infty}f_X(z-y)f_Y(y)\mathrm{d}y. \tag{3}$$

例 7 设随机变量 X 与 Y 相互独立，均服从参数为 1 的指数分布，求 $Z=X-Y$ 的分布.

解 由题设有

$$X\sim f_X(x)=\begin{cases}\mathrm{e}^{-x}, & x>0,\\ 0, & x\leqslant 0,\end{cases}\qquad Y\sim f_Y(y)=\begin{cases}\mathrm{e}^{-y}, & y>0,\\ 0, & y\leqslant 0,\end{cases}$$

$$(X,Y)\sim f(x,y)=\begin{cases}\mathrm{e}^{-x-y}, & x>0,y>0,\\ 0, & \text{其他}.\end{cases}$$

二维随机变量(X,Y)的联合概率密度$f(x,y)$在第一象限不为0，$Z=X-Y$的取值范围为$(-\infty,+\infty)$.

当$z<0$时，Z的分布函数$F_Z(z)=P\{X-Y\leqslant z\}$为$(X,Y)$取值在图3-21(a)中斜线阴影区域内的概率，所以

$$F_Z(z)=P\{X-Y\leqslant z\}=\int_0^{+\infty}\mathrm{d}x\int_{x-z}^{+\infty}\mathrm{e}^{-x-y}\mathrm{d}y=\frac{1}{2}\mathrm{e}^z,$$

$$f_Z(z)=F_Z'(z)=\frac{1}{2}\mathrm{e}^z.$$

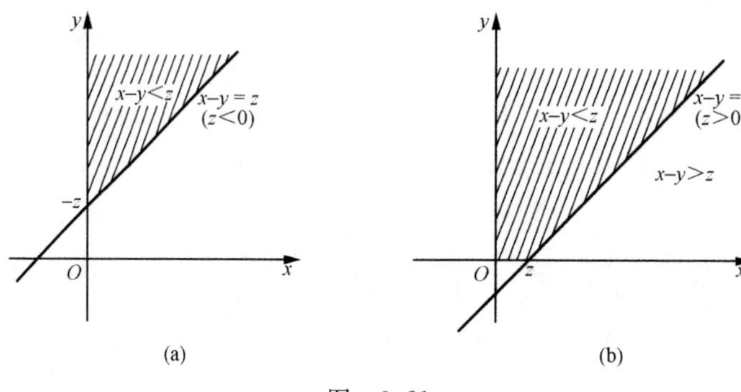

图　3-21

当$z>0$时，Z的分布函数$F_Z(z)=P\{X-Y\leqslant z\}$为$(X,Y)$取值在图3-21(b)中斜线阴影区域内的概率，不妨通过计算逆事件的概率来完成：

$$\begin{aligned}F_Z(z)&=P\{X-Y\leqslant z\}=1-P\{X-Y>z\}\\&=1-\int_z^{+\infty}\mathrm{d}x\int_0^{x-z}\mathrm{e}^{-x-y}\mathrm{d}y=1-\frac{1}{2}\mathrm{e}^{-z}.\end{aligned}$$

于是
$$f_Z(z)=F_Z'(z)=\frac{1}{2}\mathrm{e}^{-z}\quad(z>0).$$

综上所述，$Z=X-Y$的概率密度为

$$f_Z(z)=\begin{cases}\dfrac{1}{2}\mathrm{e}^z, & z<0,\\ \dfrac{1}{2}\mathrm{e}^{-z}, & z\geqslant 0,\end{cases}\quad 即\quad f_Z(z)=\frac{1}{2}\mathrm{e}^{-|z|}\ (z\in\mathbf{R}).$$

例 8　设二维随机变量(X,Y)的联合概率密度为

$$f(x,y)=\begin{cases}\dfrac{1}{6}, & 0<x<2,0<y<3,\\ 0, & 其他,\end{cases}$$

求$Z=XY$的概率密度.

解　当(X,Y)的取值在矩形区域

$$\{(x,y)\mid 0<x<2,\ 0<y<3\}$$

内时，$Z=XY$的取值范围为$(0,6)$.

当 $z\in(0,6)$时,如图 3-22 示,有

$$F_Z(z)=P\{XY\leqslant z\}=\frac{3\cdot\frac{z}{3}}{6}+\int_{z/3}^{2}\mathrm{d}x\int_0^{z/x}\frac{1}{6}\mathrm{d}y$$

$$=\frac{z}{6}+\int_{z/3}^{2}\frac{z}{6x}\mathrm{d}x=\frac{z}{6}+\frac{z}{6}\left(\ln 2-\ln\frac{z}{3}\right),$$

$$f_Z(z)=F_Z'(z)=\frac{1}{6}\ln\frac{6}{z};$$

当 $z\leqslant 0$ 时,$F_Z(z)=P\{XY\leqslant z\}=0$,从而 $f_Z(z)=0$;

当 $z\geqslant 6$ 时,$F_Z(z)=P\{XY\leqslant z\}=1$,从而 $f_Z(z)=0$.

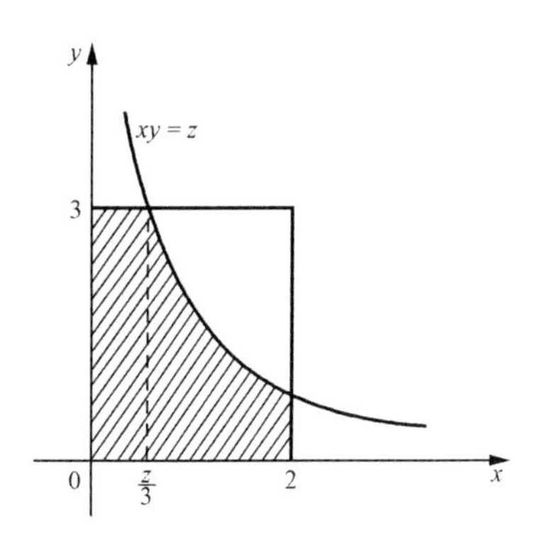

图 3-22

综上所述,$Z=XY$ 的概率密度为

$$f_Z(z)=\begin{cases}\frac{1}{6}\ln\frac{6}{z}, & 0<z<6,\\ 0, & 其他.\end{cases}$$

例 9 设随机变量 X 与 Y 相互独立,X 服从参数为 1 的指数分布,Y 服从参数为 2 的指数分布,求 $Z=\frac{X}{Y}$ 的分布.

解 由题设知

$$X\sim f_X(x)=\begin{cases}\mathrm{e}^{-x}, & x>0,\\ 0, & x\leqslant 0,\end{cases}\qquad Y\sim f_Y(y)=\begin{cases}2\mathrm{e}^{-2y}, & y>0,\\ 0, & y\leqslant 0,\end{cases}$$

$$(X,Y)\sim f(x,y)=\begin{cases}2\mathrm{e}^{-x-2y}, & x>0,y>0,\\ 0, & 其他.\end{cases}$$

$Z=\frac{X}{Y}$ 的取值范围是$(0,+\infty)$. 对任意 $z>0$,分布函数 $F_Z(z)$为(X,Y)取值在图 3-23 中斜线阴影区域内的概率,即

$$F_Z(z)=P\left\{\frac{X}{Y}\leqslant z\right\}=P\left\{Y\geqslant\frac{1}{z}X\right\}=\int_0^{+\infty}\mathrm{d}x\int_{\frac{1}{z}x}^{+\infty}2\mathrm{e}^{-x-2y}\mathrm{d}y=\frac{z}{2+z},$$

于是
$$f_Z(z)=F_Z'(z)=\left(\frac{z}{2+z}\right)'=\frac{2}{(2+z)^2}\quad(z>0).$$

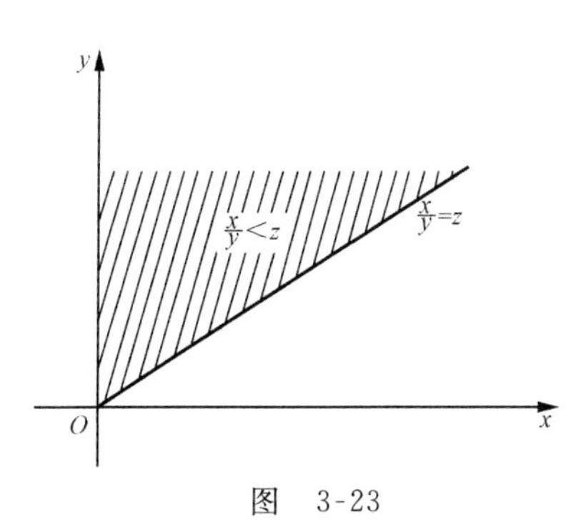

图 3-23

所以 Z 的概率密度为

$$f_Z(z)=\begin{cases}\frac{2}{(z+2)^2}, & z>0,\\ 0, & 其他.\end{cases}$$

注 求连续型随机变量(X,Y)的函数 $Z=g(X,Y)$分布的基本步骤:

(1) 确定联合概率密度;

(2) 确定 $Z=g(X,Y)$的取值范围;

(3) 计算 Z 的分布函数 $F_Z(z)=P\{Z\leqslant z\}$;

(4) 将分布函数 $F_Z(z)=P\{Z\leqslant z\}$ 对 z 求导数,得到 Z 的概率密度 $f_Z(z)=F_Z'(z)$.

三、n 个随机变量最大、最小值的分布

设有随机变量 $X_1,X_2,\cdots,X_n,X_i\sim F_i(x_i)(i=1,2,\cdots,n)$. 令

$$M=\max\{X_1,X_1,\cdots,X_n\},\quad N=\min\{X_1,X_2,\cdots,X_n\}.$$

下面讨论 M,N 的分布与 $X_1,X_2,\cdots,X_n$ 的分布的关系.

1. $M=\max\{X_1,X_1,\cdots,X_n\}$ 的分布

设 $M=\max\{X_1,X_2,\cdots,X_n\}$ 的分布函数为 $F_M(x)$. M 的分布函数与 $(X_1,X_2,\cdots,X_n)$ 的联合分布函数有如下关系:

$$F_M(x)=P\{\max\{X_1,X_2,\cdots,X_n\}\leqslant x\}=P\{X_1\leqslant x,X_2\leqslant x,\cdots,X_n\leqslant x\}.$$

(1) 若随机变量 $X_1,X_2,\cdots,X_n$ 相互独立,则

$$F_M(x)=P\{X_1\leqslant x\}P\{X_2\leqslant x\}\cdots P\{X_n\leqslant x\};$$

(2) 若随机变量 $X_1,X_2,\cdots,X_n$ **独立同分布**(即相互独立且分布相同),则

$$F_M(x)=(P\{X_1\leqslant x\})^n=[F_1(x)]^n.$$

2. $N=\min\{X_1,X_2,\cdots,X_n\}$ 的分布

设 $N=\min\{X_1,X_2,\cdots,X_n\}$ 的分布函数为 $F_N(x)$. N 的分布函数与 $(X_1,X_2,\cdots,X_n)$ 的联合分布函数有如下关系:

$$\begin{aligned}F_N(x)&=P\{\min\{X_1,X_2,\cdots,X_n\}\leqslant x\}=1-P\{\min\{X_1,X_2,\cdots,X_n\}>x\}\\&=1-P\{X_1>x,X_2>x,\cdots,X_n>x\}.\end{aligned}$$

(1) 若随机变量 $X_1,X_2,\cdots,X_n$ 相互独立,则

$$\begin{aligned}F_N(x)&=1-P\{X_1>x\}P\{X_2>x\}\cdots P\{X_n>x\}\\&=1-[1-F_1(x)][1-F_2(x)]\cdots[1-F_n(x)].\end{aligned}$$

(2) 若随机变量 $X_1,X_2,\cdots,X_n$ 独立同分布,则

$$F_N(x)=1-(P\{X_1>x\})^n=1-(1-P\{X_1\leqslant x\})^n=1-[1-F_1(x)]^n.$$

例 10 设系统 L 中有电器 L_1,其寿命 X 服从参数为 α 的指数分布,即

$$X\sim f_X(x)=\begin{cases}\alpha e^{-\alpha x}, & x>0,\\ 0, & x\leqslant 0;\end{cases}$$

电器 L_2,其寿命 Y 服从参数为 β 的指数分布,即

$$Y\sim f_Y(y)=\begin{cases}\beta e^{-\beta y}, & y>0,\\ 0, & y\leqslant 0.\end{cases}$$

若两电器寿命相互独立,分别就串联和并联,求系统 L 寿命的概率密度.

解 (1) 设 L_1 与 L_2 串联,见图 3-24(a).

设串联系统 L 的寿命为 N,则 $N=\min\{X,Y\}$. N 的取值范围为 $(0,+\infty)$. 对任意 $z>0$,N 的分布函数为

$$F_N(z)=P\{\min\{X,Y\}\leqslant z\}=1-P\{\min\{X,Y\}>z\}$$

$$= 1 - P\{X > z, Y > z\} = 1 - P\{X > z\}P\{Y > z\},$$

而

$$P\{X > z\} = \int_z^{+\infty} f_X(x)\mathrm{d}x = \int_z^{+\infty} \alpha \mathrm{e}^{-\alpha x}\mathrm{d}x = -\mathrm{e}^{-\alpha x}\Big|_z^{+\infty} = \mathrm{e}^{-\alpha z},$$

$$P\{Y > z\} = \int_z^{+\infty} f_Y(y)\mathrm{d}y = \int_z^{+\infty} \beta \mathrm{e}^{-\beta y}\mathrm{d}y = \mathrm{e}^{-\beta z},$$

所以
$$F_N(z) = 1 - \mathrm{e}^{-\alpha z}\mathrm{e}^{-\beta z} = 1 - \mathrm{e}^{-(\alpha+\beta)z}.$$

当 $z \leqslant 0$ 时，$F_N(z) = P\{\min\{X,Y\} \leqslant z\} = 0$. 故串联系统寿命 N 的概率密度为

$$f_N(z) = \begin{cases} (\alpha+\beta)\mathrm{e}^{-(\alpha+\beta)z}, & z > 0, \\ 0, & z \leqslant 0, \end{cases}$$

即 N 服从参数为 $\alpha+\beta$ 的指数分布.

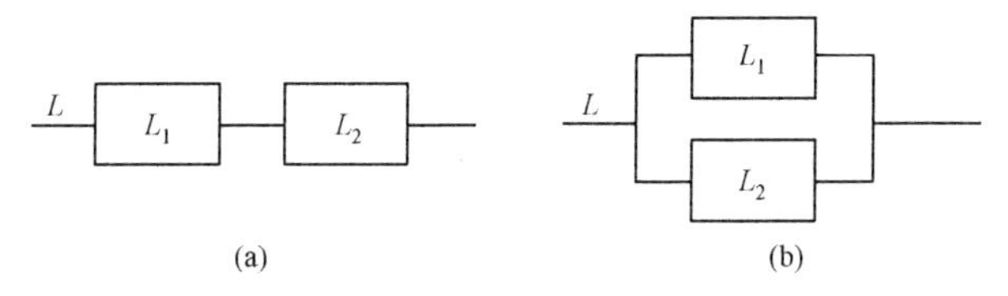

图 3-24

(2) 设 L_1 与 L_2 并联，见图 3-24(b).

设并联系统 L 的寿命为 M，则 $M = \max\{X,Y\}$. M 的取值范围为 $(0,+\infty)$. 对任意 $z > 0$，M 的分布函数为

$$F_M(z) = P\{\max\{X,Y\} \leqslant z\} = P\{X \leqslant z, Y \leqslant z\} = P\{X \leqslant z\}P\{Y \leqslant z\}.$$

因 $P\{X > z\} = \mathrm{e}^{-\alpha z}$，$P\{Y > z\} = \mathrm{e}^{-\beta z}$，故 $P\{X \leqslant z\} = 1 - \mathrm{e}^{-\alpha z}$，$P\{Y \leqslant z\} = 1 - \mathrm{e}^{-\beta z}$，从而

$$F_M(z) = (1 - \mathrm{e}^{-\alpha z})(1 - \mathrm{e}^{-\beta z});$$

当 $z \leqslant 0$ 时，$F_M(z) = P\{\max\{X,Y\} \leqslant z\} = 0$. 所以并联系统寿命 M 的概率密度为

$$f_M(z) = \begin{cases} \alpha \mathrm{e}^{-\alpha z} + \beta \mathrm{e}^{-\beta z} - (\alpha+\beta)\mathrm{e}^{-(\alpha+\beta)z}, & z > 0, \\ 0, & z \leqslant 0. \end{cases}$$

例 11 设随机变量 $X_1, X_2, \cdots, X_n$ 相互独立，均服从参数为 λ 的指数分布，即

$$X_i \sim f(x) = \begin{cases} \lambda \mathrm{e}^{-\lambda x}, & x > 0, \\ 0, & \text{其他} \end{cases} \quad (i = 1, 2, \cdots, n),$$

求 $N = \min\{X_1, X_2, \cdots, X_n\}$ 的分布.

解 当 $x > 0$ 时，N 的分布函数为

$$\begin{aligned} F_N(x) &= P\{\min\{X_1, X_2, \cdots, X_n\} \leqslant x\} = 1 - P\{\min\{X_1, X_2, \cdots, X_n\} > x\} \\ &= 1 - P\{X_1 > x, X_2 > x, \cdots, X_n > x\} \\ &= 1 - (P\{X_1 > x\})^n = 1 - (\mathrm{e}^{-\lambda x})^n = 1 - \mathrm{e}^{-n\lambda x}; \end{aligned}$$

当 $x \leqslant 0$ 时，$F_N(x) = P\{\min\{X_1, X_2, \cdots, X_n\} \leqslant x\} = 0$.

综上所述，N 的概率密度为

$$f_N(x)=\begin{cases}n\lambda e^{-n\lambda x}, & x>0,\\ 0, & 其他.\end{cases}$$

注　若随机变量 $X_1,X_2,\cdots,X_n$ 相互独立,均服从参数为 λ 的指数分布,则

$$N=\min\{X_1,X_2,\cdots,X_n\}$$

仍服从指数分布,参数为 λ 的 n 倍 $n\lambda$.

习　题　3.6

1. 设二维随机变量(X,Y)的联合分布律为

X \ Y	1	2	3
0	1/4	1/10	3/10
1	3/20	3/20	1/20

求下列随机变量函数的分布律：

(1) $Z_1=X^2+Y$；　(2) $Z_2=X+Y$；　(3) $Z_3=XY$；　(4) $Z_4=\min\{X,Y\}$.

2. 设随机变量 X 与 Y 相互独立,且 X 服从参数为 1 的指数分布,Y 服从参数为 2 的指数分布.定义

$$Z=\begin{cases}-1, & X\leqslant Y,\\ 1, & X>Y.\end{cases}$$

求 Z 的分布律.

3. 设随机变量 X 与 Y 相互独立,都服从$[0,2]$上的均匀分布,求 $Z=X+Y$ 的概率密度.

4. 设随机变量 X 与 Y 独立同分布,都服从标准正态分布 $N(0,1)$,求 $Z=\sqrt{X^2+Y^2}$ 的概率密度.

5. 若随机变量$X_1,X_2,\cdots,X_n$独立同分布,其分布函数为 $F(x)$,概率密度为 $f(x)$,试求：

(1) $Y=\max\{X_1,X_2,\cdots,X_n\}$的概率密度；　(2) $Z=\min\{X_1,X_2,\cdots,X_n\}$的概率密度.

总习题三

1. 设二维随机变量(X,Y)的联合分布律为

X \ Y	0	1
0	0	0.2
1	0.2	0.1
2	0.3	k

(1) 求 k；　(2) 求 X,Y 的边缘分布律和边缘分布函数.

2. 设袋中装有编号为 1, 2, 2, 3 的 4 个球.从中无放回地连续取两个球,用 X,Y 分别表示第 1,2 次取得的球上的号码,求：

(1) (X,Y)的联合分布律和边缘分布律；　(2) 在 $X=2$ 的条件下,Y 的条件分布律.

3. 设二维随机变量(X,Y)的联合概率密度为

$$f(x,y)=\begin{cases}cxy^2, & 0<x<1,0<y<1,\\ 0, & \text{其他}.\end{cases}$$

(1) 求 c； (2) 求(X,Y)的边缘概率密度与条件概率密度；

(3) 求 $P\{X+Y\geqslant 1\}$.

4. 设顾客对两种商品的需求量 X 和 Y 的概率分布分别为

X	80	90	95
P	0.2	0.5	0.3

Y	90	95
P	0.7	0.3

且 X 与 Y 相互独立，求顾客对这两种商品总需求量的概率分布.

5. 设随机变量 X 与 Y 相互独立，证明：$\xi=X+a$ 与 $\eta=Y+b$ 相互独立，其中 a,b 为任意常数.

6. 设二维离散型随机变量(X,Y)的联合分布律为

X \ Y	1	2	3
1	1/3	1/6	1/6
2	1/12	1/12	1/6

求 $X+Y,X^2-Y$ 与X^3的分布.

7. 设 X,Y 为两随机变量，且

$$P\{X\geqslant 0,Y\geqslant 0\}=\frac{3}{7},\quad P\{X\geqslant 0\}=P\{Y\geqslant 0\}=\frac{4}{7},$$

求 $P\{\max\{X,Y\}\geqslant 0\}$ 与 $P\{\min\{X,Y\}\geqslant 0\}$.

8. 设二维连续型随机变量(X,Y)的联合概率密度为

$$f(x,y)=\begin{cases}\mathrm{e}^{-(x+y)}, & x>0,y>0,\\ 0, & \text{其他},\end{cases}$$

求 $Z=\dfrac{X+Y}{3}$ 的概率密度.

9. 设随机变量 X 与 Y 相互独立，其中 X 的概率分布为

X	1	2
P	0.4	0.6

Y 的概率密度为 $f_Y(y)$，求 $Z=X+Y$ 的概率密度 $f_Z(z)$.

第四章　随机变量的数字特征

随机变量的分布对随机变量的统计规律做了全面、细致的描述. 然而,有些随机变量的分布难以得到,也不很重要,只要掌握其某些特征就把握了这些随机变量的主要规律. 本章主要介绍刻画随机变量特征的几个数字：数学期望、方差、协方差、相关系数.

§4.1　数学期望

按户调查居民收入增加的百分比,该百分比是一个随机变量,不过,我们关心的是全国平均增加了多少,增加的差距是大还是小.

调查农业产量,一亩地的产量是随机变量,而我们关心的是地区平均亩产,因为由此可以推算出该地区的总产量,进而推算出全国的总产量.

股票市场,每天每支股票都可能变动,变动的比例为随机变量,而代表股票市场变动总体趋势的是综合指数,如上证指数是上海证券市场各种股票变动的加权平均值.

数学期望即刻画了随机变量取值的平均水平. 为了介绍数学期望,现举一个简化了的例子：

设学生的考试成绩如下：

分数	5	4	3	2
人数	8	20	20	2

为了分析学生的平均水平,计算平均分. 显然不能这样计算：$\frac{(5+4+3+2)}{4}=3.5$,而应该考虑每个分值的得分人数占总人数的比例,即得分的频数,也即所谓"权重",如下计算：

$$5\times\frac{8}{50}+4\times\frac{20}{50}+3\times\frac{20}{50}+2\times\frac{2}{50}=3.68.$$

随机变量 X,有不同的可能取值,要计算随机变量可能取值的平均值,权重就是概率.

一、数学期望的概念

1. 离散型随机变量的数学期望

定义 1　设离散型随机变量 X 的分布律为 $P\{X=x_k\}=p_k\ (k=1,2,\cdots)$. 若级数 $\sum_{k=1}^{\infty}x_kp_k$ 绝对收敛,则称 $\sum_{k=1}^{\infty}x_kp_k$ 为随机变量 X 的**数学期望**(mathematical expectation),简

称**期望**,也称**均值**(mean),记作 E(X),即

$$\mathrm{E}(X)=\sum_{k=1}^{\infty}x_k p_k. \tag{1}$$

注 (1) 在不发生混淆时 E(X)也记作 EX;

(2) $\sum_{k=1}^{\infty}x_k p_k$ 绝对收敛 $\Leftrightarrow \sum_{k=1}^{\infty}|x_k p_k|=\sum_{k=1}^{\infty}|x_k|p_k$ 收敛. 要求 $\sum_{k=1}^{\infty}x_k p_k$ 收敛容易理解,不然没有期望值. 为什么要求 $\sum_{k=1}^{\infty}x_k p_k$ 绝对收敛呢? 原因是: 数列$\{x_k p_k\}$中 x_k 是随机变量 X 的取值,不可能要求 X 按 $x_1,x_2,\cdots$的顺序逐个去取,当数列$\{x_k p_k\}$中项的顺序发生变化时, $\sum_{k=1}^{\infty}x_k p_k$ 可能收敛到不同的数值,而级数 $\sum_{k=1}^{\infty}x_k p_k$ 绝对收敛就能保证无论数列各项的顺序如何变化,级数和是同一个确定的数.

(3) 由定义 1 容易理解,随机变量 X 的数学期望 E(X)即 X 的加权平均值,代表了 X 取值的平均水平.

例 1 设甲、乙两人打靶的得分分别为随机变量 X_1,X_2,且分布律分别为

X_1	0	1	2
P	0.3	0.45	0.25

X_2	0	1	2
P	0.15	0.8	0.05

其中脱靶为 0 分,1 环至 5 环为 1 分,6 环至 10 环为 2 分,问: 谁的水平略高一筹?

解 应该计算 X_1,X_2 的数学期望. 由公式(1)有

$$\mathrm{E}(X_1)=0\times 0.3+1\times 0.45+2\times 0.25=0.95,$$
$$\mathrm{E}(X_2)=0\times 0.15+1\times 0.8+2\times 0.05=0.9.$$

可知甲得分比乙得分略高,当然这只是"期望"得分,所以甲的水平略高一筹.

例 2 设甲、乙两班车到站的时间及概率分别如下:

甲班车	8:10	8:30	8:50
P	1/6	3/6	2/6

乙班车	9:10	9:30	9:50
P	1/6	3/6	2/6

设两班车到站时间独立,问: 乘客 8:00 与 8:20 到车站等车,哪一个时刻候车时间较长?

解 因为班车到站的时间是随机的,所以候车时间也是随机的. 设 8:00 到车站的候车时间为 X(单位: min),8:20 到车站的候车时间为 Y(单位: min).

显然,X 的分布律为

X	10	30	50
P	1/6	3/6	2/6

于是

$$E(X)=10\times\frac{1}{6}+30\times\frac{3}{6}+50\times\frac{2}{6}=33.3\ (\text{单位：min}).$$

若8:20到车站，则候车时间Y的可能取值为：10,30,50,70,90（单位：min).

下面以$Y=50$为例分析其概率的计算：

设$A=\{$甲班车8:10到$\}$，$B=\{$乙班车9:10到$\}$. 若8:20到车站，候车时间为50 min，则必然是事件A且B发生了，而A,B相互独立，所以

$$P\{Y=50\}=P(AB)=P(A)P(B)=\frac{1}{6}\times\frac{1}{6}=\frac{1}{36}.$$

类似地进行计算，可求得Y的分布律为

Y	10	30	50	70	90
P	3/6	2/6	1/36	3/36	2/36

于是

$$E(Y)=10\times\frac{3}{6}+30\times\frac{2}{6}+50\times\frac{1}{36}+70\times\frac{3}{36}+90\times\frac{2}{36}=27.2\ (\text{单位：min}).$$

综上所述，8:00到达车站的候车时间较长.

例3　设随机变量X服从区间$[-1,2]$上的均匀分布，随机变量

$$Y=\begin{cases}-1, & X<0,\\ 0, & X=0,\\ 1, & X>0,\end{cases}$$

求$E(Y)$.

解　随机变量Y为离散型随机变量，应该先确定Y的分布律.

因为Y的可能取值为$-1,0,1$，且

$$P\{Y=-1\}=P\{X<0\}=\frac{0-(-1)}{2-(-1)}=\frac{1}{3},$$

$$P\{Y=0\}=P\{X=0\}=0,\quad P\{Y=-1\}=\frac{2}{3},$$

所以

$$E(Y)=-1\times\frac{1}{3}+0\times0+2\times\frac{2}{3}=\frac{1}{3}.$$

例4　设一部机器一天内发生故障的概率为0.2，机器发生故障全天停止工作. 若一周5个工作日内无故障，则可获利润10万元；若发生一次故障，则仍然可获利润5万元；若发生两次故障，则获利为0；若发生三次及三次以上故障，则亏损2万元. 求一周的期望利润.

解　即求利润的期望. 利润的可能取值已经清楚，关键在于各种获利的概率，而获利的概率即发生故障的概率.

设一周5个工作日内发生故障的次数为X，则$X\sim B(5,0.2)$. 所以

$P\{X=0\}=C_5^0\times0.2^0\times0.8^5=0.33$，　$P\{X=1\}=C_5^1\times0.2^1\times0.8^4=0.41$，

$P\{X=2\}=C_5^2\times0.2^2\times0.8^3=0.20$，　$P\{X\geqslant3\}=0.06$.

设一周内获利润为 Y(单位：万元)，则 Y 的分布律为

Y	10	5	0	-2
P	0.33	0.41	0.2	0.06

所以一周的期望利润为

$$E(Y)=10\times0.33+5\times0.41+0\times0.2+(-2)\times0.06=5.23\text{（单位：万元）}.$$

例 5 设自动生产线在调整后出现次品的概率为 p，生产过程中出现次品立即重新调整，求在两次调整之间生产的合格品数的数学期望.

解 显然，两次调整之间生产的合格品数是随机变量，应该先确定其分布律.

设两次调整之间生产的合格品数为 X，则其可能取值为 $0,1,2,\cdots$. 当 $\{X=k\}$ 发生时，必然是生产了 k 个合格品，第 $k+1$ 个是次品，所以

$$P\{X=k\}=(1-p)^kp=q^kp\quad(k=0,1,2,\cdots;\ q=1-p),$$

$$E(X)=\sum_{k=0}^{\infty}kP\{X=k\}=\sum_{k=0}^{\infty}kq^kp=\sum_{k-1}^{\infty}kq^kp=pq\sum_{k=1}^{\infty}kq^{k-1}=pq\sum_{k=1}^{\infty}(q^k)'$$

$$=pq\left(\sum_{k=1}^{\infty}q^k\right)'=pq\left(\frac{q}{1-q}\right)'=pq\,\frac{1}{(1-q)^2}=\frac{q}{p}.$$

注 此处用到幂级数的分析性质：如果幂级数的收敛半径 $R>0$，则在收敛域 $(-R,R)$ 内幂级数和的导数等于逐项求导数的和.

2. 连续型随机变量的数学期望

连续型随机变量取任意一个数的概率都为 0，其加权平均值的计算，当然不能简单地用取值乘以概率相加. 下面分析连续型随机变量加权平均值——数学期望的计算.

设连续型随机变量 X 的概率密度为

$$\begin{cases}f(x), & a\leqslant x\leqslant b,\\ 0, & \text{其他}.\end{cases}$$

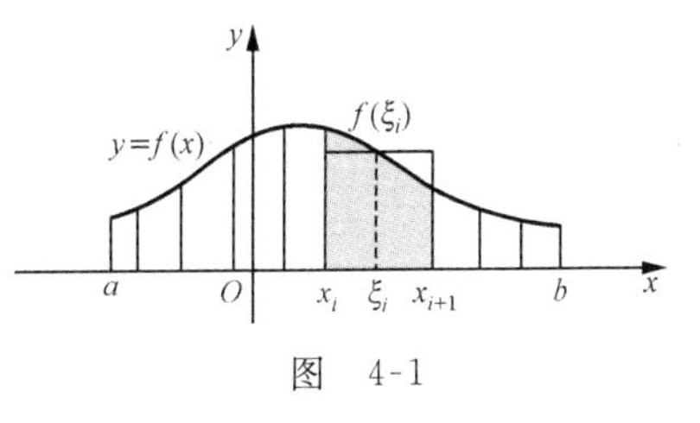

图 4-1

(1) 将 $[a,b]$ 任意分为 n 个小区间 $[x_i,x_{i+1}]$ $(i=1,2,\cdots,n)$，区间长度为 $\Delta x_i=x_{i+1}-x_i$，其中 $a=x_1$，$b=x_{n+1}$；

(2) 任取 $\xi_i\in[x_i,x_{i+1}]$ 作为 X 在 $[x_i,x_{i+1}]$ 上取值的代表，又 X 在 $[x_i,x_{i+1}]$ 上取值的概率为图 4-1 中阴影所示小曲边梯形的面积，现在用矩形面积 $f(\xi_i)\Delta x_i$ 近似代替，则 X 在 $[x_i,x_{i+1}]$ 上取值与相应概率的积近似等于 $\xi_if(\xi_i)\Delta x_i$；

(3) 作和 $\sum\limits_{i=1}^{n}\xi_if(\xi_i)\Delta x_i$，则其为随机变量 X 期望值的近似值；

(4) 无限细分小区间,令 $\lambda=\max\limits_{1\leqslant i\leqslant n}\{\Delta x_i\}$ 趋于 0,取极限 $\lim\limits_{\lambda\to 0}\sum\limits_{i=1}^{n}\xi_i f(\xi_i)\Delta x_i$,若极限存在,则该极限值即为连续型随机变量 X 的加权平均值——数学期望.

看上面四步,恰为定积分定义,即应该有

$$\mathrm{E}(X)=\lim_{\lambda\to 0}\sum_{i=1}^{n}\xi_i f(\xi_i)\Delta x_i=\int_a^b x f(x)\mathrm{d}x.$$

因为 X 可能取遍实数,所以

$$\mathrm{E}(X)=\int_{-\infty}^{+\infty} x f(x)\mathrm{d}x.$$

定义 2　设连续型随机变量 X 的概率密度为 $f(x)$. 若广义积分 $\int_{-\infty}^{+\infty} x f(x)\mathrm{d}x$ 绝对收敛,则称 $\int_{-\infty}^{+\infty} x f(x)\mathrm{d}x$ 为随机变量 X 的**数学期望**,简称**期望**,也称**均值**,记作 $\mathrm{E}(X)$ 或 $\mathrm{E}X$,即

$$\mathrm{E}(X)=\int_{-\infty}^{+\infty} x f(x)\mathrm{d}x. \tag{2}$$

注　如果广义积分 $\int_{-\infty}^{+\infty}|x f(x)|\mathrm{d}x=\int_{-\infty}^{+\infty}|x| f(x)\mathrm{d}x$ 收敛,则称 $\int_{-\infty}^{+\infty} x f(x)\mathrm{d}x$ 绝对收敛. 要求 $\int_{-\infty}^{+\infty} x f(x)\mathrm{d}x$ 绝对收敛的作用与离散型随机变量相同.

例 6　设随机变量

$$X\sim f(x)=\begin{cases} x, & 0\leqslant x<1, \\ 2-x, & 1\leqslant x<2, \\ 0, & \text{其他}, \end{cases}$$

试求 X 的数学期望 $\mathrm{E}(X)$.

解　根据公式(2),得

$$\begin{aligned}\mathrm{E}(X)&=\int_{-\infty}^{+\infty} x f(x)\mathrm{d}x=\int_{-\infty}^{0} x\cdot 0\mathrm{d}x+\int_0^1 x\cdot x\mathrm{d}x+\int_1^2 x(2-x)\mathrm{d}x+\int_2^{+\infty} x\cdot 0\mathrm{d}x \\ &=\frac{x^3}{3}\bigg|_0^1+\left[x^2-\frac{x^3}{3}\right]\bigg|_1^2=\frac{1}{3}+\left(4-\frac{8}{3}\right)-\left(1-\frac{1}{3}\right)=1.\end{aligned}$$

二、随机变量函数的数学期望

1. 一维随机变量函数的数学期望

设有随机变量 X,而 $Y=g(X)$,则 Y 是随机变量. 如果通过 X 的分布,找到 Y 的分布,再计算 Y 的期望,前面已经解决,无需再讨论. 现在要介绍的是不找出 Y 的分布,通过 X 的分布,直接计算 $Y=g(X)$ 的数学期望的方法.

先看一个例子: 设有离散型随机变量 X,其分布律如下:

X	-2	0	2
P	p_1	p_2	p_3

$(p_1+p_2+p_3=1)$

再设 $Y=X^2$，求 $\mathrm{E}(Y)$. 先求 $Y=X^2$ 的分布律，得

Y	0	4
P	p_2	p_1+p_3

于是
$$\begin{aligned}\mathrm{E}(Y) &= 0\times p_2+4\times(p_1+p_3)=0\times p_2+4\times p_1+4\times p_3\\ &=(-2)^2\times p_1+0\times p_2+2^2\times p_3.\end{aligned}$$

分析上面 Y 的期望的计算，$\{Y=4\}$的概率是$\{X=-2\}$与$\{X=2\}$的概率的和，可见

$$4\times(p_1+p_3)\quad 与 \quad (-2)^2\times p_1+2^2\times p_3$$

对于计算 Y 的期望效果相同. 于是，计算 Y 的期望可以不求 Y 的分布，归纳为下面的定理：

定理 1 设 X 为随机变量，$Y=g(X)$，其中 $g(x)$为连续函数.

(1) 若 X 是离散型随机变量，其分布律为 $P\{X=x_k\}=p_k\,(k=1,2,\cdots)$，又级数 $\sum\limits_{k=1}^{\infty}g(x_k)p_k$ 绝对收敛，则

$$\mathrm{E}(Y)=\mathrm{E}[g(X)]=\sum_{k=1}^{\infty}g(x_k)p_k; \tag{3}$$

(2) 若 X 是连续型随机变量，其概率密度为 $f_X(x)$，又广义积分 $\int_{-\infty}^{+\infty}g(x)f_X(x)\mathrm{d}x$ 绝对收敛，则

$$\mathrm{E}(Y)=\mathrm{E}[g(X)]=\int_{-\infty}^{+\infty}g(x)f_X(x)\mathrm{d}x. \tag{4}$$

例 7 (1) 设离散型随机变量 X 的分布律为

X	0	1	2
P	$1/2$	$1/4$	$1/4$

求 $\mathrm{E}(X^3)$；

(2) 设连续型随机变量 X 的概率密度为 $f(x)=\begin{cases}2x, & 0<x<1,\\ 0, & 其他,\end{cases}$ 求 $\mathrm{E}(2X^4)$.

解 (1) $\mathrm{E}(X^3)=0^3\times\dfrac{1}{2}+1^3\times\dfrac{1}{4}+2^3\times\dfrac{1}{4}=2\dfrac{1}{4}$.

(2) $\mathrm{E}(2X^4)=\displaystyle\int_{-\infty}^{+\infty}2x^4f(x)\mathrm{d}x=\int_0^1 2x^4\cdot 2x\mathrm{d}x=\frac{2}{3}$.

2. 二维随机变量函数的数学期望

类似于一维随机变量函数的数学期望，关于二维随机变量函数的数学期望有如下结果：

定理 2 设(X,Y)为二维随机变量，$z=g(x,y)$为连续函数，$Z=g(X,Y)$.

(1) 设(X,Y)为二维离散型随机变量，其联合分布律为$P\{X=x_i,Y=y_j\}=p_{ij}(i,j=1,2,\cdots)$，且$\mathrm{E}(Z)$存在，则

$$\mathrm{E}(Z)=\sum_{i=1}^{\infty}\sum_{j=1}^{\infty}g(x_i,y_j)p_{ij}; \tag{5}$$

(2) 设(X,Y)为二维连续型随机变量，其联合概率密度为$f(x,y)$，且$\mathrm{E}(Z)$存在，则

$$\mathrm{E}(Z)=\int_{-\infty}^{+\infty}\int_{-\infty}^{+\infty}g(x,y)f(x,y)\mathrm{d}x\mathrm{d}y. \tag{6}$$

证明略.

注 定理2的意义在于不用求$Z=g(X,Y)$的分布；

例 8 设二维随机变量(X,Y)的联合分布律为

Y \ X	0	1	2	3
1	1/8	2/8	2/8	1/8
3	1/8	0	0	1/8

求：(1) $\mathrm{E}(X)$； (2) $\mathrm{E}(XY)$.

解 (1) 解法1 X的边缘分布律为

X	0	1	2	3
P	2/8	2/8	2/8	2/8

所以
$$\mathrm{E}(X)=0\times\frac{1}{4}+1\times\frac{1}{4}+2\times\frac{1}{4}+3\times\frac{1}{4}=\frac{6}{4}=\frac{3}{2}.$$

解法2 由(5)式得

$$\begin{aligned}\mathrm{E}(X)=&0\times\frac{1}{8}+0\times\frac{1}{8}+1\times\frac{2}{8}+1\times0+2\times\frac{2}{8}+2\times0\\&+3\times\frac{1}{8}+3\times\frac{1}{8}=\frac{12}{8}=\frac{3}{2}.\end{aligned}$$

(2) 由(5)式得

$$\begin{aligned}\mathrm{E}(XY)=&(0\times1)\times\frac{1}{8}+(0\times3)\times\frac{1}{8}+(1\times1)\times\frac{2}{8}+(1\times3)\times0\\&+(2\times1)\times\frac{2}{8}+(2\times3)\times0+(3\times1)\times\frac{1}{8}+(3\times3)\times\frac{1}{8}\\=&\frac{2}{8}+\frac{4}{8}+\frac{3}{8}+\frac{9}{8}=\frac{18}{8}=\frac{9}{4}.\end{aligned}$$

例 9 设二维随机变量$(X,Y)\sim f(x,y)=\begin{cases}x+y, & 0\leqslant x\leqslant1,0\leqslant y\leqslant1,\\0, & \text{其他},\end{cases}$求：

(1) $\mathrm{E}(X)$；　(2) $\mathrm{E}(XY)$.

解 (1) 解法 1 求出 X 的边缘概率密度 $f_X(x)$：

当 $0\leqslant x\leqslant 1$ 时，$f_X(x)=\int_{-\infty}^{+\infty} f(x,y)\mathrm{d}y=\int_0^1 (x+y)\mathrm{d}y=\left[xy+\frac{1}{2}y^2\right]\Big|_0^1=x+\frac{1}{2}$；

当 $x<0$ 或 $x>1$ 时，$f_X(x)=\int_{-\infty}^{+\infty} f(x,y)\mathrm{d}y=0$.

所以

$$f_X(x)=\begin{cases}x+\dfrac{1}{2}, & 0<x<1,\\ 0, & \text{其他}.\end{cases}$$

故

$$\begin{aligned}\mathrm{E}(X)&=\int_{-\infty}^{+\infty} xf_X(x)\mathrm{d}x=\int_{-\infty}^{0} x\cdot 0\mathrm{d}x+\int_0^1 x\cdot\left(x+\frac{1}{2}\right)\mathrm{d}x+\int_1^{+\infty} x\cdot 0\mathrm{d}x\\&=\left[\frac{x^3}{3}+\frac{1}{2}\cdot\frac{x^2}{2}\right]\Big|_0^1=\frac{1}{3}+\frac{1}{4}=\frac{7}{12}.\end{aligned}$$

解法 2 由(6)式得

$$\mathrm{E}(X)=\int_0^1\mathrm{d}x\int_0^1 x(x+y)\mathrm{d}y=\int_0^1\left[x^2y+x\cdot\frac{y^2}{2}\right]\Big|_0^1\mathrm{d}x=\int_0^1\left(x^2+\frac{x}{2}\right)\mathrm{d}x=\frac{7}{12}.$$

(2) 由(6)式得

$$\begin{aligned}\mathrm{E}(XY)&=\int_0^1\mathrm{d}x\int_0^1 xy(x+y)\mathrm{d}y=\int_0^1\left[x^2\cdot\frac{y^2}{2}+x\cdot\frac{y^3}{3}\right]\Big|_0^1\mathrm{d}x\\&=\int_0^1\left(\frac{x^2}{2}+\frac{x}{3}\right)\mathrm{d}x=\frac{1}{3}.\end{aligned}$$

三、数学期望的性质

数学期望有下列**性质**(设下面所涉及的期望都存在)：

设 X,Y 为随机变量，C 为常数.

(1) $\mathrm{E}(C)=C$.

(2) $\mathrm{E}(CX)=C\mathrm{E}(X)$.

(3) $\mathrm{E}(X+Y)=\mathrm{E}(X)+\mathrm{E}(Y)$.

推广 对任意随机变量 $X_1,X_2,\cdots,X_n$，有

$$\mathrm{E}(X_1+X_2+\cdots+X_n)=\mathrm{E}(X_1)+\mathrm{E}(X_2)+\cdots+\mathrm{E}(X_n).$$

(4) 若随机变量 X,Y 相互独立，则 $\mathrm{E}(XY)=\mathrm{E}(X)\mathrm{E}(Y)$.

推广 若随机变量 $X_1,X_2,\cdots,X_n$ 相互独立，则

$$\mathrm{E}(X_1X_2\cdots X_n)=\mathrm{E}(X_1)\mathrm{E}(X_2)\cdots\mathrm{E}(X_n).$$

下面给出性质(3)，(4)的证明.

证明 (3) 以连续型随机变量为例.

设$(X,Y)\sim f(x,y)$，则

$$\begin{aligned}E(X+Y)&=\int_{-\infty}^{+\infty}\int_{-\infty}^{+\infty}(x+y)f(x,y)\mathrm{d}x\mathrm{d}y\\&=\int_{-\infty}^{+\infty}\int_{-\infty}^{+\infty}xf(x,y)\mathrm{d}x\mathrm{d}y+\int_{-\infty}^{+\infty}\int_{-\infty}^{+\infty}yf(x,y)\mathrm{d}x\mathrm{d}y\\&=E(X)+E(Y).\end{aligned}$$

(4) 以离散型随机变量为例.

设(X,Y)的联合分布律为$P\{X=x_i,Y=y_j\}=p_{ij}\,(i,j=1,2,\cdots)$，则

$$E(XY)=\sum_{i=1}^{\infty}\sum_{j=1}^{\infty}x_iy_jp_{ij}=\sum_{i=1}^{\infty}\sum_{j=1}^{\infty}x_iy_jp_{i\cdot}p_{\cdot j}=\sum_{i=1}^{\infty}x_ip_{i\cdot}\sum_{j=1}^{\infty}y_jp_{\cdot j}=E(X)E(Y).$$

例 10　将编号为 1～5 号的 5 个球随机地放入编号为 1～5 号的 5 个盒子中，一个盒子装一个球. 若球号与盒号相同称为一个配对，配对数为随机变量 X，试计算 X 的数学期望.

解　随机变量 X 的可能取值容易得到，为 0,1,2,3,5，然而计算各个取值的概率则不方便. 试探讨另外的方法.

设 X_i 为第 i 个盒子的配对数，则 $X_i=\begin{cases}0, & \text{第 } i \text{ 个盒子不配对,}\\ 1, & \text{第 } i \text{ 个盒子配对}\end{cases}$ $(i=1,2,\cdots,5)$，从而

$$X=X_1+X_2+X_3+X_4+X_5.$$

计算 $X_i(i=1,2,\cdots,5)$的分布律：5 个球随机地放入 5 个盒子中，一盒一球，总的样本点数为 5!，而事件$\{X_i=1\}(i=1,2,\cdots,5)$中所含的样本点数为 4!，即第 i 号球必须放到了第 i 号盒，其余 4 个球可以有 4! 种放法，从而

$$P\{X_i=1\}=\frac{4!}{5!}=\frac{1}{5}\quad(i=1,2,\cdots,5),$$

所以 $X_i(i=1,2,\cdots,5)$的分布律为

X_i	0	1
P	4/5	1/5

$(i=1,2,\cdots,5)$.

所以
$$E(X_i)=0\times\frac{4}{5}+1\times\frac{1}{5}=\frac{1}{5}\quad(i=1,2,\cdots,5).$$

故配对数的数学期望为

$$E(X)=E(X_1)+E(X_2)+E(X_3)+E(X_4)+E(X_5)=5\times\frac{1}{5}=1.$$

四、条件数学期望

在§3.3 中介绍过随机变量的条件分布，即在某一事件发生的条件下，随机变量的所有

取值及取值的概率，当然也就要考虑在某一事件发生的条件下，随机变量的加权平均值——条件数学期望.

定义 3 设(X,Y)为二维离散型随机变量，在条件$Y=y_j$下，随机变量X的条件分布律为$P\{X=x_i|Y=y_j\}$ $(i=1,2,\cdots)$. 若级数$\sum_{i=1}^{\infty}x_iP\{X=x_i|Y=y_j\}$绝对收敛，则称

$$\sum_{i=1}^{\infty}x_iP\{X=x_i|Y=y_j\}$$

为随机变量X**在条件**$Y=y_j$**下的条件数学期望**，记作$\mathrm{E}(X|Y=y_j)$.

设(X,Y)为二维连续型随机变量，在条件$Y=y$下，随机变量X的条件概率密度为$f_{X|Y}(x|y)$. 若广义积分$\int_{-\infty}^{+\infty}xf_{X|Y}(x|y)\mathrm{d}x$绝对收敛，则称

$$\int_{-\infty}^{+\infty}xf_{X|Y}(x|y)\mathrm{d}x$$

为随机变量X**在条件**$Y=y$**下的条件数学期望**，记作$\mathrm{E}(X|Y=y)$.

条件数学期望具有数学期望具有的所有**性质**(设下面所涉及的条件期望都存在)：

设X,Y为随机变量，C为常数.

(1) $\mathrm{E}(C|Y=y)=C$；

(2) $\mathrm{E}(CX|Y=y)=C\mathrm{E}(X|Y=y)$；

(3) $\mathrm{E}(X_1+X_2|Y=y)=\mathrm{E}(X_1|Y=y)+\mathrm{E}(X_2|Y=y)$；

(4) 设随机变量X与Y相互独立，则$\mathrm{E}(X|Y=y)=\mathrm{E}(X)$.

以连续型随机变量为例**证明性质(4)**：

因为X与Y相互独立，$f(x|y)=f(x)$，所以

$$\mathrm{E}(X|Y=y)=\int_{-\infty}^{+\infty}xf(x|y)\mathrm{d}x=\int_{-\infty}^{+\infty}xf(x)\mathrm{d}x=\mathrm{E}(X).$$

例 11 在1,2,3,4中随机取一个数为X，再从$1\sim X$中随机取一个整数为Y，求在条件$X=i(i=1,2,3,4)$下，Y的条件数学期望.

解 在§3.3的例1中已解出：在条件$X=i(i=1,2,3,4)$下，Y的条件分布律为

$$P\{Y=j|X=i\}=\frac{1}{i}\quad(j=1,\cdots,i).$$

以在条件$X=2$下，Y的条件数学期望为例：

$$\mathrm{E}(Y|X=2)=\sum_{j=1}^{2}jP\{Y=j|X=2\}=\sum_{j=1}^{2}j\cdot\frac{1}{2}=1\times\frac{1}{2}+2\times\frac{1}{2}=\frac{3}{2}.$$

一般地，在条件$X=i(i=1,2,3,4)$下，Y的条件数学期望为

$$\begin{aligned}\mathrm{E}(Y|X=i)&=\sum_{j=1}^{i}jP\{Y=j|X=i\}=\sum_{j=1}^{i}j\cdot\frac{1}{i}\\&=\frac{1}{i}\cdot\frac{i(1+i)}{2}=\frac{1+i}{2}\quad(i=1,2,3,4).\end{aligned}$$

例 12　设二维随机变量(X,Y)服从$G=\{(x,y)\mid x^2+y^2\leqslant 1,0<y<1\}$上的均匀分布，试求在条件$Y=y(y\in(0,1))$下，$X$的条件数学期望.

解　在§3.3的例2中已解出：在条件$Y=y(y\in(0,1))$下，X的条件概率密度为

$$f_{X|Y}(x\mid y)=\begin{cases}\dfrac{1}{2\sqrt{1-y^2}}, & -\sqrt{1-y^2}<x<\sqrt{1-y^2},\\ 0, & \text{其他}.\end{cases}$$

可知在条件$Y=y(y\in(0,1))$下，X服从区间$(-\sqrt{1-y^2},\sqrt{1-y^2})$上的均匀分布，所以

$$\mathrm{E}(X\mid Y=y)=\int_{-\infty}^{+\infty}f_{X|Y}(x\mid y)x\,\mathrm{d}x=\int_{-\sqrt{1-y^2}}^{\sqrt{1-y^2}}\frac{x}{2\sqrt{1-y^2}}\mathrm{d}x=0.$$

习　题　4.1

1. 设随机变量X的概率分布为

X	-2	0	2
P	0.4	0.3	0.3

求$\mathrm{E}(X)$，$\mathrm{E}(X^2)$，$\mathrm{E}(3X^2+5)$.

2. 设随机变量X的概率密度为

$$f(x)=\begin{cases}1+x, & -1\leqslant x\leqslant 0,\\ 1-x, & 0<x\leqslant 1,\\ 0, & \text{其他},\end{cases}$$

求$\mathrm{E}(X)$，$\mathrm{E}(X^2)$.

3. 设随机变量X的概率密度为

$$f(x)=\begin{cases}\dfrac{1}{\pi\sqrt{1-x^2}}, & |x|<1,\\ 0, & |x|\geqslant 1.\end{cases}$$

求$\mathrm{E}(X)$，$\mathrm{E}(X^2)$.

4. 设二维随机变量(X,Y)的联合分布律为

X \ Y	0	1
0	0.10	0.15
1	0.25	0.20
2	0.15	0.15

试求$Z=\sin\dfrac{\pi}{2}(X+Y)$的数学期望.

5. 设二维随机变量(X,Y)的联合分布律为

X \ Y	0	1	2	3
0	0	0.01	0.01	0.01
1	0.01	0.02	0.03	0.02
2	0.03	0.04	0.05	0.04
3	0.05	0.05	0.05	0.06
4	0.07	0.06	0.05	0.06
5	0.09	0.08	0.06	0.05

试求 $\mathrm{E}(X|Y=2)$和 $\mathrm{E}(Y|X=0)$.

§4.2 方　　差

一、方差的概念

先看这样一个例子：

对袋装糖的包装机，希望每袋糖的重量都是 500 g，实际不可能，每袋糖的重量是随机变量 X. 当然要求 $\mathrm{E}(X)=500$ g，不然或卖方吃亏，或买方吃亏. 现在有两台包装机，包装的每袋糖的重量都保证了期望值为 500 g，但是一台包装机包装的每袋糖的重量或者重了 10 g 左右，或者轻了 10 g 左右；另一台包装机包装的每袋糖的重量或者重了 2 g 左右，或者轻了 2 g 左右. 比较两台包装机，显然后一台包装机的性能较好，因为尽管二者包装的每袋糖的重量都有波动，而后者与期望值的偏差程度要小.

这一节介绍的随机变量的方差，就是刻画一个随机变量取值偏差程度的指标. 那么如何设计这一指标呢？

以射击为例，设 X_1，X_2 分别为甲、乙两人射击的得分，它们的分布律分别如下：

X_1	0	1	2
P	0.30	0.45	0.25

X_2	0	1	2
P	0.10	0.85	0.05

求得 $\mathrm{E}(X_1)=0.95$，$\mathrm{E}(X_2)=0.95$. 可见两人的平均成绩相同. 希望比较谁的技术更稳定，也即比较谁的得分与均值的偏离程度小.

以 X_1 为例，想到取 X_1 的所有取值与期望值 0.95 的差的加权平均，即

$$(0-0.95)\times 0.3+(1-0.95)\times 0.45+(2-0.95)\times 0.25.$$

这样显然有问题，因为会出现正负抵消，难说明问题. 如果取"差"的绝对值的加权平均，即

$$|0-0.95|\times 0.3+|1-0.95|\times 0.45+|2-0.95|\times 0.25,$$

其克服了正负抵消的弊端，但是加绝对值计算时会有很多不便，于是想到用"差"的平方的加权平均，即

$$(0-0.95)^2\times 0.3+(1-0.95)^2\times 0.45+(2-0.95)^2\times 0.25. \tag{1}$$

因为我们要衡量的是偏离程度，不是偏离多少，所以用“差”的平方的加权平均就能充分说明问题.

看(1)式，它实际计算的是 X_1 的函数 $[X_1-\mathrm{E}(X_1)]^2$ 的数学期望：

$$\begin{aligned}\mathrm{E}[X_1-\mathrm{E}(X_1)]^2 &=(0-0.95)^2\times 0.3+(1-0.95)^2\times 0.45\\&\quad+(2-0.95)^2\times 0.25=0.5475.\end{aligned}$$

对 X_2 计算同样函数的期望：

$$\begin{aligned}\mathrm{E}[X_2-\mathrm{E}(X_2)]^2 &=(0-0.95)^2\times 0.10+(1-0.95)^2\times 0.85\\&\quad+(2-0.95)^2\times 0.05=0.1745.\end{aligned}$$

显然，乙的射击技术较甲的射击技术要稳定.

定义 设 X 为随机变量. 若 $\mathrm{E}[X-\mathrm{E}(X)]^2$ 存在，则称其为 X 的**方差**(variance)，记作 $\mathrm{D}(X)$ 或 $\mathrm{var}(X)$，即

$$\mathrm{D}(X)=\mathrm{var}(X)=\mathrm{E}[X-\mathrm{E}(X)]^2.$$

称 $\sqrt{\mathrm{D}(X)}$ 为 X 的**标准差**(standard deviation)或**均方差**，记作 $\sigma(X)$.

设离散型随机变量 X 的分布律为 $P\{X=x_k\}=p_k(k=1,2,\cdots)$，则

$$\mathrm{D}(X)=\sum_{k=1}^{\infty}[x_k-\mathrm{E}(X)]^2p_k;$$

设连续型随机变量 X 的概率密度为 $f(x)$，则

$$\mathrm{D}(X)=\int_{-\infty}^{+\infty}[x-\mathrm{E}(X)]^2f(x)\mathrm{d}x.$$

注 (1) 方差是刻画随机变量 X 的取值与它的期望 $\mathrm{E}(X)$ 的偏离程度的指标.

(2) $\mathrm{D}(X)$ 有常用计算公式：

$$\mathrm{D}(X)=\mathrm{E}(X^2)-[\mathrm{E}(X)]^2. \tag{2}$$

事实上，

$$\begin{aligned}\mathrm{D}(X)&=\mathrm{E}[X-\mathrm{E}(X)]^2=\mathrm{E}[X^2-2X\mathrm{E}(X)+(\mathrm{E}(X))^2]\\&=\mathrm{E}(X^2)-\mathrm{E}[2X\mathrm{E}(X)]+[\mathrm{E}(X)]^2=\mathrm{E}(X^2)-[\mathrm{E}(X)]^2.\end{aligned}$$

例 1 设随机变量 X 的概率密度为 $f(x)=\begin{cases}1-|x|, & |x|\leqslant 1,\\ 0, & \text{其他},\end{cases}$ 求 $\mathrm{D}(X)$.

解 由题设，随机变量 X 的概率密度为

$$f(x)=\begin{cases}1+x, & -1\leqslant x<0,\\ 1-x, & 0\leqslant x\leqslant 1,\\ 0, & \text{其他},\end{cases}$$

所以由 §4.1 的公式(2)，(4)及本节的公式(2)得

$$\begin{aligned}\mathrm{E}(X)&=\int_{-\infty}^{+\infty}xf(x)\mathrm{d}x=\int_{-1}^{0}x(1+x)\mathrm{d}x+\int_{0}^{1}x(1-x)\mathrm{d}x\\&=\left[\frac{x^2}{2}+\frac{x^3}{3}\right]\Big|_{-1}^{0}+\left[\frac{x^2}{2}-\frac{x^3}{3}\right]\Big|_{0}^{1}=0,\end{aligned}$$

$$E(X^2)=\int_{-1}^{0}x^2(1+x)\mathrm{d}x+\int_{0}^{1}x^2(1-x)\mathrm{d}x$$
$$=\left[\frac{x^3}{3}+\frac{x^4}{4}\right]\Big|_{-1}^{0}+\left[\frac{x^3}{3}-\frac{x^4}{4}\right]\Big|_{0}^{1}=\frac{1}{6},$$
$$D(X)=E(X^2)-[E(X)]^2=\frac{1}{6}.$$

例 2 设二维随机变量$(X,Y)\sim f(x,y)=\begin{cases}8xy, & 0\leqslant x<y\leqslant 1,\\ 0, & 其他,\end{cases}$求 $D(X)$.

解 平面区域$\{(x,y)\mid 0\leqslant x<y\leqslant 1\}$如图 4-2 所示,所以

$$E(X)=\int_0^1\mathrm{d}x\int_x^1 x\cdot 8xy\,\mathrm{d}y=\int_0^1 4x^2y^2\Big|_x^1\mathrm{d}x$$
$$=\int_0^1 4x^2(1-x^2)\mathrm{d}x=\left[\frac{4}{3}x^3-\frac{4}{5}x^5\right]\Big|_0^1=\frac{8}{15},$$
$$E(X^2)=\int_0^1\mathrm{d}x\int_x^1 x^2\cdot 8xy\,\mathrm{d}y=\int_0^1 4x^3y^2\Big|_x^1\mathrm{d}x$$
$$=\int_0^1 4x^3(1-x^2)\mathrm{d}x=\left[\frac{4}{4}x^4-\frac{4}{6}x^6\right]\Big|_0^1=\frac{1}{3},$$
$$D(X)=E(X^2)-[E(X)]^2=\frac{1}{3}-\left(\frac{8}{15}\right)^2=\frac{11}{225}.$$

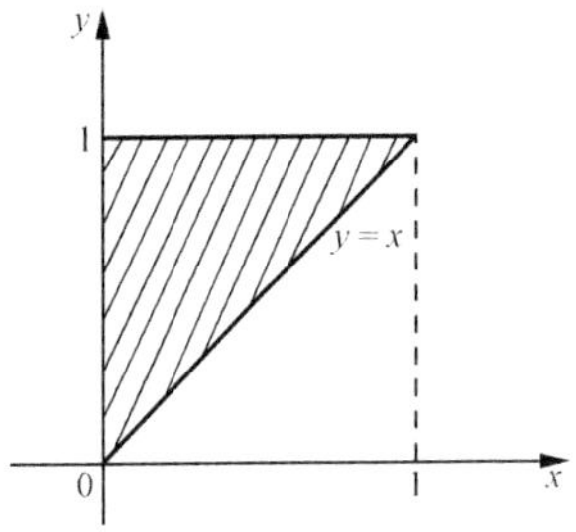

图 4-2

二、方差的性质

设 X,Y 均为随机变量,C 为常数,并设下面讨论的方差存在,则方差具有下列**性质**:

(1) $D(C)=0$.

(2) $D(CX)=C^2D(X)$.

推论 设 a,b 为常数,则 $D(aX+b)=a^2D(X)$.

(3) 若随机变量 X 与 Y 相互独立,则 $D(X\pm Y)=D(X)+D(Y)$.

(4) $D(X)=0\iff P\{X=E(X)\}=1$.

性质(1),(2),(4)证明略.

以 $X-Y$ 的方差为例**证明性质(3)**:

$$D(X-Y)=E[(X-Y)-E(X-Y)]^2=E[(X-EX)-(Y-EY)]^2$$
$$=E[(X-EX)^2+(Y-EY)^2-2(X-EX)(Y-EY)]$$
$$=D(X)+D(Y)-2E[(X-EX)(Y-EY)]$$
$$=D(X)+D(Y)-2[E(XY)-E(X)E(Y)-E(X)E(Y)+E(X)E(Y)],$$

而 X 与 Y 相互独立,$E(XY)=E(X)E(Y)$,所以

$$D(X-Y)=D(X)+D(Y).$$

注 (1) 关于常数的方差为 0,从方差的含义可以理解:既然恒为 C,均值为 C,与均值的差异也就为 0.

(2) 在以后的学习中会发现,性质(3)中的“X 与 Y 相互独立”是 $D(X\pm Y)=D(X)+D(Y)$的充分条件,却不是必要条件.

(3) 性质(4)中,$P\{X=E(X)\}=1$,并不意味着$\{X=E(X)\}$是必然事件.看下例:

设随机变量 $X\sim N(0,1)$,$Y=\begin{cases}1, & X\neq 0,\\ 2, & X=0,\end{cases}$易知 $P\{Y=1\}=1$,$E(Y)=1$,即 $P\{Y=E(Y)\}=1$,而$\{Y=1\}=\{Y=E(Y)\}$不是必然事件.

例 3　设随机变量 X 具有数学期望 $E(X)=\mu$,方差 $D(X)=\sigma^2\neq 0$.记 $X^*=\dfrac{X-\mu}{\sigma}$,求 $E(X^*)$,$D(X^*)$.

解　$E(X^*)=E\left(\dfrac{X-\mu}{\sigma}\right)=\dfrac{1}{\sigma}[E(X)-\mu]=\dfrac{1}{\sigma}(\mu-\mu)=0$,

$$D(X^*)=D\left(\frac{X-\mu}{\sigma}\right)=\frac{1}{\sigma^2}D(X-\mu)=\frac{1}{\sigma^2}D(X)=\frac{1}{\sigma^2}\sigma^2=1.$$

注　称 $X^*=\dfrac{X-\mu}{\sigma}$ 为**随机变量 X 的标准化**.该例题说明,对任意随机变量 X,若其数学期望、方差存在,则对标准化后得到的随机变量 X^*,都有

$$E(X^*)=0,\quad D(X^*)=1.$$

例 4　设随机变量 $X_1,X_2,\cdots,X_n$ 相互独立,且 $E(X_k)=\mu$,$D(X_k)=\sigma^2(k=1,2,\cdots,n)$.记 $\overline{X}=\dfrac{1}{n}\sum\limits_{k=1}^{n}X_k=\dfrac{1}{n}(X_1+X_2+\cdots+X_n)$,试求 $E(\overline{X})$,$D(\overline{X})$.

解　$E(\overline{X})=E\left[\dfrac{1}{n}(X_1+X_2+\cdots+X_n)\right]=\dfrac{1}{n}[E(X_1)+E(X_2)+\cdots+E(X_n)]=\mu$,

$$D(\overline{X})=D\left[\frac{1}{n}(X_1+X_2+\cdots+X_n)\right]=\frac{1}{n^2}[D(X_1)+D(X_2)+\cdots+D(X_n)]$$
$$=\frac{1}{n^2}\cdot n\sigma^2=\frac{\sigma^2}{n}.$$

请思考 $\overline{X}$ 的方差较 $X_i(i=1,2,\cdots,n)$的方差小的原因.

习　题　4.2

1. 设随机变量 X 的概率分布为

X	-1	0	2
P	0.3	0.2	0.5

求 $D(X)$,$D(2-3X)$.

2. 设随机变量 X 的概率密度为 $f(X)=\begin{cases}x, & 0\leqslant x\leqslant 1,\\ 2-x, & 1<x\leqslant 2,\\ 0, & \text{其他},\end{cases}$ 求 $D(X)$.

3. 设二维随机变量(X,Y)的联合概率密度为$f(x,y)=\begin{cases}3x, & 0<y<x<1,\\ 0, & 其他,\end{cases}$求$D(X)$与$D(Y)$.

§4.3　常用分布的数学期望与方差

一、离散型随机变量的数学期望与方差

1. 0-1 分布

设随机变量X的分布律为

X	1	0
P	p	q

$(0<p<1,q=1-p)$

则
$$E(X)=p,\quad D(X)=pq.$$

证明　显然$E(X)=p$.

因为$E(X^2)=1^2\cdot p+0^2\cdot q=p$,所以
$$D(X)=E(X^2)-[E(X)]^2=p-p^2=p(1-p)=pq.$$

2. 二项分布

设随机变量$X\sim B(n,p)$,$0<p<1$,其分布律为
$$P\{X=k\}=C_n^kp^kq^{n-k}\quad(k=1,2,\cdots,n;\ q=1-p),$$
则
$$E(X)=np,\quad D(X)=npq.$$

证明　二项分布的背景是n重伯努利试验,X是n次试验中事件A发生的次数.

设X_i为第i次试验A发生的次数,则

X_i	1	0
P	p	q

$(i=1,2,\cdots,n)$

从而
$$E(X_i)=p,\quad D(X_i)=pq\quad(i=1,2,\cdots,n),$$
而$X=X_1+X_2+\cdots+X_n$,于是
$$E(X)=E(X_1)+E(X_2)+\cdots+E(X_n)=np.$$
又因为$X_1,X_2,\cdots,X_n$相互独立,所以
$$D(X)=D(X_1)+D(X_2)+\cdots+D(X_n)=npq.$$

例 1　已知随机变量$X\sim B(n,p)$,且$E(X)=2.4$,$D(X)=1.44$,求参数n,p.

解　由题设知n,p满足
$$\begin{cases}np=2.4,\\ np(1-p)=1.44,\end{cases}\quad 解得\quad \begin{cases}p=0.4,\\ n=6.\end{cases}$$

3. 泊松分布

设随机变量 $X \sim P(\lambda)$，其分布律为 $P\{X=k\}=\frac{\lambda^k e^{-\lambda}}{k!}(k=0,1,2,\cdots)$，则

$$E(X)=\lambda,\quad D(X)=\lambda.$$

证明　$E(X)=\sum_{k=0}^{\infty}k\frac{\lambda^k e^{-\lambda}}{k!}=\sum_{k=1}^{\infty}\frac{\lambda^k e^{-\lambda}}{(k-1)!}=\lambda\sum_{k=1}^{\infty}\frac{\lambda^{k-1}e^{-\lambda}}{(k-1)!}\xlongequal{令 j=k-1}\lambda\sum_{j=0}^{\infty}\frac{\lambda^j e^{-\lambda}}{j!}=\lambda,$

$$\begin{aligned}E(X^2)&=\sum_{k=0}^{\infty}k^2\frac{\lambda^k e^{-\lambda}}{k!}=\sum_{k=0}^{\infty}(k^2-k+k)\frac{\lambda^k e^{-\lambda}}{k!}=\sum_{k=0}^{\infty}k(k-1)\frac{\lambda^k e^{-\lambda}}{k!}+\sum_{k=0}^{\infty}k\frac{\lambda^k e^{-\lambda}}{k!}\\&=\sum_{k=2}^{\infty}\frac{\lambda^k e^{-\lambda}}{(k-2)!}+\lambda=\lambda^2\sum_{k=2}^{\infty}\frac{\lambda^{k-2}e^{-\lambda}}{(k-2)!}+\lambda\xlongequal{令 j=k-2}\lambda^2\sum_{j=0}^{\infty}\frac{\lambda^j e^{-\lambda}}{j!}+\lambda\\&=\lambda^2+\lambda,\end{aligned}$$

$$D(X)=E(X^2)-[E(X)]^2=\lambda^2+\lambda-\lambda^2=\lambda.$$

注　$\sum_{j=0}^{\infty}\frac{\lambda^j e^{-\lambda}}{j!}$ 是参数为 λ 的泊松分布所有取值的概率和，为 1.

4. 几何分布

设随机变量 $X \sim G(p)$，其分布律为

$$P\{X=k\}=q^{k-1}p\quad(k=1,2,\cdots;\ 0<p<1;\ q=1-p),$$

则

$$E(X)=\frac{1}{p},\quad D(X)=\frac{1-p}{p^2}.$$

证明　$E(X)=\sum_{k=1}^{\infty}kq^{k-1}p=p\sum_{k=1}^{\infty}(q^k)'=p\left(\frac{q}{1-q}\right)'=\frac{1}{p},$

$$\begin{aligned}E(X^2)&=\sum_{k=1}^{\infty}k^2q^{k-1}p=\sum_{k=1}^{\infty}(k^2-k+k)q^{k-1}p=\sum_{k=1}^{\infty}(k^2-k)q^{k-1}p+\sum_{k=1}^{\infty}kq^{k-1}p\\&=\sum_{k=1}^{\infty}k(k-1)q^{k-1}p+\frac{1}{p}=pq\sum_{k=2}^{\infty}k(k-1)q^{k-2}+\frac{1}{p}=pq\sum_{k=2}^{\infty}(q^k)''+\frac{1}{p}\\&=pq\left(\frac{q^2}{1-q}\right)''+\frac{1}{p}=pq\,\frac{2}{p^3}+\frac{1}{p}=\frac{2q}{p^2}+\frac{1}{p},\end{aligned}$$

$$D(X)=\frac{2q}{p^2}+\frac{1}{p}-\frac{1}{p^2}=\frac{1-p}{p^2}.$$

二、连续型随机变量的数学期望与方差

1. 均匀分布

设随机变量 $X \sim U(a,b)$，其概率密度为

$$f(x)=\begin{cases}\frac{1}{b-a}, & a<x<b,\\ 0, & 其他,\end{cases}$$

则 $$\mathrm{E}(X)=\frac{a+b}{2},\quad \mathrm{D}(X)=\frac{(b-a)^2}{12}.$$

请读者自己证明.

2. 正态分布

设随机变量 $X\sim N(\mu,\sigma^2)$,其概率密度为 $f(x)=\frac{1}{\sqrt{2\pi}\sigma}\mathrm{e}^{-\frac{(x-\mu)^2}{2\sigma^2}}$, $x\in(-\infty,+\infty)$,则

$$\mathrm{E}(X)=\mu,\quad \mathrm{D}(X)=\sigma^2.$$

证明 $$\mathrm{E}(X)=\int_{-\infty}^{+\infty}x\frac{1}{\sqrt{2\pi}\sigma}\mathrm{e}^{-\frac{(x-\mu)^2}{2\sigma^2}}\mathrm{d}x \xlongequal{令\ t=\frac{x-\mu}{\sigma}} \int_{-\infty}^{+\infty}(\sigma t+\mu)\frac{1}{\sqrt{2\pi}\sigma}\mathrm{e}^{-\frac{t^2}{2}}\sigma\mathrm{d}t$$

$$=\frac{\sigma}{\sqrt{2\pi}}\int_{-\infty}^{+\infty}t\mathrm{e}^{-\frac{t^2}{2}}\mathrm{d}t+\mu\int_{-\infty}^{+\infty}\frac{1}{\sqrt{2\pi}}\mathrm{e}^{-\frac{t^2}{2}}\mathrm{d}t$$

$$=-\frac{\sigma}{\sqrt{2\pi}}\int_{-\infty}^{+\infty}\mathrm{e}^{-\frac{t^2}{2}}\mathrm{d}\left(-\frac{t^2}{2}\right)+\mu=-\frac{\sigma}{\sqrt{2\pi}}\mathrm{e}^{-\frac{t^2}{2}}\Big|_{-\infty}^{+\infty}+\mu=\mu,$$

$$\mathrm{D}(X)=\mathrm{E}[(X-\mathrm{E}(X))^2]=\int_{-\infty}^{+\infty}(x-\mu)^2\frac{1}{\sqrt{2\pi}\sigma}\mathrm{e}^{-\frac{(x-\mu)^2}{2\sigma^2}}\mathrm{d}x$$

$$\xlongequal{令\ t=\frac{x-\mu}{\sigma}}\int_{-\infty}^{+\infty}\sigma^2t^2\frac{1}{\sqrt{2\pi}\sigma}\mathrm{e}^{-\frac{t^2}{2}}\cdot\sigma\mathrm{d}t=\frac{\sigma^2}{\sqrt{2\pi}}\int_{-\infty}^{+\infty}t^2\mathrm{e}^{-\frac{t^2}{2}}\mathrm{d}t$$

$$=\frac{\sigma^2}{\sqrt{2\pi}}\int_{-\infty}^{+\infty}(-t)\mathrm{d}\mathrm{e}^{-\frac{t^2}{2}}=\frac{\sigma^2}{\sqrt{2\pi}}\left(-t\mathrm{e}^{-\frac{t^2}{2}}\Big|_{-\infty}^{+\infty}+\int_{-\infty}^{+\infty}\mathrm{e}^{-\frac{t^2}{2}}\mathrm{d}t\right)=\sigma^2.$$

注 可知正态分布 $N(\mu,\sigma^2)$ 中的参数 μ 恰为数学期望,σ^2 恰为方差.其实,由正态分布概率密度的对称性,不计算也可以知道 $\mathrm{E}(X)=\mu$.

例 2 设随机变量 $X_i\sim N(\mu_i,\sigma_i^2)(i=1,2,\cdots,n)$,且 $X_1,X_2,\cdots,X_n$ 相互独立,又知道它们的线性函数 $Y=a_1X_1+a_2X_2+\cdots+a_nX_n+b$ 服从正态分布 $N(\mu_0,\sigma_0^2)$,其中 a_i,b 为常数,且 $a_i(i=1,2,\cdots,n)$ 不全为 0,求两参数 μ_0,σ_0^2.

解 两参数 μ_0,σ_0^2 分别为 Y 的期望与方差,即 $\mu_0=\mathrm{E}(Y)$,$\sigma_0^2=\mathrm{D}(Y)$,而

$$\mathrm{E}(Y)=\mathrm{E}(a_1X_1+a_2X_2+\cdots+a_nX_n+b)=a_1\mu_1+a_2\mu_2+\cdots+a_n\mu_n+b,$$

$$\mathrm{D}(Y)=\mathrm{D}(a_1X_1+a_2X_2+\cdots+a_nX_n+b)=a_1^2\sigma_1^2+a_2^2\sigma_2^2+\cdots+a_n^2\sigma_n^2,$$

所以 $$\mu_0=a_1\mu_1+a_2\mu_2+\cdots+a_n\mu_n+b,\quad \sigma_0^2=a_1^2\sigma_1^2+a_2^2\sigma_2^2+\cdots+a_n^2\sigma_n^2.$$

注 上述结果即§3.6 例 4 的注(2)给出的结论.

3. 指数分布

设随机变量 $X\sim e(\theta)$,其概率密度为

$$f(x)=\begin{cases}\theta\mathrm{e}^{-\theta x}, & x>0,\\ 0, & x\leqslant 0,\end{cases}$$

则 $$\mathrm{E}(X)=\frac{1}{\theta},\quad \mathrm{D}(X)=\frac{1}{\theta^2}.$$

证明　$E(X)=\int_0^{+\infty} x\cdot\theta e^{-\theta x}dx=-xe^{-\theta x}\Big|_0^{+\infty}+\int_0^{+\infty} e^{-\theta x}dx$

$$=-\frac{1}{\theta}\int_0^{+\infty} e^{-\theta x}d(-\theta x)=-\frac{1}{\theta}e^{-\theta x}\Big|_0^{+\infty}=\frac{1}{\theta},$$

$$E(X^2)=\int_0^{+\infty} x^2\cdot\theta e^{-\theta x}dx=-\int_0^{+\infty} x^2 de^{-\theta x}$$

$$=-x^2e^{-\theta x}\Big|_0^{+\infty}+\int_0^{+\infty} 2xe^{-\theta x}dx=-\frac{2}{\theta}\int_0^{+\infty} x de^{-\theta x}$$

$$=2\left(-\frac{1}{\theta}xe^{-\theta x}\Big|_0^{+\infty}+\int_0^{+\infty}\frac{1}{\theta}e^{-\theta x}dx\right)=2\left[-\frac{1}{\theta^2}e^{-\theta x}\right]\Big|_0^{+\infty}=\frac{2}{\theta^2},$$

$$D(X)=E(X^2)-[E(X)]^2=\frac{1}{\theta^2}.$$

例 3　设有两个相互独立工作的电子元件,它们的寿命 $X_k(k=1,2)$ 服从同一指数分布 $e\left(\frac{1}{\theta}\right)$,其概率密度为

$$f(x)=\begin{cases}\frac{1}{\theta}e^{-\frac{x}{\theta}}, & x>0,\\ 0, & x\leqslant 0\end{cases}\quad(\theta>0).$$

(1) 若将这两个电子元件并联组成整机,求整机寿命 Y 的数学期望;

(2) 若将这两个电子元件串联组成整机,求整机寿命 Z 的数学期望.

解　(1) 并联组成整机,整机寿命取决于两个电子元件中寿命长者,所以 $Y=\max\{X_1,X_2\}$. 注意,尽管 Y 是 X_1,X_2 的函数,但是该函数非连续函数,本章 §4.1 给出的定理 2 失效,应找出 Y 的概率密度,再进一步求期望.

设 $Y=\max\{X_1,X_2\}$ 的分布函数为 $F_Y(y)$,概率密度为 $f_Y(y)$. 当 $y>0$ 时,

$$F_Y(y)=P\{Y\leqslant y\}=P\{X_1\leqslant y,X_2\leqslant y\}=P\{X_1\leqslant y\}P\{X_2<y\}$$

$$=\left(\int_0^y\frac{1}{\theta}e^{-\frac{x}{\theta}}dx\right)^2=[1-e^{-\frac{y}{\theta}}]^2;$$

当 $y\leqslant 0$ 时,$F_Y(y)=P\{\max\{X_1,X_2\}\leqslant y\}=0$. 于是

$$f_Y(y)=\begin{cases}2(1-e^{-\frac{y}{\theta}})\frac{1}{\theta}e^{-\frac{y}{\theta}}, & y>0,\\ 0, & y\leqslant 0.\end{cases}$$

所以
$$E(Y)=\int_{-\infty}^{+\infty} yf_Y(y)dy=\int_0^{+\infty}\frac{2y}{\theta}(1-e^{-\frac{y}{\theta}})e^{-\frac{y}{\theta}}dy.$$

上式可以通过分部积分求解. 下面通过变形找出技巧来解:

$$E(Y)=\int_0^{+\infty}\frac{2y}{\theta}(1-e^{-\frac{y}{\theta}})e^{-\frac{y}{\theta}}dy=\int_0^{+\infty}\left(\frac{2y}{\theta}e^{-\frac{y}{\theta}}-\frac{2y}{\theta}e^{-\frac{2y}{\theta}}\right)dy$$

$$=2\int_0^{+\infty}\frac{y}{\theta}e^{-\frac{y}{\theta}}dy-\int_0^{+\infty}\frac{2y}{\theta}e^{-\frac{2y}{\theta}}dy,$$

其中积分式 $\int_0^{+\infty}\frac{y}{\theta}e^{-\frac{y}{\theta}}dy$ 是参数为 $\frac{1}{\theta}$ 的指数分布数学期望计算式，积分值为 θ，积分式 $\int_0^{+\infty}\frac{2y}{\theta}e^{-\frac{2y}{\theta}}dy$ 是参数为 $\frac{2}{\theta}$ 的指数分布数学期望计算式，积分值为 $\frac{\theta}{2}$，所以

$$E(Y)=2\theta-\frac{\theta}{2}=\frac{3}{2}\theta.$$

(2) 串联组成整机，整机寿命取决于两个电子元件中寿命短者，所以 $Z=\min\{X_1,X_2\}$.

在§3.6的例11中得出过结论：若随机变量 $X_1,X_2,\cdots,X_n$ 相互独立，均服从参数为 λ 的指数分布，则 $N=\min\{X_1,X_2,\cdots,X_n\}$ 仍然服从指数分布，参数为 λ 的 n 倍 $n\lambda$.

因为 $X_i\sim e\left(\frac{1}{\theta}\right)(i=1,2)$，$X_1$ 与 X_2 相互独立，所以 $Y\sim e\left(\frac{2}{\theta}\right)$，从而 $E(Z)=\frac{\theta}{2}$.

习 题 4.3

1. 已知某产品的次品率为0.1. 检验员每天检验10次，每次随机地取3件产品进行检验，如发现其中的次品多于一件，就去调整设备，试求一天调整设备次数的数学期望(设各产品是否为次品相互独立).

2. 设随机变量 X 的概率密度为

$$f(x)=\begin{cases}\frac{1}{2}\cos\frac{x}{2}, & 0\leqslant x\leqslant\pi,\\ 0, & \text{其他}.\end{cases}$$

对 X 独立重复观察4次，用 Y 表示观察值大于 $\frac{\pi}{3}$ 的次数，求 $E(Y^2)$.

3. 设随机变量 X,Y,Z 两两相互独立，且 $X\sim U[0,8]$，$Y\sim e\left(\frac{1}{2}\right)$，$Z\sim N(5,18)$，求 $W=XY+YZ+ZX$ 的数学期望.

4. 设 X,Y 是两个相互独立的随机变量，且均服从标准正态分布，试计算：

(1) $E(|X-Y|)$；　　(2) $D(|X-Y|)$.

§4.4 协方差与相关系数

线性关系是变量之间简单且重要的一种关系，对随机变量也一样.

图4-3中的点分别表示二维随机变量 (X,Y) 的可能取值：

图4-3(a)中的点在一条直线上，说明 X 与 Y 是线性函数关系；

图4-3(b)，(c)中的点均在直线附近，尽管 X 与 Y 非线性关系，但是线性关系较强；

图4-3(d)显然表示 X 与 Y 不具有线性关系.

这一节所介绍的协方差与相关系数，就是对随机变量之间线性关系强弱给以量的刻画的指标.

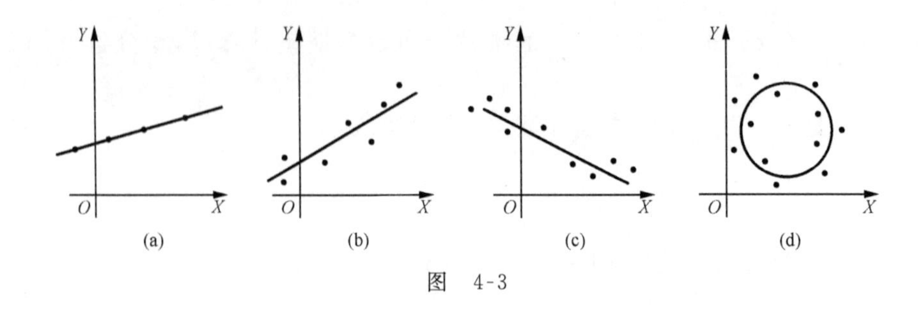

图 4-3

一、协方差

首先给出协方差的定义：

定义 1 设(X,Y)为二维随机变量.若$\mathrm{E}(X)$,$\mathrm{E}(Y)$,$\mathrm{E}[(X-\mathrm{E}(X))(Y-\mathrm{E}(Y))]$存在,则称$\mathrm{E}[(X-\mathrm{E}(X))(Y-\mathrm{E}(Y))]$为随机变量$X$与$Y$的**协方差**,记作$\mathrm{cov}(X,Y)$,即

$$\mathrm{cov}(X,Y)=\mathrm{E}[(X-\mathrm{E}(X))(Y-\mathrm{E}(Y))].$$

下面看协方差$\mathrm{cov}(X,Y)$为什么能够刻画X,Y线性关系的强弱.

我们分析图 4-3 中各种情况所计算出的协方差的特点.设各种情况中,取每个点的概率相等.

以$(\mathrm{E}(X),\mathrm{E}(Y))$为原点,再作直角坐标系,见图 4-4.

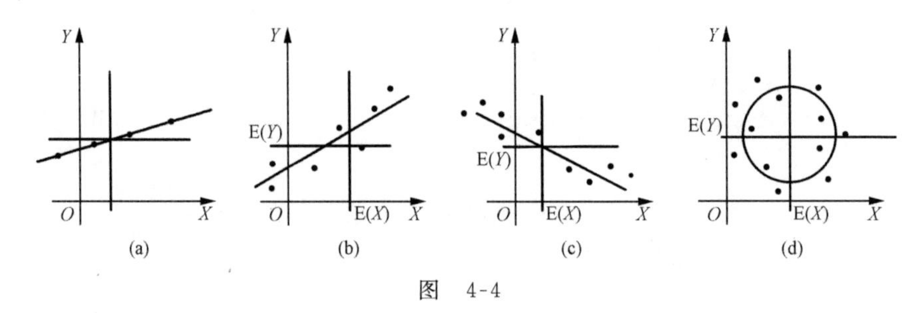

图 4-4

图 4-4(a)中的点全部在新坐标系的一、三象限,也即$X-\mathrm{E}(X)$与$Y-\mathrm{E}(Y)$的取值同为正数或同为负数,从而$[X-\mathrm{E}(X)][Y-\mathrm{E}(Y)]$取值为正数,因而它的期望$\mathrm{cov}(X,Y)$为正数且很大(相对于本身的可能取值,因为没有抵消).

图 4-4(b)中的点大多数在新坐标系的一、三象限,也即$X-\mathrm{E}(X)$与$Y-\mathrm{E}(Y)$的取值大多数同为正数或同为负数,从而$[X-\mathrm{E}(X)][Y-\mathrm{E}(Y)]$的取值大多数为正数,因而它的期望$\mathrm{cov}(X,Y)$为正数且较大(因为少有正负抵消).

图 4-4(c)中的点大多数在新坐标系的二、四象限,也即$X-\mathrm{E}(X)$与$Y-\mathrm{E}(Y)$的取值大多数符号相反,使得$[X-\mathrm{E}(X)][Y-\mathrm{E}(Y)]$的取值大多数为负数,因而$\mathrm{cov}(X,Y)$为负数,绝对值也较大(因为少有正负抵消).

图 4-4(d)中的点则不然,分布在新坐标系的四个象限,即$X-\mathrm{E}(X)$与$Y-\mathrm{E}(Y)$取值的

积有正、有负，则计算 $E[(X-E(X))(Y-E(Y))]$时，因正负抵消，绝对值可能接近于 0.

由此说明，协方差 $\operatorname{cov}(X,Y)$确实刻画了 X 与 Y 线性关系的强弱：$\operatorname{cov}(X,Y)$的绝对值大，线性关系强；绝对值小，线性关系弱.

注 (1) $\operatorname{cov}(X,Y)$是刻画 X 与 Y 线性关系强弱的指标.

(2) $\operatorname{cov}(X,Y)$的常用计算式为

$$\operatorname{cov}(X,Y)=E(XY)-E(X)E(Y). \tag{1}$$

事实上，

$$\begin{aligned}\operatorname{cov}(X,Y)&=E[(X-E(X))(Y-E(Y))]\\&=E[XY-E(X)Y-XE(Y)+E(X)E(Y)]\\&=E(XY)-E(X)E(Y).\end{aligned}$$

(3) 由计算式(1)容易得到

$$X\text{ 与 }Y\text{ 相互独立}\Longrightarrow\operatorname{cov}(X,Y)=0.$$

注意，反之不一定成立，看本节例 1.

关于注(3)的结论，我们不妨从定性的角度“悟”出其道理. X 与 Y 相互独立，意味着没有任何关系，当然也就没有线性关系，所以协方差 $\operatorname{cov}(X,Y)=0$；反过来，没有线性关系，不代表没有其他关系，所以不一定相互独立.

例 1 设二维随机变量(X,Y)的联合分布律如下：

$Y \backslash X$	-1	0	1	$p_{i\cdot}$
-1	1/8	1/8	1/8	3/8
0	1/8	0	1/8	2/8
1	1/8	1/8	1/8	3/8
$p_{\cdot j}$	3/8	2/8	3/8	

(1) 求 $\operatorname{cov}(X,Y)$；　　(2) 判断 X 与 Y 是否相互独立.

解 (1) 因为 $E(X)=0, E(Y)=0$，且

$$E(XY)=1\times\frac{1}{8}-1\times\frac{1}{8}-1\times\frac{1}{8}+1\times\frac{1}{8}=0,$$

所以
$$\operatorname{cov}(X,Y)=E(XY)-E(X)E(Y)=0.$$

(2) 因 $P\{X=-1,Y=-1\}=\frac{1}{8}\neq P\{X=-1\}P\{Y=-1\}=\frac{3}{8}\times\frac{3}{8}$，故 X 与 Y 不相互独立.

协方差具有下列**性质**(设所讨论的方差、协方差存在)：

(1) $D(X\pm Y)=D(X)+D(Y)\pm 2\operatorname{cov}(X,Y)$；

(2) $\operatorname{cov}(X,X)=D(X)$；

(3) $\operatorname{cov}(X,Y)=\operatorname{cov}(Y,X)$；

(4) $\operatorname{cov}(aX,bY)=ab\operatorname{cov}(X,Y)$，其中 a,b 为常数；

(5) $\mathrm{cov}(X_1+X_2,Y)=\mathrm{cov}(X_1,Y)+\mathrm{cov}(X_2,Y)$.

证明　(1) 在证明方差的性质(3)中推导过：

$$\begin{aligned}\mathrm{D}(X-Y)&=\mathrm{E}[X-Y-\mathrm{E}(X-Y)]^2=\mathrm{E}\{[X-\mathrm{E}(X)]-[Y-\mathrm{E}(Y)]\}^2\\&=\mathrm{E}\{[X-\mathrm{E}(X)]^2+[Y-\mathrm{E}(Y)]^2-2[X-\mathrm{E}(X)][Y-\mathrm{E}(Y)]\}\\&=\mathrm{D}(X)+\mathrm{D}(Y)-2\mathrm{cov}(X,Y).\end{aligned}$$

(如果 X 与 Y 相互独立，$\mathrm{cov}(X,Y)=0$，即方差的性质(3))

(2)，(3)，(4)请读者自己证明.

$$\begin{aligned}(5)\ \mathrm{cov}(X_1+X_2,Y)&=\mathrm{E}\{[X_1+X_2-\mathrm{E}(X_1+X_2)][Y-\mathrm{E}(Y)]\}\\&=\mathrm{E}\{[X_1-\mathrm{E}(X_1)+X_2-\mathrm{E}(X_2)][Y-\mathrm{E}(Y)]\}\\&=\mathrm{E}\{[X_1-\mathrm{E}(X_1)][Y-\mathrm{E}(Y)]+[X_2-\mathrm{E}(X_2)][Y-\mathrm{E}(Y)]\}\\&=\mathrm{cov}(X_1,Y)+\mathrm{cov}(X_2,Y).\end{aligned}$$

二、相关系数

前面分析了协方差 $\mathrm{cov}(X,Y)$的意义：刻画了 X,Y 线性关系的强弱. 然而，协方差又有其不足之处：

(1) 协方差绝对值大，为线性关系强，但是多大算作大? 难以给出量的刻画；

(2) 协方差有单位，用 kg，m 作单位较之用 g，cm 作单位计算协方差，数值上相差 10^5 倍，但不能说线性关系强弱不同.

在§4.2 的例 3 中介绍过，称 $X^*=\dfrac{X-\mathrm{E}(X)}{\sqrt{\mathrm{D}(X)}}$ 为 X 的标准化，且证明了 $\mathrm{E}(X^*)=0$，$\mathrm{D}(X^*)=1$. 同样，$Y^*=\dfrac{Y-\mathrm{E}(Y)}{\sqrt{\mathrm{D}(Y)}}$ 为 Y 的标准化，$\mathrm{E}(Y^*)=0$，$\mathrm{D}(Y^*)=1$. 再者，X^*,Y^* 没有单位. 由于随机变量 X,Y 的线性关系不会因为标准化而变化，而 X^*,Y^* 没有单位，我们不妨通过计算 X^*,Y^* 的协方差来讨论 X,Y 的线性关系：

$$\begin{aligned}\mathrm{cov}(X^*,Y^*)&=\mathrm{E}(X^*Y^*)-\mathrm{E}(X^*)\mathrm{E}(Y^*)=\mathrm{E}(X^*Y^*)\\&=\mathrm{E}\left[\frac{X-\mathrm{E}(X)}{\sqrt{\mathrm{D}(X)}}\cdot\frac{Y-\mathrm{E}(Y)}{\sqrt{\mathrm{D}(Y)}}\right]=\frac{\mathrm{E}[(X-\mathrm{E}(X))(Y-\mathrm{E}(Y))]}{\sqrt{\mathrm{D}(X)}\sqrt{\mathrm{D}(Y)}}\\&=\frac{\mathrm{cov}(X,Y)}{\sqrt{\mathrm{D}(X)}\sqrt{\mathrm{D}(Y)}}.\end{aligned}$$

因此，在协方差 $\mathrm{cov}(X,Y)$的基础上作修正，得到下面的指标：

定义 2　设(X,Y)为二维随机变量. 若 $\mathrm{D}(X)>0$，$\mathrm{D}(Y)>0$，则称 $\dfrac{\mathrm{cov}(X,Y)}{\sqrt{\mathrm{D}(X)}\sqrt{\mathrm{D}(Y)}}$ 为 X 与 Y 的**相关系数**(correlation coefficient)，记作 ρ_{XY}，即

$$\rho_{XY}=\frac{\mathrm{cov}(X,Y)}{\sqrt{\mathrm{D}(X)}\sqrt{\mathrm{D}(Y)}}.$$

注　显然，ρ_{XY}没有单位，不再受随机变量 X,Y 的量纲的影响.

下面分析 ρ_{XY} 如何对 X 与 Y 线性关系的强弱给以量的刻画.

设有二维随机变量(X,Y). 在考虑 X 与 Y 之间线性关系的强弱时，往往会用 Y 与 X 的线性函数 $a+bX$ 作比较. 为了避免正负抵消，取它们之差的平方$[Y-(a+bX)]^2$. 要看它们的平均差异，应该计算$[Y-(a+bX)]^2$ 的数学期望. 为此，令

$$e = \mathrm{E}[Y-(a+bX)]^2,$$

称之为**均方误差**.

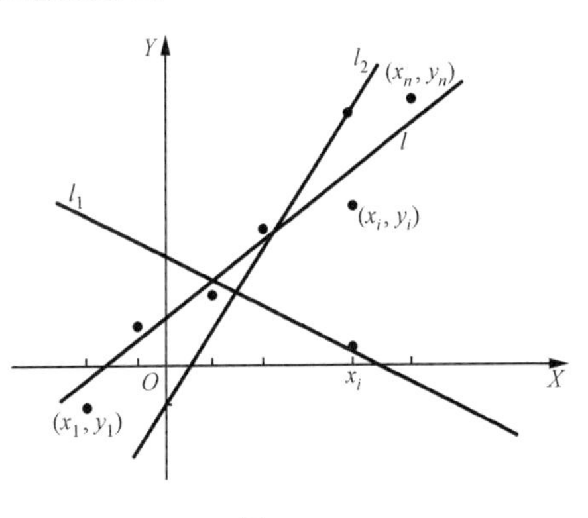

图 4-5

问题是：由于 a,b 的不同，X 的线性函数 $a+bX$ 有无穷多个，该拿哪一个作比较？如图 4-5 所示，图中点为(X,Y)的取值：$(x_1,y_1),\cdots,(x_i,y_i),\cdots,(x_n,y_n)$，不应该拿 Y 的取值与相应 l_1 上的值去作比较，计算 e，用 l_2 也不妥. 其实，直观上 l 较 l_1,l_2 为佳，因为 l 对应的均方差较小. 因此，首先在所有的 $a+bX$ 中找使均方误差 e 最小的线性函数 a_0+b_0X. 做法如下：

$$\begin{aligned} e &= \mathrm{E}[Y-(a+bX)]^2 = \mathrm{E}[Y^2+a^2+b^2X^2+2abX-2aY-2bXY] \\ &= \mathrm{E}(Y^2)+a^2+b^2\mathrm{E}(X^2)+2ab\mathrm{E}(X)-2a\mathrm{E}(Y)-2b\mathrm{E}(XY), \end{aligned}$$

即 e 是 a,b 的函数，由极值的必要条件应有

$$\begin{cases} \dfrac{\partial e}{\partial a} = 2a+2b\mathrm{E}(X)-2\mathrm{E}(Y)=0, \\ \dfrac{\partial e}{\partial b} = 2a\mathrm{E}(X)+2b\mathrm{E}(X^2)-2\mathrm{E}(XY)=0, \end{cases}$$

解得
$$b_0=\frac{\mathrm{E}(XY)-\mathrm{E}(X)\cdot\mathrm{E}(Y)}{\mathrm{E}(X^2)-[\mathrm{E}(X)]^2}=\frac{\mathrm{cov}(X,Y)}{\mathrm{D}(X)}, \quad a_0=\mathrm{E}(Y)-b_0\mathrm{E}(X).$$

容易验证(a_0,b_0)为 e 的极小值点，也是最小值点.

将 a_0,b_0 代入 e，得到

$$e_{\min} = \mathrm{E}[Y-(a_0+b_0X)]^2 = \mathrm{D}(Y)(1-\rho_{XY}^2).$$

由上面的分析可以得到如下定理：

定理 1 随机变量 X,Y 相关系数的绝对值不大于 1，即

$$|\rho_{XY}|\leqslant 1, \quad \text{也即} \quad |\mathrm{cov}(X,Y)|\leqslant\sqrt{\mathrm{D}(X)}\sqrt{\mathrm{D}(Y)}.$$

进一步，得到下面的推论：

推论 1 若 ρ_{XY} 接近 0，则 $e_{\min}$ 的值大，即 Y 与 a_0+b_0X 的差异大，X 与 Y 线性关系弱.

若 $\rho_{XY}=0$，则称随机变量 X 与 Y **线性不相关**，简称**不相关**.

推论 2 若$|\rho_{XY}|$接近 1，则 $e_{\min}$ 的值小，即 Y 与 a_0+b_0X 的差异小，X 与 Y 线性关系强.

若 ρ_{XY} 接近 1，则随着 X 的增加，Y 增加；

若 ρ_{XY} 接近-1，则随着 X 的增加，Y 减少.

特别地，有如下定理：

定理 2　$|\rho_{XY}|=1 \Leftrightarrow$ 存在常数 $a,b(b\neq 0)$，使得 $P\{Y=a+bX\}=1$.

证明　证"$\Rightarrow$"：设 $|\rho_{XY}|=1$，则 $e_{\min}=\mathrm{E}[Y-(a_0+b_0X)]^2=0$. 因为

$$\mathrm{D}[Y-(a_0+b_0X)]=\mathrm{E}[Y-(a_0+b_0X)]^2-\{\mathrm{E}[Y-(a_0+b_0X)]\}^2,$$

所以

$$\mathrm{D}[Y-(a_0+b_0X)]+\{\mathrm{E}[Y-(a_0+b_0X)]\}^2=\mathrm{E}[Y-(a_0+b_0X)]^2=0.$$

故

$$\mathrm{D}[Y-(a_0+b_0X)]=0,\quad \mathrm{E}[Y-(a_0+b_0X)]=0.$$

由方差的性质(4)知，若随机变量的方差为 0，则该随机变量等于其期望的概率为 1，所以

$$P\{Y-(a_0+b_0X)=0\}=1,\quad 即\quad P\{Y=a_0+b_0X\}=1,$$

也即存在 $a=a_0,b=b_0\neq 0$，使得 $P\{Y=a+bX\}=1$.

证"$\Leftarrow$"：设存在 $a,b(b\neq 0)$，使得 $P\{Y=a+bX\}=1$，即 $P\{Y-(a+bX)=0\}=1$，则

$$\mathrm{D}[Y-(a+bX)]=0,\quad 且\quad \mathrm{E}[Y-(a+bX)]=0.$$

于是

$$\mathrm{E}[Y-(a+bX)]^2=\mathrm{D}[Y-(a+bX)]+\{\mathrm{E}[Y-(a+bX)]\}^2=0.$$

因为 a_0+b_0X 是使均方误差 e 最小者，所以

$$\mathrm{E}[Y-(a+bX)]^2\geqslant \mathrm{E}[Y-(a_0+b_0)]^2=\mathrm{D}(Y)(1-\rho_{XY}^2)=0.$$

而 $\mathrm{D}(Y)>0$，所以 $|\rho_{XY}|=1$.

定理 2 的结论可以叙述为：$|\rho_{XY}|=1$ **与 Y 几乎处处是 X 的线性函数等价**.

例 2　将一枚硬币连续掷 3 次，用 X 表示出现正面的总次数，Y 表示出现反面的总次数，求 X 与 Y 的相关系数 ρ_{XY}.

解　因为 $Y=3-X$，即 Y 是 X 的线性函数，且斜率为负数，所以 $\rho_{XY}=-1$.

例 3　设二维随机变量(X,Y)服从区域 $D=\{(x,y)\mid 0<x<1,0<y<x\}$ 上的均匀分布，求 X 与 Y 的相关系数 ρ_{XY}.

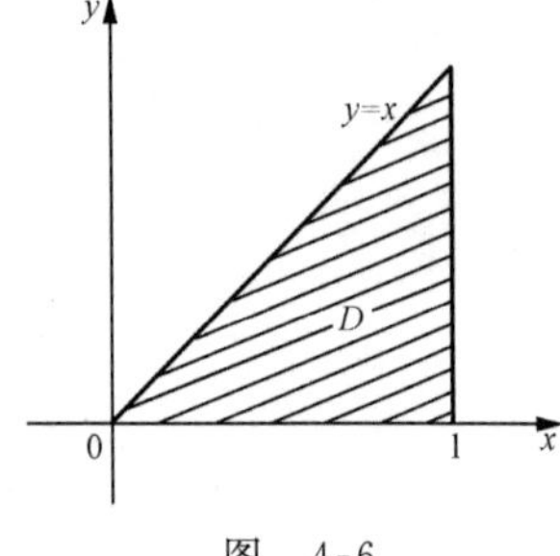

图　4-6

解　计算相关系数 ρ_{XY}，要计算 $\mathrm{cov}(X,Y),\mathrm{D}(X),\mathrm{D}(Y)$，也就要计算 $\mathrm{E}(X),\mathrm{E}(X^2),\mathrm{E}(Y),\mathrm{E}(Y^2),\mathrm{E}(XY)$，因而应该找到有关分布.

根据所给条件，容易得到(X,Y)的联合概率密度

$$(X,Y)\sim f(x,y)=\begin{cases}2, & (x,y)\in D,\\ 0, & 其他.\end{cases}$$

区域 D 如图 4-6 所示，所以

$$\mathrm{E}(XY)=\iint_D xyf(x,y)\mathrm{d}x\mathrm{d}y=\int_0^1\mathrm{d}x\int_0^x xy\cdot 2\mathrm{d}y=\int_0^1 xy^2\Big|_0^x\mathrm{d}x=\int_0^1 x^3\mathrm{d}x=\frac{1}{4},$$

$$\mathrm{E}(X)=\iint_D xf(x,y)\mathrm{d}x\mathrm{d}y=\int_0^1\mathrm{d}x\int_0^x x\cdot 2\mathrm{d}y=\int_0^1 2xy\Big|_0^x\mathrm{d}x=\int_0^1 2x^2\mathrm{d}x=\frac{2}{3},$$

$$\mathrm{E}(X^2)=\iint_D x^2f(x,y)\mathrm{d}x\mathrm{d}y=\int_0^1\mathrm{d}x\int_0^x x^2\cdot 2\mathrm{d}y=\int_0^1 2x^2y\Big|_0^x\mathrm{d}x=\int_0^1 2x^3\mathrm{d}x=\frac{1}{2}.$$

关于 $E(Y)$，$E(Y^2)$，我们可用另一种方法来求，即先找 Y 的边缘分布，再求 $E(Y)$，$E(Y^2)$.

当 $0<y<1$ 时，$f_Y(y)=\int_{-\infty}^{+\infty}f(x,y)\mathrm{d}x=\int_y^1 2\mathrm{d}x=2x\Big|_y^1=2(1-y)$；当 $y\leqslant 0$ 或 $y\geqslant 1$ 时，$f_Y(y)=\int_{-\infty}^{+\infty}f(x,y)\mathrm{d}x=0$. 所以

$$f_Y(y)=\begin{cases}2-2y, & 0<y<1,\\ 0, & \text{其他},\end{cases}$$

从而

$$E(Y)=\int_0^1 y(2-2y)\mathrm{d}y=\left[y^2-\frac{2}{3}y^3\right]\Big|_0^1=\frac{1}{3},$$

$$E(Y^2)=\int_0^1 y^2(2-2y)\mathrm{d}y=\left[\frac{2}{3}y^3-\frac{2}{4}y^4\right]\Big|_0^1=\frac{1}{6}.$$

所以

$$D(X)=E(X^2)-[E(X)]^2=\frac{1}{2}-\frac{4}{9}=\frac{1}{18},$$

$$D(Y)=E(Y^2)-[E(Y)]^2=\frac{1}{6}-\frac{1}{9}=\frac{1}{18},$$

$$\mathrm{cov}(X,Y)=E(XY)-E(X)E(Y)=\frac{1}{4}-\frac{2}{3}\times\frac{1}{3}=\frac{1}{36},$$

$$\rho_{XY}=\frac{\mathrm{cov}(X,Y)}{\sqrt{D(X)}\sqrt{D(Y)}}=\frac{1/36}{\sqrt{1/18}\sqrt{1/18}}=\frac{1}{2}.$$

三、几点讨论

1. 随机变量 X 与 Y 线性不相关的充分必要条件

随机变量 X 与 Y 线性不相关与下列各式等价：

(1) $\rho_{XY}=0$； (2) $\mathrm{cov}(X,Y)=0$；

(3) $E(XY)=E(X)E(Y)$； (4) $D(X+Y)=D(X)+D(Y)$.

注 前面介绍数学期望及方差的性质时，式子

$$E(XY)=E(X)E(Y) \quad 与 \quad D(X+Y)=D(X)+D(Y)$$

成立的条件是"X 与 Y 相互独立"，现在条件可以放宽为"X 与 Y 线性不相关".

2. 线性不相关与相互独立的关系

结论 若随机变量 X 与 Y 相互独立，则 X 与 Y 线性不相关；反之，不一定不成立.

证明略.

例 4 设随机变量 X 服从 $(0,\pi)$ 上的均匀分布，$Y=\sin X$，$Z=\cos X$，判断 Y 与 Z 是否线性不相关，是否相互独立.

解　因为随机变量 X 的概率密度为 $f(x)=\begin{cases}1/\pi, & 0<x<\pi,\\ 0, & \text{其他},\end{cases}$ 所以

$$E(Y)=\int_0^{\pi}\sin x\cdot\frac{1}{\pi}dx=-\frac{1}{\pi}\cos x\Big|_0^{\pi}=\frac{2}{\pi},$$

$$E(Z)=\int_0^{\pi}\cos x\cdot\frac{1}{\pi}dx=\frac{1}{\pi}\sin x\Big|_0^{\pi}=0,$$

$$E(YZ)=\int_0^{\pi}\sin x\cos x\cdot\frac{1}{\pi}dx=\int_0^{\pi}\frac{1}{\pi}\sin x d\sin x$$

$$=\frac{1}{2\pi}(\sin x)^2\Big|_0^{\pi}=0,$$

$$\mathrm{cov}(Y,Z)=E(YZ)-E(Y)E(Z)=0.$$

故 Y 与 Z 的相关系数为 $\rho_{YZ}=0$，从而 Y 与 Z 线性不相关.

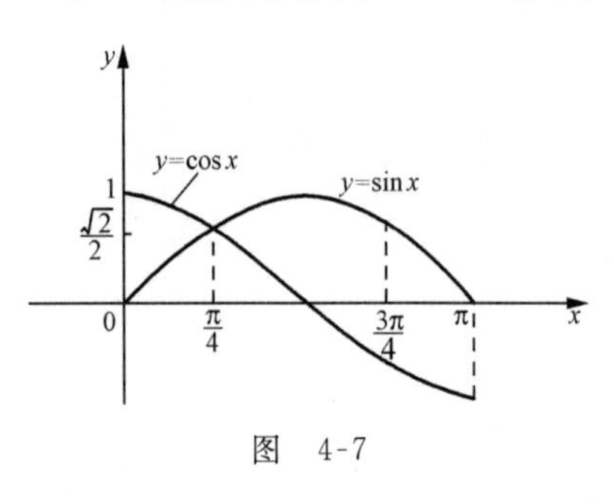

图　4-7

因为 $Y^2+Z^2=1$，所以 Y 与 Z 有确切的函数关系，不相互独立. 下面给出 Y 与 Z 不相互独立的确切证明.

设 $F(y,z)$ 为二维随机变量 (Y,Z) 的联合分布函数，$F_Y(y)$，$F_Z(z)$ 分别为 Y，Z 的边缘分布函数. 在点 $\left(\frac{\sqrt{2}}{2},\frac{\sqrt{2}}{2}\right)$ 处，由图 4-7 及 X 服从均匀分布可得到各分布函数值：

$$F\left(\frac{\sqrt{2}}{2},\frac{\sqrt{2}}{2}\right)=P\left\{\sin X\leqslant\frac{\sqrt{2}}{2},\cos X\leqslant\frac{\sqrt{2}}{2}\right\}=\frac{1}{4},$$

$$F_Y\left(\frac{\sqrt{2}}{2}\right)=P\left\{\sin X\leqslant\frac{\sqrt{2}}{2}\right\}=\frac{1}{2},\quad F_Z\left(\frac{\sqrt{2}}{2}\right)=P\left\{\cos X\leqslant\frac{\sqrt{2}}{2}\right\}=\frac{3}{4}.$$

所以
$$F_Y\left(\frac{\sqrt{2}}{2}\right)F_Z\left(\frac{\sqrt{2}}{2}\right)=\frac{1}{2}\times\frac{3}{4}=\frac{3}{8}\neq\frac{1}{4}=F\left(\frac{\sqrt{2}}{2},\frac{\sqrt{2}}{2}\right),$$

即 X 与 Y 不相互独立.

3. 随机变量和的方差与协方差的关系

设 $X,Y,X_i(i=1,2,\cdots,n)$ 为随机变量，且所讨论的方差及协方差存在.

(1) $D(X\pm Y)=D(X)+D(Y)\pm 2\mathrm{cov}(X,Y)$；

(2) $D\left(\sum\limits_{i=1}^{n}X_i\right)=\sum\limits_{i=1}^{n}D(X_i)+2\sum\limits_{i<j}\mathrm{cov}(X_i,X_j)$；

(3) 若随机变量 $X_1,X_2,\cdots,X_n$ 两两线性不相关，则

$$D\left(\sum_{i=1}^{n}X_i\right)=\sum_{i=1}^{n}D(X_i).$$

4. 二维正态分布中参数 ρ 的意义

(1) 设二维随机变量(X,Y)服从二维正态分布 $N(\mu_1,\mu_2,\sigma_1^2,\sigma_2^2,\rho)$,即其概率密度为

$$f(x,y)=\frac{1}{2\pi\sigma_1\sigma_2\sqrt{1-\rho^2}}\mathrm{e}^{-\frac{1}{2(1-\rho^2)}\left[\frac{(x-\mu_1)^2}{\sigma_1^2}-2\rho\frac{(x-\mu_1)(y-\mu_2)}{\sigma_1\sigma_2}+\frac{(y-\mu_2)^2}{\sigma_2^2}\right]},$$

则 X 与 Y 的相关系数为 $\rho_{XY}=\rho$.

证明 计算 X 与 Y 的协方差得

$$\mathrm{cov}(X,Y)=\int_{-\infty}^{+\infty}\int_{-\infty}^{+\infty}(x-\mu_1)(y-\mu_2)f(x,y)\mathrm{d}x\mathrm{d}y=\sigma_1\sigma_2\rho,\quad \text{(计算过程略)}$$

则
$$\rho_{XY}=\frac{\mathrm{cov}(X,Y)}{\sqrt{\mathrm{D}(X)}\sqrt{\mathrm{D}(Y)}}=\frac{\sigma_1\sigma_2\rho}{\sqrt{\sigma_1^2}\sqrt{\sigma_2^2}}=\rho.$$

这说明参数 ρ 即 X 与 Y 的相关系数 ρ_{XY}.

(2) 设二维随机变量(X,Y)服从二维正态分布 $N(\mu_1,\mu_2,\sigma_1^2,\sigma_2^2,\rho)$,则

$$X\text{ 与 }Y\text{ 相互独立}\Longleftrightarrow X\text{ 与 }Y\text{ 线性不相关}.$$

证明 在前面的学习中知道

$$X\text{ 与 }Y\text{ 相互独立}\Longleftrightarrow \rho=0,$$

而现在有

$$\rho=\rho_{XY}=0\Longleftrightarrow X\text{ 与 }Y\text{ 线性不相关},$$

所以
$$X\text{ 与 }Y\text{ 相互独立}\Longleftrightarrow \rho=\rho_{XY}=0\Longleftrightarrow X\text{ 与 }Y\text{ 线性不相关},$$

即对于服从二维正态分布的随机变量(X,Y),X 与 Y 相互独立和线性不相关等价.

注 上述结论是以(X,Y)服从二维正态分布为前提的,不然即使 X,Y 的边缘概率密度均为一维正态分布,X,Y 相互独立与线性不相关也不一定等价. 进一步分析§3.5举过的反例,可证明 X 与 Y 线性不相关,然而不相互独立(见例5).

例 5 设二维随机变量(X,Y)的联合概率密度是

$$f(x,y)=\frac{1}{2}[\varphi_1(x,y)+\varphi_2(x,y)],$$

其中 $\varphi_1(x,y)$为二维正态分布 $N\left(0,0,1,1,\frac{1}{3}\right)$的联合概率密度,$\varphi_2(x,y)$为二维正态分布 $N\left(0,0,1,1,-\frac{1}{3}\right)$的联合概率密度,讨论 X 与 Y 是否线性相关,是否相互独立.

解 由题设知

$$\begin{aligned}f(x,y)&=\frac{1}{2}[\varphi_1(x,y)+\varphi_2(x,y)]\\&=\frac{1}{2}\left[\frac{1}{2\pi\sqrt{1-(1/9)}}\mathrm{e}^{-\frac{1}{2\left(1-\frac{1}{9}\right)}\left(x^2-\frac{2}{3}xy+y^2\right)}+\frac{1}{2\pi\sqrt{1-(1/9)}}\mathrm{e}^{-\frac{1}{2\left(1-\frac{1}{9}\right)}\left(x^2+\frac{2}{3}xy+y^2\right)}\right]\end{aligned}$$

$$= \frac{1}{4\pi\sqrt{1-(1/9)}} e^{-\frac{1}{2\left(1-\frac{1}{9}\right)}(x^2+y^2)} \left(e^{\frac{3}{8}xy} + e^{-\frac{3}{8}xy}\right).$$

可见，$f(x,y)$非二维正态分布的概率密度，即(X,Y)不服从二维正态分布.

在§3.5中已经证明 $X \sim N(0,1)$，$Y \sim N(0,1)$.

先计算 $\mathrm{cov}(X,Y)$. 已知 $\mathrm{E}(X)=0$，$\mathrm{E}(Y)=0$，所以

$$\begin{aligned}\mathrm{cov}(X,Y) &= \mathrm{E}(XY) = \iint\limits_{\mathbf{R}^2} xy\,\frac{1}{2}[\varphi_1(x,y)+\varphi_2(x,y)]\mathrm{d}x\mathrm{d}y \\ &= \frac{1}{2}\left[\iint\limits_{\mathbf{R}^2} xy\varphi_1(x,y)\mathrm{d}x\mathrm{d}y + \iint\limits_{\mathbf{R}^2} xy\varphi_2(x,y)\mathrm{d}x\mathrm{d}y\right]. \end{aligned} \tag{2}$$

对(2)式，可以如下计算：

设$(X_1,Y_1)\sim\varphi_1(x,y)$，即$(X_1,Y_1)$服从二维正态分布 $N\left(0,0,1,1,\frac{1}{3}\right)$，则

$$\mathrm{E}(X_1)=0,\quad \mathrm{E}(Y_1)=0,\quad \mathrm{D}(X_1)=1,\quad \mathrm{D}(Y_1)=1,\quad \rho_{X_1Y_1}=\frac{1}{3}.$$

于是
$$\frac{1}{3}=\rho_{X_1Y_1}=\frac{\mathrm{cov}(X_1,Y_1)}{\sqrt{\mathrm{D}(X_1)}\sqrt{\mathrm{D}(Y_1)}}=\mathrm{E}(X_1Y_1)=\iint\limits_{\mathbf{R}^2} xy\varphi_1(x,y)\mathrm{d}x\mathrm{d}y.$$

同理，有

$$\iint\limits_{\mathbf{R}^2} xy\varphi_2(x,y)\mathrm{d}x\mathrm{d}y=-\frac{1}{3}.$$

所以 $\mathrm{cov}(X,Y)=\frac{1}{2}\left(\frac{1}{3}-\frac{1}{3}\right)=0$，从而 $\rho_{XY}=0$，即 X 与 Y 线性不相关.

显然，X 与 Y 的边缘概率密度的积不等于 $f(x,y)$，所以 X 与 Y 不相互独立.

四、矩

定义 3 设 X,Y 为两随机变量.

(1) 若 $\mathrm{E}(X^k)(k=1,2,\cdots)$存在，则称其为 X 的 k **阶原点矩**(moment about origin)，简称 k **阶矩**；

(2) 若 $\mathrm{E}\{[X-\mathrm{E}(X)]^k\}(k=2,3,\cdots)$存在，则称其为 X 的 k **阶中心矩**(moment about centre)；

(3) 若 $\mathrm{E}(X^kY^l)(k,l=1,2,\cdots)$存在，则称其为 X 和 Y 的 $k+l$ **阶混合矩**；

(4) 若 $\mathrm{E}\{[X-\mathrm{E}(X)]^k[Y-\mathrm{E}(Y)]^l\}(k,l=1,2,\cdots)$存在，称其为 X 和 Y 的 $k+l$ **阶混合中心矩**.

前面介绍的数学期望 $\mathrm{E}(X)$为 X 的一阶矩，方差 $\mathrm{D}(X)$为 X 的二阶中心矩，协方差 $\mathrm{cov}(X,Y)$为 X 和 Y 的二阶混合中心矩.

习　题　4.4

1. 设二维随机变量(X,Y)的联合分布律为

X \ Y	-1	0	2
-1	$1/9$	$1/9$	$1/9$
0	$1/3$	0	0
2	$1/3$	0	0

求 ρ_{XY}.

2. 设二维随机变量(X,Y)的联合概率密度为 $f(x,y)=\begin{cases}3x, & 0<y<x<1,\\ 0, & 其他,\end{cases}$ 求 X 与 Y 的相关系数.

总习题四

1. 设随机变量 X 的分布律为

X	-2	-1	0	1	2
P	0.3	0.1	0.15	0.3	0.15

试求 $E(X)$,$E(X^2)$,$E(X+2)^2$,$E(X^3)$,$D(X)$.

2. 设某种产品的销售情况如下:

销路	好	中	差
概率	0.3	0.5	0.2
收益	20	15	10

求平均收益及收益的方差.

3. 设一口袋中装有 6 个球,编号为 1, 2, 3, 4, 5, 6. 从中任取 4 个,以 X 表示所取出球的最小号码,求$E(X)$和 $D(X)$.

4. 设随机变量 X 服从参数为λ 的泊松分布,且已知 $E[(X-2)(X-3)]=2$,求 λ 的值.

5. 国际市场每年对我国某种出口商品的需求量 X 是一个随机变量,它在$[2000,4000]$(单位: t)上服从均匀分布.若每出售 1 t,可得外汇 3 万美元;如销售不出而积压,则每吨需保管费 1 万美元.问:应组织多少货源,才能使平均收益最大?

6. 设随机变量 X 的概率密度为 $f(x)=\dfrac{1}{2}e^{-|x|}$,求 $E(X)$和 $D(X)$.

7. 设随机变量 X 的概率密度为 $f(x)=\begin{cases}2(1-x), & 0<x<1,\\ 0, & 其他,\end{cases}$ 求 $E(X^3)$和 $D(X)$.

8. 设随机变量 X 的概率密度为 $f(x)=\begin{cases} e^{-x}, & x\geqslant 0, \\ 0, & x<0, \end{cases}$ 求 $E(e^{-2X})$.

9. 设随机变量 X 的概率密度为 $f(x)=\begin{cases} kx^{\alpha}, & 0<x<1, \\ 0, & \text{其他} \end{cases}$ $(k,\alpha>0)$，已知 $E(X)=0.75$，求：

(1) k 和 α；　　(2) $D(X)$.

10. 对圆的直径作近似测量，其值均匀地分布在 $[6,9]$(单位：cm)内，求圆周长的数学期望和方差.

11. 设二维随机变量 (X,Y) 的联合分布律为

X \ Y	0	1	2
0	1/9	2/9	1/9
1	2/9	2/9	0
2	1/9	0	0

求 $E(X+Y)$，$E(X^2+Y^2)$，$E[(X+Y)^2]$，$D(X)$，$D(Y)$，$E(X|Y=2)$，$\mathrm{cov}(X,Y)$，ρ_{XY}，$D(XY)$.

12. 设随机变量 X 与 Y 相互独立，且 $E(X)=E(Y)=0$，$D(X)=D(Y)=2$，求 $E[(X+Y)^2]$.

13. 设二维随机变量 (X,Y) 的联合概率密度为 $f(x,y)=\begin{cases} e^{-(x+y)}, & x,y>0, \\ 0, & \text{其他}, \end{cases}$ 求 $E(XY)$，$E(X^2)$，$D(X)$，$\mathrm{cov}(X,Y)$，ρ_{XY}.

14. 设 $D(X)=9$，$D(Y)=16$，$\rho_{XY}=0.4$，求 $D(X+Y)$ 与 $D(X-Y)$.

15. 设二维随机变量 (X,Y) 的联合概率密度为

$$f(x,y)=\begin{cases} \cos x\cos y, & 0\leqslant x\leqslant \frac{\pi}{2}, 0\leqslant y\leqslant \frac{\pi}{2}, \\ 0, & \text{其他}, \end{cases}$$

求：(1) X 的条件数学期望；　　(2) 求 $Z=XY+X$ 的数学期望.

16. 设二维随机变量 (X,Y) 的联合分布律为

X \ Y	-1	0	1
-1	1/5	1/10	1/4
1	1/10	3/20	1/5

求 $E(\max\{X,Y\})$，$D(\max\{X,Y\})$.

17. 将 n 个小球独立地放入 m 个盒子中，设每个小球放入各个盒子是等可能的，求有球的盒子数 X 的数学期望.

第五章　大数定律与中心极限定理

随机现象的统计规律是在大量试验中体现的，这一章正是从极限的角度将试验次数由大量推广到无穷，来探讨无穷多相互独立的随机变量和的取值及其分布的规律.

§5.1　大数定律

在第一章谈过随机现象有确定性的一面，即频率稳定性.当时只能就多次掷硬币试验的数据说明这一结论.实践中知道测量会有误差，而多次测量的平均值会接近真值，更可信.本节介绍的大数定律(law of large number)对上述现象及做法的依据从理论上给予了说明.

先看一个对随机事件的概率给出估计的不等式.

一、切比雪夫不等式

定理 1　设有随机变量 X，其数学期望与方差存在：$E(X)=\mu$，$D(X)=\sigma^2$，则对任意 $\varepsilon>0$，有

$$P\{|X-\mu|\geqslant\varepsilon\}\leqslant\frac{\sigma^2}{\varepsilon^2}\tag{1}$$

或

$$P\{|X-\mu|<\varepsilon\}\geqslant1-\frac{\sigma^2}{\varepsilon^2}.\tag{2}$$

(1)，(2)两式均称为**切比雪夫不等式**(Chebyshev's inequality).下面以连续型随机变量为例，给出证明.

证明　设随机变量 $X\sim f(x)$，$x\in\mathbf{R}$，则

$$\begin{aligned}\sigma^2=D(X)&=\int_{-\infty}^{+\infty}(x-\mu)^2f(x)\mathrm{d}x\\&\geqslant\int_{-\infty}^{\mu-\varepsilon}(x-\mu)^2f(x)\mathrm{d}x+\int_{\mu+\varepsilon}^{+\infty}(x-\mu)^2f(x)\mathrm{d}x\\&\geqslant\varepsilon^2\int_{-\infty}^{\mu-\varepsilon}f(x)\mathrm{d}x+\varepsilon^2\int_{\mu+\varepsilon}^{+\infty}f(x)\mathrm{d}x=\varepsilon^2P\{|X-\mu|\geqslant\varepsilon\}.\end{aligned}$$

所以

$$P\{|X-\mu|\geqslant\varepsilon\}\leqslant\frac{\sigma^2}{\varepsilon^2},$$

从而

$$P\{|X-\mu|<\varepsilon\}=1-P\{|X-\mu|\geqslant\varepsilon\}=1-\frac{\sigma^2}{\varepsilon^2}.$$

注　(1) 不等式(1)给出了事件{随机变量取值在数学期望 μ 的两侧各一倍 ε 以外}概率的估计，如图 5-1 所示.

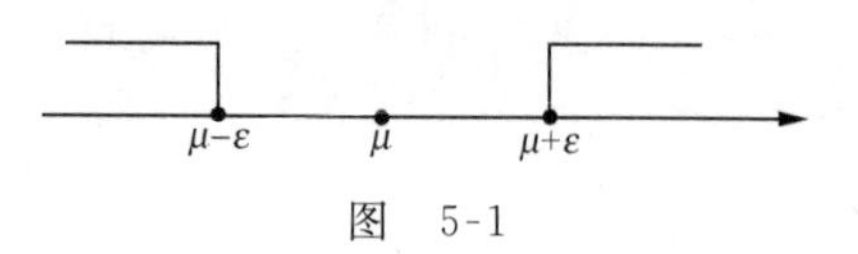

图　5-1

(2) 当 $\varepsilon=3\sigma$ 时，

$$P\{|X-\mu|<3\sigma\}\geqslant 1-\frac{\sigma^2}{9\sigma^2}\approx 0.889.$$

这说明，随机变量取值落在数学期望值两侧 3σ 距离以内的概率不小于 0.889，方差很小时也一样. 由此进一步表明方差是刻画随机变量取值分散程度大小的指标.

例　设某社区有 10000 盏电灯，夜间每盏灯开灯的概率为 0.7，各盏灯开灯与否彼此独立，试估计开灯在 6800～7200 盏之间的概率.

解　因为每盏灯开灯与否相互独立，10000 盏灯即是 10000 次独立试验.

设开灯数为 X，则 $X\sim B(10000,0.7)$. 所以 $\mathrm{E}(X)=7000$，$\mathrm{D}(X)=2100$. 于是

$$P\{6800<X<7200\}=P\{|X-7000|<200\}\geqslant 1-\frac{2100}{200^2}=0.9475.$$

用切比雪夫不等式来估计概率是粗糙的，重要的是它解决了切比雪夫大数定律的证明.

二、切比雪夫大数定律与依概率收敛

1. 切比雪夫大数定律(特殊情况)

定理 2　设随机变量序列 $X_1,X_2,\cdots,X_n,\cdots$ 相互独立，有相同的期望与方差：

$$\mathrm{E}(X_k)=\mu,\quad \mathrm{D}(X_k)=\sigma^2\quad (k=1,2,\cdots),$$

则对任意 $\varepsilon>0$，有

$$\lim_{n\to\infty}P\left\{\left|\frac{1}{n}\sum_{k=1}^{n}X_k-\mu\right|<\varepsilon\right\}=1. \tag{3}$$

先来理解上述结论的含义：

(1) 因为 ε 可以任意小，所以不等式 $\left|\frac{1}{n}\sum_{k=1}^{n}X_k-\mu\right|<\varepsilon$ 表示了 n 个随机变量的平均取值与期望 μ 的充分接近. 事件 $\left\{\left|\frac{1}{n}\sum_{k=1}^{n}X_k-\mu\right|<\varepsilon\right\}$ 概率的极限为 1，说明随着 n 的加大，该事件的概率可以充分大，或者说这一事件几乎是必然事件. 综合上述两点，对于满足条件的随机变量序列，切比雪夫大数定律可以叙述为：当 n 较大时，随机变量序列的平均值取值在期望 μ 的附近是大概率事件.

(2) 比较大数定律与 $\lim\limits_{n\to\infty}\frac{1}{n}\sum_{k=1}^{n}X_k=\mu$ 的区别：

分析极限 $\lim\limits_{n\to\infty}\frac{1}{n}\sum_{k=1}^{n}X_k=\mu$ 的含义：由极限的定义，对(3)式中的 $\varepsilon>0$，存在 N，当 $n>$

N 时，有 $\left|\frac{1}{n}\sum_{k=1}^{n}X_k-\mu\right|<\varepsilon$ 成立，即当 $n>N$ 时，不会有 $\left|\frac{1}{n}\sum_{k=1}^{n}X_k-\mu\right|\geqslant\varepsilon$ 发生. 而

$$\lim_{n\to\infty}P\left\{\left|\frac{1}{n}\sum_{k=1}^{n}X_k-\mu\right|<\varepsilon\right\}=1,$$

应该是对任意 $\varepsilon_1>0$，存在 N，当 $n>N$ 时，有

$$\left|P\left\{\left|\frac{1}{n}\sum_{k=1}^{n}X_k-\mu\right|<\varepsilon\right\}-1\right|=1-P\left\{\left|\frac{1}{n}\sum_{k=1}^{n}X_k-\mu\right|<\varepsilon\right\}<\varepsilon_1$$

成立，即 $P\left\{\left|\frac{1}{n}\sum_{k=1}^{n}X_k-\mu\right|\geqslant\varepsilon\right\}<\varepsilon_1$ 成立. 这说明，允许 $\left|\frac{1}{n}\sum_{k=1}^{n}X_k-\mu\right|\geqslant\varepsilon$ 发生，只是其概率小于任给的 ε_1. 所以，尽管两个极限都刻画了 $\frac{1}{n}\sum_{k=1}^{n}X_k$ 与 μ 充分接近，大数定律的结论相对要弱.

(3) 给出了测量时，多次测量的平均值更接近真值的理论依据：

每次测得的量均为随机变量，因此有随机变量序列 $X_1,X_2,\cdots,X_n$，设它们相互独立. 测量的前提是没有系统偏差，即 $\mathrm{E}(X_k)$ 为真值 a，方差 $\mathrm{D}(X_k)$ 存在，$k=1,2,\cdots,n$. 测量值 x_1，$x_2,\cdots,x_n$ 即随机变量序列 $X_1,X_2,\cdots,X_n$ 的观察值.

由切比雪夫大数定律知，当 n 较大时，$\frac{1}{n}\sum_{k=1}^{n}X_k$ 取值在 a 附近是大概率事件. 再由实际推断原理：一次试验小概率事件一般不会发生，发生的应该是大概率事件. 所以 $\frac{1}{n}\sum_{k=1}^{n}X_k$ 的取值 $\frac{1}{n}\sum_{k=1}^{n}x_k$ 应该与真值 a 比较接近.

下面给出定理 2 的证明.

证明 $\mathrm{E}\left(\frac{1}{n}\sum_{k=1}^{n}X_k\right)=\frac{1}{n}\sum_{k=1}^{n}\mathrm{E}(X_k)=\frac{1}{n}\cdot n\mu=\mu,$

$$\mathrm{D}\left(\frac{1}{n}\sum_{k=1}^{n}X_k\right)=\frac{1}{n^2}\sum_{k=1}^{n}\mathrm{D}(X_k)=\frac{1}{n^2}n\sigma^2=\frac{\sigma^2}{n}.$$

由切比雪夫不等式，对任意 $\varepsilon>0$，有

$$1\geqslant P\left\{\left|\frac{1}{n}\sum_{k=1}^{n}X_k-\mu\right|<\varepsilon\right\}\geqslant1-\frac{\sigma^2}{n\varepsilon^2},$$

而 $\lim_{n\to\infty}\left(1-\frac{\sigma^2}{n\varepsilon^2}\right)=1$，$\lim_{n\to\infty}1=1$，所以由极限的夹逼定理有

$$\lim_{n\to\infty}P\left\{\left|\frac{1}{n}\sum_{k=1}^{n}X_k-\mu\right|<\varepsilon\right\}=1.$$

注 一般情况下的切比雪夫大数定律可以将条件放宽，不要求所有数学期望及方差相等. 只要

$$E(X_k)=\mu_k,\quad D(X_k)=\sigma_k^2,\quad \sigma_k^2\leqslant c\quad (k=1,2,\cdots),$$

其中 c 为常数. 也就是说,只要数学期望、方差存在,方差有上界,则有结论：对任意 $\varepsilon>0$,有

$$\lim_{n\to\infty}P\left\{\left|\frac{1}{n}\sum_{k=1}^{n}X_k-\frac{1}{n}\sum_{k=1}^{n}\mu_k\right|<\varepsilon\right\}=1. \tag{4}$$

2. 依概率收敛

在定理 2 结论的含义中分析了两种极限的不同,为此特别就从概率角度刻画的极限给出下面的定义：

定义　设有随机变量序列 $Y_1,Y_2,\cdots,Y_n,\cdots$ 及常数 a. 若对任意 $\varepsilon>0$,有

$$\lim_{n\to\infty}P\{|Y_n-a|<\varepsilon\}=1,$$

则称随机变量序列 $\{Y_n\}$ **依概率收敛于** a,记作 $Y_n\xrightarrow{P}a$.

依概率收敛的性质概括为下列定理：

定理 3　设 $\{X_n\}$,$\{Y_n\}$ 均为随机变量序列,a,b 为常数. 若 $X_n\xrightarrow{P}a$,$Y_n\xrightarrow{P}b$,且函数 $g(x,y)$ 在点 (a,b) 处连续,则 $g(X_n,Y_n)\xrightarrow{P}g(a,b)$.（证明略）

有了依概率收敛这一术语,大数定律的结论又可以叙述为：

n 个随机变量的平均值依概率收敛于期望值,即 $\dfrac{1}{n}\sum\limits_{k=1}^{n}X_k\xrightarrow{P}\mu$.

三、伯努利大数定律

定理 4(伯努利大数定律)　设在 n 重伯努利试验中事件 A 发生的概率为 p,A 发生的次数为 n_A,则对任意 $\varepsilon>0$,有

$$\lim_{n\to\infty}P\left\{\left|\frac{n_A}{n}-p\right|<\varepsilon\right\}=1,\quad 即\quad \frac{n_A}{n}\xrightarrow{P}p.$$

伯努利大数定律可以叙述为：随着 n 的加大,事件 A 发生的频率与概率 p 充分接近这一事件的概率可以充分大.

证明　设 X_k 为 n 重伯努利试验的第 k 次试验中 A 发生的次数,得到随机变量序列 $X_1,X_2,\cdots,X_n,\cdots$,则 $n_A=X_1+X_2+\cdots+X_n$,且 $X_k(k=1,2,\cdots)$ 的分布律为

X_k	1	0
P	p	$1-p$

$(k=1,2,\cdots)$

所以　$$E(X_k)=p,\quad D(X_k)=p(1-p)\quad (k=1,2,\cdots).$$

由切比雪夫大数定律,对任意 $\varepsilon>0$,有

$$\lim_{n\to\infty}P\left\{\left|\frac{1}{n}\sum_{k=1}^{n}X_k-p\right|<\varepsilon\right\}=\lim_{n\to\infty}P\left\{\left|\frac{n_A}{n}-p\right|<\varepsilon\right\}=1.$$

注　伯努利大数定律对随机现象的频率稳定性从理论上给予了证明.

现在我们将伯努利大数定律作为切比雪夫大数定律的特殊情形，或者说应用来介绍，事实上伯努利大数定律发表于1713年，切比雪夫大数定律发表于1866年.伯努利大数定律的提出要比切比雪夫大数定律早一个半世纪，被尊为概率发展史上的第一篇论文.

很多数学家都对这一结论作过研究，得到各种形式的结果，如马尔可夫(Markov)大数定律、泊松大数定律、辛钦(Khinchine)大数定律等，区别在于条件的不同，某个方面宽松，必有另外方面的苛刻.下面我们介绍辛钦大数定律.

四、辛钦大数定律

定理5(辛钦大数定律) 设 $X_1,X_2,\cdots,X_n,\cdots$ 为同分布随机变量序列，且存在数学期望 $\mathrm{E}(X_k)=\mu(k=1,2,\cdots)$，则对任意 $\varepsilon>0$，有

$$\lim_{n\to\infty}P\left\{\left|\frac{1}{n}\sum_{k=1}^{n}X_k-\mu\right|<\varepsilon\right\}=1,\quad 即\quad \frac{1}{n}\sum_{k=1}^{n}X_k\xrightarrow{P}\mu.$$

证明略.

注 辛钦大数定律要求随机变量序列同分布及数学期望存在，对方差没有要求.

§5.2 中心极限定理

在实践中，我们发现很多随机变量近似服从正态分布，因而使正态分布成为格外重要的一种分布.这一节介绍的中心极限定理即对这一现象从理论上给出了解释.

一、独立同分布中心极限定理

前面介绍过随机变量的标准化，即随机变量 X 的标准化为 $X^*=\dfrac{X-\mathrm{E}(X)}{\sqrt{\mathrm{D}(X)}}$.显然，$X^*$ 仍然是随机变量.

定理1 设随机变量序列 $X_1,X_2,\cdots,X_n,\cdots$ 相互独立，服从同一分布，存在数学期望和方差：$\mathrm{E}(X_k)=\mu,\mathrm{D}(X_k)=\sigma^2(k=1,2,\cdots)$，则随机变量

$$Y_n=\frac{\sum_{k=1}^{n}X_k-\mathrm{E}\left(\sum_{k=1}^{n}X_k\right)}{\sqrt{\mathrm{D}\left(\sum_{k=1}^{n}X_k\right)}}$$

的分布函数 $F_n(x)$ 对任意 x 满足

$$\lim_{n\to\infty}F_n(x)=\lim_{n\to\infty}P\{Y_n\leqslant x\}=\int_{-\infty}^{x}\frac{1}{\sqrt{2\pi}}\mathrm{e}^{-\frac{t^2}{2}}\mathrm{d}t=\Phi(x).\tag{1}$$

该定理习惯称作**独立同分布中心极限定理**，又称作**林德伯格-莱维中心极限定理**(Lindeberg-Levy central limit theorem)，因为是这两位学者在20世纪20年代给出该定理的证明.

注 (1) 对定理1含义的理解：

(i) $\sum_{k=1}^{n} X_k$ 为 n 个独立同分布随机变量的和，Y_n 是 $\sum_{k=1}^{n} X_k$ 的标准化.

(ii) 由 n 的不同，从而得到随机变量序列 $Y_1, Y_2, \cdots, Y_n, \cdots$，它们都有分布函数：

$$F_1(x) = P\{Y_1 \leqslant x\}, \quad F_2(x) = P\{Y_2 \leqslant x\}, \quad \cdots, \quad F_n(x) = P\{Y_n \leqslant x\}, \quad \cdots,$$

也就有分布函数列 $\{F_n(x)\}$.

(iii) (1)式表示当 n 趋于无穷时，分布函数列 $\{F_n(x)\}$ 的极限为标准正态分布的分布函数. 这一结论可以叙述为：**n 个独立同分布随机变量的和标准化后，当 n 趋于无穷时，极限分布为标准正态分布.**

(iv) 因为当 n 较大时，函数数列 $\{F_n(x)\}$ 的项已接近极限，即

$$F_n(x) = P\{Y_n \leqslant x\} \approx \int_{-\infty}^{x} \frac{1}{\sqrt{2\pi}} \mathrm{e}^{-\frac{t^2}{2}} \mathrm{d}t = \Phi(x),$$

所以这一结论又可以表示为：当 n 较大时，Y_n 近似服从标准正态分布，即

$$Y_n = \frac{\sum_{k=1}^{n} X_k - \mathrm{E}\left(\sum_{k=1}^{n} X_k\right)}{\sqrt{\mathrm{D}\left(\sum_{k=1}^{n} X_k\right)}} \overset{\text{近似}}{\sim} N(0,1).$$

这也相当于未标准化的 n 个随机变量的和，当 n 较大时，近似服从正态分布，即

$$\sum_{k=1}^{n} X_k \overset{\text{近似}}{\sim} N\left(\mathrm{E}\left(\sum_{k=1}^{n} X_k\right), \mathrm{D}\left(\sum_{k=1}^{n} X_k\right)\right),$$

或者将 Y_n 变形为

$$Y_n = \frac{\frac{1}{n}\sum_{k=1}^{n} X_k - \frac{1}{n}\mathrm{E}\left(\sum_{k=1}^{n} X_k\right)}{\frac{1}{n}\sqrt{\mathrm{D}\left(\sum_{k=1}^{n} X_k\right)}} = \frac{\overline{X} - \mu}{\frac{\sigma}{\sqrt{n}}}, \quad \text{其中} \quad \overline{X} = \frac{1}{n}\sum_{k=1}^{n} X_k,$$

则有

$$\frac{\overline{X} - \mu}{\frac{\sigma}{\sqrt{n}}} \overset{\text{近似}}{\sim} N(0,1), \quad \text{其中} \quad \overline{X} = \frac{1}{n}\sum_{k=1}^{n} X_k.$$

(2) 客观上有：当一个随机变量由大量相互独立的随机因素影响而成，且每一个因素在总影响中的作用不大时，这一随机变量一般服从正态分布. 中心极限定理对此给出了理论解释. 以炮弹射击的距离 S 为例：

根据设定应该落在距离为 a 的点，但是射击距离受多种因素影响，如瞄准时的误差 X_1，空气阻力产生的误差 X_2，炮弹及炮身结构所引起的误差 X_3, X_4，等等，由于 $X_1, X_2, \cdots, X_n$ 的共同作用，使得炮弹落点的距离 $S = a + \sum_{k=1}^{n} X_k$ 成为随机变量. 这些影响因素 $X_1, X_2, \cdots, X_n$ 相互独立，且一般其数学期望为 0. 若它们同分布，则有

$$\sum_{k=1}^{n} X_k \overset{\text{近似}}{\sim} N\left(0, \mathrm{D}\left(\sum_{k=1}^{n} X_k\right)\right), \quad S = a + \sum_{k=1}^{n} X_k \overset{\text{近似}}{\sim} N\left(a, \mathrm{D}\left(\sum_{k=1}^{n} X_k\right)\right).$$

定理 1 的证明省略,我们借助一个简单的例子给以说明(计算过程略):

设随机变量 X_1, X_2, X_3 相互独立,且 $X_k \sim U(-\sqrt{3}, \sqrt{3})\ (k=1,2,3)$,则

$$\mathrm{E}(X_k) = 0, \quad \mathrm{D}(X_k) = 1 \quad (k = 1,2,3).$$

(1) 设 $Z_1 = \dfrac{X_1 - \mathrm{E}(X_1)}{\sqrt{\mathrm{D}(X_1)}} = X_1$,则其概率密度为

$$f_1(z) = \begin{cases} \dfrac{1}{2\sqrt{3}}, & -\sqrt{3} < z < \sqrt{3}, \\ 0, & \text{其他}. \end{cases}$$

图 5-2(a)为 Z_1 的概率密度图像.

(2) 设 $Z_2 = \dfrac{X_1 + X_2 - \mathrm{E}(X_1 + X_2)}{\sqrt{\mathrm{D}(X_1 + X_2)}} = \dfrac{X_1 + X_2}{\sqrt{2}}$,则其概率密度为

$$f_2(z) = \begin{cases} \dfrac{\sqrt{6} + z}{6}, & -\sqrt{6} < z < 0, \\ \dfrac{\sqrt{6} - z}{6}, & 0 \leqslant z < \sqrt{6}, \\ 0, & \text{其他}. \end{cases}$$

图 5-2(b)为 Z_2 的概率密度图像.

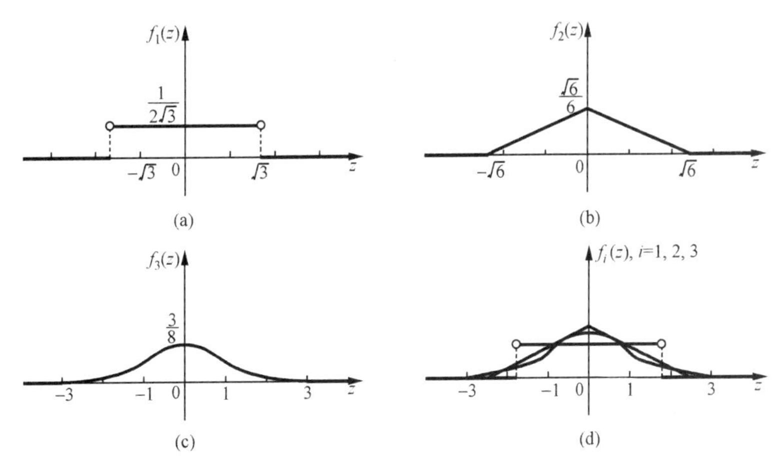

图 5-2

(3) 设 $Z_3 = \dfrac{X_1 + X_2 + X_3 - \mathrm{E}(X_1 + X_2 + X_3)}{\sqrt{\mathrm{D}(X_1 + X_2 + X_3)}} = \dfrac{X_1 + X_2 + X_3}{\sqrt{3}}$,则其概率密度为

$$f_3(z)=\begin{cases}(z+3)^2/16, & -3<z<-1,\\ (-z^2+3)/8, & -1\leqslant z<1,\\ (z-3)^2/16, & 1\leqslant z<3,\\ 0, & \text{其他}.\end{cases}$$

图 5-2(c)为 Z_3 的概率密度图像.

将以上三个概率密度放在同一坐标系下,如图 5-2(d)所示,可以看出随着 n 的增加越来越接近标准正态分布.

例 1　根据以往经验,某种电器元件的寿命服从均值为 100 h 的指数分布.现随机地取 16 个,设它们的寿命是相互独立的,求这 16 个元件寿命的总和大于 1920 h 的概率.

解　设第 i 个元件的寿命为 $X_i(i=1,2,\cdots,16)$,则 $X_1,X_2,\cdots,X_{16}$ 独立同分布,且

$$\mathrm{E}(X_i)=100,\quad \mathrm{D}(X_i)=10000\quad (i=1,2,\cdots,16).$$

由独立同分布中心极限定理有 $\sum\limits_{i=1}^{16}X_i\overset{\text{近似}}{\sim}N(1600,400^2)$,所以

$$P\left\{\sum_{i=1}^{16}X_i>1920\right\}=P\left\{\frac{\sum\limits_{i=1}^{16}X_i-1600}{400}>\frac{320}{400}\right\}$$

$$\approx 1-\Phi(0.8)=1-0.7881=0.2119.$$

二、棣莫弗-拉普拉斯中心极限定理

定理 2　设随机变量 Z_n 服从二项分布 $B(n,p)$,$0<p<1$,则对任意 x,有

$$\lim_{n\to\infty}P\left\{\frac{Z_n-np}{\sqrt{npq}}\leqslant x\right\}=\int_{-\infty}^{x}\frac{1}{\sqrt{2\pi}}\mathrm{e}^{-\frac{t^2}{2}}\mathrm{d}t=\Phi(x)\quad (q=1-p).$$

定理 2 称作**棣莫弗-拉普拉斯(De Moivre-Laplace)中心极限定理**.该定理的含义是:服从二项分布的随机变量 Z_n 标准化后,当 n 较大时,近似服从标准正态分布,即

$$\frac{Z_n-np}{\sqrt{npq}}\overset{\text{近似}}{\sim}N(0,1)\quad (q=1-p).$$

也相当于当 n 较大时,有

$$Z_n\overset{\text{近似}}{\sim}N(np,npq)\quad (q=1-p).$$

证明　服从二项分布 $B(n,p)$的随机变量 Z_n,相当于 n 重伯努利试验中事件 A 发生的次数.

设 X_k 为第 k 次试验中 A 发生的次数,则 $X_k(k=1,2,\cdots)$的分布律为

X_k	1	0
P	p	q

$(k=1,2,\cdots;0<p<1;q=1-p)$

又 $X_1,X_2,\cdots,X_n,\cdots$相互独立，且

$$Z_n = X_1 + X_2 + \cdots + X_n,\quad \mathrm{E}\left(\sum_{k=1}^{n} X_k\right) = \mathrm{E}(Z_n) = np,\quad \mathrm{D}\left(\sum_{k=1}^{n} X_k\right) = npq.$$

由独立同分布中心极限定理有

$$\lim_{n\to\infty} P\left\{\frac{\sum_{k=1}^{n} X_k - np}{\sqrt{npq}} \leqslant x\right\} = \lim_{n\to\infty} P\left\{\frac{Z_n - np}{\sqrt{npq}} \leqslant x\right\} = \int_{-\infty}^{x} \frac{1}{\sqrt{2\pi}} \mathrm{e}^{-\frac{t^2}{2}} \mathrm{d}t = \Phi(x).$$

现在将棣莫弗-拉普拉斯中心极限定理作为独立同分布中心极限定理的一个特例给出证明，实际上它是最早的中心极限定理. 在 1716 年，棣莫弗针对 $p=\frac{1}{2}$ 的二项分布当 n 趋于无穷时的极限分布进行了讨论，拉普拉斯又将其推广到一般 p 的情形. 从 18 世纪初提出，到 20 世纪初得到证明，对极限分布的讨论几乎是概率论研究的中心，这也是最终命名为中心极限定理的原因.

例 2 设一银行为支付某日即将到期的债券需预备一笔现金. 已知这批债券发放 500 张，每张应付本息 1000 元. 若持券人(一人一券)于债券到期日领取本息的概率为 0.4，该银行要以 99.9%的概率满足客户兑现的需要，最少要准备多少现金？

解 到期日领取本息的人数是随机变量，设为 X，则

$$X \sim B(500, 0.4),\quad \mathrm{E}(X) = 200,\quad \mathrm{D}(X) = 120.$$

由棣莫弗-拉普拉斯中心极限定理有 $X \overset{\text{近似}}{\sim} N(200, 120)$.

设准备的现金额为 a，则 a 应满足 $P\{1000X \leqslant a\} \geqslant 0.999$，即

$$P\{1000X \leqslant a\} = P\left\{X \leqslant \frac{a}{1000}\right\} = P\left\{\frac{X-200}{\sqrt{120}} \leqslant \frac{a-200000}{1000\sqrt{120}}\right\}$$

$$\approx \Phi\left(\frac{a-200000}{1000\sqrt{120}}\right) \geqslant 0.999,$$

亦即 $\frac{a-200000}{1000\sqrt{120}} \geqslant 3.1$. 解之得 $a \geqslant 3.1 \times 1000\sqrt{120} + 200000 \approx 23.4 \times 10^4$. 故最少应准备约 23.4 万元，才能以 99.9%的概率满足客户兑现的需要.

例 3 在区域 $D=\{(x,y)\mid 0\leqslant x<y\leqslant 1\}$ 上对随机点 (X,Y) 进行独立观察，试求在 100 次独立观察中事件 $\{2X\leqslant Y\}$ 出现的次数不大于 40 的概率.

解 设 Z 为 100 次独立观察中事件 $\{2X \leqslant Y\}$ 出现的次数，则 Z 服从二项分布 $B(100,p)$，其中 p 为事件 $\{2X\leqslant Y\}$ 发生的概率.

由题设知二维随机变量 (X,Y) 服从 $D=\{(x,y)\mid 0\leqslant x<y\leqslant 1\}$(图 5-3(a))上的均匀分布，其概率密度为

$$f(x,y) = \begin{cases} 2, & 0 \leqslant x < y \leqslant 1, \\ 0, & \text{其他}. \end{cases}$$

事件$\{2X\leqslant Y\}$为(X,Y)的取值在图 5-3(b)中斜线阴影区域内,故

$$P\{2X\leqslant Y\}=\frac{\frac{1}{2}\times 1\times\frac{1}{2}}{\frac{1}{2}}=\frac{1}{2}.$$

所以 $Z\sim B\left(100,\frac{1}{2}\right)$,$Z\overset{\text{近似}}{\sim}N(50,25)$,从而

$$\begin{aligned}P\{Z\leqslant 40\}&=P\left\{\frac{Z-50}{\sqrt{25}}\leqslant\frac{40-50}{\sqrt{25}}\right\}\approx\Phi(-2)\\&=1-\Phi(2)=1-0.9772=0.0228.\end{aligned}$$

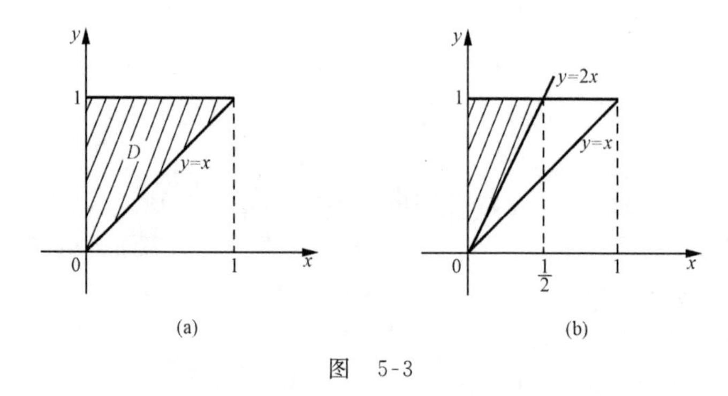

图　5-3

注　(1) 例 3 中的 Z 不会取负数,而在此不用特意要求 $Z\geqslant 0$ 的原因是:

$$P\{Z\leqslant 0\}=P\left\{\frac{Z-50}{\sqrt{25}}\leqslant\frac{-50}{5}\right\}\approx\Phi(-10)=1-\Phi(10)\approx 0,$$

即$\{Z\leqslant 0\}$可看作不可能事件.

(2) 在二项分布中,事件$\{X<0\}$与$\{X\leqslant n\}$分别是不可能事件与必然事件,在用正态分布估计时,也应该有 $P\left\{\frac{X-np}{\sqrt{npq}}<\frac{-np}{\sqrt{npq}}\right\}=0$ 与 $P\left\{\frac{X-np}{\sqrt{npq}}\leqslant\frac{n-np}{\sqrt{npq}}\right\}=1$,可以不考虑.

(3) 由于二项分布中的随机变量为离散型随机变量,可能取值为非负整数,因此事件$\{X=k\}$与$\{k-0.5<X\leqslant k+0.5\}$的概率相等,即 $P\{X=k\}=P\{k-0.5<X\leqslant k+0.5\}$,所以前者的概率可以通过用正态分布估计后者的概率得到.

(4) 切比雪夫不等式只能估计以 $\mathrm{E}(X)$为中心的对称区间上事件的概率,且估计误差较大,而中心极限定理不受此限制.

(5) 对于二项分布,当 n 很大,p 很小时,可用泊松分布来近似.但当 np 较大时,用泊松分布估计二项分布误差较大.用正态分布只需 n 较大即可.

例 4　学校召开家长会时,对于一个学生而言,来参加家长会的人数是一个随机变量.设一个学生无家长、有一名家长、有两名家长来参加家长会的概率分别为 0.05,0.8,0.15.设某学校共有学生 400 名,且各学生家长是否参加家长会相互独立,求:

(1) 参加家长会的家长超过 450 人的概率；

(2) 有一名家长来参加家长会的学生不多于 340 人的概率.

解 (1) 设第 i 名学生的来参加家长会的家长人数为随机变量 X_i，则 $X_i(i=1,2,\cdots,400)$相互独立，且分布律为

X_i	0	1	2
P	0.05	0.8	0.15

$(i=1,2,\cdots,400)$

所以 $$\mathrm{E}(X_i)=1.1,\quad \mathrm{D}(X_i)=0.19\quad (i=1,2,\cdots,400).$$

设 X 为参加家长会的家长数，则 $X=\sum\limits_{i=1}^{400}X_i$ 为独立同分布随机变量的和. 由独立同分布中心极限定理有 $X\overset{\text{近似}}{\sim}N(\mathrm{E}(X),\mathrm{D}(X))=N(440,76)$，所以参加家长会的家长超过 450 人的概率为

$$P\{X>450\}=P\left\{\frac{X-440}{\sqrt{76}}>\frac{10}{\sqrt{76}}\right\}\approx 1-\Phi\left(\frac{10}{\sqrt{76}}\right)=0.1521.$$

(2) 设 Y 为有一名家长来参加家长会的学生数，则 $Y\sim B(400,0.8)$. 由棣莫弗-拉普拉斯中心极限定理有 $Y\overset{\text{近似}}{\sim}N(320,64)$，所以有一名家长来参加家长会的学生不多于 340 人的概率为

$$P\{Y\leqslant 340\}=P\left\{\frac{Y-320}{\sqrt{64}}\leqslant\frac{20}{\sqrt{64}}\right\}\approx\Phi(2.5)=0.9938.$$

总习题五

1. 设随机变量 $X_1,X_2,\cdots,X_n,\cdots$ 独立同分布，且 $\mathrm{E}(X_k)=\mu,D(X_k)=8(k=1,2,\cdots)$，令 $\overline{X}=\frac{1}{n}\sum\limits_{k=1}^{n}X_k$，试利用切比雪夫不等式估计 $P\{|\overline{X}-\mu|<4\}$.

2. 随机地掷 6 颗骰子，试利用切比雪夫不等式估计 6 颗骰子出现的点数总和不小于 9 且不超过 33 的概率.

3. 利用依概率收敛的定义证明：如果 $X_n\xrightarrow{P}X$，则 $cX_n\xrightarrow{P}cX$，其中 c 为常数，且 $c\neq 0$.

4. 利用依概率收敛的定义证明：如果 $X_n\xrightarrow{P}X,Y_n\xrightarrow{P}Y$，则 $X_n+Y_n\xrightarrow{P}X+Y$.

5. 投掷一颗骰子 100 次，记第 i 次掷出的点数为 $X_i(i=1,2,\cdots,100)$，点数之平均为 $\overline{X}=\frac{1}{100}\sum\limits_{i=1}^{100}X_i$，试求概率 $P\{3\leqslant\overline{X}\leqslant 4\}$.

6. 设 $X_i(i=1,2,\cdots,50)$是独立同分布的随机变量，且它们都服从参数为 0.03 的泊松分布，记 $X=X_1+X_2+\cdots X_{50}$，试用中心极限定理计算概率 $P\{X\geqslant 3\}$.

7. 设某个系统由 100 个独立工作的部件组成，每个部件工作的概率为 0.9，求该系统至少有 85 个部件

工作的概率.

8. 设一大批产品中一级品率为10%. 现在从中任取500件,至少应取多少件才能以大于95%的把握使一级品的比例与10%之差的绝对值小于2%.

9. 设有200台独立工作的机床,每台机床工作的概率为0.7,每台机床工作时需15 kW电力,问:共需多少电力,才可有95%的可能性保证供电充足?

10. 一通信系统拥有50台相互独立起作用的交换机. 在该系统运行期间,每台交换机能清晰接收信号的概率为0.90,系统正常工作时能清晰接收信号所需求的交换机至少45台. 求该通信系统能正常工作的概率.

第六章　抽 样 分 布

前五章中探讨问题时常常假设一个随机变量的分布形式与分布中的参数已知.例如,市场上灯泡的寿命 X 服从参数为 $\theta=\frac{1}{1000}$ 的指数分布.面对真实的市场,灯泡的寿命服从什么分布没有人给出,即使是已经验证服从指数分布,θ 是多少也常常不清楚.借助统计数据对随机变量 X 所服从的分布、参数、数字特征做出推断,即是“数理统计”要介绍的内容.本章先介绍数理统计中常用的术语与分布.

一、总体与样本

1. 总体与个体

用“总体”“个体”这些日常用语作为数学概念源于它们的实际背景.仍以探讨市场上灯泡的寿命为例:因为要探讨的是市场上所有灯泡(当然是相对的)的寿命状况,所以所有的灯泡是总体,一个灯泡则是个体.当我们关心的是所有灯泡的寿命时,也就顺便称所有灯泡的寿命 X 为总体.类似地,称一个灯泡的寿命为个体.由于 X 的取值有很多,随机取一个灯泡,寿命是多少并不清楚,因此总体 X 是一个随机变量.用数学语言概括为:

定义 1　**总体**(population)是具有一定分布的随机变量.

2. 样本

要认识总体,全部拿来测试出结果,或不可能或不可取.办法当然是抽出若干个,测出寿命,进行推测,即**抽样**(random sampling).例如,抽取 n 个灯泡,测出寿命 $x_1,x_2,\cdots,x_n$,借用它们推测总体.如果把它们叫样本,似乎样本就是一组数.事实上,一个灯泡在测试前寿命是多少并不知道,理想的是总体有多少取值,它就可能有多少取值,且取值的概率与总体一致,这样才有资格代表总体,于是一个灯泡的寿命,即个体也是一个随机变量,所以抽出的 n 个灯泡的寿命,就是 n 个随机变量 $X_1,X_2,\cdots,X_n$,称其为样本.提炼其实质概括为:

定义 2　与总体 X 同分布且相互独立的 n 个随机变量 $X_1,X_2,\cdots,X_n$,称为来自总体 X 的**简单随机样本**,简称**样本**(sample),其中 n 称为**样本容量**(content),相应测出的样本值 $x_1,x_2,\cdots,x_n$ 称为**样本观测值**.

定义 2 中既然称其为简单随机样本,必然有不简单的随机样本.事实上,有时 n 个灯泡寿命 $X_1,X_2,\cdots,X_n$ 之间可能不相互独立,如线性相关;或分布不同,如方差相异.后面我们谈样本,仅指简单随机样本.

3. 样本联合分布与总体分布的关系

结论　设有总体 X,而 $X_1,X_2,\cdots,X_n$ 是来自总体 X 的样本.由随机变量相互独立的定

义与充分必要条件，有

(1) 若总体 X 的分布函数为 $F(x)$，则样本 $X_1,X_2,\cdots,X_n$ 的联合分布函数为

$$F^*(x_1,x_2,\cdots,x_n)=\prod_{i=1}^{n}F(x_i).$$

(2) 若总体 X 为连续型随机变量，概率密度为 $f(x)$，则样本 $X_1,X_2,\cdots,X_n$ 的联合概率密度为

$$f^*(x_1,x_2,\cdots,x_n)=f(x_1)f(x_2)\cdots f(x_n)=\prod_{i=1}^{n}f(x_i),$$

即样本的联合概率密度等于边缘概率密度的积，又边缘概率密度与总体概率密度相同.

例如，对于结论(1)，因为

$$F^*(x_1,x_2,\cdots,x_n)=P\{X_1\leqslant x_1,X_2\leqslant x_2,\cdots,X_n\leqslant x_n\},$$

而 $X_1,X_2,\cdots,X_n$ 相互独立且与总体 X 同分布，所以

$$F^*(x_1,x_1,\cdots,x_n)=P\{X_1\leqslant x_1\}P\{X_2\leqslant x_2\}\cdots P\{X_n\leqslant x_n\}=\prod_{i=1}^{n}F(x_i).$$

例 1 设总体 $X\sim N(\mu,\sigma^2)$，$X_1,X_2,\cdots,X_n$ 为来自总体 X 的样本，求样本的联合概率密度.

解 由题设知 $X_1,X_2,\cdots,X_n$ 相互独立，且 $X_i\sim N(\mu,\sigma^2)$ $(i=1,2,\cdots,n)$，所以样本的联合概率密度为

$$f^*(x_1,x_2,\cdots,x_n)=\prod_{i=1}^{n}\frac{1}{\sqrt{2\pi}\sigma}e^{-\frac{(x_i-\mu)^2}{2\sigma^2}}=\left(\frac{1}{\sqrt{2\pi}\sigma}\right)^n e^{-\frac{1}{2\sigma^2}\sum_{i=1}^{n}(x_i-\mu)^2}.$$

注 下列做法是错误的：

$$f^*(x_1,x_2,\cdots,x_n)=\prod_{i=1}^{n}\frac{1}{\sqrt{2\pi}\sigma}e^{-\frac{(x-\mu)^2}{2\sigma^2}}=\left(\frac{1}{\sqrt{2\pi}\sigma}\right)^n e^{-\frac{n}{2\sigma^2}(x-\mu)^2}.$$

这是因为样本 $X_1,X_2,\cdots,X_n$ 与总体 X 同分布，不代表 $X_1,X_2,\cdots,X_n$ 的所有取值均为 x，它们相互独立，各有各的取值，$X_1,X_2,\cdots,X_n$ 的联合概率密度应该是 X_i 在点 x_i 处的概率密度 $f(x_i)(i=1,2,\cdots,n)$的积.

二、统计量

1. 统计量的定义

在用样本推断总体时，常常需构造样本的函数. 为此，引出统计量这一术语.

定义 3 设 $X_1,X_2,\cdots,X_n$ 是来自总体 X 的样本. 若样本函数 $g(X_1,X_2,\cdots,X_n)$中不含分布的未知参数，则称 $g(X_1,X_2,\cdots,X_n)$为**统计量**(statistics).

例如，设 $X_1,X_2,\cdots,X_n$ 是来自正态总体 $N(\mu,\sigma^2)$的样本，则

$$Y=\frac{1}{n}(X_1^2+X_2^2+\cdots+X_n^2),\quad Z=\min\{X_1,X_2,\cdots,X_n\}$$

均是统计量,而当 μ 或 σ 未知时,$W=\frac{1}{n}\sum_{i=1}^{n}\frac{X_i-\mu}{\sigma}$ 就不是统计量.

形象地说,统计量就是完全由统计决定的量.应该注意到统计量是随机变量,若将样本 $X_1,X_2,\cdots,X_n$ 的观测值 $x_1,x_2,\cdots,x_n$ 代入统计量 $g(X_1,X_2,\cdots,X_n)$,得到的 $g(x_1,x_2,\cdots,x_n)$ 则为统计量 $g(X_1,X_2,\cdots,X_n)$ 的观测值.

2. 几个常用的统计量

设 $X_1,X_2,\cdots,X_n$ 是来自总体 X 的样本,则可定义下列常用统计量:

样本均值(sample mean)

$$\overline{X}=\frac{1}{n}(X_1+X_2+\cdots+X_n)=\frac{1}{n}\sum_{i=1}^{n}X_i;$$

样本方差(sample variance)

$$S^2=\frac{1}{n-1}\sum_{i=1}^{n}(X_i-\overline{X})^2=\frac{1}{n-1}\left(\sum_{i=1}^{n}X_i^2-n\overline{X}^2\right);$$

样本标准差

$$S=\sqrt{S^2}=\sqrt{\frac{1}{n-1}\sum_{i=1}^{n}(X_i-\overline{X})^2};$$

样本 k 阶原点矩

$$A_k=\frac{1}{n}\sum_{i=1}^{n}X_i^k\quad(k=1,2,\cdots);$$

样本 k 阶中心矩

$$B_k=\frac{1}{n}\sum_{i=1}^{n}(X_i-\overline{X})^k\quad(k=2,3,\cdots).$$

注　(1) 样本矩是随机变量,总体矩是数,如样本一阶原点矩即样本均值 $\overline{X}=\frac{1}{n}\sum_{i=1}^{n}X_i$,是随机变量,总体一阶原点矩即数学期望 $\mathrm{E}(X)$,是数.

(2) 样本二阶中心矩为 $B_2=\frac{1}{n}\sum_{i=1}^{n}(X_i-\overline{X})^2$,样本方差为 $S^2=\frac{1}{n-1}\sum_{i=1}^{n}(X_i-\overline{X})^2$,二者有区别,区别的意义在例 2 的注中有说明,以后会进一步看到其意义所在.

(3) 常用统计量的观测值(指将样本观测值代入统计量中所得统计量的值)一般用相应的小写英文字母表示,如 $\bar{x},s^2,s$ 分别表示 $\overline{X},S^2,S$ 的观测值.

例 2　设有总体 X,且 $\mathrm{E}(X)=\mu,\mathrm{D}(X)=\sigma^2$,试证: $\mathrm{E}(S^2)=\sigma^2$.

证明　因为

$$\begin{aligned}\sum_{i=1}^{n}(X_i-\overline{X})^2&=\sum_{i=1}^{n}(X_i^2-2X_i\overline{X}+\overline{X}^2)=\sum_{i=1}^{n}X_i^2-2\overline{X}\sum_{i=1}^{n}X_i+n\overline{X}^2\\&=\sum_{i=1}^{n}X_i^2-2n\overline{X}^2+n\overline{X}^2=\sum_{i=1}^{n}X_i^2-n\overline{X}^2,\end{aligned}$$

所以
$$S^2=\frac{1}{n-1}\left(\sum_{i=1}^{n}X_i^2-n\overline{X}^2\right).$$
因为
$$\mathrm{E}(X_i^2)=\mathrm{D}(X_i)+[\mathrm{E}(X_i)]^2=\sigma^2+\mu^2,\quad \mathrm{E}(\overline{X}^2)=\mathrm{D}(\overline{X})+[\mathrm{E}(\overline{X})]^2=\frac{\sigma^2}{n}+\mu^2,$$
所以
$$\begin{aligned}\mathrm{E}(S^2)&=\frac{1}{n-1}\mathrm{E}\left(\sum_{i=1}^{n}X_i^2-n\overline{X}^2\right)=\frac{1}{n-1}\left[\mathrm{E}\left(\sum_{i=1}^{n}X_i^2\right)-n\mathrm{E}(\overline{X}^2)\right]\\&=\frac{1}{n-1}\left[\sum_{i=1}^{n}\mathrm{E}(X_i^2)-n\mathrm{E}(\overline{X}^2)\right]=\frac{1}{n-1}[n\sigma^2+n\mu^2-(\sigma^2+n\mu^2)]=\sigma^2.\end{aligned}$$

注　(1) 上述证明过程同时说明样本方差给出的两个表达式确实相等；

(2) $\mathrm{E}(S^2)=\sigma^2$ 得证，也就证明了 $\mathrm{E}\left[\frac{1}{n}\sum_{i=1}^{n}(X_i-\overline{X})^2\right]\neq\sigma^2$.

三、数理统计中的常用分布

下面介绍在数理统计中常用的三个分布.

1. χ^2 分布

1.1　χ^2 分布的定义

定义 4　若随机变量 $X_1,X_2,\cdots,X_n$ 相互独立，均服从标准正态分布 $N(0,1)$，则称随机变量 $\chi^2=X_1^2+X_2^2+\cdots+X_n^2$ 服从的分布为 **n 个自由度的 χ^2 分布**(chi squared distribution)，记作 $\chi^2\sim\chi^2(n)$.

注　(1) χ^2 是连续型随机变量；

(2) $\chi^2(n)$分布中的参数为 n，称其为自由度，简单地说，是因为随机变量 χ^2 由 n 个相互独立的随机变量构成.

在 §2.5 的例 5 中，随机变量 $X\sim N(0,1)$，我们讨论过 $Y=X^2$ 服从的分布，它就是自由度为 1 的 χ^2 分布.

1.2　χ^2 分布概率密度的图像

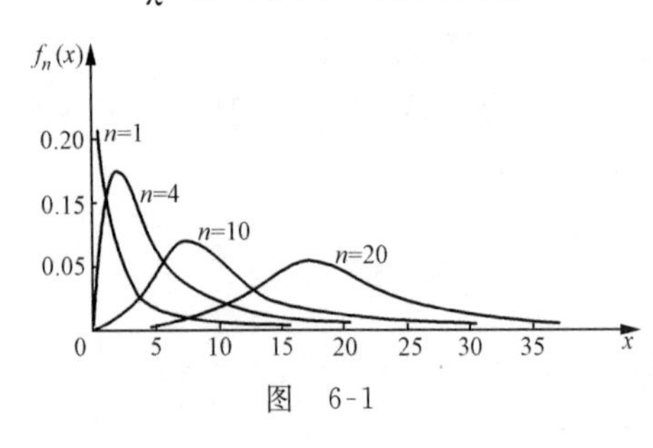

图　6-1

$\chi^2(n)$分布的概率密度为
$$f_n(x)=\begin{cases}\dfrac{1}{2^{\frac{n}{2}}\Gamma\left(\frac{n}{2}\right)}x^{\frac{n}{2}-1}\mathrm{e}^{-\frac{x}{2}}, & x>0,\\ 0, & x\leqslant 0.\end{cases}$$
推导过程略，愿意了解的读者，请参阅有关参考书.

随机变量 χ^2 取值为正数，所以概率密度仅当 $x>0$ 时不为 0，其图像不为 0 的部分也仅分布在第一象限，见图 6-1.

注　n 个自由度的 χ^2 分布，当 $n>2$ 时，其概率密度的极大值在 $x=n-2$ 处取得，因此随着 n 的加大，极大值往后移.

1.3　χ^2 分布的性质

性质　设随机变量 $X\sim\chi^2(n_1)$，$Y\sim\chi^2(n_2)$，X 与 Y 相互独立，则

$$X+Y\sim\chi^2(n_1+n_2).$$

证明略. 由 $\chi^2(n)$分布的定义，也即背景，容易得出该结论，说明如下：

由 $X\sim\chi^2(n_1)$，不妨设 $X=X_1^2+X_2^2+\cdots+X_{n_1}^2$，其中 $X_i\sim N(0,1)(i=1,2,\cdots,n_1)$，$X_1,X_2,\cdots,X_{n_1}$ 相互独立；由 $Y\sim\chi^2(n_2)$，不妨设 $Y=Y_1^2+Y_2^2+\cdots+Y_{n_2}^2$，其中 $Y_i\sim N(0,1)(i=1,2,\cdots,n_2)$，$Y_1,Y_2,\cdots,Y_{n_2}$ 相互独立.

X 与 Y 相互独立，即 $X_1,X_2,\cdots,X_{n_1},Y_1,Y_2,\cdots,Y_{n_2}$ 相互独立，而

$$X+Y=X_1^2+X_2^2+\cdots+X_{n_1}^2+Y_1^2+Y_2^2+\cdots+Y_{n_2}^2,$$

所以 $X+Y\sim\chi^2(n_1+n_2)$.

1.4　χ^2 分布的期望与方差

结论　设随机变量 $\chi^2\sim\chi^2(n)$，则 $\mathrm{E}(\chi^2)=n$，$\mathrm{D}(\chi^2)=2n$.

证明　$\chi^2(n)$分布的背景是标准正态总体 $N(0,1)$的样本的平方和，即总体 $X\sim N(0,1)$，$X_1,X_2,\cdots,X_n$ 为来自总体 X 的样本，$\chi^2=X_1^2+X_2^2+\cdots+X_n^2$，所以

$$\mathrm{E}(\chi^2)=\mathrm{E}\left(\sum_{i=1}^{n}X_i^2\right)=\sum_{i=1}^{n}\mathrm{E}(X_i^2)=n\mathrm{E}(X^2)=n[\mathrm{D}(X)+[\mathrm{E}(X)]^2]=n,$$

$$\mathrm{D}(\chi^2)=\mathrm{D}\left(\sum_{i=1}^{n}X_i^2\right)=\sum_{i=1}^{n}\mathrm{D}(X_i^2)=\sum_{i=1}^{n}\mathrm{D}(X^2)=n\mathrm{D}(X^2).$$

而 $\mathrm{E}(X^4)=\int_{-\infty}^{+\infty}x^4\frac{1}{\sqrt{2\pi}}\mathrm{e}^{-\frac{x^2}{2}}\mathrm{d}x=3$，从而 $\mathrm{D}(X^2)=\mathrm{E}(X^4)-[\mathrm{E}(X^2)]^2=3-1=2$，所以

$$\mathrm{D}(\chi^2)=n\mathrm{D}(X^2)=2n.$$

1.5　查 χ^2 分布表

设随机变量 $\chi^2\sim\chi^2(n)$. 我们常常要确定一个数，使得随机变量 χ^2 大于这个数的概率为给定的概率值 α，记这个数为 $\chi_\alpha^2(n)$，也就是要确定 $\chi_\alpha^2(n)$，使得

$$P\{\chi^2\geqslant\chi_\alpha^2(n)\}=\alpha.$$

通常称 $\chi_\alpha^2(n)$为 n 个自由度的 χ^2 分布的**上 α 分位点**.

如图 6-2 所示，设曲线为 $\chi^2(n)$分布概率密度的图像，则其中斜线阴影区域的面积为 α.

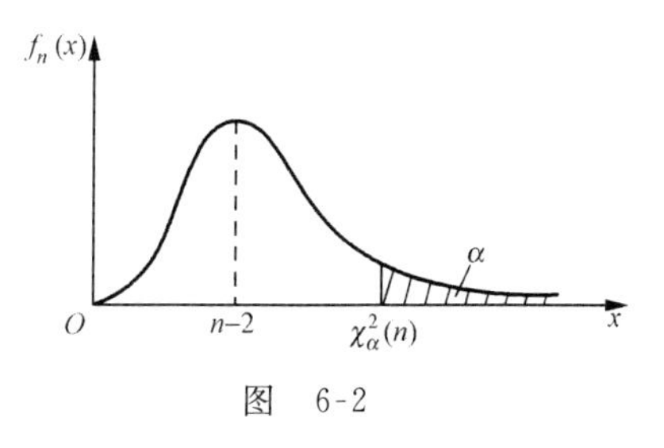

图　6-2

例 3　设随机变量 $\chi^2\sim\chi^2(10)$，分别确定 $\alpha=0.05$ 与 $\alpha=0.95$ 时的上 α 分位点.

解　已知自由度为 10.

当 $\alpha=0.05$ 时，由 χ^2 分布表(附表 4)查得 $\chi_{0.05}^2(10)=18.307$，这表示

$$P\{\chi^2 \geqslant 18.307\} = 0.05;$$

当 $\alpha=0.95$ 时,由 χ^2 分布表查得 $\chi^2_{0.95}(10)=3.94$,这表示

$$P\{\chi^2 \geqslant 3.94\} = 0.95.$$

对应于 $\alpha=0.05$ 与 $\alpha=0.95$,$\chi^2(10)$分布的上 α 分位点位置分别如图 6-3(a),(b)所示.

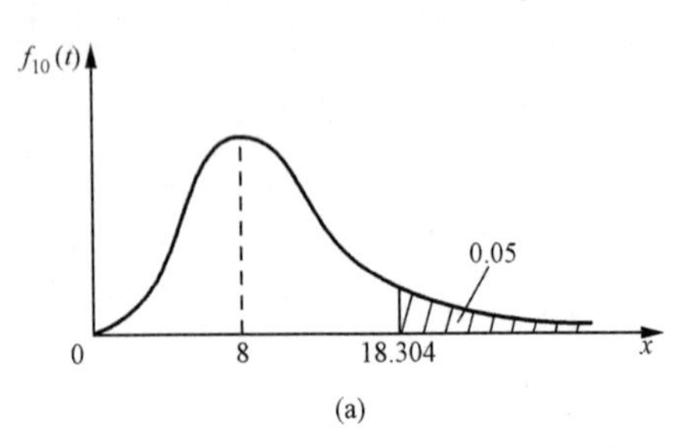

(a)

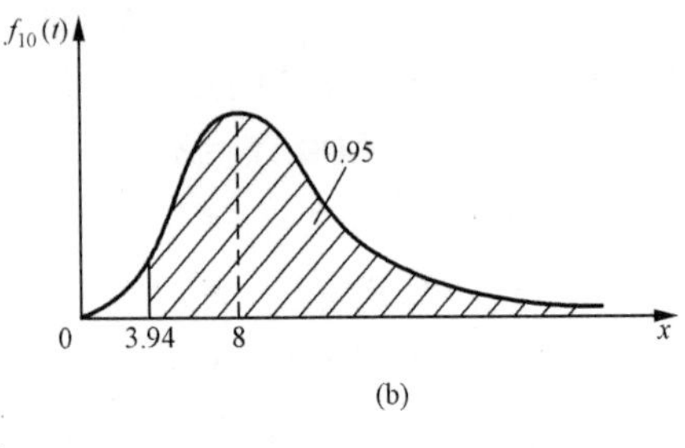

(b)

图 6-3

注 χ^2 分布表一般仅列到 $n=45$. 当 $n>45$ 时,处理方法与依据如下:

(1) χ^2 分布的背景:设 $X_1, X_2, \cdots, X_n$ 相互独立,均服从标准正态分布 $N(0,1)$,则

$$\chi^2 = X_1^2 + X_2^2 + \cdots + X_n^2 \sim \chi^2(n);$$

(2) 由独立同分布中心极限定理,当 n 较大($n>45$)时,可以将 $\chi^2 \sim \chi^2(n)$看作

$$\chi^2 \overset{\text{近似}}{\sim} N(n, 2n).$$

例 4 设随机变量 $\chi^2 \sim \chi^2(50)$,求 $\chi^2_{0.05}(50)$.

解 自由度为 50,则 $E(\chi^2)=50$,$D(\chi^2)=100$,且可视

$$\chi^2 \overset{\text{近似}}{\sim} N(50,100), \quad \text{即} \quad \frac{\chi^2 - 50}{\sqrt{100}} \overset{\text{近似}}{\sim} N(0,1).$$

于是

$$P\{\chi^2 > \chi^2_{0.05}(50)\} = P\left\{\frac{\chi^2 - 50}{\sqrt{100}} > \frac{\chi^2_{0.05}(50) - 50}{\sqrt{100}}\right\} = 0.05,$$

即

$$\frac{\chi^2_{0.05}(50) - 50}{\sqrt{100}} \approx u_{0.05} = 1.65, \quad \chi^2_{0.05}(50) \approx 10 \times 1.65 + 50 = 66.5,$$

其中 $u_{0.05}=1.65$ 为标准正态分布对应于 $\alpha=0.05$ 的上 α 分位点.

2. t 分布

2.1 t 分布的定义

定义 5 若随机变量 $X \sim N(0,1)$,$Y \sim \chi^2(n)$,X 与 Y 相互独立,则称随机变量

$$T = \frac{X}{\sqrt{Y/n}}$$

服从的分布为 n **个自由度的** t **分布**(student distribution),记作 $T \sim t(n)$.

注 T 是连续型随机变量,其取值遍布实数域 $\mathbf{R}$.

2.2 t 分布概率密度的图像

$t(n)$分布的概率密度为

$$f_n(t)=\frac{\Gamma\left(\frac{n+1}{2}\right)}{\sqrt{\pi n}\,\Gamma\left(\frac{n}{2}\right)}\left(1+\frac{t^2}{n}\right)^{-\frac{n+1}{2}},\quad t\in\mathbf{R}.$$

推导过程略.

由 $t(n)$分布概率密度的表达式可知,其为偶函数,在 $t=0$ 处取到极大值,其图像关于纵轴对称,以横轴为水平渐近线,见图 6-4.

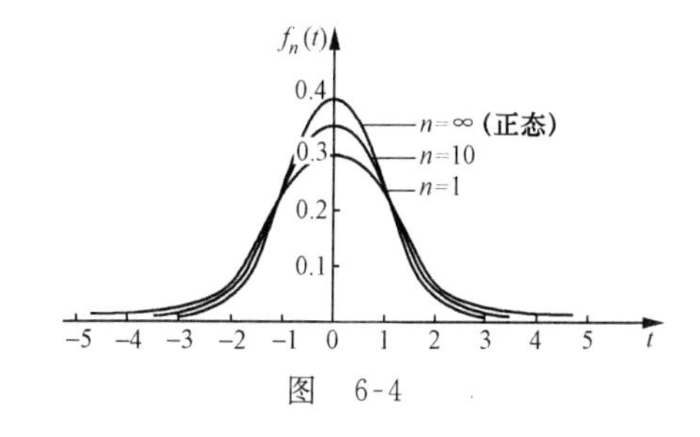

图 6-4

注 (1) 随着 n 的加大,$t(n)$分布概率密度的图像变陡;

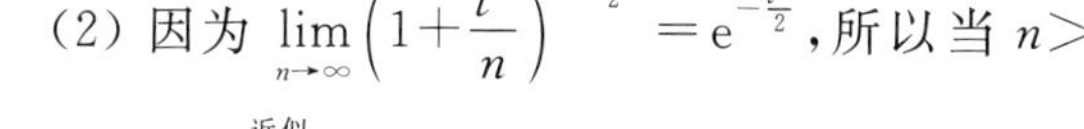

(2) 因为 $\lim\limits_{n\to\infty}\left(1+\dfrac{t^2}{n}\right)^{-\frac{n+1}{2}}=\mathrm{e}^{-\frac{t^2}{2}}$,所以当 $n>45$ 时,可视 $T\overset{\text{近似}}{\sim}N(0,1)$.

2.3 查 t 分布表

设随机变量 $T\sim t(n)$. 对于给定的概率值 α,我们同样需要确定数值 $t_\alpha(n)$,使得

$$P\{T\geqslant t_\alpha(n)\}=\alpha.$$

称 $t_\alpha(n)$为 n 个自由度的 t 分布的**上 α 分位点**.

如图 6-5 所示,设曲线表示 $t(n)$分布概率密度的图像,则其中斜线阴影区域的面积为 α.

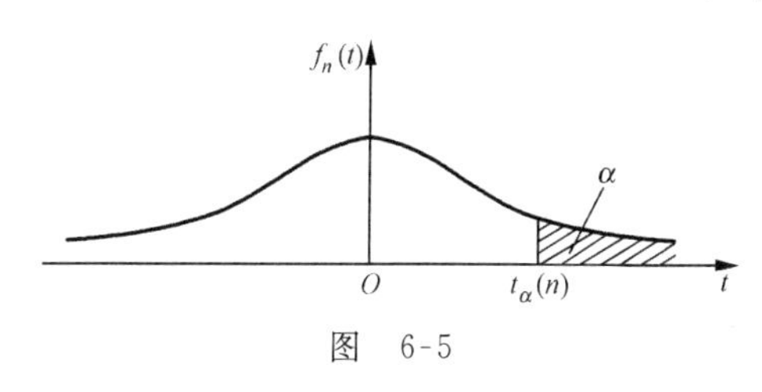

图 6-5

例 5 设随机变量 $T\sim t(10)$,分别确定 $\alpha=0.05$ 与 $\alpha=0.95$ 时的上 α 分位点.

解 当 $\alpha=0.05$ 时,由 t 分布表(附表 3)可以查到

$$t_{0.05}(10)=1.8125,\quad 即\quad P\{T\geqslant 1.8125\}=0.05.$$

当 $\alpha=0.95$ 时,上 α 分位点 $t_{0.95}(10)$在 t 分布表上没有列出. 由 $t(n)$分布概率密度图像的对称性可知 $t_{0.95}(10)=-t_{0.05}(10)=-1.8125$,所以

$$P\{T\geqslant -1.8125\}=0.95.$$

对应于 $\alpha=0.05$ 与 $\alpha=0.95$,$t(10)$分布的上 α 分位点位置分别如图 6-6(a),(b)所示.

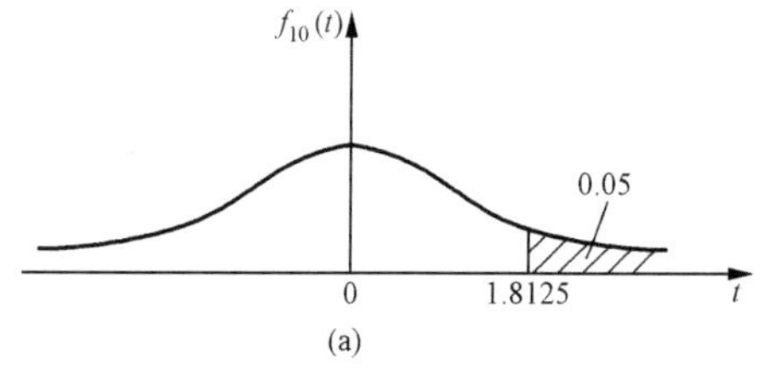

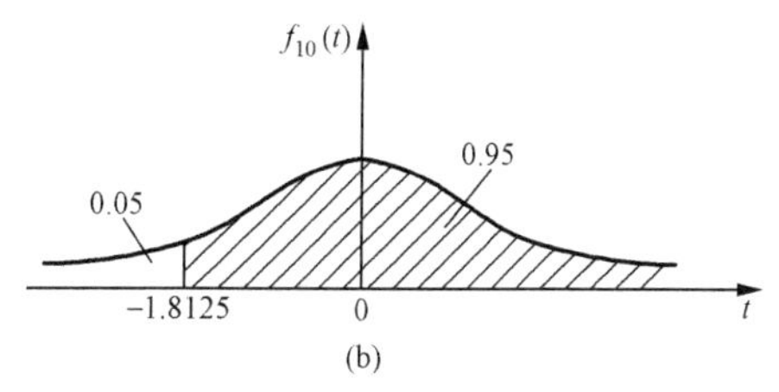

图 6-6

注　当 $n>45$ 时，$T\overset{\text{近似}}{\sim}N(0,1)$，可以由标准正态分布确定 $t(n)$ 分布的上 α 分位点.

3. F 分布

3.1　F 分布的定义

定义 6　若随机变量 $U\sim\chi^2(n_1)$，$V\sim\chi^2(n_2)$，且 U 与 V 相互独立，则称随机变量

$$F=\frac{U/n_1}{V/n_2}$$

服从的分布为**第一自由度为 n_1，第二自由度为 n_2 的 F 分布**，记作 $F\sim F(n_1,n_2)$.

注　F 是连续型随机变量，取值范围为 $(0,+\infty)$.

3.2　F 分布概率密度的图像

可推导出(过程略)$F(n_1,n_2)$ 分布的概率密度为

$$f(y)=\begin{cases}\dfrac{\Gamma\left(\dfrac{n_1+n_2}{2}\right)\left(\dfrac{n_1}{n_2}\right)^{\frac{n_1}{2}}y^{\frac{n_1}{2}-1}}{\Gamma\left(\dfrac{n_1}{2}\right)\Gamma\left(\dfrac{n_2}{2}\right)\left(1+\dfrac{n_1y}{n_2}\right)^{\frac{n_1+n_2}{2}}}, & y>0,\\ 0, & \text{其他}.\end{cases}$$

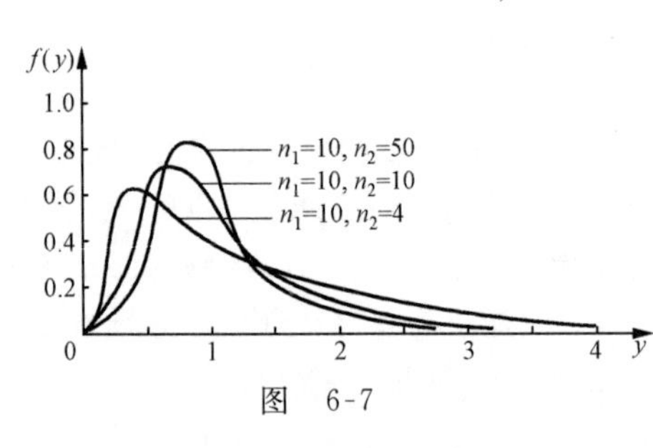

图　6-7

与 χ^2 分布一样，F 分布随机变量 F 的取值为正数，所以其概率密度图像不为 0 的部分仅分布在第一象限，见图 6-7.

注　从形状看，F 分布的概率密度图像与 χ^2 分布的概率密度图像很相似. 实际上，$\chi^2(n)$ 分布的极大值在 $x=n-2$ 处，而 $F(n_1,n_2)$ 分布的极大值在 $y=\dfrac{(n_1-2)n_2}{n_1(n_2+2)}<1$ 处.

3.3　F 分布的性质

从 F 分布的背景，容易得出下面的结论：

结论　若随机变量 $F\sim F(n_1,n_2)$，则 $\dfrac{1}{F}\sim F(n_2,n_1)$.

3.4　查 F 分布表

设随机变量 $F\sim F(n_1,n_2)$. 对于给定的概率 α，通过 F 分布表(附表 5)可以查到确定的数 $F_\alpha(n_1,n_2)$，使得

$$P\{F\geqslant F_\alpha(n_1,n_2)\}=\alpha.$$

称数值 $F_\alpha(n_1,n_2)$ 为 $F(n_1,n_2)$ 分布的**上 α 分位点**.

设图 6-8 中曲线为 $F(n_1,n_2)$ 分布概率密度的图像，则斜线阴影区域的面积为 α，即事件 $\{F\geqslant F_\alpha(n_1,n_2)\}$ 的概率.

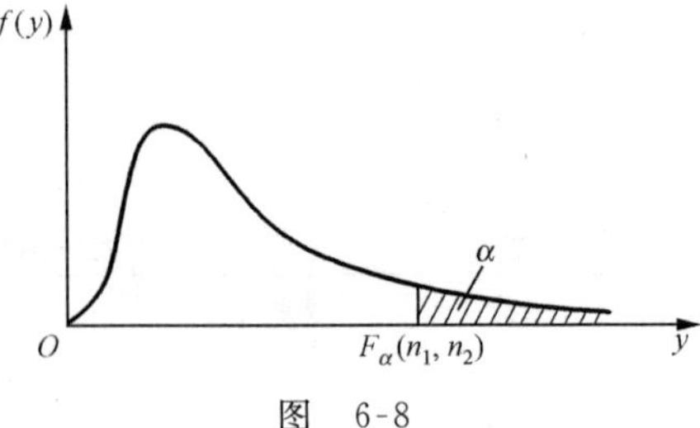

图　6-8

F 分布表中没有列出 $\alpha=0.9,0.95,0.975$ 等对

应的上 α 分位点,因为由 F 分布的性质有**结论**:

$$F_{1-\alpha}(n_2,n_1)=\frac{1}{F_\alpha(n_1,n_2)}.\tag{1}$$

证明　设 $F\sim F(n_1,n_2)$,对于概率 α,上 α 分位点为 $F_\alpha(n_1,n_2)$,则

$$P\{F\geqslant F_\alpha(n_1,n_2)\}=\alpha,\quad P\left\{\frac{1}{F}\leqslant\frac{1}{F_\alpha(n_1,n_2)}\right\}=\alpha,\quad P\left\{\frac{1}{F}>\frac{1}{F_\alpha(n_1,n_2)}\right\}=1-\alpha.$$

因为 $\frac{1}{F}\sim F(n_2,n_1)$,所以 $P\left\{\frac{1}{F}>F_{1-\alpha}(n_2,n_1)\right\}=1-\alpha$. 因此

$$\frac{1}{F_\alpha(n_1,n_2)}=F_{1-\alpha}(n_2,n_1).$$

例 6　设随机变量 $F\sim F(15,10)$,分别确定 $\alpha=0.05$ 与 $\alpha=0.95$ 时的上 α 分位点.

解　第一自由度为 $n_1=15$,第二自由度为 $n_2=10$.

当 $\alpha=0.05$ 时,查 F 分布表得上 α 分位点为 $F_{0.05}(15,10)=2.85$.

由(1)式得 $\alpha=0.95$ 时对应的上 α 分位点

$$F_{0.95}(15,10)=\frac{1}{F_{0.05}(10,15)}=\frac{1}{2.54}=0.394.$$

对应于 $\alpha=0.05$ 与 $\alpha=0.95$,$F(15,10)$分布的上 α 分位点位置分别如图 6-9(a),(b)所示.

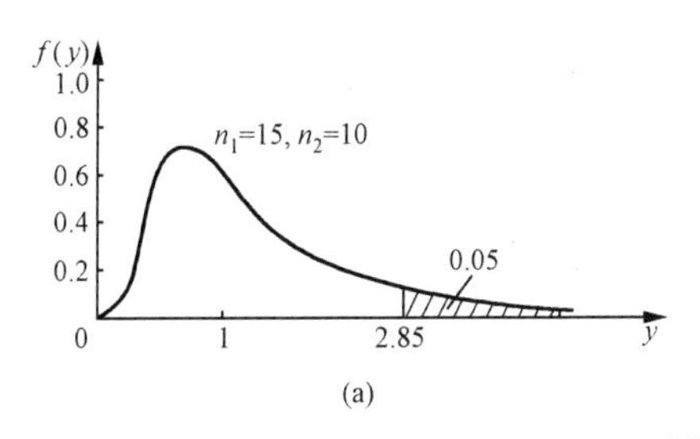

(a)

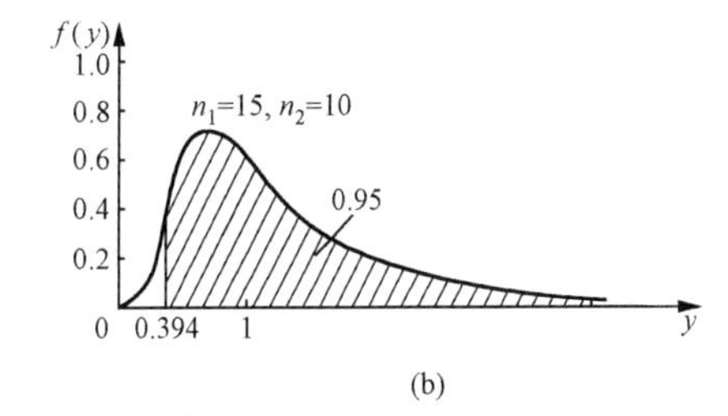

(b)

图　6-9

例 7　设 $X_1,X_2,\cdots,X_n$ 为来自总体 $X\sim N(0,0.3^2)$的样本,求 $P\left\{\sum_{i=1}^{10}X_i^2>1.44\right\}$.

解　由题设知 $X_i\sim N(0,0.3^2)$,$\frac{X_i}{0.3}\sim N(0,1)(i=1,2,\cdots,10)$,于是

$$\sum_{i=1}^{10}\left(\frac{X_i}{0.3}\right)^2\sim\chi^2(10).$$

设 $P\left\{\sum_{i=1}^{10}X_i^2>1.44\right\}=P\left\{0.09\sum_{i=1}^{10}\left(\frac{X_i}{0.3}\right)^2>1.44\right\}=P\left\{\sum_{i=1}^{10}\left(\frac{X_i}{0.3}\right)^2>16\right\}=\alpha$,则 $\chi_\alpha^2(10)=16$. 由 χ^2 分布表可查得 $\alpha=0.1$,即

$$P\left\{\sum_{i=1}^{10}X_i^2>1.44\right\}=0.1.$$

例 8 设随机变量 $T\sim t(n)$,试证:$T^2\sim F(1,n)$.

证明 由 t 分布的背景,设 $X\sim N(0,1)$,$Y\sim\chi^2(n)$,则 $T=\dfrac{X}{\sqrt{Y/n}}\sim t(n)$. 因为 $X^2\sim\chi^2(1)$,所以

$$T^2=\frac{X^2}{Y/n}=\frac{X^2/1}{Y/n}\sim F(1,n).$$

四、正态总体常用统计量的分布

正态分布是应用最广泛的一类分布,下面介绍正态总体的几个常用样本函数服从的分布.

定理 1 设 $X_1,X_2,\cdots,X_n$ 是来自正态总体 $X\sim N(\mu,\sigma^2)$ 的样本,则

$$\overline{X}\sim N\left(\mu,\frac{\sigma^2}{n}\right).$$

证明 在§3.6 的例 4 及§4.3 的例 2 中讨论并得出结论:

如果 $X_i\sim N(\mu_i,\sigma_i^2)(i=1,2,\cdots,n)$,且相互独立,则

$$a_1X_1+a_2X_2+\cdots+a_nX_n+b=\sum_{i=1}^n a_iX_i+b\sim N\left(\sum_{i=1}^n a_i\mu_i+b,\sum_{i=1}^n a_i^2\sigma_i^2\right),$$

其中 a_i,b 为常数,且 $a_i(i=1,2,\cdots,n)$ 不全为 0.

因 $X_1,X_2,\cdots,X_n$ 是来自正态总体 $X\sim N(\mu,\sigma^2)$ 的样本,故 $X_i\sim N(\mu,\sigma^2)(i=1,2,\cdots,n)$,且相互独立. 利用上面的结论,得

$$\overline{X}=\frac{1}{n}\sum_{i=1}^n X_i\sim N\left(\sum_{i=1}^n\frac{1}{n}\mu,\sum_{i=1}^n\left(\frac{1}{n}\right)^2\sigma^2\right),$$

而

$$\sum_{i=1}^n\frac{1}{n}\mu=\frac{1}{n}\cdot n\mu=\mu,\quad \sum_{i=1}^n\left(\frac{1}{n}\right)^2\sigma^2=\frac{1}{n^2}\cdot n\sigma^2=\frac{\sigma^2}{n},$$

所以

$$\overline{X}\sim N\left(\mu,\frac{\sigma^2}{n}\right).$$

例 9 在总体 $X\sim N(52,6.3^2)$ 中随机抽取一容量为 36 的样本,求样本均值落在 50.8~53.8 之间的概率.

解 设样本为 $X_1,X_2,\cdots,X_{36}$,由定理 1 知 $\overline{X}\sim N\left(52,\dfrac{6.3^2}{36}\right)$,所以样本均值落在 50.8~53.8 之间的概率为

$$\begin{aligned}P\{50.8<\overline{X}<53.8\}&=P\left\{-\frac{1.2}{6.3/6}<\frac{\overline{X}-52}{6.3/6}<\frac{1.8}{6.3/6}\right\}\\&=\Phi(1.71)-\Phi(-1.14)=\Phi(1.71)+\Phi(1.14)-1\\&=0.8293.\end{aligned}$$

定理 2 设 $X_1,X_2,\cdots,X_n$ 是来自正态总体 $X\sim N(\mu,\sigma^2)$ 的样本,则

(1) $\frac{(n-1)S^2}{\sigma^2}\sim\chi^2(n-1)$；

(2) $\overline{X}$ 与 S^2 相互独立.

证明略.

例 10　设有正态总体 $X\sim N(\mu,\sigma^2)$，样本容量为 n，S^2 为样本方差，试求 S^2 的方差.

解　由定理 2 知 $\frac{(n-1)S^2}{\sigma^2}\sim\chi^2(n-1)$，于是

$$\mathrm{D}\left[\frac{(n-1)S^2}{\sigma^2}\right]=\frac{(n-1)^2}{\sigma^4}\mathrm{D}(S^2)=2(n-1),\quad \text{所以}\quad \mathrm{D}(S^2)=\frac{2\sigma^4}{n-1}.$$

定理 3　设 $X_1,X_2,\cdots,X_n$ 是来自正态总体 $X\sim N(\mu,\sigma^2)$ 的样本，则

$$\frac{\overline{X}-\mu}{S/\sqrt{n}}\sim t(n-1).$$

证明　由定理 1 知 $\overline{X}\sim N\left(\mu,\frac{\sigma^2}{n}\right)$，即 $\frac{\overline{X}-\mu}{\sigma/\sqrt{n}}\sim N(0,1)$. 再由定理 2 知 $\frac{(n-1)S^2}{\sigma^2}\sim\chi^2(n-1)$. 又 $\overline{X}$ 与 S^2 相互独立，于是由 t 分布的定义有

$$\frac{\frac{\overline{X}-\mu}{\sigma/\sqrt{n}}}{\sqrt{\frac{(n-1)S^2}{\sigma^2(n-1)}}}=\frac{\overline{X}-\mu}{\frac{S}{\sqrt{n}}}\sim t(n-1).$$

定理 4　设 $X_1,X_2,\cdots,X_{n_1}$ 是来自正态总体 $X\sim N(\mu_1,\sigma^2)$ 的样本，$Y_1,Y_2,\cdots,Y_{n_2}$ 是来自正态总体 $Y\sim N(\mu_2,\sigma^2)$ 的样本，两正态总体相互独立，S_1^2,S_2^2 分别为两样本方差，则

$$\frac{(\overline{X}-\overline{Y})-(\mu_1-\mu_2)}{S_w\sqrt{\frac{1}{n_1}+\frac{1}{n_2}}}\sim t(n_1+n_2-2),\quad \text{其中}\quad S_w^2=\frac{(n_1-1)S_1^2+(n_2-1)S_2^2}{n_1+n_2-2}.$$

证明　因为 $\overline{X}\sim N\left(\mu_1,\frac{\sigma^2}{n_1}\right)$，$\overline{Y}\sim N\left(\mu_2,\frac{\sigma^2}{n_2}\right)$，$\overline{X}$ 与 $\overline{Y}$ 相互独立，所以

$$\overline{X}-\overline{Y}\sim N\left(\mu_1-\mu_2,\frac{\sigma^2}{n_1}+\frac{\sigma^2}{n_2}\right),\quad \text{即}\quad \frac{(\overline{X}-\overline{Y})-(\mu_1-\mu_2)}{\sigma\sqrt{\frac{1}{n_1}+\frac{1}{n_2}}}\sim N(0,1).$$

因为 $\frac{(n_1-1)S_1^2}{\sigma^2}\sim\chi^2(n_1-1)$，$\frac{(n_2-1)S_2^2}{\sigma^2}\sim\chi^2(n_2-1)$，$S_1^2$ 与 S_2^2 相互独立，所以由 χ^2 分布的性质得

$$\frac{(n_1-1)S_1^2}{\sigma^2}+\frac{(n_2-1)S_2^2}{\sigma^2}=\frac{(n_1-1)S_1^2+(n_2-1)S_2^2}{\sigma^2}\sim\chi^2(n_1+n_2-2).$$

综上所述，由 t 分布定义知

$$\frac{\dfrac{(\overline{X}-\overline{Y})-(\mu_1-\mu_2)}{\sigma\sqrt{\dfrac{1}{n_1}+\dfrac{1}{n_2}}}}{\sqrt{\dfrac{(n_1-1)S_1^2+(n_2-1)S_2^2}{\sigma^2(n_1+n_2-2)}}}=\frac{(\overline{X}-\overline{Y})-(\mu_1-\mu_2)}{S_w\sqrt{\dfrac{1}{n_1}+\dfrac{1}{n_2}}}\sim t(n_1+n_2-2).$$

定理 5 设 $X_1,X_2,\cdots,X_{n_1}$ 是来自正态总体 $X\sim N(\mu_1,\sigma_1^2)$ 的样本，$Y_1,Y_2,\cdots,Y_{n_2}$ 是来自正态总体 $Y\sim N(\mu_2,\sigma_2^2)$ 的样本，两正态总体相互独立，S_1^2,S_2^2 分别为两样本方差，则

$$F=\frac{S_1^2/\sigma_1^2}{S_2^2/\sigma_2^2}=\frac{S_1^2/S_2^2}{\sigma_1^2/\sigma_2^2}\sim F(n_1-1,n_2-1).$$

证明 由定理 2 知

$$\frac{(n_1-1)S_1^2}{\sigma_1^2}\sim\chi^2(n_1-1),\quad \frac{(n_2-1)S_2^2}{\sigma_2^2}\sim\chi^2(n_2-1),$$

而 $\dfrac{(n_1-1)S_1^2}{\sigma_1^2}$ 与 $\dfrac{(n_2-1)S_2^2}{\sigma_2^2}$ 相互独立，所以由 F 分布的定义得

$$\frac{\dfrac{(n_1-1)S_1^2}{\sigma_1^2}\Big/(n_1-1)}{\dfrac{(n_2-1)S_2^2}{\sigma_2^2}\Big/(n_2-1)}=\frac{S_1^2/\sigma_1^2}{S_2^2/\sigma_2^2}\sim F(n_1-1,n_2-1).$$

总习题六

1. 设 $X_1,X_2,\cdots,X_6$ 是来自 $(0,\theta)$ 上的均匀分布的样本，$\theta>0$ 未知.

(1) 写出样本的联合概率密度；

(2) 指出下列样本函数中哪些是统计量，哪些不是，并说明为什么：

$$T_1=\frac{X_1+X_2+\cdots+X_6}{6},\quad T_2=X_6-\theta,$$

$$T_3=X_6-\mathrm{E}(X_1),\quad T_4=\max\{X_1,X_2,\cdots,X_6\};$$

(3) 设一组样本观测值是 0.5，1，0.7，0.6，1，1，求样本均值、样本方差、样本标准差.

2. 设总体 X 服从正态分布 $N(40,3^2)$，$X_1,X_2,\cdots,X_{25}$ 为来自 X 的样本，求：

(1) 样本均值落在 39.1～41.2 之间的概率；

(2) 样本均值与总体数学期望的差的绝对值大于 0.8 的概率.

3. 设两个总体 X 和 Y 都服从正态分布 $N(30,3^2)$. 今从 X 和 Y 中分别抽取容量为 $n_1=20$，$n_2=25$ 的两个相互独立的样本，求 $P\{|\overline{X}-\overline{Y}|>0.4\}$.

4. 设总体 X 服从正态分布 $N(\mu,2^2)$，$X_1,X_2,\cdots,X_n$ 为来自 X 的样本，$\overline{X}$ 为样本均值，试问：样本容量 n 至少应取多少，才能使 $P\{|\overline{X}-\mu|<0.1\}\geqslant 0.95$？

5. 设总体 $X\sim N(0,2^2)$，而 $X_1,X_2,\cdots,X_{15}$ 是来自 X 的样本，则 $Y=\dfrac{X_1^2+X_2^2+\cdots+X_{10}^2}{2(X_{11}^2+X_{12}^2+\cdots+X_{15}^2)}$ 服从什么分布？参数是多少？又问：当 a 为何值时，$F=a\dfrac{X_1^2+X_2^2+\cdots+X_6^2}{X_7^2+X_8^2+\cdots+X_{15}^2}$ 服从 $F(6,9)$ 分布？

6. 设总体 $X\sim N(0,1)$，$X_1,X_2,\cdots,X_6$ 为来自 X 的样本，$Y=(X_1+X_2+X_3)^2+(X_4+X_5+X_6)^2$，试确定常数 c，使得 cY 服从 χ^2 分布.

7. 设 $X_1,X_2,\cdots,X_{15}$ 为来自总体 $X\sim N(0,3^2)$ 的样本，求 $P\left\{\sum\limits_{i=1}^{15}X_i^2\leqslant 225.\right\}$

8. 设 $X_1,X_2,\cdots,X_6$ 为来自总体 $X\sim N(0,3^2)$ 的样本，$Y=a(X_1+2X_2-X_3)^2+b(X_4-X_5+X_6)^2$，问：$a,b$ 取何值时，随机变量 Y 服从 χ^2 分布？

9. 设总体 X 与 Y 都是服从正态分布 $N(0,3^2)$，$X_1,X_2,\cdots,X_9$ 和 $Y_1,Y_2,\cdots,Y_9$ 分别为来自总体 X 和 Y 的相互独立的样本，记 $W=\sum\limits_{i=1}^{9}X_i\Big/\sqrt{\sum\limits_{i=1}^{9}Y_i^2}$.

(1) 统计量 W 服从什么分布？并指出参数.　　(2) 求概率 $P\{|W|\leqslant 1.833\}$.

第七章　参数估计

通过样本对总体进行估计是统计推断的内容之一.本章主要介绍当总体的分布形式已知,分布中有未知参数时,通过样本对参数作点估计与区间估计的方法,以及点估计优良性的评价标准.

§7.1　点　估　计

一、点估计及所用术语

设总体 X 的分布函数 $F(x,\theta)$ 的形式已知,参数 θ 未知,θ 所属的范围 Θ 已知,借助样本估计参数值,称为参数的**点估计**(point estimation).

此处参数 θ 可以表示一个参数,也可以是参数向量,表示多个参数,即

$$\theta=(\theta_1,\theta_2,\cdots,\theta_k).$$

例如,设有正态总体 $N(\mu,\sigma^2)$,μ,σ^2 未知,知道 $\mu\in(-\infty,+\infty)$,$\sigma>0$,要借助样本对 μ,σ^2 的数值做出估计,属点估计.

再如,已知总体 $X\sim P(\lambda)$,λ 未知,知道 $\lambda\in(0,+\infty)$,估计 λ 的值,为点估计.

参数估计是个广义的概念,当 θ 为分布中的参数,要对 θ 的函数 $g(\theta)$ 进行估计时,也称作参数估计.例如,总体 X 服从指数分布 $e(\theta)$,参数 θ 未知,要估计总体方差 $\mathrm{D}(X)=\theta^2$,也称作参数估计.

当总体的分布形式已知时,总体的分布则完全由参数决定.设 $X_1,X_2,\cdots,X_n$ 是来自总体 X 的样本.样本由总体抽样得来,形象地说样本是总体的代表,包含着总体的信息,也即包含着参数的信息.要估计总体 X 的分布中的未知参数 θ,显然应该通过构造适当的样本函数,即统计量来完成.

称用来估计参数 θ 的统计量为 θ 的**估计量**,记作 $\hat{\theta}$,即 $\hat{\theta}=\hat{\theta}(X_1,X_2,\cdots,X_n)$.估计量 $\hat{\theta}$ 是随机变量.将样本观测值 $x_1,x_2,\cdots,x_n$ 代入估计量,得到 θ 的**估计值**,也记作 $\hat{\theta}$,即估计值 $\hat{\theta}=\hat{\theta}(x_1,x_2,\cdots,x_n)$.$\theta$ 的估计量与估计值统称为 θ 的**估计**.

下面介绍两种应用广泛的点估计方法.

二、矩估计法

1. 矩估计法的提起

矩估计法是英国数学家皮尔逊在 19 世纪末 20 世纪初逐渐提出的.

以经常遇到的估计总体均值 $\mathrm{E}(X)$ 为例. 由常识知道,样本均值 $\overline{X}=\frac{1}{n}\sum_{i=1}^{n}X_i$ 是 $\mathrm{E}(X)$ 的很好的估计. 例如,设有一袋装糖果包装机,它包装的袋装糖果的重量是随机变量,记作 X,为总体. 要估计袋装糖果的平均重量 $\mathrm{E}(X)$,抽取 9 袋为样本,测得样本的平均重量 $\bar{x}=512$ g,则认为总体均值 $\mathrm{E}(X)$ 约为 512 g. 这一常识给我们以启示:可以用样本矩估计总体矩,用样本矩的函数估计总体矩的函数. 这就是参数的**矩估计**(estimation by moments).

例 1 设总体 X 服从均匀分布 $U(a,b)$,$X_1,X_2,\cdots,X_n$ 为来自总体 X 的样本,求参数 a,b 的矩估计量.

解 先找总体矩与参数的关系:

$$\mathrm{E}(X)=\frac{a+b}{2},\quad \mathrm{D}(X)=\mathrm{E}(X^2)-[\mathrm{E}(X)]^2=\frac{(b-a)^2}{12},$$

即

$$\begin{cases}a+b=2\mathrm{E}(X),\\ b-a=2\sqrt{3[\mathrm{E}(X^2)-(\mathrm{E}(X))^2]}.\end{cases}$$

解之得

$$\begin{cases}a=\mathrm{E}(X)-\sqrt{3[\mathrm{E}(X^2)-(\mathrm{E}(X))^2]},\\ b=\mathrm{E}(X)+\sqrt{3[\mathrm{E}(X^2)-(\mathrm{E}(X))^2]},\end{cases}$$

即用总体矩表示参数. 再用样本 k 阶矩代替总体 k 阶矩,得到参数的矩估计:

a 的矩估计量 $$\hat{a}=\overline{X}-\sqrt{3\left(\frac{1}{n}\sum_{i=1}^{n}X_i^2-\overline{X}^2\right)};$$

b 的矩估计量 $$\hat{b}=\overline{X}+\sqrt{3\left(\frac{1}{n}\sum_{i=1}^{n}X_i^2-\overline{X}^2\right)}.$$

2. 矩估计的基本步骤

以总体的分布中含两个未知参数 θ_1,θ_2 为例,矩估计的步骤如下:

(1) 找出总体一阶矩、二阶矩与参数 θ_1,θ_2 的关系:

$$\mathrm{E}(X)=h_1(\theta_1,\theta_2),\quad \mathrm{E}(X^2)=h_2(\theta_1,\theta_2);$$

(2) 解出 θ_1,θ_2 与总体矩的函数关系:

$$\theta_1=g_1(\mathrm{E}(X),\mathrm{E}(X^2)),\quad \theta_2=g_2(\mathrm{E}(X),\mathrm{E}(X^2));$$

(3) 用样本 k 阶矩作为总体 k 阶矩的估计,得到参数的矩估计:

$$\hat{\theta}_1=g_1\left(\overline{X},\frac{1}{n}\sum_{i=1}^{n}X_i^2\right),\quad \hat{\theta}_2=g_2\left(\overline{X},\frac{1}{n}\sum_{i=1}^{n}X_i^2\right).$$

例 2 设总体 X 服从二项分布 $B(m,p)$,参数 p 未知,$X_1,X_2,\cdots,X_n$ 为来自总体 X 的样本,求 p 的矩估计量.

解 由题设知 $\mathrm{E}(X)=mp$,从而 $p=\frac{\mathrm{E}(X)}{m}$,所以 p 的矩估计量为

$$\hat{p}=\frac{\overline{X}}{m}=\frac{1}{mn}\sum_{i=1}^{n}X_i.$$

例 3　设一公交车起点站候车人数服从泊松分布 $P(\lambda)$，观察 30 趟车的候车人数如下：

车的趟数	1	4	3	5	8	6	1	2
候车人数	0	2	3	4	5	6	8	10

试求 λ 的矩估计值.

解　设候车人数为 X，则 $X \sim P(\lambda)$，$\lambda = \mathrm{E}(X)$. 所以 λ 的矩估计量为 $\hat{\lambda} = \overline{X}$，从而 λ 的矩估计值为

$$\hat{\lambda} = \bar{x} = \frac{0\times1+2\times4+3\times3+4\times5+5\times8+6\times6+8\times1+10\times2}{30} = 4.7.$$

注　在此观察 30 趟车的候车人数，样本容量为 30，其中无人候车的有 1 趟，1 人候车的有 0 趟，2 人候车的有 4 趟，等等.

例 4　设连续型随机变量 X 的概率密度为

$$f(x,\theta) = \begin{cases} (\theta+1)x^{\theta}, & 0 < x < 1, \\ 0, & \text{其他}, \end{cases}$$

$X_1, X_2, \cdots, X_n$ 为来自总体 X 的样本，求 θ 的矩估计量.

解　仅一个待估参数，找到总体期望 $\mathrm{E}(X)$ 与参数的关系即可.

因为

$$\mathrm{E}(X) = \int_{-\infty}^{+\infty} x f(x,\theta)\mathrm{d}x = \int_0^1 x(\theta+1)x^{\theta}\mathrm{d}x = \int_0^1 (\theta+1)x^{\theta+1}\mathrm{d}x = \frac{\theta+1}{\theta+2},$$

即 $\theta = \dfrac{1-2\mathrm{E}(X)}{\mathrm{E}(X)-1}$，所以 θ 的矩估量为

$$\hat{\theta} = \frac{1-2\overline{X}}{\overline{X}-1}.$$

例 5　设有随机变量 X，其数学期望 $\mathrm{E}(X)=\mu$，方差 $\mathrm{D}(X)=\sigma^2$ 均未知，$X_1, X_2, \cdots, X_n$ 为来自总体 X 的样本，试求 μ, σ^2 的矩估计量.

解　显然 μ 的矩估计量为 $\hat{\mu} = \overline{X}$.

因为 $\mathrm{D}(X) = \mathrm{E}(X^2) - [\mathrm{E}(X)]^2$，所以 σ^2 的矩估计量为

$$\widehat{\sigma^2} = \frac{1}{n}\sum_{i=1}^{n} X_i^2 - \overline{X}^2 = \frac{1}{n}\left(\sum_{i=1}^{n} X_i^2 - n\overline{X}^2\right) = \frac{1}{n}\sum_{i=1}^{n}(X_i - \overline{X})^2.$$

注　(1) 可见，对于任意分布的总体 X，其数学期望 μ 及方差 σ^2 的矩估计相同. 这也说明了用样本矩估计总体矩不需要清楚分布函数形式.

(2) 注意到方差 σ^2 的矩估计与样本方差 S^2 不同.

3. 矩估计的性质

对于估计，希望其接近真值是根本要求，也是评价估计优劣的基本标准.

前面谈到矩估计源于一个经验的做法，一个简单的替换思想：用样本矩替换总体矩. 这

样估计的结果与真值的关系如何？是否可信？下面我们通过分析参数矩估计的性质来回答这一问题.

来自总体 X 的样本 $X_1,X_2,\cdots,X_n,\cdots$ 满足独立同分布，若 $E(X_i)=E(X)(i=1,2,\cdots)$ 存在，则由辛钦大数定律得

$$\overline{X}=\frac{1}{n}\sum_{i=1}^{n}X_i\xrightarrow{P}E(X).$$

同样，$X_1^k,X_2^k,\cdots,X_n^k,\cdots$ 独立同分布，若 $E(X_i^k)=E(X^k)(i=1,2,\cdots)$ 存在，则有

$$\frac{1}{n}\sum_{i=1}^{n}X_i^k\xrightarrow{P}E(X^k),$$

即样本 k 阶矩依概率收敛于总体 k 阶矩. 再由依概率收敛的性质"如果 $X_n\xrightarrow{P}a,Y_n\xrightarrow{P}b$，函数 $g(x,y)$ 在点 (a,b) 处连续，则 $g(X_n,Y_n)\xrightarrow{P}g(a,b)$"可知，如果 $g(x_1,x_2,\cdots,x_k)$ 为 k 元连续函数，则

$$g\left(\frac{1}{n}\sum_{i=1}^{n}X_i,\frac{1}{n}\sum_{i=1}^{n}X_i^2,\cdots,\frac{1}{n}\sum_{i=1}^{n}X_i^k\right)\xrightarrow{P}g(E(X),E(X^2),\cdots,E(X^k)),$$

即样本 k 阶矩的函数依概率收敛于总体 k 阶矩的函数.

矩估计的做法恰是先找到参数与总体矩的关系 $\theta=g(E(X),E(X^2),\cdots,E(X^k))$，再将

$$\hat{\theta}=g\left(\frac{1}{n}\sum_{i=1}^{n}X_i,\frac{1}{n}\sum_{i=1}^{n}X_i^2,\cdots,\frac{1}{n}\sum_{i=1}^{n}X_i^k\right)$$

作为 θ 的矩估计量.

综上所述，得到参数矩估计的**性质**：

参数 θ 的矩估计量 $\hat{\theta}$ 依概率收敛于 θ，即 $\hat{\theta}\xrightarrow{P}\theta$.

依概率收敛的意义在于：当 n 较大时，估计量 $\hat{\theta}$ 的取值与 θ 接近是大概率事件. 由于在一次抽样中发生的一般是大概率事件，所以这一性质保证了 θ 的矩估计 $\hat{\theta}$ 在大样本情况下的可靠性.

三、最大似然估计法

最大似然估计法的思想源于德国数学家高斯(Gauss)的误差理论，至 20 世纪初由英国数学家费歇尔(R. A. Fisher)作为估计方法提出.

下面介绍最大似然估计法的基本思路与方法.

1. 离散型总体参数的最大似然估计

设有离散型总体 X，其分布律为 $P\{X=x\}=p(x,\theta),\theta\in\Theta$ 未知，样本 $X_1,X_2,\cdots,X_n$ 的观测值为 $x_1,x_2,\cdots,x_n$. 既然一次抽样中事件 $\{X_1=x_1,X_2=x_2,\cdots,X_n=x_n\}$ 发生了，根据实际推断原理，这一事件应该是大概率事件.

事件 $\{X_1=x_1,X_2=x_2,\cdots,X_n=x_n\}$ 发生的概率为

$$P\{X_1=x_1,X_2=x_2,\cdots,X_n=x_n\}=\prod_{i=1}^{n}P\{X_i=x_i\}=\prod_{i=1}^{n}p(x_i,\theta),$$

当样本观测值 $x_1,x_2,\cdots,x_n$ 固定时，其为 θ 的函数，称为 θ 的**似然函数**，记作 $L(\theta)$，即

$$L(\theta)=\prod_{i=1}^{n}p(x_i,\theta).$$

在 θ 的可选范围 Θ 内求 $\hat{\theta}$，使得 θ 的似然函数值最大，即

$$L(\hat{\theta})=\max_{\theta\in\Theta}L(\theta),$$

也即使得事件 $\{X_1=x_1,X_2=x_2,\cdots,X_n=x_n\}$ 发生的概率最大. 因为似然函数中含有样本观测值 $x_1,x_2,\cdots,x_n$，所以 $\hat{\theta}$ 是 $(x_1,x_2,\cdots,x_n)$ 的函数. 我们称 $\hat{\theta}(x_1,x_2,\cdots,x_n)$ 为 θ 的**最大似然估计值**，并称 $\hat{\theta}(X_1,X_2,\cdots,X_n)$ 为 θ 的**最大似然估计量**. 它们统称为 θ 的**最大似然估计**(maximum likelihood estimate).

例 6　设总体 X 服从几何分布 $G(p)$，参数 p 未知. 现独立观察 5 次，得观测值为 $x_1=2,x_2=1,x_3=3,x_4=2,x_5=1$，试求参数 p 的最大似然估计.

解　几何分布 $G(p)$ 的分布律为 $P\{X=k\}=(1-p)^{k-1}p(k=1,2,\cdots;0<p<1)$，所以参数 p 的似然函数为

$$\begin{aligned}L(p)&=P\{X_1=2,X_2=1,X_3=3,X_4=2,X_5=1\}\\&=P\{X_1=2\}P\{X_2=1\}P\{X_3=3\}P\{X_4=2\}P\{X_5=1\}\\&=(1-p)p\cdot p\cdot(1-p)^2p\cdot(1-p)p\cdot p=(1-p)^4p^5.\end{aligned}$$

为了求似然函数 $L(p)$ 的最值点，先求驻点. 为了求导数方便，对似然函数两边取对数：

$$\ln L(p)=4\ln(1-p)+5\ln p.$$

令 $\dfrac{\mathrm{d}\ln L(p)}{\mathrm{d}p}=-\dfrac{4}{1-p}+\dfrac{5}{p}=\dfrac{5-9p}{(1-p)p}=0$，得 $p=\dfrac{5}{9}$，而 $\left.\dfrac{\mathrm{d}^2\ln L(p)}{\mathrm{d}p^2}\right|_{p=\frac{5}{9}}=-\dfrac{729}{20}<0$，所以似然函数在点 $p=\dfrac{5}{9}$ 处取到最大值. 故参数 p 的最大似然估计值为 $\hat{p}=\dfrac{5}{9}$.

注　(1) 因为对数函数 $\ln x$ 为单调增函数，所以 $\ln L(p)$ 的最大值点与 $L(p)$ 的最大值点一致. 当讨论 $\ln L(p)$ 较方便时，不妨对似然函数取对数.

(2) 似然函数仅有一个驻点时，一般即最大值点，不再讨论二阶导数符号也可.

例 7　设总体 X 服从几何分布 $G(p)$，参数 p 未知，$x_1,x_2,\cdots,x_n$ 为样本 $X_1,X_2,\cdots,X_n$ 的观测值，求 p 的最大似然估计.

解　参数 p 的似然函数为

$$L(p)=\prod_{i=1}^{n}(1-p)^{x_i-1}p=(1-p)^{\sum\limits_{i=1}^{n}x_i-n}p^n.$$

对似然函数两边取对数：

$$\ln L(p)=\left(\sum_{i=1}^{n}x_i-n\right)\ln(1-p)+n\ln p.$$

令 $\frac{\mathrm{d}\ln L(p)}{\mathrm{d}p}=-\frac{\sum_{i=1}^{n}x_i-n}{1-p}+\frac{n}{p}=\frac{n-p\sum_{i=1}^{n}x_i}{(1-p)p}=0$，解得参数 p 的最大似然估计值 $\hat{p}=n\Big/\sum_{i=1}^{n}x_i$，于是最大似然估计量为 $\hat{p}=n\Big/\sum_{i=1}^{n}X_i$.

注 例 7 对抽象的观测值进行讨论，用其结论检验例 6，结果一致.

2. 连续型总体参数的最大似然估计

设有连续型总体 X，其概率密度为 $f(x,\theta)$，$\theta\in\Theta$ 未知，样本 $X_1,X_2,\cdots,X_n$ 的观测值为 $x_1,x_2,\cdots,x_n$.

因为 X 是连续型随机变量，所以一次抽样中事件$\{X_1=x_1,X_2=x_2,\cdots,X_n=x_n\}$发生，不能说样本构成的 n 维随机变量$(X_1,X_2,\cdots,X_n)$取值为$(x_1,x_2,\cdots,x_n)$的概率最大，但是取值在点$(x_1,x_2,\cdots,x_n)$附近应该是大概率事件，也即在点$(x_1,x_2,\cdots,x_n)$处的联合概率密度应该较大.

样本构成的 n 维随机变量$(X_1,X_2,\cdots,X_n)$在点$(x_1,x_2,\cdots,x_n)$处的联合概率密度为

$$f^*(x_1,x_2,\cdots,x_n)=\prod_{i=1}^{n}f(x_i,\theta),$$

称其为 θ 的**似然函数**，记作 $L(\theta)$，即

$$L(\theta)=\prod_{i=1}^{n}f(x_i,\theta).$$

所以，求 $\hat{\theta}\in\Theta$，使得

$$L(\hat{\theta})=\max_{\theta\in\Theta}L(\theta).$$

同样，$\hat{\theta}$ 应该是$(x_1,x_2,\cdots,x_n)$的函数. 称 $\hat{\theta}(x_1,x_2,\cdots,x_n)$为 θ 的**最大似然估计值**，并称 $\hat{\theta}(X_1,X_2,\cdots,X_n)$ 为 θ 的**最大似然估计量**.

例 8 设有正态总体 $X\sim N(\mu,\sigma^2)$，参数 μ,σ^2 未知，$x_1,x_2,\cdots,x_n$ 为样本观测值，试求 μ,σ^2 的最大似然估计值.

解 (μ,σ^2)的似然函数为

$$L(\mu,\sigma^2)=\prod_{i=1}^{n}\frac{1}{\sqrt{2\pi}\sigma}\mathrm{e}^{-\frac{(x_i-\mu)^2}{2\sigma^2}}=(2\pi\sigma^2)^{-\frac{n}{2}}\cdot\mathrm{e}^{-\frac{1}{2\sigma^2}\sum_{i=1}^{n}(x_i-\mu)^2}.$$

若偏导数存在，最值点应该在驻点. 为了求导数方便，对似然函数两边取对数：

$$\ln L(\mu,\sigma^2)=-\frac{n}{2}(\ln2\pi+\ln\sigma^2)-\frac{1}{2\sigma^2}\sum_{i=1}^{n}(x_i-\mu)^2.$$

关于 μ,σ^2 分别求偏导数，得

$$\frac{\partial\ln L(\mu,\sigma^2)}{\partial\mu}=\frac{2}{2\sigma^2}\sum_{i=1}^{n}(x_i-\mu)=\frac{1}{\sigma^2}\sum_{i=1}^{n}(x_i-\mu),$$

$$\frac{\partial\ln L(\mu,\sigma^2)}{\partial\sigma^2}=-\frac{n}{2}\cdot\frac{1}{\sigma^2}+\frac{1}{2\sigma^4}\sum_{i=1}^{n}(x_i-\mu)^2.$$

令 $\frac{1}{\sigma^2}\sum_{i=1}^{n}(x_i-\mu)=0$,得 $\mu=\bar{x}$;

令 $-\frac{n}{2}\cdot\frac{1}{\sigma^2}+\frac{1}{2\sigma^4}\sum_{i=1}^{n}(x_i-\mu)^2=\frac{1}{2\sigma^4}\left(\sum_{i=1}^{n}(x_i-\mu)^2-n\sigma^2\right)=0$,得 $\sigma^2=\frac{1}{n}\sum_{i=1}^{n}(x_i-\mu)^2$.

所以,μ,σ^2 的最大似然估计值分别为

$$\hat{\mu}=\bar{x},\quad \widehat{\sigma^2}=\frac{1}{n}\sum_{i=1}^{n}(x_i-\bar{x})^2.$$

注　可见,正态总体 μ,σ^2 的矩估计与最大似然估计相同.

例 9　设总体 X 服从均匀分布 $U(a,b)$,a,b 未知,$x_1,x_2,\cdots,x_n$ 为样本观测值,试求 a,b 的最大似然估计值.

解　(a,b)的似然函数为

$$L(a,b)=\prod_{i=1}^{n}\frac{1}{b-a}=\frac{1}{(b-a)^n},\quad a\leqslant x_1,x_2,\cdots,x_n\leqslant b.$$

因为

$$\frac{\partial L(a,b)}{\partial a}=n\frac{1}{(b-a)^{n+1}}>0,\quad \frac{\partial L(a,b)}{\partial b}=-n\frac{1}{(b-a)^{n+1}}<0,$$

所以 $L(a,b)$对 a 是单调增函数,对 b 是单调减函数,要使似然函数 $L(a,b)$最大,a 应该在可能范围内取最大,b 取最小.所以 a,b 的最大似然估计值分别为

$$\hat{a}=\min\{x_1,x_2,\cdots,x_n\},\quad \hat{b}=\max\{x_1,x_2,\cdots,x_n\}.$$

注　比较例 1 可知,均匀分布中参数 a,b 的矩估计与最大似然估计不同.

最大似然估计有如下**性质**:

若 $\hat{\theta}$ 是 θ 的最大似然估计,θ 的函数 $u=g(\theta)$存在单值反函数,则 $\hat{u}=g(\hat{\theta})$是 $u=g(\theta)$的最大似然估计.

该性质称作**最大似然估计的不变性**.它为求分布参数函数的最大似然估计提供了方便.

例 10　设总体 $X\sim N(\mu,\sigma^2)$,$P\{X\geqslant A\}=0.05$,$x_1,x_2,\cdots,x_n$ 为样本 $X_1,X_2,\cdots,X_n$ 的观测值,求 A 的最大似然估计.

解　此处 A 决定于分布,也即决定于分布的参数 μ,σ^2,应该找到 A 与 μ,σ^2 的关系.

由 $P\{X\geqslant A\}=1-\Phi\left(\frac{A-\mu}{\sigma}\right)=0.05$ 知 $\Phi\left(\frac{A-\mu}{\sigma}\right)=0.95$,查标准正态分布表得

$$\frac{A-\mu}{\sigma}=1.65,\quad 即\quad A=1.65\sigma+\mu.$$

代入例 8 得出的 μ,σ 的最大似然估计值,即得到:

A 的最大似然估计值:$\hat{A}=\hat{\mu}+1.65\hat{\sigma}=\bar{x}+1.65\sqrt{\frac{1}{n}\sum_{i=1}^{n}(x_i-\bar{x})^2}$;

A 的最大似然估计量:$\hat{A}=\hat{\mu}+1.65\hat{\sigma}=\bar{X}+1.65\sqrt{\frac{1}{n}\sum_{i=1}^{n}(X_i-\bar{X})^2}$.

§7.2　估计量的评价标准

在上一节的学习中看到，从不同角度出发，同一参数可能得到不同的估计量．于是提出问题：如何评定各种估计量的优劣？这一节即来讨论估计量的评价标准．

一、无偏性

估计量是随机变量，必然会有不同取值，总希望估计量在待估参数 θ 的左右取值．

定义 1　若参数 θ 的估计量 $\hat{\theta}=g(X_1,X_2,\cdots,X_n)$ 对一切 n 及 $\theta\in\Theta$，有 $\mathrm{E}(\hat{\theta})=\theta$，则称 $\hat{\theta}$ 为参数 θ 的**无偏估计(量)**(unbiased estimate)．

注　无偏估计量的意义在于：$\hat{\theta}$ 的不同取值，不会出现在 θ 的一侧．数理统计上称之为没有系统偏差．

例如，设 σ^2 为总体方差，S^2 为样本方差，第六章的例 2 证明过结论 $\mathrm{E}(S^2)=\sigma^2$．所以样本方差 S^2 是总体方差 σ^2 的无偏估计量．

例 1　讨论数学期望 $\mathrm{E}(X)=\mu$ 与方差 $\mathrm{D}(X)=\sigma^2$ 的矩估计是否具有无偏性．

解　已知对于任意总体 X，μ 的矩估计为 $\hat{\mu}=\overline{X}=\dfrac{1}{n}\sum\limits_{i=1}^{n}X_i$，从而

$$\mathrm{E}(\hat{\mu})=\mathrm{E}\left(\frac{1}{n}\sum_{i=1}^{n}X_i\right)=\frac{1}{n}\sum_{i=1}^{n}\mathrm{E}(X_i)=\frac{1}{n}\cdot n\mu=\mu,$$

所以 μ 的矩估计 $\hat{\mu}=\overline{X}$ 是 μ 的无偏估计．

方差 σ^2 的矩估计为 $\widehat{\sigma^2}=\dfrac{1}{n}\left(\sum\limits_{i=1}^{n}X_i^2-n\overline{X}^2\right)$，从而

$$\begin{aligned}\mathrm{E}(\widehat{\sigma^2})&=\mathrm{E}\left[\frac{1}{n}\left(\sum_{i=1}^{n}X_i^2-n\overline{X}^2\right)\right]=\mathrm{E}\left[\frac{(n-1)}{n(n-1)}\left(\sum_{i=1}^{n}X_i^2-n\overline{X}^2\right)\right]\\&=\frac{n-1}{n}\mathrm{E}\left[\frac{1}{n-1}\left(\sum_{i=1}^{n}X_i^2-n\overline{X}^2\right)\right]=\frac{n-1}{n}\mathrm{E}(S^2)=\frac{n-1}{n}\sigma^2\neq\sigma^2,\end{aligned}$$

所以方差的矩估计 $\widehat{\sigma^2}$ 不是方差 σ^2 的无偏估计．

注　若 $\lim\limits_{n\to\infty}\mathrm{E}(\hat{\theta})=\theta$，则称 $\hat{\theta}$ 为 θ 的**渐近无偏估计(量)**．容易理解渐近无偏估计的意义：当样本容量较大时，$\hat{\theta}$ 的期望值会接近 θ．

因为 $\lim\limits_{n\to\infty}\mathrm{E}(\widehat{\sigma^2})=\lim\limits_{n\to\infty}\dfrac{n-1}{n}\sigma^2=\sigma^2$，所以方差的矩估计 $\widehat{\sigma^2}$ 是方差 σ^2 的渐近无偏估计．

例 2　设有总体 X，$\mathrm{E}(X)=\mu$ 存在，$X_1,X_2,\cdots,X_n$ 为来自总体 X 的样本，$a_i(i=1,2,\cdots,n)$ 为常数，且 $a_1+a_2+\cdots+a_n=1$，试证：$a_1X_1+a_2X_2+\cdots+a_nX_n$ 是 μ 的无偏估计．

证明　由题设有 $\mathrm{E}(X_i)=\mu(i=1,2,\cdots,n)$，从而

$$\mathrm{E}(a_1X_1+a_2X_2+\cdots+a_nX_n)=(a_1+a_2+\cdots+a_n)\mu=\mu,$$

所以 $a_1X_1+a_2X_2+\cdots+a_nX_n$ 是 μ 的无偏估计．

注　可见，μ 的无偏估计有无穷多个，之间还应该有优劣之分.

例 3　设总体 X 服从指数分布 $e\left(\frac{1}{\theta}\right)$，$X_1,X_2,\cdots,X_n$ 为来自总体 X 的样本，试证：样本均值 $\overline{X}$ 与 $nZ=n\min\{X_1,X_2,\cdots,X_n\}$ 均为 θ 的无偏估计.

证明　(1) 由题设知 $\mathrm{E}(X)=\theta$，又样本均值 $\overline{X}$ 是 $\mathrm{E}(X)$ 的无偏估计，所以 $\overline{X}$ 是 θ 的无偏估计.

(2) 为了计算 $\mathrm{E}(nZ)$，先求 Z 的分布.

由题设知 $X_i(i=1,2,\cdots,n)$ 的概率密度均为

$$f(x,\theta)=\begin{cases}\dfrac{1}{\theta}\mathrm{e}^{-\frac{x}{\theta}}, & x>0,\\ 0, & x\leqslant 0.\end{cases}$$

设 Z 的分布函数为 $F_Z(z)$，则当 $z>0$ 时，有

$$\begin{aligned}F_Z(z)&=P\{\min\{X_1,X_2,\cdots,X_n\}\leqslant z\}=1-P\{\min\{X_1,X_2,\cdots,X_n\}>z\}\\&=1-\prod_{i=1}^{n}P\{X_i>z\},\end{aligned}$$

而
$$P\{X_i>z\}=\int_z^{+\infty}\frac{1}{\theta}\mathrm{e}^{-\frac{x}{\theta}}\mathrm{d}x=-\mathrm{e}^{-\frac{x}{\theta}}\Big|_z^{+\infty}=\mathrm{e}^{-\frac{z}{\theta}}\quad(i=1,2,\cdots,n),$$

从而
$$F_Z(z)=1-\prod_{i=1}^{n}P\{X_i>z\}=(\mathrm{e}^{-\frac{z}{\theta}})^n=\mathrm{e}^{-\frac{nz}{\theta}};$$

当 $z\leqslant 0$ 时，$F_Z(z)=P\{\min\{X_1,X_2,\cdots,X_n\}\leqslant z\}=0$. 所以 Z 的概率密度为

$$f_Z(z)=\begin{cases}\dfrac{n}{\theta}\mathrm{e}^{-\frac{nz}{\theta}}, & z>0,\\ 0, & z\leqslant 0,\end{cases}$$

即 Z 服从参数为 $\frac{n}{\theta}$ 的指数分布. 于是

$$\mathrm{E}(Z)=\frac{\theta}{n},\quad \mathrm{E}(nZ)=n\cdot\frac{\theta}{n}=\theta,$$

即 nZ 是 θ 的无偏估计.

例 4　已知样本均值 $\overline{X}$ 是总体均值 μ 的无偏估计，试证：$\overline{X}^2$ 不一定是 μ^2 的无偏估计.

证明　设总体方差为 $\sigma^2\neq 0$. 已证明过 $\mathrm{D}(\overline{X})=\frac{\sigma^2}{n}$，则

$$\mathrm{E}(\overline{X}^2)=\mathrm{D}(\overline{X})+[\mathrm{E}(\overline{X})]^2=\frac{\sigma^2}{n}+\mu^2\neq\mu^2.$$

所以 $\overline{X}^2$ 不一定是 μ^2 的无偏估计.

注　例 4 的结论提醒我们：当 $\hat{\theta}$ 为 θ 的无偏估计时，$g(\hat{\theta})$ 不一定是 $g(\theta)$ 的无偏估计.

二、有效性

前面我们知道，同一参数 θ 的无偏估计不唯一. 比较它们的优劣，应以离散程度最小，即

方差最小为佳.

定义 2 设 $\hat{\theta}_1=g_1(X_1,X_2,\cdots,X_n)$，$\hat{\theta}_2=g_2(X_1,X_2,\cdots,X_n)$均是参数 θ 的无偏估计. 若对一切 n，有 $D(\hat{\theta}_1)<D(\hat{\theta}_2)$，则称 $\hat{\theta}_1$ **较** $\hat{\theta}_2$ **有效**. 在所有的无偏估计(量)中，方差最小者称为**最小方差无偏估计(量)**(minimum variance unbiased estimate).

注 (1) 无偏性保证了 θ 的估计量 $\hat{\theta}$ 取值不会偏在 θ 的一边，但不能保证 $\hat{\theta}$ 的取值在 θ 的附近. $\hat{\theta}$ 的方差小才保证了 $\hat{\theta}$ 的取值在 $E(\hat{\theta})=\theta$ 的附近.

(2) 有效性的定义是以无偏性为前提的，不然 $\hat{\theta}$ 的方差越小，其取值越聚集在 $E(\hat{\theta})$ 附近，反而远离了 θ，如图 7-1 所示.

$E(\hat{\theta})$ θ x

图 7-1

例 5 在例 2 的基础上，求 $E(X)$的无偏估计量 $a_1X_1+a_2X_2+\cdots+a_nX_n$ 中方差最小的估计量，其中 $a_i(i=1,2,\cdots,n)$为常数，$\sum\limits_{i=1}^{n}a_i=1$.

解 因为

$$D\left(\sum_{i=1}^{n}a_iX_i\right)=\sum_{i=1}^{n}a_i^2D(X_i)=\sigma^2\sum_{i=1}^{n}a_i^2,$$

而 $\sum\limits_{i=1}^{n}a_i=1$ 是无偏性应该满足的条件，所以应以 $\sum\limits_{i=1}^{n}a_i-1=0$ 为条件建立拉格朗日函数，求条件极值，使得 $\sum\limits_{i=1}^{n}a_i^2$ 最小. 具体做法如下：

$$L(a_1,a_2,\cdots,a_n,\lambda)=\sum_{i=1}^{n}a_i^2+\lambda\left(\sum_{i=1}^{n}a_i-1\right),$$

$$\left.\begin{array}{l}\dfrac{\partial L(a_1,a_2,\cdots,a_n,\lambda)}{\partial a_i}=2a_i+\lambda=0\Rightarrow a_i=-\dfrac{\lambda}{2}(i=1,2,\cdots,n)\\[2ex]\dfrac{\partial L(a_1,a_2,\cdots,a_n,\lambda)}{\partial \lambda}=\sum\limits_{i=1}^{n}a_i-1=0\Rightarrow\sum\limits_{i=1}^{n}a_i=1\end{array}\right\}\Rightarrow a_i=\frac{1}{n}\ (i=1,2,\cdots,n).$$

所以 $\overline{X}=\dfrac{1}{n}\sum\limits_{i=1}^{n}X_i$ 为所求的最小方差无偏估计量.

例 6 比较例 3 中指数分布参数 θ 的两个无偏估计量 $\overline{X}$ 与 nZ 的有效性.

解 因为 Z 服从参数为 $\dfrac{n}{\theta}$ 的指数分布，所以

$$D(nZ)=n^2D(Z)=n^2\cdot\frac{\theta^2}{n^2}=\theta^2.$$

而 $D(\overline{X})=\dfrac{\theta^2}{n}<\theta^2=D(nZ)\ (n>1)$，所以 $\overline{X}$ 较 $nZ(n>1)$有效.

注 通过例 5 和例 6 的讨论，可知经常以 $\overline{X}$ 作为 $E(X)$的估计的原因：

(1) $\overline{X}$ 是样本的线性函数，计算简单；

(2) $\overline{X}=\frac{1}{n}\sum_{i=1}^{n}X_i$ 在线性函数 $a_1X_1+a_2X_2+\cdots+a_nX_n$ 中方差最小，其中 $a_i(i=1,2,\cdots,n)$ 为常数，$\sum_{i=1}^{n}a_i=1$；

(3) 如果在可能的情况下增加样本容量，可以进一步减小方差，因为 $D(\overline{X})=\frac{D(X)}{n}$.

三、相合性(一致性)

在矩估计性质中介绍过，参数的估计量依概率收敛到参数的意义. 对此，给出如下定义：

定义 3　设 $\hat{\theta}_n=g(X_1,X_2,\cdots,X_n)$ 是参数 θ 的估计量. 如果有 $\hat{\theta}_n\xrightarrow{P}\theta$，则称 $\hat{\theta}_n$ 具有**相合性**或**一致性**，也称 $\hat{\theta}_n$ 为 θ 的**相合估计(量)**(consistent estimate).

注　相合性的益处在于：保证了当 n 较大时，估计量 $\hat{\theta}_n$ 以大概率取值在 θ 的附近.

参数 θ 的矩估计量 $\hat{\theta}_n$ 是 θ 的相合估计量，其最大似然估计量在满足某些条件时也具有相合性.

例 7　试证：样本方差 $S^2=\frac{1}{n-1}\left(\sum_{i=1}^{n}X_i^2-n\overline{X}^2\right)$ 是总体方差 $D(X)=\sigma^2$ 的相合估计量.

证明　第六章的例 10 证明过 $D(S^2)=\frac{2\sigma^4}{n-1}$. 由切比雪夫不等式，对任意 $\varepsilon>0$，有

$$1\geqslant P\{|S^2-E(S^2)|<\varepsilon\}\geqslant 1-\frac{D(S^2)}{\varepsilon^2},\quad 即\quad 1\geqslant P\{|S^2-\sigma^2|<\varepsilon\}\geqslant 1-\frac{2\sigma^4}{(n-1)\varepsilon^2}.$$

因为 $\lim\limits_{n\to\infty}\frac{2\sigma^4}{(n-1)\varepsilon^2}=0$，所以由夹逼定理知

$$\lim_{n\to\infty}P\{|S^2-\sigma^2|<\varepsilon\}=1,$$

即样本方差 $S^2\xrightarrow{P}\sigma^2$，亦即样本方差 S^2 是总体方差 σ^2 的相合估计量.

§7.3　正态总体参数的区间估计

在对参数作点估计时，我们尽量选择有较好性质的点估计，即做到估计值以大概率落在真值附近. 问题是：大概率能大到多少？附近又近到何处？不应该仅仅停留在定性的描述. 区间估计即从这个角度给以量的刻画.

本节主要介绍正态总体期望值 μ 与方差 σ^2 的区间估计.

一、区间估计的方法与术语

1. 区间估计的基本步骤及术语

先通过一个具体的例子分析区间估计的思路与做法.

例 1　设有正态总体 $X\sim N(\mu,\sigma^2)$，σ^2 已知，$X_1,X_2,\cdots,X_n$ 为来自总体 X 的样本. 已经知道 $\overline{X}$ 是 μ 的很好的点估计，现在讨论 $\overline{X}$ 的取值，对于给定的概率 $1-\alpha=0.9$，以多大的区间包含着参数 μ.

解　既然是从概率角度讨论，应该找到含有 $\overline{X}$，含有待估参数 μ，分布已知且不含其他未知参数的随机变量.

已知样本均值 $\overline{X}\sim N\left(\mu,\dfrac{\sigma^2}{n}\right)$，则

$$U=\frac{\overline{X}-\mu}{\sigma/\sqrt{n}}\sim N(0,1).$$

于是，可以找到 a,b，使得

$$P\left\{a<\frac{\overline{X}-\mu}{\sigma/\sqrt{n}}<b\right\}=0.9.$$

不妨取 $b=u_{0.05}=1.65$，$a=-u_{0.05}=-1.65$，如图 7-2 所示，则

$$P\left\{-1.65<\frac{\overline{X}-\mu}{\sigma/\sqrt{n}}<1.65\right\}$$

$$=P\left\{\overline{X}-1.65\frac{\sigma}{\sqrt{n}}<\mu<\overline{X}+1.65\frac{\sigma}{\sqrt{n}}\right\}$$

$$=0.9.$$

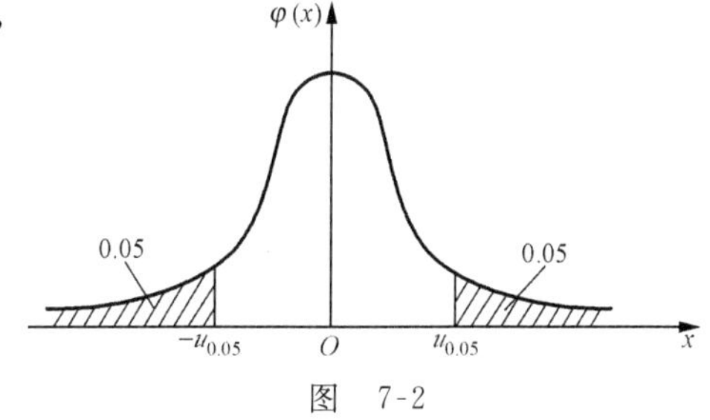

图　7-2

该式说明，$\overline{X}$ 的取值加上或减去 $1.65\dfrac{\sigma}{\sqrt{n}}$ 后包含 μ 的概率达到 0.9.

若 $\bar{x}=5,\sigma=1,n=25$，则对应的区间为

$$\left(5-1.65\times\frac{1}{5},5+1.65\times\frac{1}{5}\right)=(4.67,5.33),$$

即可认为 μ 落入区间(4.67,5.33)的可信度为 0.9.

像例 1，求一个区间，使得某待估参数落在此区间的可信度为给定的概率 $1-\alpha$，这样的问题称为**区间估计**(interval estimation).

归纳例 1 的解题思路得区间估计的基本步骤如下：

(1) 求样本函数，其含有待估参数 θ 的具有较好性质的点估计量 $\hat{\theta}$，仅含一个待估参数 θ，且分布已知，设为 $g(X_1,X_2,\cdots,X_n,\theta)$；

(2) 对于给定的概率 $1-\alpha$，找到 a,b，使得 $P\{a<g(X_1,X_2,\cdots,X_n,\theta)<b\}=1-\alpha$；

(3) 解得事件 $\{a<g(X_1,X_2,\cdots,X_n,\theta)<b\}$ 的等价事件

$$\{\underline{\theta}(X_1,X_2,\cdots,X_n)<\theta<\bar{\theta}(X_1,X_2,\cdots,X_n)\},$$

即

$$P\{\underline{\theta}(X_1,X_2,\cdots,X_n)<\theta<\bar{\theta}(X_1,X_2,\cdots,X_n)\}=1-\alpha,$$

则区间 $(\underline{\theta},\bar{\theta})$ 包含参数 θ 的概率为 $1-\alpha$.

上述步骤中,对给定的 α,称 $1-\alpha$ 为**置信度**(confidence level),而区间 $(\underline{\theta},\overline{\theta})$ 称为参数 θ 的置信度为 $1-\alpha$ 的**置信区间**(confidence inteval),并称 $\underline{\theta}$ 为**置信下限**(confidence lower limit),$\overline{\theta}$ 为**置信上限**(confidence upper limit).

在上例中,对应于 $\bar{x}=5,\sigma=1,n=25,\mu$ 的置信度为 0.9 的置信区间为(4.67,5.33).

2. 几点注释

(1) 在随机事件 $\{\underline{\theta}<\theta<\overline{\theta}\}$ 中,随机变量是 $\underline{\theta}$ 与 $\overline{\theta}$,因而得到的置信区间 $(\underline{\theta},\overline{\theta})$ 是随机区间. 事件 $\{\underline{\theta}<\theta<\overline{\theta}\}$ 的概率为 $1-\alpha$,表示随机区间的各个取值中,套住 θ 的概率为 $1-\alpha$.

(2) 对于给定的置信度 $1-\alpha$,随机区间 $(\underline{\theta},\overline{\theta})$ 不唯一.

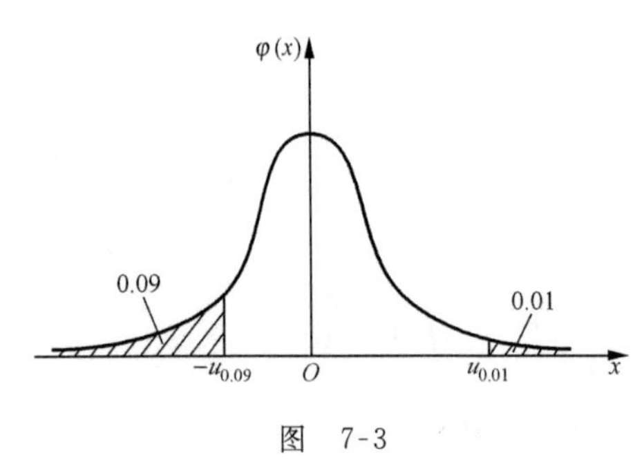

图　7-3

仍看例 1,取 $b=u_{0.01}=2.33$,$a=-u_{0.09}=-1.34$,如图 7-3 所示,则仍有

$$P\left\{-1.34<\frac{\overline{X}-\mu}{\sigma/\sqrt{n}}<2.33\right\}=0.9.$$

于是得到 μ 的置信度为 0.9 的又一置信区间

$$\left(5-2.33\times\frac{1}{5},5+1.34\times\frac{1}{5}\right)=(4.534,5.628).$$

(3) 置信区间的选择:同样置信度下的置信区间,区间长度越短,精确度越高.

比较例 1 中得到的两个置信区间的长度:

(4.67,5.33) 的区间长为 0.66,　(4.534,5.628) 的区间长为 0.734,

前者的区间长度较小. 对此不做一般性证明,直接给出下列确定置信区间的准则:

(i) 若样本函数的概率密度单峰、对称,取"两端"概率相同的对称区间,所得置信区间的长度最短;

(ii) 样本函数的概率密度图像不对称,为了方便也取"两端"概率相等的置信区间.

二、单个正态总体参数的区间估计

设总体 $X\sim N(\mu,\sigma^2)$,$X_1,X_2,\cdots,X_n$ 为来自总体 X 的样本,$\overline{X},S^2$ 分别为样本均值与样本方差,置信度为 $1-\alpha$. 在这样的前提下,我们讨论参数 μ 与 σ^2 的区间估计.

1. 均值 μ 的区间估计

1.1　σ 已知的情形

如例 1,选择样本函数

$$U=\frac{\overline{X}-\mu}{\sigma/\sqrt{n}}\sim N(0,1),$$

则对给定的置信度 $1-\alpha$,有

$$P\left\{-u_{\alpha/2}<\frac{\overline{X}-\mu}{\sigma/\sqrt{n}}<u_{\alpha/2}\right\}=1-\alpha,$$

即
$$P\left\{\overline{X}-u_{\alpha/2}\frac{\sigma}{\sqrt{n}}<\mu<\overline{X}+u_{\alpha/2}\frac{\sigma}{\sqrt{n}}\right\}=1-\alpha.$$

所以 μ 的置信度为 $1-\alpha$ 的置信区间是

$$\left(\overline{X}-u_{\alpha/2}\frac{\sigma}{\sqrt{n}},\overline{X}+u_{\alpha/2}\frac{\sigma}{\sqrt{n}}\right).$$

注 $u_{\alpha/2}$ 为标准正态分布的上 $\alpha/2$ 分位点,见图 7-4.

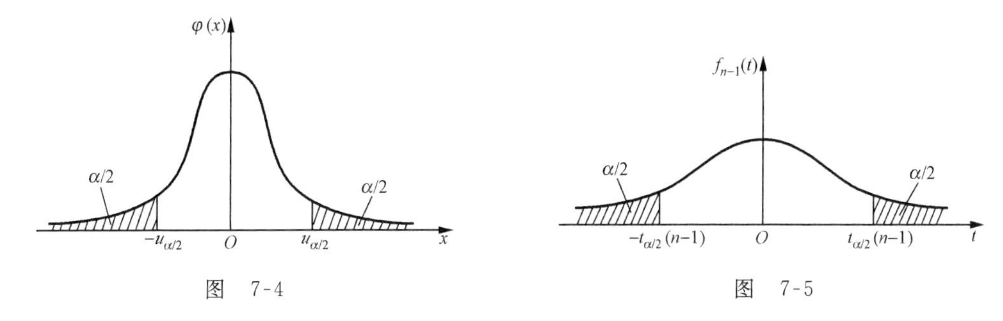

图 7-4　　　　图 7-5

1.2 σ 未知的情形

要选择含有 $\overline{X}$,含有待估参数 μ,分布已知,且不含 σ 的样本函数,自然想到样本函数

$$T=\frac{\overline{X}-\mu}{S/\sqrt{n}}\sim t(n-1).$$

对给定的置信度 $1-\alpha$,有

$$P\left\{-t_{\alpha/2}(n-1)<\frac{\overline{X}-\mu}{S/\sqrt{n}}<t_{\alpha/2}(n-1)\right\}=1-\alpha,$$

即
$$P\left\{\overline{X}-t_{\alpha/2}(n-1)\frac{S}{\sqrt{n}}<\mu<\overline{X}+t_{\alpha/2}(n-1)\frac{S}{\sqrt{n}}\right\}=1-\alpha,$$

所以 μ 的置信度为 $1-\alpha$ 的置信区间是

$$\left(\overline{X}-t_{\alpha/2}(n-1)\frac{S}{\sqrt{n}},\overline{X}+t_{\alpha/2}(n-1)\frac{S}{\sqrt{n}}\right).$$

注 $t_{\alpha/2}(n-1)$ 为 $t(n-1)$ 分布的上 $\alpha/2$ 分位点,见图 7-5,其中 $f_{n-1}(t)$ 为 $t(n-1)$ 分布的概率密度.

例 2 设有一大批袋装大米,从中随机地取 16 袋,称得重量(单位: kg)如下:

50.6, 50.8, 49.9, 50.3, 50.4, 51.0, 49.7, 51.2,

51.4, 50.5, 49.3, 49.6, 50.6, 50.2, 50.9, 49.6.

设袋装大米重量近似服从正态分布,试求总体均值 μ 的置信度为 0.95 的置信区间.

解 因为总体方差未知,所以取样本函数 $T=\dfrac{\overline{X}-\mu}{S/\sqrt{16}}\sim t(15)$.

于是
$$P\left\{-t_{0.025}(15)<\frac{\overline{X}-\mu}{S/\sqrt{16}}<t_{0.025}(15)\right\}=0.95,$$

即
$$P\left\{\overline{X}-t_{0.025}(15)\frac{S}{\sqrt{16}}<\mu<\overline{X}+t_{0.025}(15)\frac{S}{\sqrt{16}}\right\}=0.95.$$

查 t 分布表得 $t_{0.025}(15)=2.1315$，又计算得 $\bar{x}=50.38, s=0.62$，所以 μ 的置信度为 0.95 的置信区间是

$$\left(50.38-2.1315\times\frac{0.62}{4}, 50.38+2.1315\times\frac{0.62}{4}\right)=(50.05, 50.17).$$

2. 方差 σ^2 的区间估计

仅介绍 μ 未知情况下 σ^2 的区间估计.

已经知道样本方差 S^2 是总体方差 σ^2 的一个比较好的估计，选择的样本函数应该含有 S^2，含有待估参数 σ^2，且分布已知，不含其他未知参数，因此取

$$\chi^2=\frac{(n-1)S^2}{\sigma^2}\sim\chi^2(n-1).$$

对给定的置信度 $1-\alpha$，有

$$P\left\{\chi^2_{1-\alpha/2}(n-1)<\frac{(n-1)S^2}{\sigma^2}<\chi^2_{\alpha/2}(n-1)\right\}=1-\alpha,$$

即
$$P\left\{\frac{(n-1)S^2}{\chi^2_{\alpha/2}(n-1)}<\sigma^2<\frac{(n-1)S^2}{\chi^2_{1-\alpha/2}(n-1)}\right\}=1-\alpha,$$

所以 σ^2 的置信度为 $1-\alpha$ 的置信区间是

$$\left(\frac{(n-1)S^2}{\chi^2_{\alpha/2}(n-1)}, \frac{(n-1)S^2}{\chi^2_{1-\alpha/2}(n-1)}\right).$$

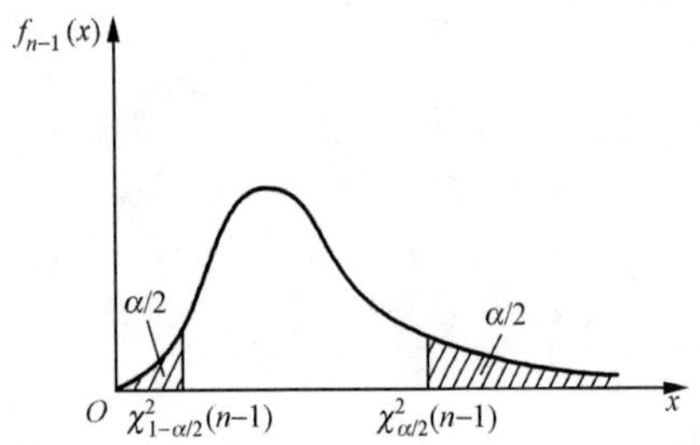

图 7-6

注　$\chi^2_{\alpha/2}(n-1)$，$\chi^2_{1-\alpha/2}(n-1)$ 分别为 $\chi^2(n-1)$ 分布的上 $\alpha/2$ 分位点及上 $1-\alpha/2$ 分位点，见图 7-6，其中 $f_{n-1}(x)$ 为 $\chi^2(n-1)$ 分布的概率密度.

例 2(续)　求总体标准差 σ 的置信度为 0.95 的置信区间.

解　取样本函数 $\chi^2=\frac{15S^2}{\sigma^2}\sim\chi^2(15)$，则

$$P\left\{\chi^2_{0.975}(15)<\frac{15S^2}{\sigma^2}<\chi^2_{0.025}(15)\right\}=0.95,$$

即
$$P\left\{\frac{15S^2}{\chi^2_{0.025}(15)}<\sigma^2<\frac{15S^2}{\chi^2_{0.975}(15)}\right\}=0.95.$$

查 χ^2 分布表得 $\chi^2_{0.025}(15)=27.488$，$\chi^2_{0.975}(15)=6.262$，又计算得 $s^2=0.62^2$，所以标准差 σ 的置信度为 0.95 的置信区间是

$$\left(\sqrt{\frac{15\times0.62^2}{27.488}}, \sqrt{\frac{15\times0.62^2}{6.262}}\right)=(0.46, 0.96).$$

三、两个正态总体参数的区间估计

设有相互独立的两个正态总体：

$X\sim N(\mu_1,\sigma_1^2)$，$X_1,X_2,\cdots,X_{n_1}$ 为样本，n_1 为样本容量，$\overline{X}$ 为样本均值，S_1^2 为样本方差；

$Y\sim N(\mu_2,\sigma_2^2)$，$Y_1,Y_2,\cdots,Y_{n_2}$ 为样本，n_2 为样本容量，$\overline{Y}$ 为样本均值，S_2^2 为样本方差.

1. $\mu_1-\mu_2$ 的区间估计

现在要解决的问题是估计 μ_1 与 μ_2 的差异，即估计一个区间，使得它以给定的概率包含 $\mu_1-\mu_2$.

1.1 σ_1,σ_2 已知的情形

当 σ_1,σ_2 已知时，方法与一个正态总体参数的区间估计同，应找到含有 $\overline{X}-\overline{Y}$，$\mu_1-\mu_2$ 且分布已知的样本函数，当然想到

$$U=\frac{\overline{X}-\overline{Y}-(\mu_1-\mu_2)}{\sqrt{\dfrac{\sigma_1^2}{n_1}+\dfrac{\sigma_2^2}{n_2}}}\sim N(0,1).$$

对给定的置信度 $1-\alpha$，有

$$P\left\{\left|\frac{\overline{X}-\overline{Y}-(\mu_1-\mu_2)}{\sqrt{\dfrac{\sigma_1^2}{n_1}+\dfrac{\sigma_2^2}{n_2}}}\right|<u_{\alpha/2}\right\}=1-\alpha,$$

所以得到 $\mu_1-\mu_2$ 的置信度为 $1-\alpha$ 的置信区间

$$\left(\overline{X}-\overline{Y}-\sqrt{\frac{\sigma_1^2}{n_1}+\frac{\sigma_2^2}{n_2}}u_{\alpha/2},\ \overline{X}-\overline{Y}+\sqrt{\frac{\sigma_1^2}{n_1}+\frac{\sigma_2^2}{n_2}}u_{\alpha/2}\right).$$

1.2 σ_1^2,σ_2^2 未知，知道 $\sigma_1^2=\sigma_2^2$ 的情形

当 σ_1^2,σ_2^2 未知，但知道 $\sigma_1^2=\sigma_2^2=\sigma^2$ 时，选择样本函数

$$T=\frac{\overline{X}-\overline{Y}-(\mu_1-\mu_2)}{S_w\sqrt{\dfrac{1}{n_1}+\dfrac{1}{n_2}}}\sim t(n_1+n_2-2),$$

其中 $S_w^2=\dfrac{(n_1-1)S_1^2+(n_2-1)S_2^2}{n_1+n_2-2}$. 对给定的置信度 $1-\alpha$，有

$$P\left\{\left|\frac{\overline{X}-\overline{Y}-(\mu_1-\mu_2)}{S_w\sqrt{\dfrac{1}{n_1}+\dfrac{1}{n_2}}}\right|<t_{\alpha/2}(n_1+n_2-2)\right\}=1-\alpha,$$

于是得到 $\mu_1-\mu_2$ 的置信度为 $1-\alpha$ 的置信区间

$$\left(\overline{X}-\overline{Y}\pm S_w\sqrt{\frac{1}{n_1}+\frac{1}{n_2}}t_{\alpha/2}(n_1+n_2-2)\right).$$

注 若 $\mu_1-\mu_2$ 的置信区间下限大于 0,则在实际中可以认为 $\mu_1>\mu_2$.

2. $\dfrac{\sigma_1^2}{\sigma_2^2}$ 的区间估计

S_1^2,S_2^2 分别是 σ_1^2,σ_2^2 的点估计量,从而 $\dfrac{S_1^2}{S_2^2}$ 是 $\dfrac{\sigma_1^2}{\sigma_2^2}$ 的点估计量,选择样本函数应该含有 $\dfrac{S_1^2}{S_2^2},\dfrac{\sigma_1^2}{\sigma_2^2}$,不含其他未知参数,且分布已知,所以取

$$F=\frac{S_1^2/S_2^2}{\sigma_1^2/\sigma_2^2}\sim F(n_1-1,n_2-1).$$

对给定的置信度 $1-\alpha$,有

$$P\left\{F_{1-\alpha/2}(n_1-1,n_2-1)<\frac{S_1^2/S_2^2}{\sigma_1^2/\sigma_2^2}<F_{\alpha/2}(n_1-1,n_2-1)\right\}=1-\alpha,$$

即
$$P\left\{\frac{S_1^2/S_2^2}{F_{\alpha/2}(n_1-1,n_2-1)}<\frac{\sigma_1^2}{\sigma_2^2}<\frac{S_1^2/S_2^2}{F_{1-\alpha/2}(n_1-1,n_2-1)}\right\}=1-\alpha,$$

所以 $\dfrac{\sigma_1^2}{\sigma_2^2}$ 的置信度为 $1-\alpha$ 的置信区间是

$$\left(\frac{S_1^2/S_2^2}{F_{\alpha/2}(n_1-1,n_2-1)},\ \frac{S_1^2/S_2^2}{F_{1-\alpha/2}(n_1-1,n_2-1)}\right).$$

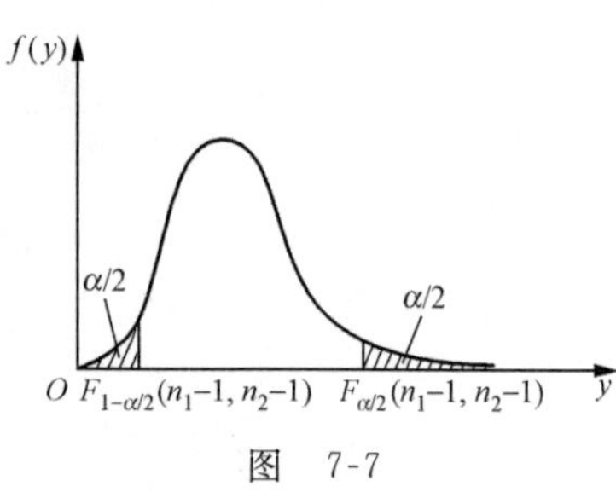

图 7-7

注 (1) $F_{\alpha/2}(n_1-1,n_2-1)$,$F_{1-\alpha/2}(n_1-1,n_2-1)$ 分别为 $F(n_1-1,n_2-1)$ 分布的上 $\alpha/2$ 分位点及上 $1-\alpha/2$ 分位点,见图 7-7,其中 $f(y)$ 为 $F(n_1-1,n_2-1)$ 分布的概率密度.

(2) 若 $F_{1-\alpha/2}(n_1-1,n_2-1)$ 的值在 F 分布表(附表 5)中查不到,则可通过如下关系求得:

$$F_{1-\alpha/2}(n_1-1,n_2-1)=\frac{1}{F_{\alpha/2}(n_2-1,n_1-1)}.$$

四、单侧置信区间

有些问题,我们关心的仅是待估参数的取值下限,或取值上限. 例如,设随机变量 X 为寿命,对平均寿命 $\mathrm{E}(X)$,我们关心的是对给定的置信度 $1-\alpha$,$\mathrm{E}(X)$ 大于一个什么数. 我们称这类区间估计问题为**单侧区间估计**.

单侧置信区间估计的基本步骤及术语如下:

(1) 找样本函数,其含有 θ 的具有较好性质的点估计量,仅含一个待估参数 θ,不含其他未知参数,且分布已知,设为 $g(X_1,X_2,\cdots,X_n,\theta)$.

(2) 若对给定的置信度 $1-\alpha$,通过样本函数 $g(X_1,X_2,\cdots,X_n,\theta)$ 及其分布找到 $\underline{\theta}=\theta_1(X_1,X_2,\cdots,X_n)$,使得 $P\{\theta>\underline{\theta}\}=1-\alpha$,则称随机区间 $(\underline{\theta},+\infty)$ 为 θ 的置信度为 $1-\alpha$ 的**单侧置信区间**,并称 $\underline{\theta}$ 为**单侧置信下限**;

若对给定的置信度为 $1-\alpha$，通过样本函数 $g(X_1,X_2,\cdots,X_n,\theta)$ 及其分布找到 $\bar{\theta}=\theta_2(X_1,X_2,\cdots,X_n)$，使得 $P\{\theta<\bar{\theta}\}=1-\alpha$，则称随机区间 $(-\infty,\bar{\theta})$ 为 θ 的置信度为 $1-\alpha$ 的**单侧置信区间**，并称 $\bar{\theta}$ 为**单侧置信上限**.

例 3 从一批灯泡中随机地取 25 个做寿命试验，测得寿命样本均值为 $\bar{x}=1160$，样本方差为 $s^2=9950$. 设灯泡寿命服从正态分布 $N(\mu,\sigma^2)$，取置信度为 0.90，求：

(1) μ 的单侧置信下限；　(2) σ^2 的单侧置信上限.

解 (1) 方差未知，要求 μ 的单侧置信下限，应取样本函数 $T=\dfrac{\overline{X}-\mu}{S/\sqrt{25}}\sim t(24)$.

因为最终目标是求得 $\underline{\mu}$，使 $P\{\mu>\underline{\mu}\}=0.9$. 要从含样本函数 $T=\dfrac{\overline{X}-\mu}{S/\sqrt{25}}$ 的不等式中解出 μ，必然涉及改变不等号方向，所以应该取 $P\left\{\dfrac{\overline{X}-\mu}{S/\sqrt{25}}<t_{0.1}(24)\right\}=0.9$（见图 7-8(a)），即

$$P\left\{\mu>\overline{X}-\frac{S}{\sqrt{25}}t_{0.1}(24)\right\}=0.9.$$

查 t 分布表得 $t_{0.1}(24)=1.3178$，则置信度为 0.9 时，μ 的单侧置信下限为

$$1160-\frac{\sqrt{9950}}{5}\times 1.3178\approx 1133.71.$$

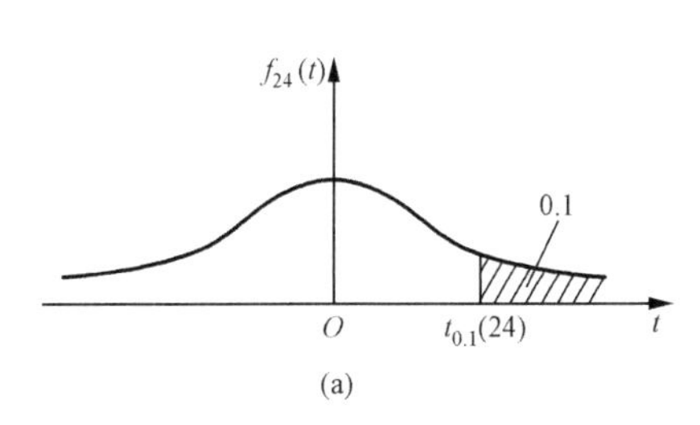

(a)

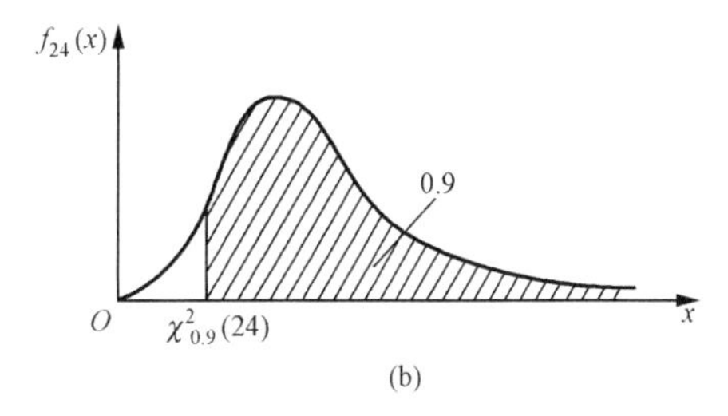

(b)

图 7-8

(2) 取样本函数 $\chi^2=\dfrac{24S^2}{\sigma^2}\sim\chi^2(24)$. 此时最终目标是求得 $\overline{\sigma^2}$，使 $P\{\sigma^2<\overline{\sigma^2}\}=0.9$. 要从含样本函数 $\chi^2=\dfrac{24S^2}{\sigma^2}$ 的不等式中解出 σ^2，也要改变不等号方向，所以应该取

$$P\left\{\frac{24S^2}{\sigma^2}>\chi^2_{0.9}(24)\right\}=0.9 \quad \text{（见图 7-8(b)）},$$

即
$$P\left\{\sigma^2<\frac{24S^2}{\chi^2_{0.9}(24)}\right\}=0.9.$$

查 χ^2 分布表得 $\chi^2_{0.9}(24)=15.6590$，所以置信度为 0.9 时，σ^2 的单侧置信上限为

$$\frac{24\times 9950}{15.6590}\approx 15250.02.$$

五、0-1 分布参数的区间估计

设总体 X 服从 0-1 分布，即 $X\sim B(1,p)$，$X_1,X_2,\cdots,X_n$ 为来自总体 X 的样本，$\overline{X},S^2$ 分别为样本均值与样本方差，置信度为 $1-\alpha$. 下面我们讨论参数 p 的区间估计.

已知 $E(X)=p$，所以 $\overline{X}$ 是 p 的点估计，应该找含有 $\overline{X},p$，且分布已知的样本函数.

易知 $n\overline{X}=\sum\limits_{i=1}^{n}X_i\sim B(n,p)$. 根据中心极限定理，当 n 较大时，

$$\frac{\sum\limits_{i=1}^{n}X_i-np}{\sqrt{np(1-p)}}=\frac{n\overline{X}-np}{\sqrt{np(1-p)}}\overset{\text{近似}}{\sim}N(0,1).$$

于是，对给定的置信度 $1-\alpha$，有

$$P\left\{-u_{\alpha/2}<\frac{n\overline{X}-np}{\sqrt{np(1-p)}}<u_{\alpha/2}\right\}\approx 1-\alpha.$$

不等式 $-u_{\alpha/2}<\dfrac{n\overline{X}-np}{\sqrt{np(1-p)}}<u_{\alpha/2}$ 等价于不等式

$$(n+u_{\alpha/2}^2)p^2-(2n\overline{X}+u_{\alpha/2}^2)p+n\overline{X}^2<0,$$

解得 $\underline{p}<p<\overline{p}$，其中

$$\underline{p}=\frac{1}{2a}(-b-\sqrt{b^2-4ac}),\tag{1}$$

$$\overline{p}=\frac{1}{2a}(-b+\sqrt{b^2-4ac}),\tag{2}$$

$$a=n+u_{\alpha/2}^2,\quad b=-(2n\overline{X}+u_{\alpha/2}^2),\quad c=n\overline{X}^2.\tag{3}$$

所以 $P\{\underline{p}<p<\overline{p}\}=1-\alpha$，因而得到 p 的置信度为 $1-\alpha$ 的近似置信区间 $(\underline{p},\overline{p})$.

例 4　从一批产品中抽取 50 件检验，其中有 16 件一级品，试求这批产品的置信度为 0.9 的一级品率的置信区间.

解　设该批产品的一级品率为 p，X 为抽取一件产品检验的一级品数，则

$$X=\begin{cases}1, & \text{是一级品},\\ 0, & \text{不是一级品},\end{cases}$$

且 X 的分布律为

X	1	0
P	p	$1-p$

抽取 50 件检验，得到样本容量为 50 的样本，样本均值的观测值为 $\overline{x}=\dfrac{16}{50}=0.32$.

置信度为 0.9，查标准正态分布表得 $u_{0.05}=1.65$. 由(3)式计算得

$a=50+1.65^2=52.72$，$b=-(100\times 0.32+1.65^2)=-34.72$，$c=50\times 0.32^2=5.12$，再由(1)，(2)两式计算得

$$\underline{p}=\frac{1}{2a}(-b-\sqrt{b^2-4ac})=\frac{1}{2\times 52.72}(34.72-\sqrt{34.72^2-4\times 52.72\times 5.12})=0.22,$$

$$\overline{p}=\frac{1}{2a}(-b+\sqrt{b^2-4ac})=\frac{1}{2\times 52.72}(34.72+\sqrt{34.72^2-4\times 52.72\times 5.12})=0.44,$$

所以这批产品的置信度为 0.9 的一级品率 p 的近似置信区间为(0.22,0.44).

总习题七

1. 设样本观测值如下：

19.1，20.0，21.2，18.8，19.6，20.5，22.0，21.6，19.4，20.3，

求总体均值与方差的矩估计值，并计算样本方差 s^2.

2. 测量 100 个学生的身高，以每 4 cm 分组，测量数据如下：

身高/cm	154～158	158～162	162～166	166～170	170～174	174～178	178～182
学生人数/个	10	14	26	28	12	8	2

以各组的组中值为样本观测值，求学生身高的期望与方差的矩估计.

3. 设随机变量 X 服从几何分布 $G(p)$，$X_1,X_2,\cdots,X_n$ 是来自总体 X 的样本，试求参数 p 的矩估计.

4. 设 $x_1,x_2,\cdots,x_n$ 为一组样本观测值，求下列各题中参数的矩估计与最大似然估计：

(1) 总体 X 的概率密度为 $f(x)=\begin{cases}\alpha x^{\alpha-1}, & 0<x<1,\alpha>0,\\ 0, & 其他.\end{cases}$

(2) 总体 X 的概率密度为 $f(x)=\begin{cases}e^{-(x-\theta)}, & x>\theta,\\ 0, & 其他.\end{cases}$

(3) 总体 X 服从 Γ 分布，概率密度为 $f(x)=\begin{cases}\dfrac{1}{\beta^{\alpha}\Gamma(\alpha)}x^{\alpha-1}e^{-\frac{x}{\beta}}, & x>0,\\ 0, & 其他,\end{cases}$ 其中形状参数 α 已知，尺度参数 β 未知. 求 β 的最大似然估计值.

5. (1) 今有样本观测值 $x_1,x_2,\cdots,x_n$，求二项分布总体 $X\sim B(m,p)$ 中参数 p 的最大似然估计.

(2) 今有样本观测值 $x_1,x_2,\cdots,x_n$，求泊松分布总体 $X\sim P(\lambda)$ 中参数 λ 的最大似然估计.

(3) 某铁路局证实铁路与公路交叉路口在一年内发生交通事故次数服从泊松分布. 下表为对 122 个这种路口一年内发生交通事故的统计：

事故次数	0	1	2	3	4	5
观察路口数	44	42	21	9	4	2

求铁路和公路交叉路口一年内未发生交通事故的概率 p 的最大似然估计.

6. 设指数分布总体 X 的概率密度为 $f(x)=\begin{cases}\theta e^{-\theta x}, & x>0,\\ 0, & x\leqslant 0,\end{cases}$ $x_1, x_2, \cdots, x_n$ 为一组样本观测值，求参数 θ 的矩估计与最大似然估计.

7. 设总体 X 具有分布律

X	1	2	3
P	θ	θ	$1-2\theta$

其中 $\theta>0$ 未知. 今有样本观测值 1,1,1,3,2,1,3,2,2,1,2,2,3,1,1,2，试求 θ 的矩估计和最大似然估计.

8. 设 X_1, X_2, X_3, X_4 是来自均值为 θ 的指数分布总体 X 的样本，其中 θ 未知. 设有估计量

$$T_1=\frac{1}{6}(X_1+X_2)+\frac{1}{3}(X_3+X_4), \quad T_2=\frac{1}{5}(X_1+2X_2+3X_3+4X_4),$$

$$T_3=\frac{1}{4}(X_1+X_2+X_3+X_4).$$

(1) 指出 T_1, T_2, T_3 中哪几个是 θ 的无偏估计量；

(2) 指出哪一个较为有效.

9. 设 $\hat{\theta}$ 是 θ 的无偏估计，且有 $D(\hat{\theta})>0$，试证：$\hat{\theta}^2=(\hat{\theta})^2$ 不是 θ^2 的无偏估计. 该结论说明什么？

10. 设随机变量 $X\sim U(-\theta,0)$，试证：θ 的最大似然估计不是无偏估计.

11. 设总体 $X\sim N(\mu_1,\sigma^2)$，$Y\sim N(\mu_2,\sigma^2)$，$X_1, X_2, \cdots, X_{n_1}$ 是来自总体 X 的样本，$Y_1, Y_2, \cdots, Y_{n_2}$ 是来自总体 Y 的样本，两样本相互独立.

(1) 给出参数 $\mu_1-\mu_2$ 的一个无偏估计；

(2) 证明：$S_w^2=\frac{1}{n_1+n_2-2}\left[\sum_{i=1}^{n_1}(X_i-\overline{X})^2+\sum_{i=1}^{n_2}(Y_i-\overline{Y})^2\right]$ 是 σ^2 的无偏估计.

12. 设 $\hat{\theta}_1, \hat{\theta}_2$ 是 θ 的两个相互独立的无偏估计，且 $D(\hat{\theta}_1)=2D(\hat{\theta}_2)$，求常数 c_1, c_2，使得 $\hat{\theta}=c_1\hat{\theta}_1+c_2\hat{\theta}_2$ 为 θ 的无偏估计，并使得 $D(\hat{\theta}_1)$ 最小.

13. 设有 k 台仪器，已知用第 i 台仪器测量时，测定值总体的标准差为 $\sigma_i (i=1,2,\cdots,k)$. 用这些仪器独立地对某一物理量 θ 各测量一次，分别得到 $X_1, X_2, \cdots, X_k$. 设仪器都没有系统误差，即 $E(X_i)=\theta (i=1,2,\cdots,k)$，问：$a_1, a_2, \cdots, a_k$ 应取何值，方能使得用 $\hat{\theta}=\sum_{i=1}^{k}a_iX_i$ 估计 θ 时，$\hat{\theta}$ 是无偏的，且 $D(\hat{\theta})$ 最小？

14. 设某灯泡厂生产的一大批灯泡的寿命 X 服从正态分布 $N(\mu,\sigma^2)$，μ,σ^2 未知. 从该批灯泡中随机抽取 16 只进行寿命测试，测得寿命(单位：h)数据如下：

1502, 1480, 1485, 1511, 1514, 1527, 1603, 1480,
1532, 1508, 1490, 1470, 1520, 1505, 1485, 1540.

(1) 求均值 μ 的置信度为 0.95 的置信区间；

(2) 求方差 σ^2 的置信度为 0.95 的置信区间.

15. (1) 设某单位每天职工的总医疗费服从正态分布 $N(\mu,\sigma^2)$. 为了估计平均每天职工的总医疗费，观察了 30 天，得到总金额的平均值为 170 元，样本标准差为 30 元. 试求该单位职工每天总医疗费均值的置信度为 0.95 的置信区间.

(2) 在以上观察数据的基础上，求标准差 σ 的置信度为 0.95 的置信区间.

16. 在相同条件下对甲、乙两种品牌的洗涤剂进行去污试验，测得去污率(单位：%)结果如下：

甲：79.4，80.5，76.2，82.7，77.8，75.6；

乙：73.4，77.5，79.3，75.1，74.7.

(1) 假定两种品牌的去污率均服从正态分布，且方差相同，试对两种品牌去污率均值差异作区间估计；(取置信度为0.95)

(2) 若两正态总体方差关系未知，试对两方差差异作区间估计.(取置信度为0.95)

17. 估计第14题中灯泡寿命均值 μ 的单侧置信下限、方差 σ^2 的单侧置信上限.(取置信度为0.95)

18. 某校学生体检，在随机抽查的100人中，发现了59人患有不同程度的牙疾，试对该校学生的牙疾率作区间估计.(取置信度为0.95)

第八章　假 设 检 验

假设检验是统计推断的又一大类问题，其核心内容是对总体的分布提出假设，之后借助样本检验假设是否可以接受. 若总体分布的形式已知，检验参数，称为**参数假设检验**；若对总体分布形式进行检验，称为**非参数假设检验**. 在这一章中，我们主要介绍正态总体数学期望与方差的假设检验.

§8.1　假 设 检 验

一、假设检验问题的提出

例 1　设有袋装大米包装机，包装的每袋大米的重量是随机变量 X（单位：kg），X 可以看作服从正态分布 $N(\mu,\sigma^2)$，并设 $\sigma^2=0.6^2\ \mathrm{kg}^2$，它一般不会发生变化. 已知机器工作正常时，数学期望值 $\mu=50$ kg. 当 $\mu\neq 50$ kg 时，应该调整机器. 某日开工后，希望检验机器工作是否正常，该如何办？

经验的做法：抽出若干袋，称其重量，计算得到平均重量 $\bar{x}$. 我们知道，不能由平均重量 $\bar{x}\neq 50$ kg 就认为机器工作不正常，只有当 $\bar{x}$ 与 50 kg 差异较大时，才认为机器工作不正常. 所以，若 $\bar{x}$ 与 50 kg 接近，就认为机器工作是正常的，即 $\mu=50$ kg.

上面这种经验做法有无道理？若有，道理何在？

首先，用样本均值 $\overline{X}$ 的取值 $\bar{x}$ 代表 μ 是合理的，因为 $\overline{X}$ 是 μ 的非常好的估计量.

其次，即使机器工作正常，$\mu=50$ kg，也仅有 $\mathrm{E}(\overline{X})=50$ kg，而 $\overline{X}$ 本身是随机变量，仍然会有无数取值，当然不能由一次抽样样本均值 $\overline{X}$ 的观测值 $\bar{x}\neq 50$ kg，就认为机器工作不正常.

最后，由大数定律，当 n 较大时，$\overline{X}$ 取值在 μ 的附近是大概率事件，远离 μ 是小概率事件. 根据实际推断原理"一次抽样小概率事件一般不会发生"，所以当 $\bar{x}$ 与 50 kg 差异较大时，就认为机器工作不正常，也即 $\mu\neq 50$ kg.

可见，经验的做法是有道理的.

经验做法的问题所在：例如，抽取 16 袋，测得 $\bar{x}=50.38$ kg，该如何下结论？此时是远离 μ 的小概率事件发生了，还是不然？即应该对是否远离 μ 的判断有更充分的依据.

"假设检验"则从定量的角度给出了更科学的做法与解释. 下面我们介绍假设检验的思路与做法.

二、假设检验的思路、步骤与术语

仍以例 1 为例进行讨论.

1. 假设检验的思路

解决经验做法所存在问题的关键在于确定 $\overline{X}$ 取值在何处是远离 μ 的小概率事件. 谈概率,就要清楚分布. 应该找到一个含有 $\overline{X}$ 和 μ,使 $\overline{X}$ 的取值与 μ 可以进行比较的样本函数,且清楚其分布.

已知袋装大米的重量 $X\sim N(\mu,\sigma^2)$,从而 $\dfrac{\overline{X}-\mu}{\sigma/\sqrt{n}}\sim N(0,1)$. 问题是 μ 不一定等于 50(如包装机不正常工作时),所以不能说 $\dfrac{\overline{X}-50}{\sigma/\sqrt{n}}\sim N(0,1)$.

为了使问题的讨论得以进行,类似反证法假设 $\mu=50$,当然就有 $\dfrac{\overline{X}-50}{\sigma/\sqrt{n}}\sim N(0,1)$. 如果 $\overline{X}$ 的取值远离 50,即 $\dfrac{\overline{X}-50}{\sigma/\sqrt{n}}$ 的取值远离 0,且已经远到属于小概率事件,如前面所述根据大数定律和实际推断原理,则可以认为假设不成立,从而认为 $\mu\neq 50$,即认为机器工作不正常;如果结论与假设不矛盾,即 $\overline{X}$ 的取值与 $\mu=50$ 这一假设没有显著性矛盾,就没有理由拒绝假设,于是接受假设,认为 $\mu=50$,即认为机器工作正常. 这也是将这一检验方法称作"假设检验"(test of hypothesis)的原因.

2. 假设检验的步骤与术语

检验的内容:对正态总体 $N(\mu,\sigma^2)$,方差 σ 已知,样本均值 $\overline{X}$ 的观测值 $\overline{x}$ 已知,检验总体均值 μ 是否等于 μ_0(在例 1 中,$\mu_0=50$).

检验的基本步骤:

(1) 提出假设 $\mu=\mu_0$,称之为**原假设**(null hypothesis),记作 H_0,即 H_0: $\mu=\mu_0$. 与原假设相对立的假设称为**备择假设**(alternative hypothesis),记作 H_1: $\mu\neq\mu_0$.

(2) 选择适当的统计量,称之为**检验统计量**. 对例 1,应选择 $U=\dfrac{\overline{X}-\mu}{\sigma/\sqrt{n}}$,且当 $\mu=\mu_0$ 时,

$$U=\frac{\overline{X}-\mu_0}{\sigma/\sqrt{n}}\sim N(0,1).$$

(3) 确定当 $\mu=\mu_0$ 时,$\overline{X}$ 取值远离 μ_0,即 U 取值远离 0 的小概率事件的随机变量取值范围,称之为**拒绝域**(critical region). 小概率 α 是人为给定的,称为**显著性水平**(significance level),一般取 $\alpha=0.1,0.05,0.01$ 等.

例如,在例 1 中,给定显著性水平 $\alpha=0.1$,则 $|u|\geqslant u_{0.05}=1.65$ 是 $\overline{X}$ 取值远离 μ_0 的概率为 0.1 的小概率事件的随机变量取值范围,称为原假设 H_0 的拒绝域,如图 8-1(a)所示.

对于一般的显著性水平 α,拒绝域为 $|u|=\left|\dfrac{\overline{x}-\mu_0}{\sigma/\sqrt{n}}\right|\geqslant u_{\alpha/2}$,如图 8-1(b)所示.

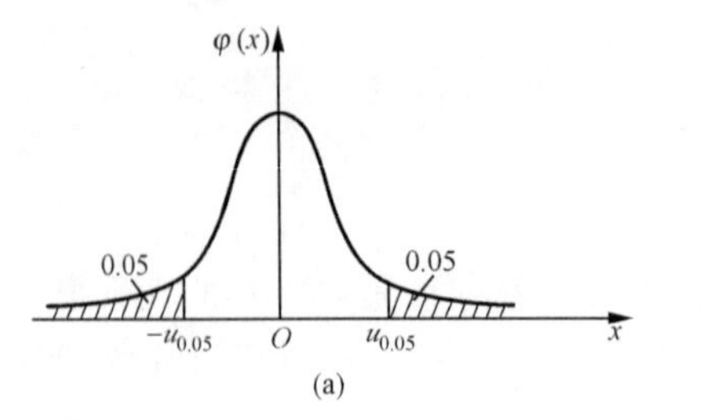

(a)

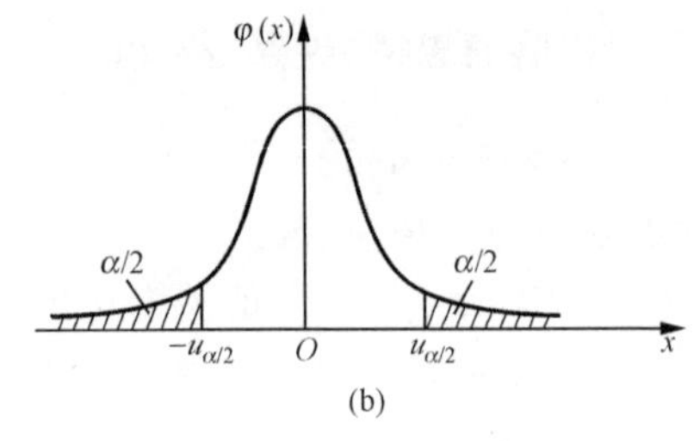

(b)

图　8-1

（4）由抽样得到的样本观测值计算出 U 的观测值 $u=\dfrac{\overline{x}-\mu_0}{\sigma/\sqrt{n}}$，并做出判断：如果 u 落在了拒绝域，一般不该发生的事件发生了，从而拒绝 H_0，接受 H_1；如果 u 没有落在拒绝域，即 $|u|=\left|\dfrac{\overline{x}-\mu_0}{\sigma/\sqrt{n}}\right|<u_{\alpha/2}$，没有理由拒绝 H_0，则接受 H_0.

例如，若例 1 中抽取 16 袋大米，且测得 $\overline{x}=50.38$ kg，则

$$|u|=\left|\frac{\overline{x}-\mu_0}{\sigma/\sqrt{n}}\right|=\left|\frac{50.38-50}{0.6/4}\right|=2.53>1.65.$$

可见，U 的观测值 u 落在了拒绝域内，从而做出判断，拒绝 H_0，即认为总体期望值 μ 与 50 kg 有显著性差异，也即认为机器不正常工作.

注　（1）含等号的假设一定在原假设中，因为检验中的一系列逻辑推理都是在“等号假设”成立的条件下进行的；

（2）所给的显著性水平 α，是在 H_0 成立时，不该发生的事件的概率，即 U 取值发生在拒绝域的概率；

（3）H_0 的拒绝域，就是 H_1 的接受域；

（4）方差 σ 已知，检验 μ，选择的检验统计量 U 服从标准正态分布. 通常称这样的检验为 U **检验**.

三、两类错误

假设检验是不是万无一失的？仍然以例 1 为例进行分析.

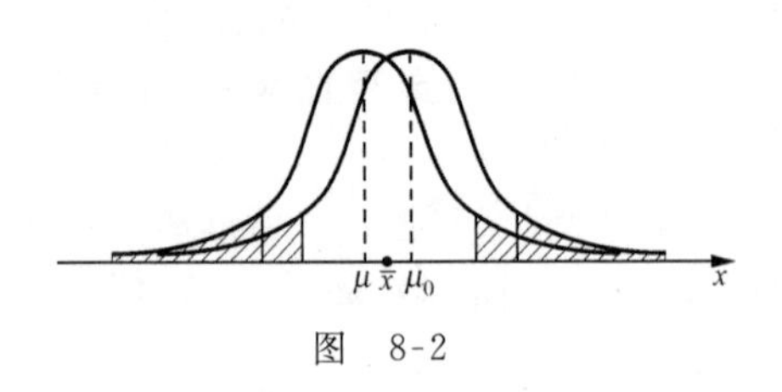

图　8-2

（1）即使 $\mu=\mu_0$，$\overline{X}$ 的取值远离 μ_0 落在拒绝域的事件，一般不会发生，却不能说绝对不会发生. 如果一旦发生了，此时拒绝了 H_0：$\mu=\mu_0$，认为 $\mu\neq\mu_0$，则做出了错误判断，犯了弃真错误，称之为**第一类错误**（error of the first kind）. 显然，犯第一类错误的概率恰为显著性水平 α.

(2) 当 $\mu \neq \mu_0$ 时，$\overline{X}$ 的取值落在 μ_0 附近的可能也存在，见图 8-2，此时将接受 H_0，认为 $\mu = \mu_0$，于是犯了取伪错误，称之为**第二类错误**(error of the second kind). 犯第二类错误的概率记作 β.

关于犯两种错误的概率的关系，我们将在 § 8.4 中更详细地讨论.

称仅控制犯第一类错误的概率的检验为**显著性检验**.

四、单边检验

下面通过例题介绍单边检验的内容、方法，特别是拒绝域的确定.

例 2 设某种元件的寿命 X(单位：h)服从正态分布 $N(\mu, 100^2)$. 已知该种元件原来的平均寿命为 $\mu_0 = 1000$ h，经过技术改造希望平均寿命有所提高. 现在从技术改造后生产的该种元件中随机抽取 25 件，测得寿命的平均值 $\overline{x} = 1050$ h，且知道标准差没有改变，试在显著性水平 $\alpha = 0.1$ 下，检验技术改造的目的是否实现.

解 (1) 为了使问题简化，先假设用新方法生产的元件寿命均值不会降低，于是要检验的两个对立面为"原假设 $H_0: \mu = 1000$"与"备择假设 $H_1: \mu > 1000$".

取检验统计量 $U = \dfrac{\overline{X} - \mu}{100/\sqrt{25}}$，当 $\mu = 1000$ 时，$U = \dfrac{\overline{X} - 1000}{100/\sqrt{25}} \sim N(0,1)$.

确定拒绝域是关键，注意 H_0 的拒绝域是 H_1 的接受域. 只有当 $\overline{X}$ 取值较 1000 大得多，即 U 取值比 0 大得多，才会接受 H_1，拒绝 H_0. 所以，对显著性水平 $\alpha = 0.1$，拒绝域为 $u \geqslant u_{0.1} = 1.28$，见图 8-3(a).

计算 U 的观测值：$u = \dfrac{1050 - 1000}{100/5} = 2.5 > 1.28$. 可见 u 落在拒绝域，所以拒绝 H_0，即认为技术改进后生产的元件平均寿命有显著性提高.

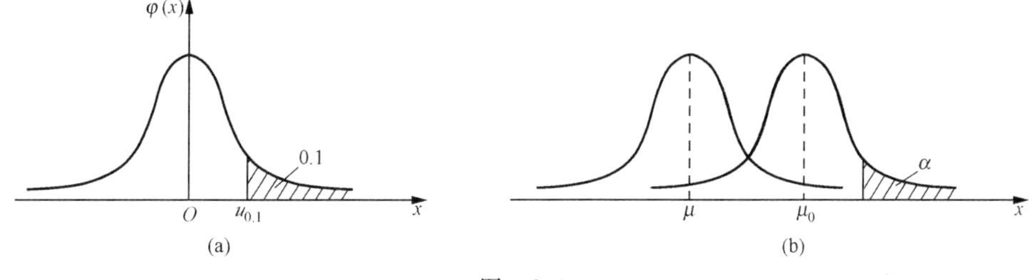

图 8-3

(2) 实际上，用新方法生产的元件的寿命均值 μ 有三种可能：提高、不变、降低，但是我们关心的是用新方法生产的元件寿命均值 μ 是否有提高，于是要检验的两个对立面为"μ 大于 1000 h"与"μ 不大于 1000 h"，因此设 $H_0: \mu \leqslant 1000$，$H_1: \mu > 1000$. 注意"="在原假设中.

下面讨论"$H_0: \mu \leqslant 1000$"拒绝域的确定.

当 $\mu = \mu_0 = 1000$ 时，拒绝域的确定如(1)所述.

当 $\mu<\mu_0=1000$ 时,如图 8-3(b)所示,针对 $\mu=\mu_0=1000$ 所确定的拒绝域,对于 $\mu<\mu_0=1000$ 是不该发生的较 α 更小的小概率事件,又 μ 未知,难于找到概率恰为 α 的针对 μ 的拒绝域,因此仍取 $\mu=\mu_0=1000$ 时的拒绝域即可.

例 2 中得到的拒绝域形式与例 1 不同,它是处于数轴一端的单边拒绝域,故称对应的检验为**单边检验**.根据拒绝域所处数轴的左端与右端,单边检验又分为**左边检验**与**右边检验**.此处为右边检验.相应地,称例 1 中讨论的检验为**双边检验**.

§8.2 正态总体参数的假设检验

一、单个正态总体均值的检验

设总体 $X\sim N(\mu,\sigma^2)$,$X_1,X_2,\cdots,X_n$ 为来自总体 X 的样本,$x_1,x_2,\cdots,x_n$ 为样本观测值.

σ 已知的检验在§8.1 中已经讨论过,现在讨论 σ 未知的情况.

1. 双边检验

检验的内容: μ 是否等于 μ_0.所以检验的两个对立面是"$\mu=\mu_0$"与"$\mu\neq\mu_0$".

检验的基本步骤:

(1) 提出假设 $H_0: \mu=\mu_0$, $H_1: \mu\neq\mu_0$.

(2) 选择检验统计量.检验统计量要含有均值的代表 $\overline{X}$ 和 μ,不能含方差(因 σ 未知),且分布已知,因此选择检验统计量 $T=\dfrac{\overline{X}-\mu}{S/\sqrt{n}}$.当 $\mu=\mu_0$ 时,$T=\dfrac{\overline{X}-\mu_0}{S/\sqrt{n}}\sim t(n-1)$.

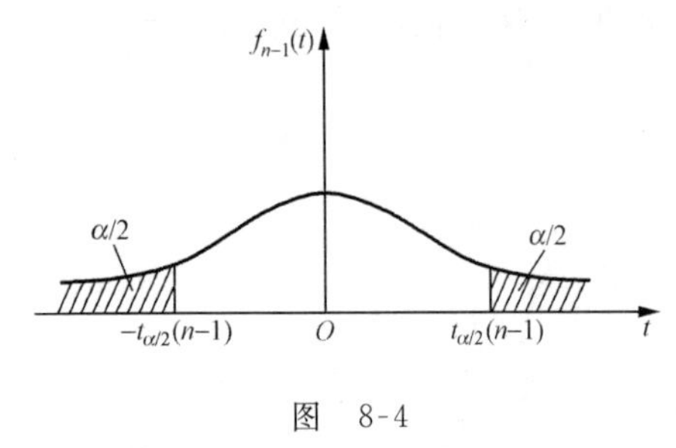

图 8-4

(3) 确定拒绝域.当 $\mu=\mu_0$ 时,作为 μ 的代表,$\overline{X}$ 的一次取值不应该与 μ_0 的差异很大,也即检验统计量 T 的值不应该远离 0.所以,对给定的显著性水平 α,拒绝域为 $|t|\geqslant t_{\alpha/2}(n-1)$,见图 8-4.

(4) 计算 $|T|$ 的观测值 $|t|=\left|\dfrac{\bar{x}-\mu_0}{s/\sqrt{n}}\right|$,并判断:如果 $|t|<t_{\alpha/2}(n-1)$,则接受 H_0;反之,则拒绝 H_0,接受 H_1.

2. 单边检验

2.1 μ 是否大于 μ_0 的检验

检验的内容: μ 是否大于 μ_0.所以检验的两个对立面是"μ 大于 μ_0"与"μ 不大于 μ_0",即"$\mu>\mu_0$"与"$\mu\leqslant\mu_0$".注意,应该将含有"="的一方作为原假设.

检验的基本步骤:

(1) 提出假设 $H_0: \mu\leqslant\mu_0$, $H_1: \mu>\mu_0$.

(2) 选择检验统计量 $T=\dfrac{\overline{X}-\mu}{S/\sqrt{n}}$,则当 $\mu=\mu_0$ 时,$T=\dfrac{\overline{X}-\mu_0}{S/\sqrt{n}}\sim t(n-1)$.

(3) 确定拒绝域.分析确定的原则,拒绝域是原假设的拒绝域,是备择假设的接受域,只有 μ 的代表 $\overline{X}$ 比 μ_0 大得多,也即检验统计量 T 的值比 0 大得多,才能接受备择假设.所以,对给定的显著性水平 α,拒绝域为 $t\geqslant t_\alpha(n-1)$,见图 8-5(a).

(4) 计算 T 的观测值 $t=\dfrac{\overline{x}-\mu_0}{s/\sqrt{n}}$,并判断:如果 $t<t_\alpha(n-1)$,则接受 H_0;反之,则拒绝 H_0,接受 H_1.

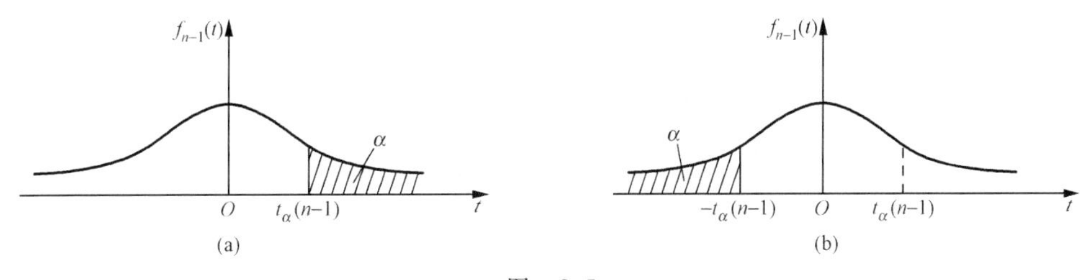

图　8-5

2.2　μ 是否小于 μ_0 的检验

检验的内容:μ 是否小于 μ_0.所以检验的两个对立面是"μ 小于 μ_0"与"μ 不小于 μ_0",即"$\mu<\mu_0$"与"$\mu\geqslant\mu_0$".同样,应该将含有"="的作为原假设.

检验的基本步骤:

(1) 提出假设 H_0:$\mu\geqslant\mu_0$, H_1:$\mu<\mu_0$.

(2) 选择检验统计量 $T=\dfrac{\overline{X}-\mu}{S/\sqrt{n}}$,则当 $\mu=\mu_0$ 时,$T=\dfrac{\overline{X}-\mu_0}{S/\sqrt{n}}\sim t(n-1)$.

(3) 确定拒绝域.对给定的显著性水平 α,拒绝域为 $t\leqslant -t_\alpha(n-1)$,见图 8-5(b).

(4) 计算 T 的观测值 t,并判断:如果 $t>-t_\alpha(n-1)$,则接受 H_0;反之,则拒绝 H_0,接受 H_1.

注　检验总体均值,选择的检验统计量服从 t 分布.称这样的检验为 t **检验**.

例 1　设某种电子元件的寿命 $X\sim N(\mu,\sigma^2)$,μ,σ^2 均未知.现测得 16 个该种元件寿命的均值为 $\overline{x}=241.6$ h,标准差 $s=98.73$ h,问:是否有理由认为该种元件的平均寿命大于 225 h?(取 $\alpha=0.1$)

解　本题属于方差 σ^2 未知,要检验期望 μ,检验的内容是 μ 是否大于 225.

提出假设 H_0:$\mu\leqslant 225$,H_1:$\mu>225$.

选择检验统计量 $T=\dfrac{\overline{X}-\mu}{S/\sqrt{n}}$,则当 $\mu=225$ 时,$T=\dfrac{\overline{X}-225}{S/\sqrt{16}}\sim t(15)$.

对显著性水平 $\alpha=0.1$,拒绝域为 $t\geqslant t_{0.1}(15)=1.3406$.

计算检验统计量 T 的观测值：$t=\dfrac{241.6-225}{98.73/4}=0.673<1.3406.$

所以接受 H_0，即认为该种元件的平均寿命没有显著大于 225 h.

二、单个正态总体方差的检验

设总体 $X\sim N(\mu,\sigma^2)$，$X_1,X_2,\cdots,X_n$ 为来自总体 X 的样本，$x_1,x_2,\cdots,x_n$ 为样本观测值.

1. 双边检验

检验的内容：正态总体方差 σ^2 是否等于一个已知数 σ_0^2.

检验的思路与基本步骤：

(1) 提出假设. 因为要检验的两个对立面是"$\sigma^2=\sigma_0^2$"与"$\sigma^2\neq\sigma_0^2$"，故

原假设为 $H_0: \sigma^2=\sigma_0^2$；　备择假设为 $H_1: \sigma^2\neq\sigma_0^2$.

(2) 选择检验统计量. 原则是检验统计量应该含有总体方差 σ^2 的较好的估计量——样本方差 S^2，应该能与 σ_0^2 作比较，且分布已知. 所以选择检验统计量 $\chi^2=\dfrac{(n-1)S^2}{\sigma^2}\sim\chi^2(n-1)$，则当 $\sigma^2=\sigma_0^2$ 时，

$$\chi^2=\frac{(n-1)S^2}{\sigma_0^2}\sim\chi^2(n-1).$$

(3) 确定拒绝域. 在 $H_0: \sigma^2=\sigma_0^2$ 成立的前提下，当 n 较大时，σ^2 的无偏相合估计量 S^2 取值在 σ_0^2 的附近是大概率事件，S^2 与 σ_0^2 差异大的小概率事件在一次抽样中一般不该发生，也即统计量 χ^2 与 $n-1$ 差异大的小概率事件不该发生. 又知道 $\chi^2(n-1)$分布概率密度的极大值在 $x=n-3$ 处，见图 8-6，所以其中两个斜线阴影部分对应的区间均为 χ^2 值远离 $n-1$ 的不该发生的小概率事件. 所以，对给定的显著性水平 α，拒绝域为 $\chi^2\leqslant\chi^2_{1-\alpha/2}(n-1)$或 $\chi^2\geqslant\chi^2_{\alpha/2}(n-1)$.

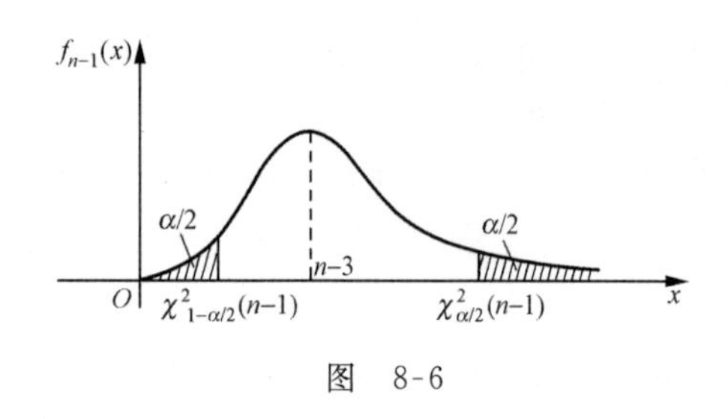

图　8-6

(4) 计算检验统计量 χ^2 的观测值，并判断：如果 $\chi^2_{1-\alpha/2}(n-1)<\chi^2<\chi^2_{\alpha/2}(n-1)$，则接受 H_0；反之，则拒绝 H_0，接受 H_1.

2. 单边检验

2.1　σ^2 是否大于 σ_0^2 的检验

检验的内容：σ^2 是否大于 σ_0^2.

检验的基本步骤：

(1) 提出假设 $H_0: \sigma^2\leqslant\sigma_0^2$，$H_1: \sigma^2>\sigma_0^2$.

(2) 选择检验统计量 $\chi^2=\frac{(n-1)S^2}{\sigma^2}$,则当 $\sigma^2=\sigma_0^2$ 时,$\chi^2=\frac{(n-1)S^2}{\sigma_0^2}\sim\chi^2(n-1)$.

(3) 确定拒绝域. 只有 S^2 比 σ_0^2 大得多,即 $\chi^2=\frac{(n-1)S^2}{\sigma_0^2}$ 比 $n-1$ 大得多,才会拒绝 H_0,接受 H_1. 所以,对给定的显著性水平 α,拒绝域为 $\chi^2\geqslant\chi_\alpha^2(n-1)$,见图 8-7(a).

(4) 计算检验统计量 χ^2 的观测值,并判断: 如果 $\chi^2<\chi_\alpha^2(n-1)$,则接受 H_0;反之,则拒绝 H_0,接受 H_1.

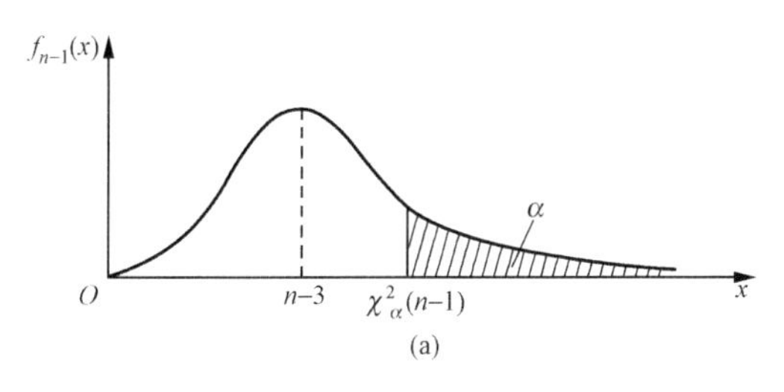

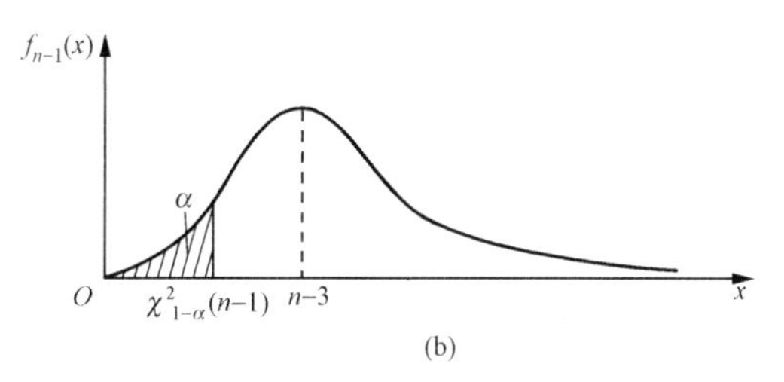

图 8-7

2.2 σ^2 是否小于 σ_0^2 的检验

检验的内容: σ^2 是否小于 σ_0^2.

检验的基本步骤:

(1) 提出假设 H_0: $\sigma^2\geqslant\sigma_0^2$, H_1: $\sigma^2<\sigma_0^2$.

(2) 选择检验统计量 $\chi^2=\frac{(n-1)S^2}{\sigma^2}$,则当 $\sigma^2=\sigma_0^2$ 时,$\chi^2=\frac{(n-1)S^2}{\sigma_0^2}\sim\chi^2(n-1)$.

(3) 确定拒绝域. 只有 S^2 比 σ_0^2 小得多,即 $\chi^2=\frac{(n-1)S^2}{\sigma_0^2}$ 比 $n-1$ 小得多,才会拒绝 H_0,接受 H_1. 所以,对给定的显著性水平 α,拒绝域为 $\chi^2\leqslant\chi_{1-\alpha}^2(n-1)$,见图 8-7(b).

(4) 计算检验统计量 χ^2 的观测值,并判断: 如果 $\chi^2>\chi_{1-\alpha}^2(n-1)$,则接受 H_0;反之,则拒绝 H_0,接受 H_1.

例 2 已知电池的寿命 X 服从正态分布 $N(\mu,\sigma^2)$,以往的方差为 $\sigma^2=5000\,\mathrm{h}^2$. 现在从一批该种电池中随机抽取 26 个,测出电池寿命的样本方差为 $s^2=9200\,\mathrm{h}^2$,问: 根据这一抽样数据,可否推断这批电池寿命的波动性较以往有显著性变化?(取 $\alpha=0.02$)

解 提出假设 H_0: $\sigma^2=5000$, H_1: $\sigma^2\neq5000$.

这里 $n=26$,选择检验统计量 $\chi^2=\frac{(n-1)S^2}{\sigma^2}=\frac{25S^2}{\sigma^2}$,则当 $\sigma^2=5000$ 时,

$$\chi^2=\frac{25S^2}{5000}\sim\chi^2(25).$$

对给定的显著性水平 $\alpha=0.02$,拒绝域为

$\chi^2\leqslant\chi_{1-\alpha/2}^2(n-1)=\chi_{0.99}^2(25)=11.524$ 或 $\chi^2\geqslant\chi_{\alpha/2}^2(n-1)=\chi_{0.01}^2(25)=44.314.$

计算检验统计量的值：$\chi^2=\frac{25\times 9200}{5000}=46>44.314$. 所以拒绝 H_0，即认为这批电池寿命的波动性有显著变化.

三、两个正态总体均值的检验

设有两个正态总体：

$X\sim N(\mu_1,\sigma^2)$，$x_1,x_2,\cdots,x_{n_1}$ 为样本 $X_1,X_2,\cdots,X_{n_1}$ 的观测值，$\overline{X}$ 为样本均值，S_1^2 为样本方差；

$Y\sim N(\mu_2,\sigma^2)$，$y_1,y_2,\cdots,y_{n_2}$ 为样本 $Y_1,Y_2,\cdots,Y_{n_2}$ 的观测值，$\overline{Y}$ 为样本均值，S_2^2 为样本方差.

注 在此设两个正态总体的方差未知，但是相等. 在两总体方差已知的情况下，容易推出应该选择的检验统计量，不再赘述.

1. 双边检验

检验的内容：$\mu_1-\mu_2$ 是否等于 δ.

注 若检验 μ_1 与 μ_2 是否相等，则相当于检验是否有 $\delta=0$.

检验的基本步骤：

(1) 提出假设 H_0：$\mu_1-\mu_2=\delta$, H_1：$\mu_1-\mu_2\neq\delta$.

(2) 选择检验统计量. 原则是检验统计量应该含有 $\mu_1-\mu_2$ 的代表 $\overline{X}-\overline{Y}$ 且分布已知. 所以选择检验统计量 $T=\frac{\overline{X}-\overline{Y}-(\mu_1-\mu_2)}{S_w\sqrt{\frac{1}{n_1}+\frac{1}{n_2}}}$，则当 $\mu_1-\mu_2=\delta$ 时，

$$T=\frac{\overline{X}-\overline{Y}-\delta}{S_w\sqrt{\frac{1}{n_1}+\frac{1}{n_2}}}\sim t(n_1+n_2-2),\quad 其中\quad S_w^2=\frac{(n_1-1)S_1^2+(n_2-1)S_2^2}{n_1+n_2-2}.$$

(3) 确定拒绝域. 对给定的显著性水平 α，拒绝域为 $|t|\geqslant t_{\alpha/2}(n_1+n_2-2)$.

(4) 计算检验统计量 T 的观测值 t，并判断：如果 $|t|<t_{\alpha/2}(n_1+n_2-2)$，则接受 H_0；否则，拒绝 H_0，接受 H_1.

2. 单边检验

下面将两个单边检验对照列出.

检验的内容：

(A) $\mu_1-\mu_2$ 是否大于 δ；　　(B) $\mu_1-\mu_2$ 是否小于 δ.

后面步骤的关键仍然在于确定检验内容的两个对立面. “$\mu_1-\mu_2$ 是否大于 δ”的两个对立面：一为 $\mu_1-\mu_2$ 大于 δ，另一为 $\mu_1-\mu_2$ 不大于 δ，也即 $\mu_1-\mu_2$ 小于或等于 δ；而“$\mu_1-\mu_2$ 是否小于 δ”的两个对立面：一为 $\mu_1-\mu_2$ 小于 δ，另一为 $\mu_1-\mu_2$ 不小于 δ，也即 $\mu_1-\mu_2$ 大于或等于 δ. 清楚这些就使得原假设、备择假设的确立和拒绝域的确定有了前提.

检验的基本步骤：

(A)

(1) 提出假设

$H_0: \mu_1-\mu_2 \leqslant \delta$， $H_1: \mu_1-\mu_2>\delta$.

(B)

(1) 提出假设

$H_0: \mu_1-\mu_2 \geqslant \delta$， $H_1: \mu_1-\mu_2<\delta$.

(2) 选择检验统计量 $T=\dfrac{\overline{X}-\overline{Y}-(\mu_1-\mu_2)}{S_w\sqrt{\dfrac{1}{n_1}+\dfrac{1}{n_2}}}$，则当 $\mu_1-\mu_2=\delta$ 时，

$$T=\frac{\overline{X}-\overline{Y}-\delta}{S_w\sqrt{\dfrac{1}{n_1}+\dfrac{1}{n_2}}}\sim t(n_1+n_2-2),\quad 其中\quad S_w^2=\frac{(n_1-1)S_1^2+(n_2-1)S_2^2}{n_1+n_2-2}.$$

(A)

(3) 对给定的显著性水平 α，拒绝域为 $t \geqslant t_\alpha(n_1+n_2-2)$，见图 8-8(a).

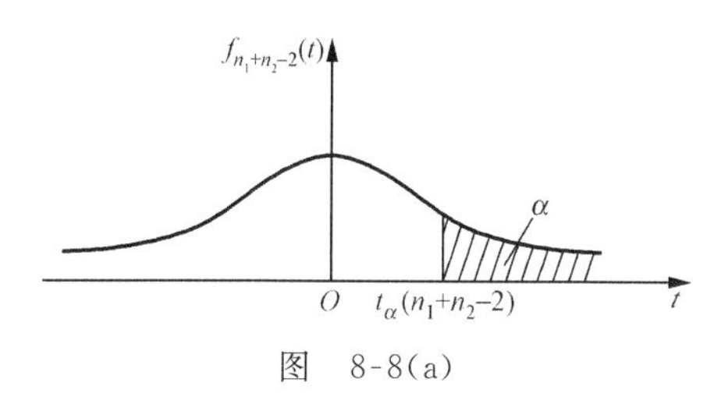

图 8-8(a)

(4) 计算检验统计量 T 的观测值 t，并判断：

若 $t<t_\alpha(n_1+n_2-2)$，则接受 H_0；否则，拒绝 H_0，接受 H_1.

(B)

(3) 对给定的显著性水平 α，拒绝域为 $t \leqslant -t_\alpha(n_1+n_2-2)$，见图 8-8(b).

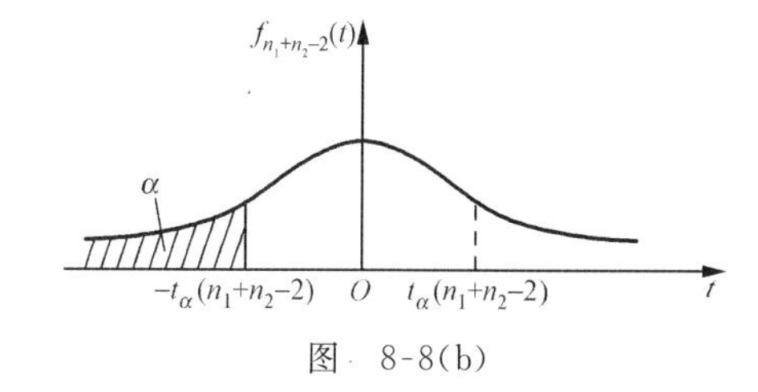

图 8-8(b)

(4) 计算检验统计量 T 的观测值 t，并判断：

若 $t>-t_\alpha(n_1+n_2-2)$，则接受 H_0；否则，拒绝 H_0，接受 H_1.

例 3 某地区高考负责人想知道某年城市中学考生的平均成绩是否比农村中学考生的平均成绩低. 已知高考成绩服从正态分布且方差大致相同，抽样成绩分别为

城市：85，75，92，78，88，94，85，89，78，91；

农村：88，78，91，83，92，96，88，97，83，93.

取显著性水平 $\alpha=0.05$，试做检验.

解 设 X 为城市中学考生的成绩，$X\sim N(\mu_1,\sigma^2)$；Y 为农村中学考生的成绩，$Y\sim N(\mu_2,\sigma^2)$.

检验的内容为 μ_1 是否小于 μ_2.

提出假设 $H_0: \mu_1-\mu_2 \geqslant 0$，$H_1: \mu_1-\mu_2<0$.

这里 $n_1=10$，$n_2=10$，选择检验统计量 $T=\dfrac{\overline{X}-\overline{Y}-(\mu_1-\mu_2)}{S_w\sqrt{\dfrac{1}{n_1}+\dfrac{1}{n_2}}}$，则当 $\mu_1-\mu_2=0$ 时，

$$T=\frac{\overline{X}-\overline{Y}}{S_w\sqrt{\frac{1}{10}+\frac{1}{10}}}\sim t(18).$$

对给定的显著性水平 $\alpha=0.05$，拒绝域为 $t\leqslant -t_{0.05}(18)=-1.7341$.

计算得 $\bar{x}=85.5, s_1^2=42.944, \bar{y}=88.9, s_2^2=37.433, s_w=6.399$，于是检验统计量的观测值为

$$t=\frac{85.5-88.9}{6.399\times\sqrt{2/10}}=-1.1880>-1.7341.$$

可见，没有理由拒绝 H_0，也即不能认为城市中学考生的平均成绩比农村中学考生的平均成绩低.

四、两个正态总体方差的检验

设有两个正态总体：

$X\sim N(\mu_1,\sigma_1^2), x_1, x_2, \cdots, x_{n_1}$ 为样本 $X_1, X_2, \cdots, X_n$ 的观测值，S_1^2 为样本方差；

$Y\sim N(\mu_2,\sigma_2^2), y_1, y_2, \cdots, y_{n_2}$ 为样本 $Y_1, Y_2, \cdots, Y_n$ 的观测值，S_2^2 为样本方差.

1. 双边检验

检验的内容：σ_1^2 与 σ_2^2 是否相等.

检验的基本步骤：

(1) 提出假设 $H_0: \sigma_1^2=\sigma_2^2$，$H_1: \sigma_1^2\neq\sigma_2^2$.

(2) 选择检验统计量. 原则是检验统计量含有 σ_1^2 与 σ_2^2 的代表 S_1^2 与 S_2^2，且分布已知. 故选择检验统计量 $F=\frac{S_1^2/S_2^2}{\sigma_1^2/\sigma_2^2}$，则当 $\sigma_1^2=\sigma_2^2$ 时，

$$F=\frac{S_1^2}{S_2^2}\sim F(n_1-1,n_2-1).$$

(3) 确定拒绝域. 当 H_0 为真，即 $\sigma_1^2=\sigma_2^2$ 时，S_1^2 与 S_2^2 应该差异较小. 如果 S_1^2 与 S_2^2 差异较大，即 $\frac{S_1^2}{S_2^2}$ 远离 1 且远到已经是小概率事件，则在一次抽样中它一般不该发生. 又知道 F 分布概率密度的极大值点为 $y=\frac{(n_1-2)n_2}{n_1(n_2+2)}<1$，所以对给定的显著性水平 α，拒绝域为

$$F\leqslant F_{1-\alpha/2}(n_1-1,n_2-1)$$

或

$$F\geqslant F_{\alpha/2}(n_1-1,n_2-1),$$

见图 8-9，其中 $a=F_{1-\alpha/2}(n_1-1,n_2-1)$，$b=F_{\alpha/2}(n_1-1,n_2-1)$.

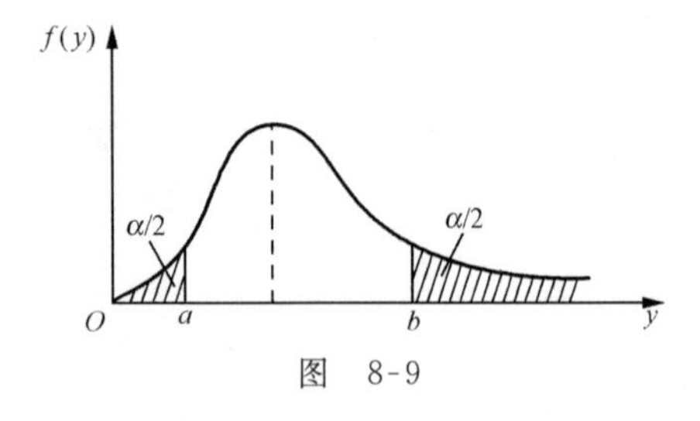

图　8-9

(4) 计算检验统计量 F 的观测值，并判断：如果 F 没有落在拒绝域，即

$$F_{1-\alpha/2}(n_1-1,n_2-1)<F<F_{\alpha/2}(n_1-1,n_2-1),$$

则接受 H_0;反之,则拒绝 H_0,接受 H_1.

2. 单边检验

(A)

检验的内容:σ_1^2 是否大于 σ_2^2

检验的基本步骤:

(1) 提出假设 $H_0: \sigma_1^2 \leqslant \sigma_2^2$, $H_1: \sigma_1^2 > \sigma_2^2$.

(B)

检验的内容:σ_1^2 是否小于 σ_2^2

检验的基本步骤:

(1) 提出假设 $H_0: \sigma_1^2 \geqslant \sigma_2^2$, $H_1: \sigma_1^2 < \sigma_2^2$.

(2) 选择检验统计量 $F=\dfrac{S_1^2/S_2^2}{\sigma_1^2/\sigma_2^2}$,则当 $\sigma_1^2=\sigma_2^2$ 时,

$$F=\frac{S_1^2}{S_2^2} \sim F(n_1-1, n_2-1).$$

(A)

(3) 对给定的显著性水平 α,拒绝域为 $F \geqslant F_\alpha(n_1-1, n_2-1)$,见图 8-10(a).

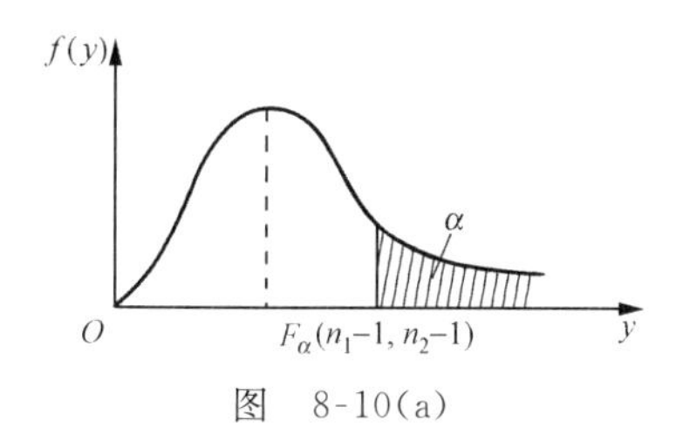

图 8-10(a)

(4) 计算检验统计量 F 的观测值,并判断:

若 $F < F_\alpha(n_1-1, n_2-1)$,则接受 H_0;反之,则拒绝 H_0,接受 H_1.

(B)

(3) 对给定的显著性水平 α,拒绝域为 $F \leqslant F_{1-\alpha}(n_1-1, n_2-1)$,见图 8-10(b).

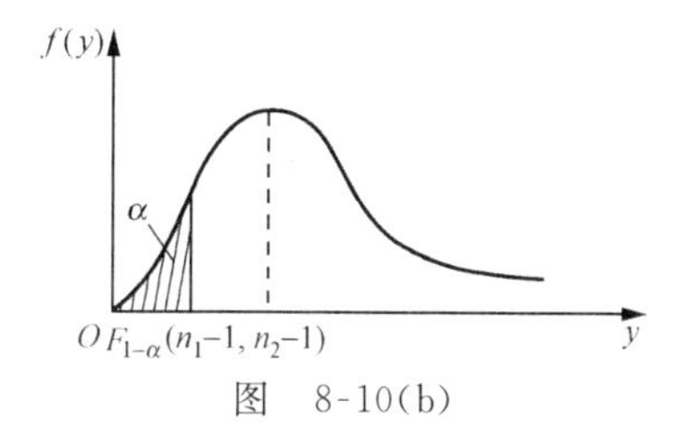

图 8-10(b)

(4) 计算检验统计量 F 的观测值,并判断:

若 $F > F_{1-\alpha}(n_1-1, n_2-1)$,则接受 H_0;反之,则拒绝 H_0,接受 H_1.

例 4 在例 3 中检验城市中学考生的平均成绩是否比农村中学考生的平均成绩低时,认为高考成绩 X, Y 服从正态分布且方差大致相同.实际上,认为方差相等也是检验得出的.现在即根据抽样结果检验两方差是否相等.(取显著性水平 $\alpha=0.01$)

解 提出假设 $H_0: \sigma_1^2=\sigma_2^2$, $H_1: \sigma_1^2 \neq \sigma_2^2$.

选择检验统计量 $F=\dfrac{S_1^2/S_2^2}{\sigma_1^2/\sigma_2^2}$,则当 $\sigma_1^2=\sigma_2^2$ 时,$F=\dfrac{S_1^2}{S_2^2} \sim F(9,9)$.

对给定的显著性水平 $\alpha=0.01$,拒绝域为

$$F \geqslant F_{0.005}(9,9)=6.54 \quad 或 \quad F \leqslant F_{0.995}(9,9)=\frac{1}{6.54}=0.1529.$$

由样本观测值计算得 X, Y 的样本方差观测值分别为 $s_1^2=42.944$, $s_2^2=37.433$,于是检验统计量的观测值为 $F=\dfrac{42.944}{37.433}=1.1472$.显然 $0.1529 < F=1.1472 < 6.54$,所以接受 H_0,

即认为两正态总体方差没有显著差异.

§8.3　两类错误的关系与样本容量的选取

在§8.1中介绍过假设检验的两类错误：

第一类错误为弃真错误，指的是原假设 H_0 成立，而偏偏统计量的观测值落在一般不会发生的拒绝域中，使我们拒绝了原假设 H_0，从而犯了错误. 犯第一类错误的概率即给定的显著性水平 α，记作

$$P\{拒绝\ H_0 \mid H_0\ 真\}=\alpha.$$

在显著性检验中，犯第一类错误的概率 α 是人为给定的.

第二类错误为取伪错误，指的是原假设 H_0 不成立，而接受了原假设 H_0 所犯的错误. 犯第二类错误的概率设为 β，记作

$$P\{接受\ H_0 \mid H_0\ 不真\}=\beta.$$

下面以一个正态总体 $N(\mu,\sigma^2)$ 且 σ 已知的 μ 的双边检验为例，分析犯第二类错误的概率 β 与 α 的关系，以及如何通过加大样本容量使 β 减小.

设有正态总体 $N(\mu,\sigma^2)$，且 σ 已知，则 μ 是否等于 μ_0 的双边检验的步骤如下：

(1) 提出假设 H_0：$\mu=\mu_0$，H_1：$\mu\neq\mu_0$；

(2) 选择检验统计量 $U=\dfrac{\overline{X}-\mu}{\sigma/\sqrt{n}}$，则当 $\mu=\mu_0$ 时，$U=\dfrac{\overline{X}-\mu_0}{\sigma/\sqrt{n}}\sim N(0,1)$；

(3) 对给定的显著性水平 α，拒绝域为 $|u|\geqslant u_{\alpha/2}$；

(4) 判断，下结论.

设犯了第二类错误，即 H_0 不真，亦即 $\mu\neq\mu_0$，但是接受了 H_0. 既然接受 H_0，必然有 $|U|<u_{\alpha/2}$ 发生，于是

$$\begin{aligned}
\beta&=P\{接受\ H_0 \mid H_0\ 不真\}=P\left\{\left|\frac{\overline{X}-\mu_0}{\sigma/\sqrt{n}}\right|<u_{\alpha/2}\right\}\\
&=P\left\{-u_{\alpha/2}\frac{\sigma}{\sqrt{n}}+\mu_0<\overline{X}<u_{\alpha/2}\frac{\alpha}{\sqrt{n}}+\mu_0\right\}\\
&=P\left\{-u_{\alpha/2}+\frac{\mu_0-\mu}{\sigma/\sqrt{n}}<\frac{\overline{X}-\mu}{\sigma/\sqrt{n}}<u_{\alpha/2}+\frac{\mu_0-\mu}{\sigma/\sqrt{n}}\right\}\\
&=P\left\{-u_{\alpha/2}-\frac{\mu-\mu_0}{\sigma/\sqrt{n}}<\frac{\overline{X}-\mu}{\sigma/\sqrt{n}}<u_{\alpha/2}-\frac{\mu-\mu_0}{\sigma/\sqrt{n}}\right\}\\
&=\Phi\left(u_{\alpha/2}-\frac{\mu-\mu_0}{\sigma}\sqrt{n}\right)-\Phi\left(-u_{\alpha/2}-\frac{\mu-\mu_0}{\sigma}\sqrt{n}\right)\\
&=\Phi\left(u_{\alpha/2}-\frac{\mu-\mu_0}{\sigma}\sqrt{n}\right)+\Phi\left(u_{\alpha/2}+\frac{\mu-\mu_0}{\sigma}\sqrt{n}\right)-1
\end{aligned}$$

$$=\Phi\left(u_{\alpha/2}-\frac{|\mu-\mu_0|}{\sigma}\sqrt{n}\right)+\Phi\left(u_{\alpha/2}+\frac{|\mu-\mu_0|}{\sigma}\sqrt{n}\right)-1. \tag{1}$$

由上面推导可知，犯第二类错误的概率 β 是所给显著性水平 α，μ 与 μ_0 的距离 $|\mu-\mu_0|$，样本容量 n 的函数. 下面分别就固定其中两个变量，讨论与第三个变量的函数关系：

(1) 可以证明函数 $g(\varepsilon)=\Phi(u-\varepsilon)+\Phi(u+\varepsilon)$ 是 $\varepsilon(\varepsilon>0)$ 的单调减函数. 这一结论从函数图像上可以得到直观解释. 由图 8-11 可见，当 $u>0$ 时，$g(\varepsilon)$ 的值随着 ε 的减小而增大. 因为当 ε 减小时，$\Phi(u+\varepsilon)$ 减小，$\Phi(u-\varepsilon)$ 增大，但是减小的量没有增加的量多，所以总量在增大.

由此结论分析(1)式得：固定 α 与 n，**当 μ 与 μ_0 距离越近(相当于 ε 减小)时，犯第二类错误的概率越大.**

这一结论还可以更直观地分析：如图 8-12 所示，样本均值 $\overline{X}$ 的观测值 $\overline{x}$ 接近 μ 是大概率事件，μ 越接近 μ_0，$\overline{x}$ 越接近 μ，也就越接近了 μ_0，当然容易接受 H_0，认为 $\mu=\mu_0$.

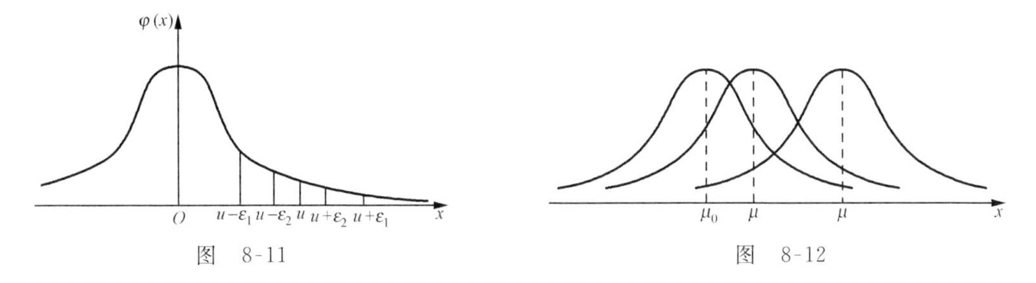

图 8-11　　　　图 8-12

(2) 分布函数 $\Phi(x)$ 是单调增函数. 因为 α 减小时，$u_{\alpha/2}$ 增大，$\Phi(u_{\alpha/2})$ 增大，所以相对固定的 n 和 $|\mu-\mu_0|$，由(1)式可知，当 α 减小时，β 增大，**也即要使犯第一类错误的概率减小，必然加大犯第二类错误的概率.**

(3) 固定 α，即固定 $u_{\alpha/2}$，若 $\left|\frac{\mu-\mu_0}{\sigma}\right|$ 由客观存在决定，可知 n 越大，$\left|\frac{\mu-\mu_0}{\sigma}\right|\sqrt{n}$ 的值越大，从而 β 越小. 可见，**当给定显著性水平 α，通过加大样本容量 n，可以减小犯第二类错误的概率 β.**

例 设在单个正态总体 $N(\mu,\sigma^2)$ 且 σ 已知的 μ 的双边检验中，显著性水平 $\alpha=0.05$. 当 μ 与 μ_0 的距离大于 0.5σ 时，要使犯第二类错误的概率小于 0.01，n 应该取多大？

解 当 μ 与 μ_0 的距离大于 0.5σ 时，由(1)式及 $g(\varepsilon)=\Phi(u-\varepsilon)+\Phi(u+\varepsilon)$ 是 $\varepsilon(\varepsilon>0)$ 的单调减函数得

$$\beta=\Phi\left(u_{\alpha/2}-\frac{|\mu-\mu_0|}{\sigma}\sqrt{n}\right)+\Phi\left(u_{\alpha/2}+\frac{|\mu-\mu_0|}{\sigma}\sqrt{n}\right)-1$$
$$\leqslant\Phi\left(u_{\alpha/2}-\frac{0.5\sigma}{\sigma}\sqrt{n}\right)+\Phi\left(u_{\alpha/2}+\frac{0.5\sigma}{\sigma}\sqrt{n}\right)-1.$$

又取 $n\geqslant64$，有 $\Phi(u_{\alpha/2}+0.5\sqrt{n})\approx1$，从而要使犯第二类错误 β 的概率小于 0.01，只要

$\begin{cases}\Phi(u_{\alpha/2}-0.5\sqrt{n})\leqslant 0.01,\\ n\geqslant 64,\end{cases}$ 即 $\begin{cases}\Phi(u_{\alpha/2}-0.5\sqrt{n})\leqslant -2.33,\\ n\geqslant 64,\end{cases}$ 亦即 $\begin{cases}0.5\sqrt{n}\geqslant 4.29,\\ n\geqslant 64.\end{cases}$

解之得 $n\geqslant 74$. 所以,对 $\alpha=0.05$,当 μ 与 μ_0 的距离大于 0.5σ 时,只要样本容量 $n\geqslant 74$,即可保证犯第二类错误的概率小于 0.01.

总习题八

1. 设一批零件的直径服从正态分布 $N(\mu,\sigma^2)$,从中随机抽取 16 个测得其直径(单位: mm)如下:

23.3, 21.1, 20.2, 24.0, 22.1, 25.1, 21.2, 24.1,

25.0, 23.1, 25.0, 21.2, 24.0, 23.1, 25.0, 22.2.

若当 $\mu=22.4$ mm 时,零件为合格品,分别就显著性水平 $\alpha=0.1$ 与 $\alpha=0.05$ 检验该批零件是否合格.

(1) σ 已知为 1.5 mm;　　(2) σ 未知;

(3) 根据取不同显著性水平检验的结果得到什么启示?

2. 就第 1 题的数据,检验标准差是否为 1.5 mm.(取显著性水平 $\alpha=0.1$)

3. 设一大批灯泡的寿命服从正态分布 $N(\mu,\sigma^2)$,μ,σ^2 未知,从中随机抽取 16 只灯泡进行寿命试验,测得寿命数据(单位: h)如下:

1502, 1480, 1485, 1511, 1514, 1527, 1603, 1480,

1532, 1508, 1490, 1470, 1520, 1505, 1485, 1540.

(1) 检验平均寿命 μ 与 1500 h 是否有显著性差异;(取显著性水平 $\alpha=0.05$)

(2) 检验寿命方差 σ^2 与 500 h^2 是否有显著性差异;(取显著性水平 $\alpha=0.05$)

(3) 此题目数据同总习题七的第 14 题,分析两个问题所讨论内容之间有什么联系.

4. 现有两箱灯泡,从第一箱中抽取 9 只灯泡进行测试,测得平均寿命是 1532 h,标准差是 423 h;从第二箱中抽取 18 只灯泡进行测试,测得平均寿命是 1412 h,标准差是 380 h. 取显著性水平 $\alpha=0.05$,检验是否可以认为这两箱灯泡是同一批生产的.

5. 设香烟的尼古丁含量服从正态分布. 某香烟厂过去生产香烟的尼古丁含量平均为 18.3 mg. 现抽得容量为 8 的样本,测得尼古丁含量(单位: mg)为: 20,17,21,19,22,21,20,16. 试检验尼古丁含量是否增加了.(取显著性水平 $\alpha=0.05$)

6. 加工某一零件,根据精度要求,标准差不得超过 0.9. 现从该产品中抽测容量为 19 的样本,计算得样本标准差 $s=1.2$. 当显著性水平 $\alpha=0.05$ 时,可否认为标准差变大了?

7. 某酒厂用自动装瓶机装酒,每瓶规定重量为 500 g,标准差不超过 10 g. 某天从该厂生产的酒中取样 9 瓶,测得 $\bar{x}=499$ g,$s=16.03$ g. 设瓶装酒的重量 X 服从正态分布,问: 这天自动装瓶机工作是否正常?(取显著性水平 $\alpha=0.05$)

8. 某中药厂从某种中药材中提取有效成分,为了提高提取率,改革提炼方法. 现对同一质量的药材,分别抽测了采用新、旧方法的提取率(%),结果如下:

旧方法: 75.4, 77.3, 76.2, 78.1, 74.3, 73.2, 77.4, 78.8, 76.9;

新方法: 77.3, 78.7, 79.1, 81.0, 80.5, 79.8, 82.1, 78.3, 79.6.

假定新、旧方法的提取率均服从正态分布,试问: 新方法的提取率是否有明显提高?(取显著性水平

$\alpha=0.05$)

9. 设某零件厂生产的零件直径服从正态分布.为了减小方差,提高生产精度,该厂试用了新工艺.现分别抽取采用新、旧工艺生产的零件,测得直径(单位:mm)如下:

旧工艺:20.0,19.3,19.8,20.0,20.5,19.5,20.4,20.6,19.9;

新工艺:20.0,19.7,20.3,20.2,20.0,19.7,19.9,19.8.

试问:抽样结果是否可以支持该工厂采用新工艺?(取显著性水平 $\alpha=0.05$)

10. 设总体 X 服从二项分布 $B(n,p)$,检验假设 H_0:$p=0.6$,H_1:$p\neq 0.6$,检验的拒绝域取为 $w=\{0,1\}\cup\{9,10\}$.设 $n=10$,求显著性水平为 α 以及当 p 的真值为 0.3 时,犯第二类错误的概率 β.

第九章　方差分析与回归分析简介

§9.1　单因素方差分析

在第八章中,我们讨论了一个总体和两个总体均值的检验问题.而在实际工作中,我们经常会遇到多个总体均值的比较问题.处理这类问题的一个重要统计方法为方差分析.方差分析方法是分析实验观测数据的常用统计方法.本节简要介绍单因素方差分析.

一、问题的提出

为了解什么是单因素方差分析,我们先来看一个例子.

例 1　在饲料养鸡增肥的研究中,某研究人员提出如下 3 种配方:饲料 A_1 以鱼粉为主,饲料 A_2 以槐树粉为主,饲料 A_3 以苜蓿粉为主.为了比较 3 种饲料的增肥效果,选定 24 只相似的雏鸡随机分为 3 组,每组各喂一种饲料,60 天后观察鸡重.试验结果如表 9.1 所示.

表　9.1

饲料	鸡重/g							
A_1	1073	1009	1060	1001	1002	1012	1009	1028
A_2	1107	1092	990	1109	1090	1074	1122	1001
A_3	1093	1029	1080	1021	1022	1032	1029	1048

本例中要比较的是 3 种饲料的增肥效果是否相同.为此,饲料被称为因素,3 种不同的饲料称为该因素的 3 个水平,记为 A_1,A_2,A_3.饲料 A_i 下第 j 只鸡 60 天后的重量用X_{ij}表示,其中 $i=1,2,3;j=1,2,\cdots,8$. 3 种不同饲料视为 3 个不同总体,其均值分别记为μ_1,μ_2,μ_3. 实验目的可归结为检验假设

$$H_0: \mu_1=\mu_2=\mu_3.$$

二、单因素方差分析的问题假设

一般地,设因素 A 有 r 个水平$A_1,A_2,\cdots,A_r$,在水平A_i下进行 $n_i(n_i\geqslant 2)$次独立试验,其观测值为$X_{i1},X_{i2},\cdots,X_{in_i}$,其中 $i=1,2,\cdots,r$. 试验结果如表 9.2 所示.

表 9.2

试验结果 \ 试验号 \ 水平	1	2	…	j	…	n_i
A_1	X_{11}	X_{12}	…	X_{1j}	…	X_{1n_1}
A_2	X_{21}	X_{22}	…	X_{2j}	…	X_{2n_2}
⋮	⋮	⋮	⋮	⋮	⋮	⋮
A_r	X_{r1}	X_{r2}	…	X_{rj}	…	X_{rn_r}

设在每个水平A_i（$i=1,2,\cdots,r$）下，总体服从正态分布$N(\mu_i,\sigma^2)$，μ_i,σ^2未知，即X_{i1}，$X_{i2},\cdots,X_{in_i}$是取自正态总体$N(\mu_i,\sigma^2)$的一个样本，并且r个总体的样本相互独立，不同总体的方差相等.

令$\varepsilon_{ij}=X_{ij}-\mu_i$. 由于$X_{ij}\sim N(\mu_i,\sigma^2)$，故$\varepsilon_{ij}\sim N(0,\sigma^2)$. 因此，单因素方差分析的假设前提可用如下的线性模型表示：

$$\begin{cases}X_{ij}=\mu_i+\varepsilon_{ij}, \\ \varepsilon_{ij}\sim N(0,\sigma^2),\varepsilon_{ij}\text{相互独立},\mu_i,\sigma^2\text{未知}\end{cases}\quad (i=1,2,\cdots,r;j=1,2,\cdots,n_i).$$

于是，考查因素A对试验指标是否有显著影响可归结为如下假设检验：

$$H_0: \mu_1=\mu_2=\cdots=\mu_r=\mu.$$

三、检验方法

为了对上述假设H_0进行检验，需要建立检验统计量，并且在原假设下给出检验统计量的分布. 在原假设H_0下，由于r个总体均值相等，因此可以认为所有的样本X_{ij}（$i=1,2,\cdots,r;j=1,2,\cdots,n_i$）来自同一总体$N(\mu,\sigma^2)$. 记

$$n=n_1+n_2+\cdots+n_r,\quad \overline{X}_{i\cdot}=\frac{1}{n_i}\sum_{j=1}^{n_i}X_{ij}\quad (i=1,2,\cdots,r),$$

$$\overline{X}=\frac{1}{n}\sum_{i=1}^{r}\sum_{j=1}^{n_i}X_{ij},\quad S_T=\sum_{i=1}^{r}\sum_{j=1}^{n_i}(X_{ij}-\overline{X})^2,$$

称n为r个样本的**总容量**，$\overline{X}_{i\cdot}$为**第i组的样本均值**，$\overline{X}$为**样本总均值**，S_T为**总离差平方和**.

将S_T进行分解：

$$\begin{aligned}S_T&=\sum_{i=1}^{r}\sum_{j=1}^{n_i}[(X_{ij}-\overline{X}_{i\cdot})+(\overline{X}_{i\cdot}-\overline{X})]^2\\&=\sum_{i=1}^{r}\sum_{j=1}^{n_i}(X_{ij}-\overline{X}_{i\cdot})^2+\sum_{i=1}^{r}n_i(\overline{X}_{i\cdot}-\overline{X})^2+2\sum_{i=1}^{r}\sum_{j=1}^{n_i}(X_{ij}-\overline{X}_{i\cdot})(\overline{X}_{i\cdot}-\overline{X}),\end{aligned}$$

其中

$$2\sum_{i=1}^{r}\sum_{j=1}^{n_i}(X_{ij}-\overline{X}_{i\cdot})(\overline{X}_{i\cdot}-\overline{X})=2\sum_{i=1}^{r}(\overline{X}_{i\cdot}-\overline{X})\sum_{j=1}^{n_i}(X_{ij}-\overline{X}_{i\cdot})$$

$$= 2\sum_{i=1}^{r}(\overline{X}_{i\cdot} - \overline{X})(n_i\overline{X}_{i\cdot} - n_i\overline{X}_{i\cdot}) = 0.$$

进一步,记

$$S_A = \sum_{i=1}^{r} n_i (\overline{X}_{i\cdot} - \overline{X})^2, \quad S_E = \sum_{i=1}^{r}\sum_{j=1}^{n_i}(X_{ij} - \overline{X}_{i\cdot})^2,$$

则有 $S_T = S_A + S_E$. 由于 S_E 刻画了各水平内部观察值的差异情况,故称之为**组内平方和**;S_A 反映了各组的均值与样本总均值的偏差,故称之为**组间平方和**.

若H_0成立,则X_{ij}均服从同一正态分布 $N(\mu,\sigma^2)$,且相互独立. 因而,易证 $\frac{S_T}{\sigma^2} \sim \chi^2(n-1)$, $\frac{S_E}{\sigma^2} \sim \chi^2(n-r)$以及 $\frac{S_A}{\sigma^2} \sim \chi^2(r-1)$,且 S_A 与 S_E 相互独立,进而可知在H_0下有

$$F = \frac{S_A/(r-1)}{S_E/(n-r)} \sim F(r-1, n-r). \tag{1}$$

对给定的显著性水平 α,查 F 分布表得临界值 F_α,使得

$$P\{F > F_\alpha(r-1, n-r)\} = \alpha.$$

如果统计量 F 的观测值 $F > F_\alpha(r-1, n-r)$,则拒绝H_0,认为因素 A 的各水平之间存在差异;否则,可接受H_0.

上述的计算结果可由表 9.3 给出. 表 9.3 称为**方差分析表**.

表　9.3

方差来源	平方和	自由度	F 值	F 的临界值
组间	S_A	$r-1$	$F = \frac{S_A/(r-1)}{S_E/(n-r)}$	$F_\alpha(r-1, n-r)$
组内	S_E	$n-r$		
总和	S_T	$n-1$		

为了方便计算,我们记

$$T = \sum_{i=1}^{r}\sum_{j=1}^{n_i} X_{ij} = n\overline{X}, \tag{2}$$

$$T_{i\cdot} = \sum_{j=1}^{n_i} X_{ij} = n_i\overline{X}_{i\cdot}. \tag{3}$$

经过简单的代数运算可知

$$S_T = \sum_{i=1}^{r}\sum_{j=1}^{n_i} X_{ij}^2 - \frac{T^2}{n}, \tag{4}$$

$$S_A = \sum_{i=1}^{r} \frac{T_{i\cdot}^2}{n_i} - \frac{T^2}{n}, \tag{5}$$

$$S_E = S_T - S_A. \tag{6}$$

在实际计算时,我们先计算(2)～(6)式的值,进而计算检验统计量(1)的值.

例 2 在本节例 1 中，取 $\alpha=0.05$，检验假设 $H_0: \mu_1=\mu_2=\mu_3$.

解 例 1 为单因素 3 水平等重复试验，$r=3$，$n_1=n_2=n_3=8$，$n=24$，$T_1=8194$，$T_2=8585$，$T_3=8354$，$T=25133$，且

$$S_T = \sum_{i=1}^{3}\sum_{j=1}^{8} X_{ij}^2 - \frac{T^2}{24} = 26357363 - 26319487.04 = 37875.96,$$

$$S_A = \sum_{i=1}^{3} \frac{T_{i\cdot}^2}{8} - \frac{T^2}{24} = 26329147.13 - 26319487.04 = 9660.09,$$

$$S_E = S_T - S_A = 28215.87,$$

于是统计量 F 的观测值为

$$F=\frac{S_A/(r-1)}{S_E/(n-r)}=\frac{9660.09/2}{28215.87/21}=3.59.$$

列出方差分析表，如表 9.4 所示. 对 $\alpha=0.05$，查 F 分布表得临界值 $F_{0.05}(2,21)=3.47$. 由于 $3.59>3.47$，故拒绝 H_0，即认为 3 种饲料对鸡的增肥作用有明显区别.

表 9.4

方差来源	平方和	自由度	F 值	F 的临界值
组间	$S_A=9660.9$	2	$F=3.59$	$F_{0.05}(2,21)=3.47$
组内	$S_E=28215.87$	21		
总和	$S_T=37875.96$	23		

对于单因素方差分析，还可以进一步考虑总体参数的估计问题、方差是否相等的检验问题以及任意两个水平均值之间有无明显差异的多重比较问题，这里我们不作详细阐述.

§9.2 一元线性回归分析简介

变量之间的常见关系可以分为两类：一类是确定性关系. 例如，圆的面积 S 与半径 r 之间的关系可以表示为 $S=\pi r^2$，若 r 已知，则 S 唯一确定. 另一类是非确定性关系. 例如，对于人的身高 x 与体重 y 之间的关系，一般来讲，身高越高，体重越大，但同样身高的人，体重并不完全一样. 我们也把这种非确定性关系称为**相关关系**. 尽管变量之间的相关关系不能用完全确定的函数关系来表示，但是在平均意义下却有一定的定量关系. 回归分析就是研究变量之间相关关系的一种统计方法.

一、一元线性回归模型

一元线性回归模型是最简单的回归模型. 为了弄清楚什么是一元线性回归模型，我们先看一个例子.

例 1 由于种种因素影响，即使钢水中的碳含量相同，合金钢的强度也不会相同. 为了

弄清合金钢的强度 y 与钢材中碳含量 x 之间的关系，搜集了10对数据 $(x_i,y_i),i=1,2,\cdots,10$，如表9.5所示.

表　9.5

碳含量 $x/(\%)$	0.03	0.04	0.05	0.07	0.09	0.10	0.12	0.15	0.17	0.20
强度 $y/(\mathrm{kg/mm^2})$	40.5	39.5	41.0	41.5	43.0	42.0	45.0	47.5	53.0	56.0

首先将表9.5中的10对数据在平面直角坐标系中绘出，如图9-1所示.

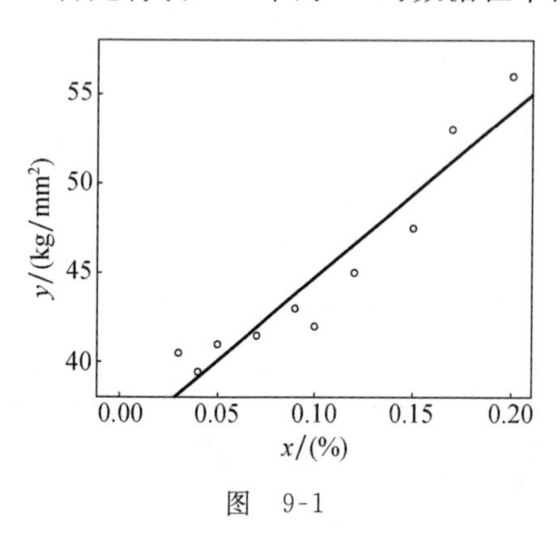

图　9-1

从图9-1可以看出，所有的点大体散布在一条直线的周围，但又不全在一条直线上. 因此，可以认为 y 与 x 之间的关系包括两部分：一部分是由于 x 的变化引起的 y 的线性变化部分，记为 $\beta_0+\beta_1x$；另一部分是由随机因素引起的，记为 ε. 所以变量 y 与 x 之间的关系可用如下的数学模型表示：

$$y=\beta_0+\beta_1x+\varepsilon, \tag{1}$$

其中 $\varepsilon\sim N(0,\sigma^2)$，$\beta_0,\beta_1,\sigma^2$ 为未知参数. 称(1)式为**一元线性回归模型**.

对于一元线性回归模型，我们假定 x 是一般变量. 由于 ε 为随机变量，所以 y 为随机变量. 在模型(1)的假设下，易知 $y\sim N(\beta_0+\beta_1x,\ \sigma^2)$.

二、未知参数 β_0,β_1 的估计

由于 β_0 和 β_1 为未知参数，我们下面讨论如何利用样本观测值给出 β_0 和 β_1 的估计值 $\hat{\beta}_0$ 和 $\hat{\beta}_1$. 设 $(x_1,y_1),(x_2,y_2),\cdots,(x_n,y_n)$ 为容量为 n 的样本观测值.

我们利用最小二乘法对模型参数进行估计. 为了求得观测值 y_i 与 $\beta_0+\beta_1x_i$ 的偏差平方和

$$Q(\beta_0,\beta_1)=\sum_{i=1}^{n}(y_i-\beta_0-\beta_1x_i)^2$$

的最小值，对 $Q(\beta_0,\beta_1)$ 分别关于 β_0 及 β_1 求偏导数，并令其等于零，有

$$\begin{cases}\dfrac{\partial Q(\beta_0,\beta_1)}{\partial\beta_0}=-2\displaystyle\sum_{i=1}^{n}(y_i-\beta_0-\beta_1x_i)=0,\\[2ex]\dfrac{\partial Q(\beta_0,\beta_1)}{\partial\beta_1}=-2\displaystyle\sum_{i=1}^{n}(y_i-\beta_0-\beta_1x_i)x_i=0,\end{cases} \tag{2}$$

整理得

$$\begin{cases}n\beta_0+n\overline{x}\beta_1=n\overline{y},\\ n\overline{x}\beta_0+\displaystyle\sum_{i=1}^{n}x_i^2\beta_1=\sum_{i=1}^{n}x_iy_i,\end{cases} \tag{3}$$

其中 $\overline{x}=\frac{1}{n}\sum_{i=1}^{n}x_i$，$\overline{y}=\frac{1}{n}\sum_{i=1}^{n}y_i$. 解方程组(3)，可得

$$\hat{\beta}_1=\frac{\sum_{i=1}^{n}(x_i-\overline{x})(y_i-\overline{y})}{\sum_{i=1}^{n}(x_i-\overline{x})^2}=\frac{\sum_{i=1}^{n}x_iy_i-n\overline{x}\,\overline{y}}{\sum_{i=1}^{n}x_i^2-n\overline{x}^2},\quad \hat{\beta}_0=\overline{y}-\hat{\beta}_1\overline{x}.$$

称 $y=\hat{\beta}_0+\hat{\beta}_1x$ 为 y 关于 x 的**一元线性回归方程**，该方程对应的直线称为**回归直线**.

例 2 在本节例 1 中，给出合金钢的强度 y 关于碳含量 x 的一元线性回归方程.

解 易知 $\overline{x}=0.102$，$\overline{y}=44.9$，$\sum_{i=1}^{n}x_iy_i=48.555$，$\sum_{i=1}^{n}x_i^2=0.1338$，于是 $\hat{\beta}_1=92.64$，$\hat{\beta}_0=35.45$. 因此 y 关于 x 的一元线性回归方程为

$$y=35.45+92.64x.$$

三、相关性检验

我们会发现，即使是平面上杂乱无章的点 $(x_i,y_i)(i=1,2,\cdots,n)$，利用上述的最小二乘法也可以通过计算得到一条直线，但这条直线没有任何意义. 因此，在使用一元线性回归模型对试验观测数据进行拟合前，通常要检验变量 y 与 x 之间是否存在线性相关关系. 对于一元线性回归模型(1)，注意到 $E(y)=\beta_0+\beta_1x$. 所以，如果 $\beta_1=0$，则 $E(y)$ 不随 x 的变化作线性变化；反之，若 $\beta_1\neq 0$，则 $E(y)$ 与 x 之间存在线性关系. 因此判断一元线性回归方程是否有意义需要做如下检验：

$$H_0:\beta_1=0,\quad H_1:\beta_1\neq 0.$$

利用方差分析的思想，将数据总的波动即**离差平方和**进行分解：

$$\begin{aligned}S_T&=\sum_{i=1}^{n}(y_i-\overline{y})^2=\sum_{i=1}^{n}[(y_i-\hat{y}_i)+(\hat{y}_i-\overline{y})]^2\\&=\sum_{i=1}^{n}(y_i-\hat{y}_i)^2+\sum_{i=1}^{n}(\hat{y}_i-\overline{y})^2+2\sum_{i=1}^{n}(y_i-\hat{y}_i)(\hat{y}_i-\overline{y}),\end{aligned}$$

其中 $\hat{y}_i=\hat{\beta}_0+\hat{\beta}_1x_i$. 注意到 $\sum_{i=1}^{n}(y_i-\hat{y}_i)(\hat{y}_i-\overline{y})=0$，因此 $S_T=S_E+S_R$，其中

$$S_E=\sum_{i=1}^{n}(y_i-\hat{y}_i)^2,\quad S_R=\sum_{i=1}^{n}(\hat{y}_i-\overline{y})^2.$$

S_R 反映了回归值 $\hat{y}_1,\hat{y}_2,\cdots,\hat{y}_n$ 对其平均值 $\overline{y}$ 的离散程度，故称为**回归平方和**；S_E 反映了观测点 $(x_i,y_i)(i=1,2,\cdots,n)$ 与回归直线的偏离程度，这种偏离是由随机误差及其他一切因素引起的，称为**残差平方和**.

可以证明，若 H_0 成立，则 $\frac{S_T}{\sigma^2}\sim\chi^2(n-1)$，$\frac{S_R}{\sigma^2}\sim\chi^2(1)$ 以及 $\frac{S_E}{\sigma^2}\sim\chi^2(n-2)$，且 S_R 与 S_E 相互独立. 故当 H_0 成立时，$F=\frac{S_R}{S_E/(n-2)}\sim F(1,n-2)$.

若 x 与 y 之间具有线性相关关系(1)，则S_R 较大，S_E 较小，因此 F 的值比较大；反之，则 F 的值较小. 因此，对给定的显著性水平 α，若 $F>F_\alpha(1,n-2)$，则拒绝H_0.

例 3 在例 1 中，检验合金钢的强度 y 与碳含量 x 之间是否具有线性相关关系.（取显著性水平 $\alpha=0.05$）

解 待检验假设为

$$H_0:\beta_1=0,\quad H_1:\beta_1\neq 0.$$

经过简单的计算可知 $S_R=255.4$，$S_E=27.5$，因此

$$F=\frac{255.4}{27.5/8}=74.3>F_{0.05}(1,8)=5.32.$$

故拒绝H_0，即认为 y 与 x 之间具有线性相关关系.

总习题九

1. 单因素方差分析适用于解决哪一类实际问题？试说明单因素方差分析与§8.2 正态总体均值检验方法中所解决的实际问题有什么不同.

2. 为了考查不同玉米品种对亩产量有无显著影响，选择了 3 个不同的玉米品种进行试验，每个品种播种在 4 块试验田上，共得到 12 块试验田的亩产量，如表 9.6 所示. 问：不同玉米品种亩产量有无差异？（取显著性水平 $\alpha=0.05$）

表 9.6

玉米品种	亩产量/kg			
A_1	840	830	834	835
A_2	790	810	795	804
A_3	815	805	825	815

3. 小白鼠在接种 3 种不同菌型伤寒杆菌后的存活天数如表 9.7 所示. 问：小白鼠接种 3 种菌型的平均存活天数是否有显著差异？（取显著性水平 $\alpha=0.05$）

表 9.7

菌型	存活天数									
1	2	4	3	2	4	7	7	2	5	4	
2	5	6	8	5	10	7	12	6	6		
3	7	11	6	6	7	9	5	10	6	3	10

4. 假设回归直线过原点，即一元线性回归模型为 $y=\beta x+\varepsilon$，$E(\varepsilon)=0$，$D(\varepsilon)=\sigma^2$，样本观测值(x_i,y_i) $(i=1,2,\cdots,n)$相互独立，试给出参数 β 的最小二乘估计.

5. 已知维尼纶纤维的耐水性能与甲醇浓度 x 以及缩醇化度 y 有关. 通过试验测得如表 9.8 所示的观测数据.

表 9.8

x	18	20	22	24	26	28	30
y	26.86	28.35	28.75	28.87	29.75	30.00	30.36

(1) 作散点图；

(2) 建立 y 关于 x 的一元线性回归方程；

(3) 检验缩醇化度 y 与甲醇浓度 x 之间是否具有线性相关关系.(取显著性水平 $\alpha=0.01$)

习题参考答案与提示

习　题　1.1

1. (1) (i) $\{(1,2)(1,3)(2,1)(2,3)(3,1)(3,3)\}$,

(ii) $\{(1,1)(1,2)(1,3)(2,1)(2,2)(2,3)(3,1)(3,2)(3,3)\}$,

(iii) $\{(1,2)(1,3)(2,3)\}$;

(2) $\{1,2,\cdots\}$;　　(3) $[0,10]$;　　(4) $S=\{(x,y)\mid x>0,y>0\}$.

2. (1) $A\overline{B}\overline{C}$;　(2) $\overline{A}BC$;　(3) $\overline{A}\overline{B}\overline{C}$;　(4) $\overline{A}+\overline{B}+\overline{C}$;　(5) $A\overline{B}\overline{C}+\overline{A}B\overline{C}+\overline{A}\overline{B}C$;

(6) $\overline{A}\overline{B}+\overline{A}\overline{C}+\overline{B}\overline{C}$.　**提示**　{三人都没完成任务}表示为 $\overline{ABC}$ 则是错误的.因为 $ABC=$ {三人都完成任务}的对立事件是{至少一人没完成任务}.

3. (1) $\bigcup\limits_{i=1}^{5}A_i$ 与 $\bigcup\limits_{i=1}^{5}B_i$ 均为至少击中 1 次,二者相等;

(2) $\bigcup\limits_{i=2}^{5}A_i$ 为第 2 次至第 5 次至少击中 1 次,$\bigcup\limits_{i=2}^{5}B_i$ 为至少击中 2 次,二者不等,且前者包含后者;

(3) $\bigcup\limits_{i=1}^{2}A_i$ 为前 2 次至少击中 1 次,$\bigcup\limits_{i=3}^{5}A_i$ 为后 3 次至少击中 1 次,二者没有一定的关系;

(4) $\bigcup\limits_{i=1}^{2}B_i$ 为至少击中 1 次,至多击中 2 次,$\bigcup\limits_{i=3}^{5}B_i$ 为至少击中 3 次,至多击中 5 次,二者互斥.

习　题　1.2

1. $\dfrac{1}{6},\dfrac{1}{6},\dfrac{2}{6},\dfrac{2}{6}$.

2. 当 $A+B=S$ 时,$P(AB)$ 最小为 0.3;当 $B\supset A$ 时,$P(AB)$ 最大为 0.5.

提示　$P(AB)=P(A)+P(B)-P(A+B)$,故 $P(A+B)$ 越大,$P(AB)$ 越小;$P(A+B)$ 越小,$P(AB)$ 越大.

3. 0.5,0.1,0.5.

习　题　1.3

1. (1) $\dfrac{C_4^1C_{46}^4}{C_{50}^5}$;　(2) $\dfrac{C_{46}^5}{C_{50}^5}$;　(3) $1-\dfrac{C_{46}^5}{C_{50}^5}$.

2. $\dfrac{C_6^1C_5^1C_5^1}{A_{11}^3}$.　**提示**　因为考虑的事件有顺序性,所以样本空间中的样本点必须有顺序性,样本点总数为 A_{11}^3.

3. $\dfrac{C_{17}^9}{C_{19}^9}$.

4. (1) 0.69;　(2) 0.17;　(3) 0.125;　(4) 0.23;　(5) 0.214.　**提示**　样本点总数应为 9^3.在

(5)中,能被10整除,必然含有5,且含有偶数,可就含有5和偶数的不同情况计算事件 A_5 中所含的样本点数.

5. $\frac{C_2^1 C_2^1}{A_7^7}$.　　**6.** $\frac{A_6^3}{6^3}$.

7. $1-\frac{364^{100}}{365^{100}}$.　**提示**　至少有一名学生的生日在元旦的可能性多,计算对立事件{没有学生的生日在元旦}中所含的样本点数较容易.

8. $P\{X=0\}=\frac{4!}{4^4}$, $P\{X=1\}=\frac{C_4^2 A_4^3}{4^4}$, $P\{X=3\}=\frac{C_4^1}{4^4}$, $P\{X=2\}=1-P\{X=0\}-P\{X=1\}-P\{X=3\}$.

提示　设 $X=0,1,2,3$ 分别表示空盒数为0,1,2,3的事件,较简便.

9. 0.25.　**提示**　两人到校门口的时刻(X,Y)相当于边长为60(单位: min)的正方形内的点,可归为平面上的几何概型.所求事件为$|X-Y|>30$.

10. 0.27.　**提示**　甲、乙两艘船到达时刻(X,Y)为边长等于24的正方形内的点,所求事件为

$$\begin{cases}0<Y-X<3,\\0<X-Y<4.\end{cases}$$

习　题　1.4

1. (1) 1;　　(2) 0.25;　　(3) 0.33.

2. (1) $\frac{8}{45}$;　　(2) $\frac{16}{45}$;　　(3) $\frac{28}{45}$;　　(4) $\frac{9}{45}$.　**提示**　设 A_1, A_2 分别为第1,2次取到正品,进一步求各事件的概率,可使表述较清晰.

3. $\frac{3}{5}$, $\frac{6}{25}$, $\frac{6}{25}$, $\frac{12}{25}$.

4. (1) $\frac{24}{55}$;　　(2) $\frac{38}{55}$.　**提示**　设 A={从甲袋中取到红球}, B={从乙袋中取到红球},则所求概率为$P(AB)$与$P(B)$.

5. $\frac{1}{5}$.　**提示**　该题目验证了抽签的合理性.

6. $\frac{1}{5}$.　**提示**　该题目为求条件概率,即取红球事件发生了,求红球取自一号袋的概率.可设取到一号袋为A,取到红球为B.

7. (1) $\frac{2}{5}$;　　(2) 0.486.　**提示**　解该题目时要注意,取到一箱后,两件取自同一箱.

8. $\frac{4}{5}$.　**提示**　是求在{至少有一件次品}发生的条件下,恰取到一件正品和一件次品的概率.

9. (1) 0.943;　　(2) 0.85.

习　题　1.5

1. 略.　**提示**　在(3)中证得 A 与 $B\overline{C}$ 相互独立即可.

2. 0.244.　　**3.** $\frac{3}{5}$.

4. (1) 0.9984；　(2) 3.　**提示**　第(2)问应该是解出 $n=3$，而非用 3 去试.

5. (1) 0.0729；(2) 0.0815.　**提示**　在同一时刻，每个设备使用的概率应为 $\frac{6}{60}=0.1$，其为伯努利概型.

总习题一

1. (1) $0.7,\frac{2}{7}$；　(2) 0.2；　(3) 0.35，0.5.　**提示**　(1) 若 $B\subset A$，则 $\overline{B}\supset\overline{A}$；(2) A,B 互斥，不一定有 $\overline{A},\overline{B}$ 互斥，$P(\overline{A}\,\overline{B})=P(\overline{A+B})=1-P(A+B)$；(3) $P(A-B)=P(A\overline{B})$.

2. (1) 0.2；　(2) 0.7.

3. 0.5.　**提示**　$P(\overline{A}+B)=P(\overline{A\overline{B}})=1-P(A\overline{B})$.

4. (1) $0.504=\dfrac{C_{10}^1C_9^3A_5^5\times\frac{1}{2}}{10^5}$；　(2) $\dfrac{7^5-6^5}{10^5}$；　(3) $\dfrac{C_{10}^5}{10^5}$.

5. $\frac{13}{21}$.　**提示**　做法“$P(\text{至少配成一双})=\dfrac{C_5^1C_8^2}{C_{10}^4}$”是错误的，因为在分母中作为同一样本点的，在分子中按不同样本点计算了.

6. (1) $\frac{1}{6}$；　(2) $\frac{1}{3}$.　**提示**　(1) 取后不放回，可以按超几何概型考虑；(2) 必然是第 3 次取到第 2 个坏零件.

7. $\frac{1}{4}$.　**提示**　能否构成三角形的关键是由两个随机点决定的三线段的长度. 两线段的长度 (X,Y) 即平面上的一个随机点，应先确定 (X,Y) 所有可能占的区域，即样本空间，再确定其中能构成三角形的区域，条件是任意两边长的和大于第三边.

8. (1) 0.008；　(2) 0.6.　**提示**　将收到字符 ABCA 设为一个事件 D 即可，表述简捷.

9. 0.887.　**提示**　取到次品否，检验有误否，两个环节均是随机的，都影响到通过验收的概率，应分别设出事件，从后往前逐层分解.

10. (1) 0.3572；　(2) 0.44.　**提示**　(2) 3 次射击，每次为重新取一支枪，故每次射击条件相同，相当于 $n=3$ 的伯努利试验. 由此可求 3 次射击均命中的概率. 3 次取枪又属伯努利概型，则

$$P(\text{取到两支校正枪})=C_3^2\times\left(\frac{6}{10}\right)^2\times\frac{4}{10}.$$

进一步，求条件概率 $P(\text{取到两支校正枪}\mid 3\text{ 次均命中})$，其由逆概公式容易得到.

11. (1) $\frac{29}{90}$；　(2) $\frac{20}{61}$.　**提示**　(2) 为了求条件概率，注意由抽签的合理性，第 2 份抽到男生报名表的概率与第 1 份抽到男生报名表的概率相同. 求 $P(\text{第 1 份取到女生报名表}\mid\text{第 2 份取到男生报名表})$ 的关键是求 $P(\text{第 1 份取到女生报名表，第 2 份取到男生报名表})$，其可以通过全概公式求得. 分别取到三个地区的事件为一个划分.

12. $P(\text{甲胜})=0.245$，$P(\text{乙胜})=0.419$，$P(\text{丙胜})=0.336$.　**提示**　“聪明与理智”决定了射击对象的选择，进而分析可能性，逐层分解. 例如，丙必然去打甲，因为若打死甲其还有获胜的可能，不然若打死乙，轮到甲打时，丙必死无疑.

13. (1) $\frac{8}{11}$；　(2) $\frac{4}{5}$；　(3) $\frac{32}{55}$.　**提示**　设 A,B,C 拿到二级品为事件 A,B,C. 第(2)问即求概率

$P(AB|\overline{C})$. 由于 A,B 均拿到二级品，会有多种可能. 不妨计算逆事件的概率，即

$$P(AB|\overline{C})=1-P(\overline{AB}|\overline{C})=1-P(\overline{A}+\overline{B}|\overline{C})=1-[P(\overline{A}|\overline{C})+P(\overline{B}|\overline{C})-P(\overline{A}\,\overline{B}|\overline{C})].$$

14. 0.477. **提示** 设 A_1,A_2,A_3 分别表示长机与两架僚机到达目的地，B_1,B_2,B_3 分别表示长机与两僚机炸毁目标.

$$\begin{aligned}P(\text{目标炸毁}) &= P(B_1+B_2+B_3)\\ &= P(B_1)+P(B_2)+P(B_3)-P(B_1B_2)-P(B_2B_3)+P(B_1B_2B_3)\\ &= P(A_1B_1)+P(A_1A_2B_2)+P(A_1A_3B_3)-\cdots+\cdots.\end{aligned}$$

15. $\frac{5}{8}$. **提示** 求取到黄球之前没取到红球的概率较简单，即第 i 次取到黄球，第 $i-1(i=1,2,\cdots)$ 次取到黑球的概率的和.

习 题 2.2

1. (1) X 的分布律为

X	1	2	3
P	3/10	2/10	5/10

(2) 可设 $X=\begin{cases}1, & \text{取到红球},\\ 2, & \text{取到白球},\\ 3, & \text{取到黑球},\end{cases}$ 则 X 的分布律为

X	1	2	3
P	1/3	1/3	1/3

(3) X 的分布律为

X	2	3	4	5	6	7	8	9	10	11	12
P	$\frac{1}{36}$	$\frac{2}{36}$	$\frac{3}{36}$	$\frac{4}{36}$	$\frac{5}{36}$	$\frac{6}{36}$	$\frac{5}{36}$	$\frac{4}{36}$	$\frac{3}{36}$	$\frac{2}{36}$	$\frac{1}{36}$

(4) X 的分布律为

X	144	108	81
P	1/4	1/2	1/4

提示 首先确定 X 的取值. 可能连续两年收益 20%，则 $X=100\times1.2\times1.2=144$. 因为每年收益 20% 的概率为 $\frac{1}{2}$，所以 $P\{X=144\}=\frac{1}{2}\times\frac{1}{2}=\frac{1}{4}$. 类似地可求其他.

2. (1) $a=15$； (2) $a=\frac{1}{62}$.

3. (1) $X\sim B(5,0.1)$； (2) 0.672. **提示** 次品率为 0.1，言外之意是抽取每件产品，是次品的概率均

为 0.1. 抽取 5 件相当于 5 次独立试验.

4. (1) $P\{X=k\}=0.8^{k-1}\times 0.2\ (k=1,2,\cdots)$；　(2) $P\{X=k\}=C_{k-1}^{r-1}0.8^{k-r}\times 0.2^{r}(k=r,r+1,\cdots)$.

提示　(2) $X=k$，说明投到第 k 次时恰好为第 r 次投中，前 $k-1$ 次中任意 $r-1$ 次投中均可.

5. (1) 0.37；　(2) 0.39；　(3) 0.24.

6. (1) 0.349；　(2) 0.581；　(3) 0.590；　(4) 0.343；　(5) 0.692.　**提示**　设第 1 次检验的次品数为 X，则 $X\sim B(10,0.1)$. 于是 P(经第 1 次检验就被接受)$=P\{X=0\}$. 第 2 次检验的次品数仍为随机变量，设为 Y，则 $Y\sim B(5,0.1)$，第(5)问相当于求 $P\{\{X=0\}\cup\{X=1,Y=0\}\cup\{X=2,Y=0\}\}$.

7. 0.9834.　**提示**　既然每页中印刷错误的个数服从同一分布，则 100 页中每页有错误与否相互独立. 设 100 页中有错误的页数为 Y，则 $Y\sim B(100,p)$，其中 p 为一页有错误的概率. 若设每页印刷错误的个数为 X，则 $X\sim P(0.02)$，$p=P\{X\geqslant 1\}$.

8. 不少于 20 万元.　**提示**　1000 个资金账户中每天提取 20% 现金的户数为随机变量，设为 X，则 $X\sim B(1000,0.006)$. 设准备现金为 a(单位：万元)，相当于要使

$$P\{2X\leqslant a\}\geqslant 0.95,\quad 即\quad P\left\{X\leqslant\frac{a}{2}\right\}=\sum_{k=0}^{a/2}P\{X=k\}\geqslant 0.95.$$

进一步用泊松定理求解.

习　题　2.3

1. $F(x)=\begin{cases}0, & x<3,\\ 1/10, & 3\leqslant x<4,\\ 4/10, & 4\leqslant x<5,\\ 1, & x\geqslant 5.\end{cases}$　**提示**　应先求出最大号码 X 的分布律.

2. (1) X 的分布律为

X	-1	2	3
P	1/3	1/6	1/2

(2) $\frac{1}{3}$；　(3) 0　(4) $\frac{1}{6}$；　(5) $\frac{1}{4}$.　**提示**　(5) 即求条件概率

$$P\{X<3\mid X>-1\}=\frac{P\{X<3,X>-1\}}{P\{X>-1\}}=\frac{P\{-1<X<3\}}{P\{X>-1\}}.$$

3. $F(x)=\begin{cases}0, & x<0,\\ 1-p, & 0\leqslant x<1,\\ 1, & x\geqslant 1,\end{cases}$ 其图像如图 1 所示.　**提示**　X 服从 0-1 分布.

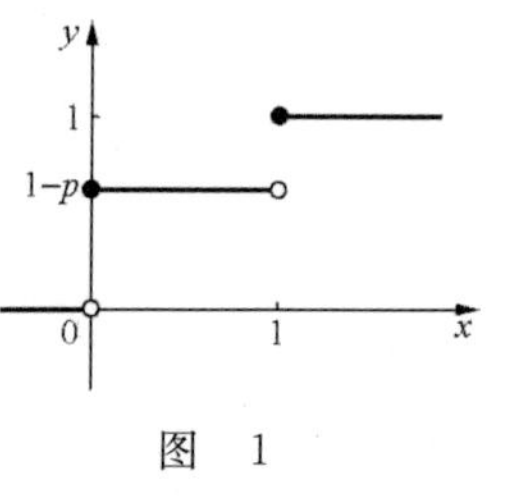

图　1

4. (1) $A=1$；　(2) $P\{0.5<X\leqslant 0.8\}=0.39$，$P\{0.5\leqslant X\leqslant 0.8\}=0.39$.

提示　(1) 由分布函数右连续的性质有 $\lim\limits_{x\to 1^+}F(x)=1=F(1)=A$；

(2) $P\{0.5\leqslant X\leqslant 0.8\}=F(0.8)-F(0.5)+P\{X=0.5\}$，而 $P\{X=0.5\}=$

$$F(0.5)-\lim_{x\to 0.5^-}F(x)=0.$$

5. (1) $P\{X\leqslant a\}=F(a)$；　(2) $P\{X>a\}=1-F(a)$；　(3) $P\{X=a\}=F(a)-F(a-0)$；

(4) $P\{X\geqslant a\}=1-F(a-0)$. **提示** $P\{X\geqslant a\}=1-F(a)+P\{X=a\}=1-F(a-0)$.

6. $F(x)=\begin{cases}0, & x<0,\\ x/a, & 0\leqslant x<a,\\ 1, & x\geqslant a.\end{cases}$ **提示** 落在小区间的概率与小区间长度成正比,比例系数即区间$(0,a)$长度的倒数 $\frac{1}{a}$.

习 题 2.4

1. $A=2$, $F(x)=\begin{cases}0, & x<0,\\ x^2 & 0\leqslant x<1,\\ 1, & x\geqslant 1,\end{cases}$ $P\{0.5\leqslant X<1.5\}=0.75$. **提示** 连续型随机变量取值在个别点的概率为0,故$P\{0.5\leqslant X<1.5\}=P\{0.5<X\leqslant 1.5\}$.

2. $P\left\{X<\frac{1}{2}\right\}=\frac{1}{8}$, $P\{0.2<X<1.5\}=0.855$, $P\{X>1.3\}=0.245$, $P\{0.2<X<1.5\mid X>1.3\}=0.49$.

提示 $P\{0.2<X<1.5\mid X>1.3\}$即条件概率,其等于 $\dfrac{P\{0.2<X<1.5, X>1.3\}}{P\{X>1.3\}}$.

3. 是. **提示** 有 $f(x)=\begin{cases}1/x, & 1<x<e,\\ 0, & 其他,\end{cases}$ 使得 $F(x)=\int_{-\infty}^{x} f(t)\mathrm{d}t$. 由连续型随机变量的定义可知 X 是连续型随机变量.

4. $\frac{44}{125}$. **提示** 每人的候车时间均服从$(0,5)$上的均匀分布,因此每人候车时间 3 min 以上的概率相同,设为 p,p 可求. 三人中候车时间超过 3 min 的人数服从二项分布 $B(3,p)$.

5. (1) $P\{2<X\leqslant 5\}=0.5328$, $P\{-4<X\leqslant 10\}=0.9996$, $P\{|X|>2\}=0.6977$, $P\{X>3\}=0.5$;

(2) $a=3$. **提示** 从正态分布概率密度的对称性,应该可以直接看出 a 的取值,当然也应该会推导.

6. 232/243. **提示** 因为电子管损坏与否相互独立,5 个电子管中寿命大于 150 h 的个数服从二项分布 $B(5,p)$,p 应为电子管寿命大于 150 h 的概率.

7. $a=-5/3$. **提示** 有实根,则二次方程判别式 $\Delta=Y^2-4\left(\frac{3}{4}Y+1\right)>0$. 确定 Y 的取值范围,再根据 Y 的分布求相应概率.

8. (1) $\sigma=12.93$, $\mu=73.45$; (2) $P\{X>85\}=0.1867$, $P\{60<X<70\}=0.2444$.

9. (1) 0.0642; (2) 0.009. **提示** 电子元件损坏是三种情况发生时,电子元件损坏的和事件. 给出的电子元件损坏的概率均为条件概率. 例如,0.1 是在电压低于 200 V 条件下电子元件损坏的概率.

习 题 2.5

1. (1) Y 的分布律为

Y	-3	-1	1	3	5
P	3/30	4/30	9/30	6/30	8/30

(2) Z 的分布律为

Z	0	1	4
P	9/30	10/30	11/30

2. Y 的分布律为

Y	0	2
P	3/4	1/4

提示　当 X 取奇数时，$Y=0$；当 X 取偶数时，$Y=2$. 因此 $\{Y=0\}$ 的概率即 X 取所有奇数概率的和，即

$$P\{Y=0\}=\sum_{k=0}^{\infty}P\{X=2k+1\}.$$

3. (1) $f_Y(y)=\begin{cases}2\ln y\cdot\dfrac{1}{y}, & 1<y<\mathrm{e},\\ 0, & \text{其他};\end{cases}$　(2) $f_Z(z)=\begin{cases}-\dfrac{2}{z}\ln z, & \dfrac{1}{\mathrm{e}}<z<1,\\ 0, & \text{其他}.\end{cases}$

4. $f_Y(y)=\begin{cases}\mathrm{e}^{-y}, & y>0,\\ 0, & \text{其他}.\end{cases}$　**提示**　Y 的取值范围是 $(0,+\infty)$. 先求 Y 的分布函数 $F_Y(y)$. 对任意 $y>0$，有

$$F_Y(y)=P\{-\ln X\leqslant y\}=P\{X\geqslant \mathrm{e}^{-y}\}=1-P\{X\leqslant \mathrm{e}^{-y}\},$$

$$f_Y(y)=F_Y'(y)=-f_X(\mathrm{e}^{-y})(-\mathrm{e}^{-y})=f_X(\mathrm{e}^{-y})\mathrm{e}^{-y}.$$

因为 $y>0$，$0<\mathrm{e}^{-y}<1$，所以当 $y>0$ 时，$f_X(\mathrm{e}^{-y})=1$. 当 $y\leqslant 0$ 时，$F_Y(y)=P\{X\geqslant \mathrm{e}^{-y}\}=0$，从而 $f_Y(y)=0$.

5. $\dfrac{1}{8\sqrt{2\pi}}\mathrm{e}^{-\frac{(y+7)^2}{128}}$，即 $Y\sim N(-7,64)$.

6. (1) $f_Y(y)=\begin{cases}\dfrac{1}{\sqrt{2\pi}}\mathrm{e}^{-\frac{\ln^2 y}{2}}\dfrac{1}{y}, & y>0,\\ 0, & \text{其他};\end{cases}$　(2) $f_Z(z)=\begin{cases}\dfrac{\sqrt{2}}{\sqrt{\pi}}\mathrm{e}^{-\frac{z^2}{2}}, & z>0,\\ 0, & \text{其他}.\end{cases}$

7. (1) 当 $a>0$ 时，$Y=aX+b$ 服从 $(ac+b,ad+b)$ 内的均匀分布；当 $a<0$ 时，$Y=aX+b$ 服从 $(ad+b,ac+b)$ 内的均匀分布. 可知均匀分布的线性函数仍然服从均匀分布，且 $f_Y(y)=\dfrac{1}{|a|}\cdot\dfrac{1}{d-c}$.

(2) 当 $a>0$ 时，$f_Y(y)=\begin{cases}\dfrac{1}{a}\mathrm{e}^{-\frac{y-b}{a}}, & y>b,\\ 0, & \text{其他};\end{cases}$ 当 $a<0$ 时，$f_Y(y)=\begin{cases}\dfrac{1}{-a}\mathrm{e}^{-\frac{-y-b}{a}}, & y>b,\\ 0, & \text{其他}.\end{cases}$

(3) 当 $a>0$ 时，$f_Y(y)=\dfrac{1}{a}f_X\left(\dfrac{y-b}{a}\right)$；当 $a<0$ 时，$f_Y(y)=\dfrac{1}{-a}f_X\left(\dfrac{y-b}{a}\right)$. 所以

$$f_Y(y)=\frac{1}{|a|}f_X\left(\frac{y-b}{a}\right).$$

8. $f_Y(y)=\begin{cases}\mathrm{e}^{-\sqrt{y}}\dfrac{1}{2\sqrt{y}}, & y>0,\\ 0, & y\leqslant 0.\end{cases}$　**提示**　当 $y>0$ 时，

$$F_Y(y)=P\{X^2\leqslant y\}=P\{-\sqrt{y}\leqslant X\leqslant\sqrt{y}\}=P\{X\leqslant\sqrt{y}\};$$

当 $y\leqslant 0$ 时，$F_Y(y)=P\{X^2\leqslant y\}=0$.

9. $f_Y(y)=\begin{cases}\dfrac{1}{\pi}\cdot\dfrac{1}{\sqrt{1-y^2}}, & -1\leqslant y\leqslant 1,\\ 0, & \text{其他}.\end{cases}$ **提示** 当 $y\in[-1,1]$时，$F_Y(y)$ $=P\{\arccos y\leqslant X\leqslant 2\pi-\arccos y\}$. $y=\cos x$ 的图像如图 2 所示，其中

$$a=\arccos y,\quad b=2\pi-\arccos y.$$

当 $y<-1$ 时，$F_Y(y)=P\{\cos X\leqslant y\}=0$；当 $y>1$ 时，$F_Y(y)=P\{\cos X\leqslant y\}=1$.

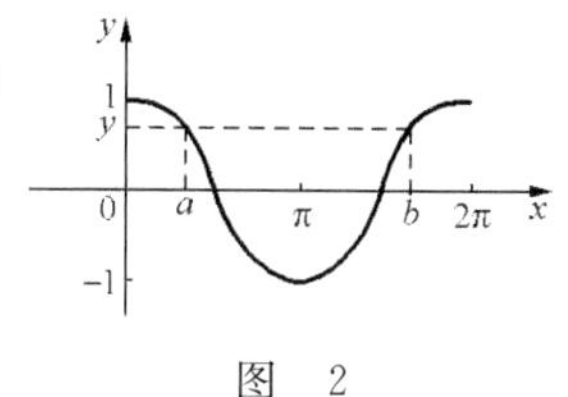

图 2

总习题二

1. 若 λ 是整数，则 $X=\lambda,\lambda-1$ 的概率最大；若 λ 非整数，则 $X=[\lambda]$的概率最大. **提示** 求最可能取值，即是求取何值时概率最大.

2. 设废品数为 X，则 X 的分布律为

X	0	1	2
P	36/45	8/45	1/45

提示 首先确定 X 的可能取值. 事件$\{X=1\}$发生，必然是第 1 次取到废品且第 2 次取到正品，由此确定$\{X=1\}$的概率.

3. X 的分布律为 $P\{X=k\}=p^kq+q^kp\,(k=1,2,\cdots)$. **提示** $\{X=k\}$相当于连续成功 k 次后失败或连续失败 k 次后成功.

4. $P\{Y=k\}=\dfrac{(\lambda p)^k e^{-\lambda p}}{k!}(k=0,1,2,\cdots)$，即一条蚕养出的小蚕数 Y 服从参数为 λp 的泊松分布.

提示 关键在于清楚当 $X=n$ 时，Y 服从二项分布 $B(n,p)$，其为 Y 的条件分布，即

$$P\{Y=k\mid X=n\}=C_n^k p^k(1-p)^{n-k}\quad(k=0,1,2,\cdots,n).$$

一条蚕养出 k 条小蚕的概率，应为产卵数分别为 $k,k+1,\cdots$时，产出 k 条小蚕的概率的和，即

$$P\{Y=k\}=\sum_{n=k}^{\infty}P\{X=n,Y=k\}=\sum_{n=k}^{\infty}P\{X=n\}P\{Y=k\mid X=n\}\quad(k=0,1,2,\cdots,n).$$

5. Y 的分布函数为 $F_Y(y)=\begin{cases}0, & y<0,\\ 1-e^{-5y}, & 0\leqslant y<2,\\ 1, & y\geqslant 2.\end{cases}$ **提示** 细心的读者会发现该题就是 § 3.6 中例 9 的实际背景.

6. $f_Y(y)=\begin{cases}2/3, & 0<y<1,\\ 1/3, & 1\leqslant y<2,\\ 0, & \text{其他}.\end{cases}$ **提示** 注意当 X 取值在区间$[-1,1]$上，即 $Y=|X|$取值在区间$[0,1]$上时，Y 不是 X 的单调函数，而当 X 取值在区间$(1,2]$上，即 $Y=|X|$取值在区间$(1,2]$上时，Y 是 X 的单调函数，应该分段计算 Y 的概率密度.

7. $f_Y(y)=\begin{cases}0, & y\leqslant 0,\\ 1/2, & 0<y<1,\\ 1/(2y^2) & y\geqslant 1.\end{cases}$ **提示** 由于 X 的概率密度为分段函数，求 Y 的概率密度也应分段进

行. 注意当 X 取值在区间 $(0,1]$ 上时，即 $Y=\frac{1}{X}$ 取值在区间 $[1,+\infty)$ 上，当 X 取值在区间 $(1,+\infty)$ 内时，即 $Y=\frac{1}{X}$ 取值在区间 $(0,1)$ 内.

8. $f_X(x)=\frac{1}{\pi(1+x^2)}, x\in\mathbf{R}$.　**提示**　角 α 为随机变量，服从 $(0,\pi)$ 内的均匀分布. 如图 3 所示，直线在 x 轴上的截距 X 是 α 的函数，取值范围为 $(-\infty,+\infty)$，$X=-\cot\alpha$.

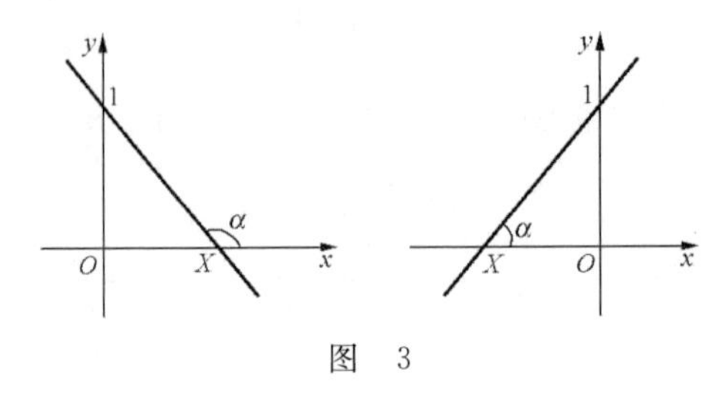

图　3

习　题　3.1

1. $A=\frac{1}{\pi^2}$，$B=\frac{\pi}{2}$，$C=\frac{\pi}{2}$.　**提示**　联合分布函数应满足

$$\lim_{x\to-\infty}F(x,y)=0,\quad \lim_{y\to-\infty}F(x,y)=0,\quad \lim_{\substack{x\to+\infty\\ y\to+\infty}}F(x,y)=1.$$

2. $P\{X=i,Y=j\}=\frac{5!}{i!j!(5-i-j)!}0.5^i\times0.3^j\times0.2^{5-i-j}\quad(i+j\leqslant5)$.

3. (1) (X,Y) 的联合分布律为

X \ Y	1	2
1	0	1/3
2	1/3	1/3

(2) $P\{X\geqslant Y\}=2/3$.

提示　$P\{X\geqslant Y\}=P\{X=1,Y=1\}+P\{X=2,Y=1\}+P\{X=2,Y=2\}$.

4. $P\{X=Y\}=9/35$.

提示　$P\{X=Y\}=P\{X=0,Y=0\}+P\{X=1,Y=1\}+P\{X=2,Y=2\}=0+\frac{C_3^1C_2^1C_2^2}{C_7^4}+\frac{C_3^2C_2^2}{C_7^4}$.

5. (1) $k=24$；　(2) $P\left\{X\leqslant\frac{1}{2}\right\}=\frac{5}{16}$；　(3) $P\left\{Y\leqslant\frac{1}{2}\right\}=\frac{11}{16}$.

提示　(1) $\int_0^1 dx\int_0^x k(1-x)y\,dy=1$；　(2) $P\left\{X\leqslant\frac{1}{2}\right\}=\int_0^{1/2}dx\int_0^x 24(1-x)y\,dy$.

(3) $P\left\{Y\leqslant\frac{1}{2}\right\}=P\left\{X\leqslant\frac{1}{2}\right\}+\int_{1/2}^1 dx\int_0^{1/2}24(1-x)y\,dy$.

6. (1) $k=\frac{1}{8}$；　(2) $P\{X\leqslant1,Y\leqslant2\}=0$，$P\left\{X\leqslant\frac{1}{2}\right\}=\frac{11}{32}$，$P\{X+Y\leqslant3\}=\frac{5}{24}$.

提示 $P\{X+Y\leqslant 3\}=\int_0^1 \mathrm{d}x\int_2^{-x+3}\frac{1}{8}(6-x-y)\mathrm{d}y.$

习 题 3.2

1. (1) $F_X(x)=\begin{cases}1-\mathrm{e}^{-x}, & x>0,\\ 0, & \text{其他},\end{cases}$ $F_Y(y)=\begin{cases}1-\mathrm{e}^{-y}, & y>0,\\ 0, & \text{其他}.\end{cases}$

(2) $\mathrm{e}^{-2-\lambda}$. **提示** $P\{X>1,Y>1\}=1-P\{X\leqslant 1\}-P\{Y\leqslant 1\}+P\{X\leqslant 1,Y\leqslant 1\}$

$=1-(1-\mathrm{e}^{-1})-(1-\mathrm{e}^{-1})+(1-\mathrm{e}^{-1}-\mathrm{e}^{-1}+\mathrm{e}^{-2-\lambda}).$

2. (1) X 与 Y 的边缘分布律分别为

X	0	1
P	0.5	0.5

Y	0	1	2
P	0.2	0.3	0.5

(2) X 与 Y 的边缘分布函数分别为

$$F_X(x)=\begin{cases}0, & x<0,\\ 0.5, & 0\leqslant x<1,\\ 1, & 1\leqslant x,\end{cases}\qquad F_Y(y)=\begin{cases}0, & y<0,\\ 0.2, & 0\leqslant y<1,\\ 0.5, & 1\leqslant y<2,\\ 1, & 2\leqslant y.\end{cases}$$

3. (1) X 与 Y 的边缘分布律分别为

X	-1	0	1
P	1/2	1/4	1/4

Y	0	2	3
P	1/2	1/6	1/3

(3) X 与 Y 的边缘分布函数分别为

$$F_X(x)=\begin{cases}0, & x<-1,\\ 1/2, & -1\leqslant x<0,\\ 3/4, & 0\leqslant x<1,\\ 1, & x\geqslant 1,\end{cases}\qquad F_Y(y)=\begin{cases}0, & y<0,\\ 1/2, & 0\leqslant y<2,\\ 2/3, & 2\leqslant y<3,\\ 1, & 3\leqslant y.\end{cases}$$

4. X 与 Y 的边缘概率密度分别为

$$f_X(x)=\begin{cases}2x, & 0<x<1,\\ 0, & \text{其他},\end{cases}\qquad f_Y(y)=\begin{cases}2y, & 0<y<1,\\ 0, & \text{其他}.\end{cases}$$

5. X 与 Y 的边缘概率密度分别为

$$f_X(x)=\begin{cases}0, & x\leqslant 0,\\ \mathrm{e}^{-x}, & x>0,\end{cases}\qquad f_Y(y)=\begin{cases}0, & y\leqslant 0,\\ y\mathrm{e}^{-y}, & y>0.\end{cases}$$

提示 $f_X(x)=\int_{-\infty}^{+\infty}f(x,y)\mathrm{d}y$. 若 $x\leqslant 0$,则 $f_X(x)=0$;若 $x>0$,则 $f_X(x)=\int_x^{+\infty}\mathrm{e}^{-y}\mathrm{d}y$.

$f_Y(y)=\int_{-\infty}^{+\infty}f(x,y)\mathrm{d}x$. 若 $y\leqslant 0$,则 $f_Y(y)=0$;若 $y>0$,则 $f_Y(y)=\int_0^y \mathrm{e}^{-y}\mathrm{d}x$.

6. X 与 Y 的边缘概率密度分别为

$$f_X(x)=\begin{cases}\dfrac{2\sqrt{R^2-X^2}}{\pi R^2}, & -R\leqslant x\leqslant R,\\ 0, & \text{其他},\end{cases}\qquad f_Y(y)=\begin{cases}\dfrac{2\sqrt{R^2-y^2}}{\pi R^2}, & -R\leqslant y\leqslant R,\\ 0, & \text{其他}.\end{cases}$$

提示　若$-R\leqslant y\leqslant R$，则$f_X(x)=\int_{-\sqrt{R^2-x^2}}^{\sqrt{R^2-x^2}}\frac{1}{\pi R^2}\mathrm{d}y$.

习　题　3.3

1. (1)

$X\mid Y=0$	0	1
P	0.5	0.5

(2)

$Y\mid X=1$	0	1	2
P	0.2	0.2	0.6

2. 若$0<y<1$，则$f_{X|Y}(x|y)=\begin{cases}2x, & 0<x<1,\\ 0, & \text{其他}.\end{cases}$若$0<x<1$，则$f_{Y|X}(y|x)=\begin{cases}2y, & 0<y<1,\\ 0, & \text{其他}.\end{cases}$

3. 若$y>0$，则$f_{X|Y}(x|y)=\begin{cases}1/y, & 0<x<y,\\ 0, & \text{其他}.\end{cases}$若$x>0$，则$f_{Y|X}(y|x)=\begin{cases}\mathrm{e}^{x-y}, & x<y,\\ 0, & \text{其他}.\end{cases}$

习　题　3.4

1. 因$P\{X=-1,Y=2\}=0$，$P\{X=-1\}=1/4$，$P\{Y=2\}=2/5$，故

$$P\{X=-1,Y=2\}\neq P\{X=-1\}P\{Y=2\}.$$

因此X与Y不相互独立.

2. $a=1/18, b=2/9, c=1/6$.

3. X与Y不相互独立.　**提示**　X与Y的边缘概率密度分别为

$$f_X(x)=\begin{cases}2x, & 0<x<1,\\ 0, & \text{其他},\end{cases}\qquad f_Y(y)=\begin{cases}2(1-y), & 0<y<1,\\ 0, & \text{其他}.\end{cases}$$

在区域$\{(x,y):0<x<1,0<x<y\}$内，$f_X(x)f_Y(y)\neq f(x,y)$，因此X与Y不相互独立.

4. (1) $f(x,y)=\begin{cases}1/2, & 0<x<2,0<y<1,\\ 0, & \text{其他};\end{cases}$　(2) 1/8, 1/4.

习　题　3.6

1. (1)

Z_1	0	1	2	3
P	1/4	1/4	9/20	1/20

(2)

Z_2	0	1	2	3
P	1/4	1/4	9/20	1/20

(3)

Z_3	0	1	2
P	4/5	3/20	1/20

(4)

Z_4	0	1
P	4/5	1/5

2.

Z	-1	1
P	1/3	2/3

提示 二维随机变量(X,Y)的联合概率密度为 $f(x,y)=\begin{cases}2\mathrm{e}^{-x-2y}, & x>0,y>0,\\ 0, & \text{其他},\end{cases}$ 从而

$$P\{Y<X\}=\int_0^{+\infty}\mathrm{d}x\int_0^x 2\mathrm{e}^{-x+y}\mathrm{d}y,\quad P\{Y\geqslant X\}=1-P\{Y<X\}.$$

3. $f_Z(z)=\begin{cases}0, & z\leqslant 0 \text{ 或 } z>4,\\ z/4, & 0<z\leqslant 2,\\ 1-z/4, & 2<z\leqslant 4.\end{cases}$ **提示** 二维随机变量(X,Y)的联合概率密度为

$$f(x,y)=\begin{cases}1/4, & 0\leqslant x\leqslant 2,0\leqslant y\leqslant 2,\\ 0, & \text{其他}.\end{cases}$$

随机变量Z的分布函数为$F_Z(z)=P\{Z\leqslant z\}=P\{X+Y\leqslant z\}$.

(1) 当$z\leqslant 0$时,$F_Z(z)=0$;

(2) 当$0<z\leqslant 2$时,$F_Z(z)=\dfrac{1}{8}z^2$;

(3) 当$2<z\leqslant 4$时,$F_Z(z)=1-\dfrac{1}{8}(4-z)^2$.

(4) 当$z>4$时,$F_Z(z)=1$.

4. $f_Z(z)=\begin{cases}z\mathrm{e}^{-\frac{z^2}{2}}, & z>0,\\ 0, & \text{其他}.\end{cases}$ **提示** $F_Z(z)=P\{Z\leqslant z\}=P\{\sqrt{X^2+Y^2}\leqslant z\}$.

(1) 若$z\leqslant 0$,则 $F_Z(z)=0$;

(2) 若$z>0$,则

$$F_Z(z)=P\{X^2+Y^2\leqslant z^2\}=\iint\limits_{x^2+y^2\leqslant z^2}\frac{1}{2\pi}\mathrm{e}^{-\frac{x^2+y^2}{2}}\mathrm{d}x\mathrm{d}y=\int_0^{2\pi}\mathrm{d}\theta\int_0^z\frac{1}{2\pi}\mathrm{e}^{-\frac{r^2}{2}}r\mathrm{d}r=\int_0^z r\mathrm{e}^{-\frac{r^2}{2}}\mathrm{d}r.$$

5. $f_Y(y)=n[F(y)]^{n-1}f(y)$, $f_Z(z)=[1-F(z)]^{n-1}f(z)$.

提示 $F_Y(y)=P\{Y\leqslant y\}=P\{\max\{X_1,X_2,\cdots,X_n\}\leqslant y\}=P\left\{\bigcap\limits_{i=1}^n\{X_i\leqslant y\}\right\}=[F(y)]^n$;

$$F_Z(z)=P\{Z\leqslant z\}=P\left\{\bigcup_{i=1}^n\{X_i\leqslant z\}\right\}=1-\prod_{i=1}^n P\{X_i>z\}=1-[1-F(z)]^n.$$

总 习 题 三

1. (1) 0.2.

(2) X与Y的边缘分布律分别为

X	0	1	2
P	0.2	0.3	0.5

Y	0	1
P	0.5	0.5

X 与 Y 的边缘分布函数分别为

$$F_X(x)=\begin{cases}0, & x<0,\\ 0.2, & 0\leqslant x<1,\\ 0.5, & 1\leqslant x<2,\\ 1, & x\geqslant 2,\end{cases}\qquad F_Y(y)=\begin{cases}0, & y<0,\\ 0.5, & 0\leqslant y<1,\\ 1, & y\geqslant 1.\end{cases}$$

2. (1) (X,Y)的联合分布律为

X \ Y	1	2	3
1	0	1/6	1/12
2	1/6	1/6	1/6
3	1/12	1/6	0

X 与 Y 的边缘分布律分别为

X	1	2	3
P	1/4	1/2	1/4

Y	1	2	3
P	1/4	1/2	1/4

(2) 在 $X=2$ 的条件下,Y 的条件分布律为

$$P\{Y=1\mid X=2\}=1/3,\quad P\{Y=2\mid X=2\}=1/3,\quad P\{Y=3\mid X=2\}=1/3.$$

3. (1) $c=6$.

(2) $f_X(x)=\begin{cases}2x, & 0<x<1,\\ 0, & \text{其他},\end{cases}\quad f_Y(y)=\begin{cases}3y^2, & 0<y<1,\\ 0, & \text{其他}.\end{cases}$

若 $0<x<1$,则 $f_{X|Y}(y|x)=\begin{cases}3y^2, & 0<y<1,\\ 0, & \text{其他}.\end{cases}$ 若 $0<y<1$,则 $f_{X|Y}(x|y)=\begin{cases}2x, & 0<x<1,\\ 0, & \text{其他}.\end{cases}$

(3) 1/10.

4.

$X+Y$	170	175	180	185	190
P	0.14	0.06	0.35	0.36	0.09

提示 先求(X,Y)的联合分布律:

X \ Y	90	95
80	0.14	0.06
90	0.35	0.15
95	0.21	0.09

5. 提示 对任意 x,y,有

$$P\{\xi\leqslant x,\eta\leqslant y\}=P\{X+a\leqslant x,Y+b\leqslant y\}=P\{X\leqslant x-a,Y\leqslant y-b\}$$
$$=P\{X\leqslant x-a\}P\{Y\leqslant y-b\}=P\{X+a\leqslant x\}P\{Y+b\leqslant y\}$$
$$=P\{\xi\leqslant x\}P\{\eta\leqslant y\}.$$

6.

$X+Y$	2	3	4	5
P	1/3	1/4	1/4	1/6

X^2-Y	-2	-1	0	1	2	3
P	1/6	1/6	1/3	1/6	1/12	1/12

X^3	1	8
P	2/3	1/3

7. 5/7,3/7. **提示**

$$P\{\max\{X,Y\}\geqslant 0\}=P\{X\geqslant 0\}+P\{Y\geqslant 0\}-P\{X\geqslant 0,Y\geqslant 0\},$$
$$P\{\min\{X,Y\}\geqslant 0\}=P\{X\geqslant 0,Y\geqslant 0\}.$$

8. $f_Z(z)=\begin{cases}0, & z\leqslant 0,\\ 9z\,\mathrm{e}^{-3z}, & z>0.\end{cases}$ **提示** $F_Z(z)=P\{Z\leqslant z\}=P\left\{\dfrac{X+Y}{3}\leqslant z\right\}=P\{Y\leqslant -X+3z\}.$

当 $z\leqslant 0$ 时,$F_Z(z)=0$;

当 $z>0$ 时,$F_Z(z)=\int_0^{3z}\mathrm{d}x\int_0^{-x+3z}\mathrm{e}^{-x}\cdot\mathrm{e}^{-y}\mathrm{d}y=\int_0^{3z}(-\mathrm{e}^{-3z}+\mathrm{e}^{-x})\mathrm{d}x=-3z\,\mathrm{e}^{-3z}+1-\mathrm{e}^{-3z}.$

9. $f_Z(z)=0.4f_Y(z-1)+0.6f_X(z-2)$. **提示** 设 Y 与 Z 的分布函数分别为 $F_Y(Y)$ 与 $F_Z(z)$,则

$$F_Z(z)=P\{X+Y\leqslant z\}=P\{X=1,X+Y\leqslant z\}+P\{X=2,X+Y\leqslant z\}$$
$$=0.4P\{Y\leqslant z-1\}+0.6P\{Y\leqslant z-2\}=0.4F_Y(z-1)+0.6F_Y(z-2).$$

习 题 4.1

1. -0.2, 2.8, 13.4. **2.** 0, 1/6. **3.** 0, 0.5. **4.** 0.25. **5.** 3.12, 2.

习 题 4.2

1. 1.81,16.29. **2.** 1/6. **3.** 3/80,19/320.

习 题 4.3

1. 0.28. **提示** 该题目涉及两个二项分布:取 3 件产品进行检验,其中的次品数 $X\sim B(3,0.1)$;调整设备的次数 $Y\sim B(10,p)$,其中 $p=P\{X\geqslant 2\}$.

2. $\mathrm{E}(Y^2)=5$. **提示** 观察值大于 $\dfrac{\pi}{3}$ 的次数 $Y\sim B(4,p)$,$p=P\left\{X>\dfrac{\pi}{3}\right\}$.注意 $\mathrm{D}(Y)=\mathrm{E}(Y^2)-[\mathrm{E}(Y)]^2$.

3. $\mathrm{E}(W)=38$.

4. (1) $\mathrm{E}(|X-Y|)=\dfrac{2}{\sqrt{\pi}}$; (2) $\mathrm{D}(|X-Y|)=2-\dfrac{4}{\pi}$. **提示** X 与 Y 相互独立,所以 $Z=X-Y\sim N(0,2)$.

$$D(|X-Y|)=E(|X-Y|^2)-[E(|X-Y|)]^2=E[(X-Y)^2]-\frac{4}{\pi}.$$

习　题　4.4

1. $\frac{-8}{\sqrt{259}}$.　　**2.** $\frac{3}{\sqrt{57}}$.

总习题四

1. $-0.1, 2.2, 5.8, -1, 2.19$.　　**2.** $15.5, 12.25$.

3. $7/5, 28/75$.　**提示**　X 的分布律为

X	1	2	3
P	2/3	4/15	1/15

4. $\lambda=2$.

5. 3500.　**提示**　用 a 表示进货量,由题意知 $a\in[2000,4000]$. 用 Y 表示收益,则 $Y=\begin{cases}4X-a, & X\leqslant a,\\ 3a, & X>a,\end{cases}$ 于是

$$E(Y)=\int_{2000}^{a}(4x-a)\frac{1}{2000}dx+\int_{a}^{4000}3a\frac{1}{2000}dx=-\frac{1}{1000}a^2+7a-4000.$$

因此,当 $a=3500$ 时,$E(Y)$ 取最大值.

6. $E(X)=0$, $D(X)=2$.　　**7.** $1/10$, $1/18$.　　**8.** $1/3$.　　**9.** (1) $\alpha=2$, $k=3$;　　(2) $3/80$.

10. 圆周长的数学期望为 $\frac{15\pi}{2}$,方差为 $\frac{3\pi^2}{4}$.　**提示**　用 X 表示圆的直径,则 X 的概率密度为

$$f(x)=\begin{cases}1/3, & 6\leqslant x\leqslant 9,\\ 0, & \text{其他}.\end{cases}$$

于是　$E(\pi X)=\frac{15\pi}{2}$,　$E(\pi^2X^2)=57\pi^2$,　$E(\pi^2X^2)-[E(\pi X)]^2=\frac{3\pi^2}{4}$.

11. $E(X+Y)=4/3$, $E(X^2+Y^2)=16/9$, $E(X+Y)^2=20/9$,
$D(X)=4/9$, $D(Y)=4/9$, $E(X|Y=2)=0$, $\mathrm{cov}(X,Y)=-2/9$,
$\rho_{XY}=-1/2$, $D(XY)=14/81$.

12. 4.　**提示**　$E[(X+Y)^2]=E(X^2)+E(Y^2)+2E(XY)=2+2=4$.

13. $E(XY)=1$, $E(X^2)=2$, $D(X)=1$, $\mathrm{cov}(X,Y)=0$, $\rho_{XY}=0$.

14. $D(X+Y)=34.6$, $D(X-Y)=15.4$.　**提示**　$D(X\pm Y)=D(X)+D(Y)\pm 2\mathrm{cov}(X,Y)$.

15. (1) 当 $0\leqslant y<\frac{\pi}{2}$ 时,$E(X|Y)=\frac{\pi}{2}-1$;　　(2) $E(Z)=\frac{\pi^2}{4}-\frac{\pi}{2}$.

16. $E(\max\{X,Y\})=1/2$, $D(\max\{X,Y\})=3/5$.

17. $m[1-(1-1/m)^n]$.　**提示**　令

$$X_i=\begin{cases}0, & \text{第 } i \text{ 个盒子中无球},\\ 1, & \text{第 } i \text{ 个盒子中有球}\end{cases}\quad (i=1,2,\cdots,m),$$

则

$$X = X_1 + X_2 + \cdots + X_m,$$
$$P(X_i = 0) = 1 - P(X_i = 1) = 1 - (1-1/m)^n \quad (i = 1,2,\cdots,m),$$
$$\mathrm{E}(X) = m\mathrm{E}(X_1) = m[1-(1-1/m)^n].$$

总习题五

1. $1-\dfrac{1}{2n}$. **提示** $\mathrm{E}(\overline{X})=\mu,\mathrm{D}(\overline{X})=\dfrac{8}{n}$,于是

$$P\{|\overline{X}-\mu|<4\}=P\{|\overline{X}-\mathrm{E}(\overline{X})|<4\}\geqslant 1-\frac{8/n}{4^2}=1-\frac{1}{2n}.$$

2. 0.9. **提示** 设 X 表示 6 颗骰子出现的点数之和,$X_i(i=1,2,\cdots,6)$表示第 i 颗骰子出现的点数,则 $X_1,X_2,\cdots,X_6$ 相互独立,且 $X=\sum\limits_{i=1}^{6}X_i$,$\mathrm{E}(X_i)=\dfrac{7}{2}$,$\mathrm{D}(X_i)=\dfrac{35}{12}$,进而

$$\mathrm{E}(X)=21,\quad \mathrm{D}(X)=\frac{35}{2},\quad P\{9\leqslant X\leqslant 33\}=P\{|X-\mathrm{E}(X)|\leqslant 12\}\geqslant 1-\frac{\mathrm{D}(X)}{169}\approx 0.9.$$

3. **提示** 对任意 $\varepsilon>0$,有

$$P\{|cX_n-cX|>\varepsilon\}\leqslant P\left\{|X_n-X|>\frac{\varepsilon}{|c|}\right\}\to 0 \quad (n\to\infty).$$

4. **提示** 对任意 $\varepsilon>0$,有

$$P\{|X_n-Y_n-(X+Y)|>\varepsilon\}\leqslant P\left\{|X_n-X|>\frac{\varepsilon}{2}\right\}+P\left\{|Y_n-Y|>\frac{\varepsilon}{2}\right\}\to 0 \quad (n\to\infty).$$

5. 0.9966.

6. 0.1103. **提示** $Z=\dfrac{\sum\limits_{k=1}^{50}X_k-50\times 0.03}{\sqrt{50}\times\sqrt{0.03}}$ 近似服从标准正态分布 $N(0,1)$,于是

$$P\{X\geqslant 3\}=1-P\left\{\frac{X-50\times 0.03}{\sqrt{50}\times\sqrt{0.03}}\leqslant\frac{3-50\times 0.03}{\sqrt{50}\times\sqrt{0.03}}\right\}$$
$$\approx 1-\Phi\left(\frac{3-50\times 0.03}{\sqrt{50}\times\sqrt{0.03}}\right)=1-\Phi(\sqrt{1.5})=0.1103.$$

7. 0.966. **提示** 用 $X_i=1$ 表示第 i 个部件正常工作,反之记为 $X_i=0(i=1,2,\cdots,100)$. 记 $Y=X_1+X_2+\cdots+X_{100}$,则 $\mathrm{E}(Y)=90,\mathrm{D}(Y)=9$. 由此知

$$P\{Y\geqslant 85\}\approx 1-\Phi\left(\frac{85-90}{\sqrt{9}}\right)=0.966.$$

8. 865. **提示** 设至少取 n 件,X 为 n 件中的一级品的件数,则 X 服从 $B(n,0.1)$,且 $\mathrm{E}(X)=0.1n$,$\mathrm{D}(X)=0.09n$. 于是

$$P\left\{\left|\frac{X}{n}-0.1\right|<0.02\right\}=P\left\{\left|\frac{X-0.1n}{\sqrt{0.09n}}\right|<\frac{0.02n}{\sqrt{0.09n}}\right\}\approx 2\Phi\left(\frac{\sqrt{n}}{15}\right)-1>0.95.$$

查正态标准分布表,得 $n>864.36$.

9. 2252. **提示** 用 $X_i=1$ 表示第 i 台机床正常工作,否则记为 $X_i=0(i=1,2,\cdots,200)$. 令 $Y=X_1+X_2+\cdots+X_{200}$,设供电量为 x,则由

$$P\{15Y \leqslant x\} \approx \Phi\left(\frac{x/15-140}{\sqrt{42}}\right) \geqslant 0.95,$$

可得 $x \geqslant 2252$.

10. 0.4909.　**提示**　设 X 表示系统运行期间能清晰接收信号的交换机台数，则 $X \sim B(50, 0.09)$. 于是

$$P\{\text{通信系统能正常工作}\} = P\{45 \leqslant X \leqslant 50\}$$
$$= P\left\{\frac{45-50\times 0.9}{\sqrt{50\times 0.9\times 0.1}} \leqslant \frac{X-50\times 0.9}{\sqrt{50\times 0.9\times 0.1}} \leqslant \frac{50-50\times 0.9}{\sqrt{50\times 0.9\times 0.1}}\right\}$$
$$\approx \Phi(2.36) - \Phi(0) = 0.4909.$$

总 习 题 六

1. (1) $f(x_1, x_2, \cdots, x_6) = \begin{cases} \theta^{-6}, & 0 < x_1, x_2, \cdots, x_6 < \theta, \\ 0, & \text{其他}; \end{cases}$　(2) 是，不是，不是，是；

(3) 0.8，0.0433，0.2082.

2. (1) 0.9104；　(2) 0.1836.　**3.** 0.66.　**4.** $n \geqslant 1537$.　**5.** $Y \sim F(10, 5)$；$a = 3/2$.

6. $c = \frac{1}{3}$.　**提示**　根据正态分布的性质，有 $\frac{X_1+X_2+X_3}{\sqrt{3}} \sim N(0,1)$，$\frac{X_4+X_5+X_6}{\sqrt{3}} \sim N(0,1)$，故

$$\left(\frac{X_1+X_2+X_3}{\sqrt{3}}\right)^2 \sim \chi^2(1), \quad \left(\frac{X_4+X_5+X_6}{\sqrt{3}}\right)^2 \sim \chi^2(1).$$

因为 $X_1, X_2, \cdots, X_6$ 相互独立及 χ^2 分布具有可加性，所以

$$\left(\frac{X_1+X_2+X_3}{\sqrt{3}}\right)^2 + \left(\frac{X_4+X_5+X_6}{\sqrt{3}}\right)^2 \sim \chi^2(2).$$

于是 $c = 1/3$ 时 cY 服从 χ^2 分布.

7. 0.95.　**提示**　因为 $\frac{X_i}{3} \sim N(0,1)$ $(i = 1, 2, \cdots, 15)$，且它们相互独立，所以

$$\chi^2 = \sum_{i=1}^{15} \left(\frac{X_i}{3}\right)^2 = \frac{1}{3^2}\sum_{i=1}^{15} X_i^2 \sim \chi^2(15).$$

于是
$$P\left\{\sum_{i=1}^{15} X_i^2 \leqslant 225\right\} = 1 - P\left\{\frac{1}{3^2}\sum_{i=1}^{15} X_i^2 > 25\right\} = 1 - P\{\chi^2 > 25\}.$$

对于 $n = 15$，$\chi_\alpha^2(15) = 25$，查 χ^2 分布表得 $\alpha = 0.05$，即 $P\{\chi^2 > 25\} = 0.05$，故

$$P\left\{\sum_{i=1}^{15} X_i^2 \leqslant 225\right\} = 1 - 0.05 = 0.95.$$

8. $a = 1/54$，$b = 1/27$.　**提示**　由题设知，$X_1, X_2, \cdots, X_6$ 相互独立，且 $X_i \sim N(0, 3^2)$ $(i = 1, 2, \cdots, 6)$，故其线性组合 $X_1 + 2X_2 - X_3$ 与 $X_4 - X_5 + X_6$ 都服从正态分布，从而

$$\frac{X_1+2X_2-X_3}{\sqrt{54}} \sim N(0,1).$$

同理，可得

$$\frac{X_4-X_5+X_6}{\sqrt{27}} \sim N(0,1).$$

又因为 $\frac{X_1+2X_2-X_3}{\sqrt{54}}$ 与 $\frac{X_4-X_5+X_6}{\sqrt{27}}$ 相互独立，知

$$\frac{1}{54}(X_1+2X_2-X_3)^2+\frac{1}{27}(X_4-X_5+X_6)^2\sim\chi^2(2).$$

而 $Y=a(X_1+2X_2-X_3)^2+b(X_4-X_5+X_6)^2$，故 $a=1/54,b=1/27$ 时，$Y\sim\chi^2(2)$.

9. (1) $t(9)$； (2) 0.9.

提示 (1) 由题意知 $U=\frac{1}{9}\sum\limits_{i=1}^{9}X_i\sim N(0,1)$，又由 $Y_i\sim N(0,3^2)$ 得 $\frac{Y_i}{3}\sim N(0,1)(i=1,2,\cdots,9)$，且它们相互独立，于是

$$V=\sum_{i=1}^{9}\left(\frac{Y_i}{3}\right)^2\sim\chi^2(9).$$

因为两样本相互独立，所以 U 与 V 相互独立，从而

$$W=\frac{\sum\limits_{i=1}^{9}X_i}{\sqrt{\sum\limits_{i=1}^{9}Y_i^2}}=\frac{U}{\sqrt{V/9}}\sim t(9).$$

故统计量 W 服从 t 分布，参数为 9.

(2) 由 $W\sim t(9)$，对自由度 $n=9,t_{\alpha/2}(9)=1.833$，查 t 分布表得 $\alpha=0.1$，即 $P\{|W|>1.833\}=0.1$. 故 $$P\{|W|\leqslant1.833\}=1-P\{|W|>1.833\}=1-0.1=0.9.$$

总习题七

1. $\widehat{E(X)}=20.25$，$\widehat{D(X)}=1.0485$，$s^2=1.165$.

2. 期望的矩估计为 $\widehat{E(X)}=166.1$，方差的矩估计为 $\widehat{D(X)}=31.53$.

提示 应该先得出各组的组中值，如 154～158 组的组中值为 156.

3. $\hat{p}=\frac{1}{\overline{X}}$，其中 $\overline{X}$ 为样本均值. **提示** $X\sim G(p)$，$E(X)=\frac{1}{p}$.

4. (1) 矩估计为 $\hat{\alpha}=\frac{\bar{x}}{1-\bar{x}}$，最大似然估计为 $\hat{\alpha}=-n\Big/\sum\limits_{i=1}^{n}\ln x_i$. **提示** 求矩估计应先解出 $E(X)$，其必然含有参数 α，进一步用 $E(X)$ 表示 α，用 $E(X)$ 的矩估计 $\overline{X}$ 代替 $E(X)$，即得到 α 的矩估计 $\hat{\alpha}$.

(2) 矩估计为 $\hat{\theta}=\bar{x}-1$，最大似然估计为 $\hat{\theta}=\min\{x_1,x_2,\cdots,x_n\}$. **提示** 求 θ 的最大似然估计，应先建立 θ 的似然函数：$L(\theta)=\prod\limits_{i=1}^{n}e^{-x_i+\theta}=e^{-\sum\limits_{i=1}^{n}x_i+n\theta}$. 由于 $\frac{dL(\theta)}{d\theta}=ne^{-\sum\limits_{i=1}^{n}x_i+n\theta}>0$，说明似然函数是 θ 的单调增函数，故应该在 θ 的一切可取值内取最大的. 注意，因为样本观测值均应大于 θ，所以 θ 只能取 x_1，$x_2,\cdots,x_n$ 中的最小值.

(3) β 的最大似然估计 $\hat{\beta}=\frac{\bar{x}}{\alpha}$. **提示** β 的似然函数为

$$L(\beta)=\prod_{i=1}^{n}\frac{1}{\beta^{\alpha}\Gamma(\alpha)}x_i^{\alpha-1}e^{-\frac{x_i}{\beta}}=\frac{1}{\beta^{n\alpha}(\Gamma(\alpha))^n}e^{-\frac{1}{\beta}\sum\limits_{i=1}^{n}x_i}\prod_{i=1}^{n}x_i^{\alpha-1}.$$

为了求导数方便，可取对数.

5. (1) p 的最大似然估计为 $\hat{p}=\frac{\bar{x}}{m}$. **提示** 二项分布 $B(m,p)$ 中的参数 m 与样本容量 n 没有必然联系.

$X_i=x_i$ 的概率为 $P\{X_i=x_i\}=C_m^{x_i}p^{x_i}(1-p)^{m-x_i}(i=1,2,\cdots,n)$，其中 x_i 的取值是 $0,1,\cdots,m$ 中的整数.

(2) λ 的最大似然估计为 $\hat{\lambda}=\bar{x}$.　**提示**　λ 的似然函数为 $L(\lambda)=\prod_{i=1}^{n}\frac{\lambda^{x_i}\mathrm{e}^{-\lambda}}{x_i!}$.

(3) $\hat{\lambda}=1.12$.　**提示**　由第(2)问知道 λ 的最大似然估计为 $\hat{\lambda}=\bar{x}$. 表中所给的事故次数 0,1,2,3,4,5 为样本观测值.

6. θ 的矩估计为 $\hat{\theta}=\frac{1}{\bar{x}}$，最大似然估计为 $\hat{\theta}=\frac{1}{\bar{x}}$.　**提示**　θ 的似然函数为 $L(\theta)=\prod_{i=1}^{n}\theta\mathrm{e}^{-\theta x_i}=\theta^n\mathrm{e}^{-\theta\sum_{i=1}^{n}x_i}$.

7. θ 的矩估计值为 $\hat{\theta}=1-\frac{\bar{x}}{3}=0.42$，最大似然估计值为 $\hat{\theta}=0.41$.　**提示**　离散型分布参数的似然函数为取各观测值的概率的积，现在样本容量为 16，$L(\theta)=\prod_{i=1}^{16}P\{X_i=x_i\}$，$x_i(i=1,2,\cdots,16)$ 中有 7 个 1，6 个 2，3 个 3，故 $L(\theta)=\theta^7\cdot\theta^6\cdot(1-2\theta)^3$.

8. (1) T_1,T_3 为无偏估计；　(2) T_3 较 T_1 有效.

9. 该结论说明 $\hat{\theta}$ 是 θ 的无偏估计时，$g(\hat{\theta})$ 不一定是 $g(\theta)$ 的无偏估计.

10. $\mathrm{E}(\hat{\theta})=\frac{\theta}{n+1}$，故 $\hat{\theta}$ 不是 θ 的无偏估计.　**提示**　先求得 θ 的最大似然估计. θ 的似然函数为 $L(\theta)=\prod_{i=1}^{n}\frac{1}{\theta}=\frac{1}{\theta^n}$，是 θ 的单调减函数，θ 应该尽量取小. 注意 θ 为正数，样本观测值 x_i 是负数，故最大似然估计为 $\hat{\theta}=\max\{-x_1,\cdots,-x_n\}$，最大似然估计量为 $\hat{\theta}=\max\{-X_1,\cdots,-X_n\}$. 再求 $\hat{\theta}$ 的分布. 对任意 $x\in(0,\theta)$，$\hat{\theta}$ 的取值范围为 $(0,\theta)$，$\hat{\theta}$ 的概率密度为

$$f_{\hat{\theta}}(x)=\begin{cases}\dfrac{nx^{x-1}}{\theta^n}, & 0<x<\theta,\\ 0, & \text{其他}.\end{cases}$$

11. (1) $\overline{X}-\overline{Y}$ 为 $\mu_1-\mu_2$ 的一个无偏估计；　(2) 只需证得 $\mathrm{E}(S_w^2)=\sigma^2$.

提示　$\mathrm{E}(S_1^2)=\mathrm{E}\left[\frac{1}{n_1-1}\sum_{i=1}^{n_1}(X_i-\overline{X})^2\right]=\sigma^2$，　$\mathrm{E}(S_2^2)=\mathrm{E}\left[\frac{1}{n_2-1}\sum_{i=1}^{n_2}(Y_i-\overline{Y})\right]=\sigma^2$.

12. $c_1=\frac{1}{3}$，$c_2=\frac{2}{3}$.　**提示**　要保证 $\hat{\theta}$ 的无偏性，应有 $c_1+c_2=1$，$c_2=1-c_1$. $\mathrm{D}(\hat{\theta})=(3c_1^2-2c_1+1)\mathrm{D}(\hat{\theta}_2)$，是 c_1 的函数. 可确定 c_1，使得 $\mathrm{D}(\hat{\theta})$ 最小，c_2 相应确定.

13. $a_i=\dfrac{1}{2\sigma_i^2\sum_{j=1}^{k}\frac{1}{2a_j^2}}$.　**提示**　要使 $\hat{\theta}$ 为无偏估计，应有 $\mathrm{E}(\hat{\theta})=\sum_{i=1}^{k}a_i\theta=\theta$，即 $\sum_{i=1}^{n}a_i=1$. 由条件极值的确定办法，建立拉格朗日函数 $L(a_1,a_2,\cdots,a_k,\lambda)=\sum_{i=1}^{k}a_i^2\sigma_i^2+\lambda\left(\sum_{i=1}^{k}a_i-1\right)$，对 $a_i(i=1,2,\cdots,k)$，λ 求偏导数解出驻点，即可得使方差最小的 $a_i(i=1,\cdots,k)$ 的值.

14. (1) (1492.3,1526.7)；　(2) (566.85,2488.28).

15. (1) (158.8,181.2)；　(2) (23.89,40.33).

16. (1) (−4.782,10.182)；　(2) (0.139,9.632).　**提示**　对第(2)问，可先对方差比 $\frac{\sigma_1^2}{\sigma_2^2}$ 作区间估计，发现 1 属于置信区间，即可以认为方差相同.

17. (1) $\underline{\mu}=1495.37$; (2) $\overline{\sigma^2}=2145.93$. **提示** 为了求 μ 的单侧置信下限,应使

$$P\left\{\frac{\overline{X}-\mu}{S/\sqrt{16}}\leqslant t_{0.05}(15)\right\}=0.95.$$

为了求 σ^2 的单侧置信上限,应使

$$P\left\{\frac{15S^2}{\sigma^2}\geqslant\chi^2_{0.95}(15)\right\}=0.95.$$

18. (0.49,0.68). **提示** 设每人患牙疾的概率为 p,即牙疾率.设一个人患牙疾表示为 $X=1$,未患牙疾表示为 $X=0$,得到服从 0-1 分布的随机变量 X.题目为求 0-1 分布参数 p 的区间估计.

总习题八

1. (1) 取显著性水平 $\alpha=0.1$,直径均值与 $\mu=22.4$ 有显著差异,产品不合格;
取显著性水平 $\alpha=0.05$,直径均值与 $\mu=22.4$ 没有显著差异,产品合格.
(2) 取显著性水平 $\alpha=0.1$,直径均值与 $\mu=22.4$ 有显著差异,产品不合格;
取显著性水平 $\alpha=0.05$,直径均值与 $\mu=22.4$ 没有显著差异,产品合格.
(3) 由不同的显著性水平得到不同的结果,说明假设检验的结果不是绝对的,α 为犯第一类错误的概率,可根据实际情况人为确定.

2. 标准差与 1.5 mm 没有显著差异.

3. (1) 没有显著差异; (2) 有显著差异;
(3) 总习题七第 14 题作区间估计,μ 的置信度为 0.95 的置信区间中含 1500,说明 μ 可能为 1500;σ^2 的置信度为 0.95 的置信区间(566.85,2488.28)中不含 500,说明 σ^2 与 500 差异大.这说明通过区间估计可做假设检验.

4. 可以认为这两箱灯泡是同一批生产的. **提示** 需做两项检验:(1) $\mu_1=\mu_2$? (2) $\sigma_1^2=\sigma_2^2$?

5. 接受 H_0,认为尼古丁含量没有明显增加.

6. 拒绝 H_0,认为标准差变大了.

7. **提示** 需做两次检验:(1) $\mu=500$? (2) $\sigma^2>10^2$? (2)的假设为 H_0: $\sigma^2\leqslant10^2$, H_1: $\sigma^2>10^2$. 结果为:(1) 接受 H_0,认为 $\mu=500$;(2) 拒绝 H_0,认为 $\sigma>10$,即标准差显著大于 10.综上所述,认为机器工作不正常.

8. **提示** 需做两次检验:(1) $\sigma_1^2=\sigma_2^2$? (2) $\mu_1<\mu_2$? (2)的假设为 H_0: $\mu_1-\mu_2\geqslant0$, H_1: $\mu_1-\mu_2<0$. 结果为:(1) 接受 H_0: $\sigma_1^2=\sigma_2^2$;(2) 拒绝 H_0: $\mu_1\geqslant\mu_2$,认为 $\mu_1<\mu_2$,即新方法的提取率有明显提高.

9. **提示** 检验内容为 σ_1^2 是否大于 σ_2^2.假设为 H_0: $\sigma_1^2\leqslant\sigma_2^2$, H_1: $\sigma_1^2>\sigma_2^2$. 结果为拒绝 H_0: $\sigma_1^2\leqslant\sigma_2^2$,认为 $\sigma_1^2>\sigma_2^2$,即新工艺减小了直径的方差.

10. $\alpha=0.048$, $\beta=0.8506$. **提示** $X\sim B(10,0.6)$,α 为 $\{\{X\leqslant1\}\cup\{X\geqslant9\}\}$ 的概率.$p=0.3$,犯第二类错误,即认为 $p=0.6$,必然是 $\{2\leqslant X\leqslant8\}$ 发生.计算 β,相当于计算 $X\sim B(10,0.3)$ 时,$\{2\leqslant X\leqslant8\}$ 的概率.

总习题九

1. 略.

2. 玉米的不同品种对亩产量有显著影响. **提示** $F=22.55>F_{0.05}(2,9)$.

3. 有显著差异. **提示** $F=6.903>F_{0.05}(2,27)$.

4. $\hat{\beta}=\sum\limits_{i=1}^{n}x_iy_i\Big/\sum\limits_{i=1}^{n}x_i^2$.

5. (1) 略; (2) $y=22.6486+0.2643x$; (3) 具有线性相关关系.

附表 1　标准正态分布表

$$\Phi(x)=\int_{-\infty}^{x}\frac{1}{\sqrt{2\pi}}\mathrm{e}^{-\frac{t^2}{2}}\mathrm{d}t=P\{U\leqslant x\}$$

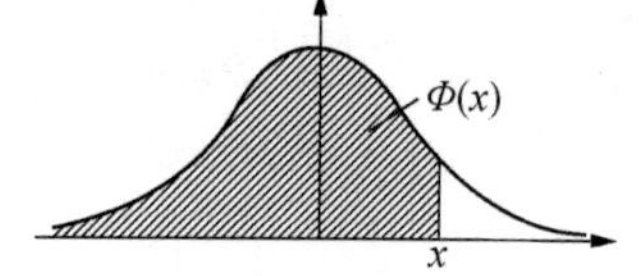

x	0	1	2	3	4	5	6	7	8	9
0.0	0.5000	0.5040	0.5080	0.5120	0.5160	0.5199	0.5239	0.5279	0.5319	0.5359
0.1	0.5398	0.5438	0.5478	0.5517	0.5557	0.5596	0.5636	0.5675	0.5714	0.5753
0.2	0.5793	0.5832	0.5871	0.5910	0.5948	0.5987	0.6026	0.6064	0.6103	0.6141
0.3	0.6179	0.6217	0.6255	0.6293	0.6331	0.6368	0.6406	0.6443	0.6480	0.6517
0.4	0.6554	0.6591	0.6628	0.6664	0.6700	0.6736	0.6772	0.6808	0.6844	0.6879
0.5	0.6915	0.6950	0.6985	0.7019	0.7054	0.7088	0.7123	0.7157	0.7190	0.7224
0.6	0.7257	0.7291	0.7324	0.7357	0.7389	0.7422	0.7454	0.7486	0.7517	0.7549
0.7	0.7580	0.7611	0.7642	0.7673	0.7703	0.7734	0.7764	0.7794	0.7823	0.7852
0.8	0.7881	0.7910	0.7939	0.7967	0.7995	0.8023	0.8051	0.8078	0.8106	0.8133
0.9	0.8159	0.8186	0.8212	0.8238	0.8264	0.8289	0.8315	0.8340	0.8365	0.8389
1.0	0.8413	0.8438	0.8461	0.8485	0.8508	0.8531	0.8554	0.8577	0.8599	0.8621
1.1	0.8643	0.8665	0.8686	0.8708	0.8729	0.8749	0.8770	0.8790	0.8810	0.8830
1.2	0.8849	0.8869	0.8888	0.8907	0.8925	0.8944	0.8962	0.8980	0.8997	0.9015
1.3	0.9032	0.9049	0.9066	0.9082	0.9099	0.9115	0.9131	0.9147	0.9162	0.9177
1.4	0.9192	0.9207	0.9222	0.9236	0.9251	0.9265	0.9278	0.9292	0.9306	0.9319
1.5	0.9332	0.9345	0.9357	0.9370	0.9382	0.9394	0.9406	0.9418	0.9430	0.9441
1.6	0.9452	0.9463	0.9474	0.9484	0.9495	0.9505	0.9515	0.9525	0.9535	0.9545
1.7	0.9554	0.9564	0.9573	0.9582	0.9591	0.9599	0.9608	0.9616	0.9625	0.9633
1.8	0.9641	0.9648	0.9656	0.9664	0.9671	0.9678	0.9686	0.9693	0.9700	0.9706
1.9	0.9713	0.9719	0.9726	0.9732	0.9738	0.9744	0.9750	0.9756	0.9762	0.9767
2.0	0.9772	0.9778	0.9783	0.9788	0.9793	0.9798	0.9803	0.9808	0.9812	0.9817
2.1	0.9821	0.9826	0.9830	0.9834	0.9838	0.9842	0.9846	0.9850	0.9854	0.9857
2.2	0.9861	0.9864	0.9868	0.9871	0.9874	0.9878	0.9881	0.9884	0.9887	0.9890
2.3	0.9893	0.9896	0.9898	0.9901	0.9904	0.9906	0.9909	0.9911	0.9913	0.9916
2.4	0.9918	0.9920	0.9922	0.9925	0.9927	0.9929	0.9931	0.9932	0.9934	0.9936
2.5	0.9938	0.9940	0.9941	0.9943	0.9945	0.9946	0.9948	0.9949	0.9951	0.9952
2.6	0.9953	0.9955	0.9956	0.9957	0.9959	0.9960	0.9961	0.9962	0.9963	0.9964
2.7	0.9965	0.9966	0.9967	0.9968	0.9969	0.9970	0.9971	0.9972	0.9973	0.9974
2.8	0.9974	0.9975	0.9976	0.9977	0.9977	0.9978	0.9979	0.9979	0.9980	0.9981
2.9	0.9981	0.9982	0.9982	0.9983	0.9984	0.9984	0.9985	0.9985	0.9986	0.9986
3.0	0.9987	0.9990	0.9993	0.9995	0.9997	0.9998	0.9998	0.9999	0.9999	1.0000

注：表中末行系函数值 $\Phi(3.0),\Phi(3.1),\cdots,\Phi(3.9)$.

附表 2 泊松分布表

$$1-F(x-1)=\sum_{r=x}^{\infty}\frac{e^{-\lambda}\lambda^{r}}{r!}\quad\left(F(x)=\sum_{r=0}^{x}\frac{e^{-\lambda}\lambda^{r}}{r!}\right)$$

x	$\lambda=0.2$	$\lambda=0.3$	$\lambda=0.4$	$\lambda=0.5$	$\lambda=0.6$
0	1.000 000 0	1.000 000 0	1.000 000 0	1.000 000 0	1.000 000 0
1	0.181 269 2	0.259 181 8	0.329 680 0	0.323 469	0.451 188
2	0.017 523 1	0.036 936 3	0.061 551 9	0.090 204	0.121 901
3	0.001 148 5	0.003 599 5	0.007 926 3	0.014 388	0.023 115
4	0.000 056 8	0.000 265 8	0.000 776 3	0.001 752	0.003 358
5	0.000 002 3	0.000 015 8	0.000 061 2	0.000 172	0.000 394
6	0.000 000 1	0.000 000 8	0.000 004 0	0.000 014	0.000 039
7			0.000 000 2	0.000 001	0.000 003

x	$\lambda=0.7$	$\lambda=0.8$	$\lambda=0.9$	$\lambda=1.0$	$\lambda=1.2$
0	1.000 000	1.000 000	1.000 000	1.000 000	1.000 000
1	0.503 415	0.550 671	0.593 430	0.632 121	0.698 806
2	0.155 805	0.191 208	0.227 518	0.264 241	0.337 373
3	0.034 142	0.047 423	0.062 857	0.080 301	0.120 513
4	0.005 753	0.009 080	0.013 459	0.018 988	0.033 769
5	0.000 786	0.001 411	0.002 344	0.003 660	0.007 746
6	0.000 090	0.000 184	0.000 343	0.000 594	0.001 500
7	0.000 009	0.000 021	0.000 043	0.000 083	0.000 251
8	0.000 001	0.000 002	0.000 005	0.000 010	0.000 037
9				0.000 001	0.000 005
10					0.000 001

x	$\lambda=1.4$	$\lambda=1.6$	$\lambda=1.8$	$\lambda=2.0$	$\lambda=2.2$
0	1.000 000	1.000 000	1.000 000	1.000 000	1.000 000
1	0.753 403	0.798 103	0.834 701	0.864 665	0.889 197
2	0.408 167	0.475 069	0.537 163	0.593 994	0.645 430
3	0.166 502	0.216 642	0.269 379	0.323 324	0.377 286
4	0.053 725	0.078 813	0.108 708	0.142 877	0.180 648
5	0.014 253	0.023 682	0.036 407	0.052 653	0.072 496
6	0.003 201	0.006 040	0.010 378	0.016 564	0.024 910
7	0.000 622	0.001 336	0.002 569	0.004 534	0.007 461
8	0.000 107	0.000 260	0.000 562	0.001 097	0.001 978
9	0.000 016	0.000 045	0.000 110	0.000 237	0.000 470
10	0.000 002	0.000 007	0.000 019	0.000 046	0.000 101
11		0.000 001	0.000 003	0.000 008	0.000 020

x	$\lambda=2.5$	$\lambda=3.0$	$\lambda=3.5$	$\lambda=4.0$	$\lambda=4.5$	$\lambda=5.0$
0	1.000 000	1.000 000	1.000 000	1.000 000	1.000 000	1.000 000
1	0.917 915	0.950 213	0.969 803	0.981 684	0.988 891	0.993 262
2	0.712 703	0.800 852	0.864 112	0.908 422	0.938 901	0.959 572
3	0.456 187	0.576 810	0.679 153	0.761 897	0.826 422	0.875 348
4	0.242 424	0.352 768	0.463 367	0.566 530	0.657 704	0.734 974
5	0.108 822	0.184 737	0.274 555	0.371 163	0.467 896	0.559 507
6	0.042 021	0.083 918	0.142 386	0.214 870	0.297 070	0.384 039
7	0.014 187	0.033 509	0.065 288	0.110 674	0.168 949	0.237 817
8	0.004 247	0.011 905	0.026 739	0.051 134	0.086 586	0.133 372
9	0.001 140	0.003 803	0.009 874	0.021 363	0.040 257	0.068 094
10	0.000 277	0.001 102	0.003 315	0.008 132	0.017 093	0.031 828
11	0.000 062	0.000 292	0.001 019	0.002 840	0.006 669	0.013 695
12	0.000 013	0.000 071	0.000 289	0.000 915	0.002 404	0.005 453
13	0.000 002	0.000 016	0.000 076	0.000 274	0.000 805	0.002 019
14		0.000 003	0.000 019	0.000 076	0.000 252	0.000 698
15		0.000 001	0.000 004	0.000 020	0.000 074	0.000 226
16			0.000 001	0.000 005	0.000 020	0.000 069
17				0.000 001	0.000 005	0.000 020
18					0.000 001	0.000 005
19						0.000 001

附表 3　t 分布表

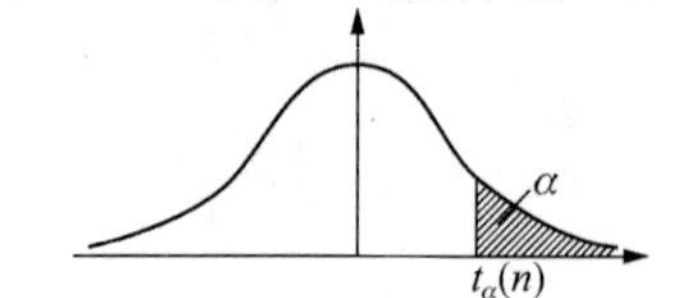

$$P\{T \geqslant t_{\alpha}(n)\} = \alpha$$

n \ α	0.25	0.10	0.05	0.025	0.01	0.005
1	1.0000	3.0777	6.3138	12.7062	31.8207	63.6574
2	0.8165	1.8856	2.9200	4.3027	6.9646	9.9248
3	0.7649	1.6377	2.3534	3.1824	4.5407	5.8409
4	0.7407	1.5332	2.1318	2.7764	3.7469	4.6041
5	0.7267	1.4759	2.0150	2.5706	3.3649	4.0322
6	0.7176	1.4398	1.9432	2.4469	3.1427	3.7074
7	0.7111	1.4149	1.8946	2.3646	2.9980	3.4995
8	0.7064	1.3968	1.8595	2.3060	2.8965	3.3554
9	0.7027	1.3830	1.8331	2.2622	2.8214	3.2498
10	0.6998	1.3722	1.8125	2.2281	2.7638	3.1693
11	0.6974	1.3634	1.7959	2.2010	2.7181	3.1058
12	0.6955	1.3562	1.7823	2.1788	2.6810	3.0545
13	0.6938	1.3502	1.7709	2.1604	2.6503	3.0123
14	0.6924	1.3450	1.7613	2.1448	2.6245	2.9768
15	0.6912	1.3406	1.7531	2.1315	2.6025	2.9467
16	0.6901	1.3368	1.7459	2.1199	2.5835	2.9208
17	0.6892	1.3334	1.7396	2.1098	2.5669	2.8982
18	0.6884	1.3304	1.7341	2.1009	2.5524	2.8784
19	0.6876	1.3277	1.7291	2.0930	2.5395	2.8609
20	0.6870	1.3253	1.7247	2.0860	2.5280	2.8453
21	0.6864	1.3232	1.7207	2.0796	2.5177	2.8314
22	0.6858	1.3212	1.7171	2.0739	2.5083	2.8188
23	0.6853	1.3195	1.7139	2.0687	2.4999	2.8073
24	0.6848	1.3178	1.7109	2.0639	2.4922	2.7969
25	0.6844	1.3163	1.7081	2.0595	2.4851	2.7874
26	0.6840	1.3150	1.7056	2.0555	2.4786	2.7787
27	0.6837	1.3137	1.7033	2.0518	2.4727	2.7707
28	0.6834	1.3125	1.7011	2.0484	2.4671	2.7633
29	0.6830	1.3114	1.6991	2.0452	2.4620	2.7564
30	0.6828	1.3104	1.6973	2.0423	2.4573	2.7500
31	0.6825	1.3095	1.6955	2.0395	2.4528	2.7440
32	0.6822	1.3086	1.6939	2.0369	2.4487	2.7385
33	0.6820	1.3077	1.6924	2.0345	2.4448	2.7333
34	0.6818	1.3070	1.6909	2.0322	2.4411	2.7284
35	0.6816	1.3062	1.6896	2.0301	2.4377	2.7238
36	0.6814	1.3055	1.6883	2.0281	2.4345	2.7195
37	0.6812	1.3049	1.6871	2.0262	2.4314	2.7154
38	0.6810	1.3042	1.6860	2.0244	2.4286	2.7116
39	0.6808	1.3036	1.6849	2.0227	2.4258	2.7079
40	0.6807	1.3031	1.6839	2.0211	2.4233	2.7045
41	0.6805	1.3025	1.6829	2.0195	2.4208	2.7012
42	0.6804	1.3020	1.6820	2.0181	2.4185	2.6981
43	0.6802	1.3016	1.6811	2.0167	2.4163	2.6951
44	0.6801	1.3011	1.6802	2.0154	2.4141	2.6923
45	0.6800	1.3006	1.6794	2.0141	2.4121	2.6896

附表 4　χ^2 分布表

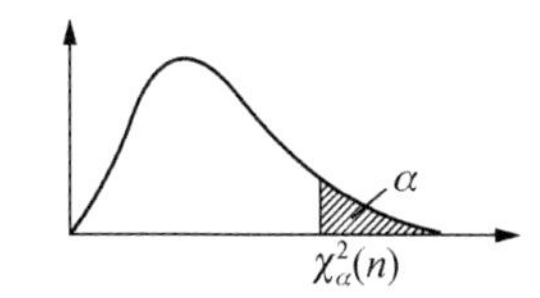

$$P\{\chi^2 \geqslant \chi_\alpha^2(n)\} = \alpha$$

n \ α	0.995	0.99	0.975	0.95	0.90	0.75
1	—	—	0.001	0.004	0.016	0.102
2	0.010	0.020	0.051	0.103	0.211	0.575
3	0.072	0.115	0.216	0.352	0.584	1.213
4	0.207	0.297	0.484	0.711	1.064	1.923
5	0.412	0.554	0.831	1.145	1.610	2.675
6	0.676	0.872	1.237	1.635	2.204	3.455
7	0.989	1.239	1.690	2.167	2.833	4.255
8	1.344	1.646	2.180	2.733	3.490	5.071
9	1.735	2.088	2.700	3.325	4.168	5.899
10	2.156	2.558	3.247	3.940	4.865	6.737
11	2.603	3.053	3.816	4.575	5.578	7.584
12	3.074	3.571	4.404	5.226	6.304	8.438
13	3.565	4.107	5.009	5.892	7.042	9.299
14	4.075	4.660	5.629	6.571	7.790	10.165
15	4.601	5.229	6.262	7.261	8.547	11.037
16	5.142	5.812	6.908	7.962	9.312	11.912
17	5.697	6.408	7.564	8.672	10.085	12.792
18	6.265	7.015	8.231	9.390	10.865	13.675
19	6.844	7.633	8.907	10.117	11.651	14.562
20	7.434	8.260	9.591	10.851	12.443	15.452
21	8.034	8.897	10.283	11.591	13.240	16.344
22	8.643	9.542	10.982	12.338	14.042	17.240
23	9.260	10.196	11.689	13.091	14.848	18.137
24	9.886	10.856	12.401	13.848	15.659	19.037
25	10.520	11.524	13.120	14.611	16.473	19.939
26	11.160	12.198	13.844	15.379	17.292	20.843
27	11.808	12.879	14.573	16.151	18.114	21.749
28	12.461	13.565	15.308	16.928	18.939	22.657
29	13.121	14.257	16.047	17.708	19.768	23.567
30	13.787	14.954	16.791	18.493	20.599	24.478
31	14.458	15.655	17.539	19.281	21.434	25.390
32	15.134	16.362	18.291	20.072	22.271	26.304
33	15.815	17.074	19.047	20.867	23.110	27.219
34	16.501	17.789	19.806	21.664	23.952	28.136
35	17.192	18.509	20.569	22.465	24.797	29.054
36	17.887	19.233	21.336	23.269	25.643	29.973
37	18.586	19.960	22.106	24.075	26.492	30.893
38	19.289	20.691	22.878	24.884	27.343	31.815
39	19.996	21.426	23.654	25.695	28.196	32.737
40	20.707	22.164	24.433	26.509	29.051	33.660
41	21.421	22.906	25.215	27.326	29.907	34.585
42	22.138	23.650	25.999	28.144	30.765	35.510
43	22.859	24.398	26.785	28.965	31.625	36.436
44	23.584	25.148	27.575	29.787	32.487	37.363
45	24.311	25.901	28.366	30.612	33.350	38.291

续表

n \ α	0.25	0.10	0.05	0.025	0.01	0.005
1	1.323	2.706	3.841	5.024	6.635	7.879
2	2.773	4.605	5.991	7.378	9.210	10.597
3	4.108	6.251	7.815	9.348	11.345	12.838
4	5.385	7.779	9.488	11.143	13.277	14.860
5	6.626	9.236	11.071	12.833	15.086	16.750
6	7.841	10.645	12.592	14.449	16.812	18.548
7	9.037	12.017	14.067	16.013	18.475	20.278
8	10.219	13.362	15.507	17.535	20.090	21.955
9	11.389	14.684	16.919	19.023	21.666	23.589
10	12.549	15.987	18.307	20.483	23.209	25.188
11	13.701	17.275	19.675	21.920	24.725	26.757
12	14.845	18.549	21.026	23.337	26.217	28.299
13	15.984	19.812	22.362	24.736	27.688	29.819
14	17.117	21.064	23.685	26.119	29.141	31.319
15	18.245	22.307	24.996	27.488	30.578	32.801
16	19.369	23.542	26.296	28.845	32.000	34.267
17	20.489	24.769	27.587	30.191	33.409	35.718
18	21.605	25.989	28.869	31.526	34.805	37.156
19	22.718	27.204	30.144	32.852	36.191	38.582
20	23.828	28.412	31.410	34.170	37.566	39.997
21	24.935	29.615	32.671	35.479	38.932	41.401
22	26.039	30.813	33.924	36.781	40.289	42.796
23	27.141	32.007	35.172	38.076	41.638	44.181
24	28.241	33.196	36.415	39.364	42.980	45.559
25	29.339	34.382	37.652	40.646	44.314	46.928
26	30.435	35.563	38.885	41.923	45.642	48.290
27	31.528	36.741	40.113	43.194	46.963	49.645
28	32.620	37.916	41.337	44.461	48.278	50.993
29	33.711	39.087	42.557	45.722	49.588	52.336
30	34.800	40.256	43.773	46.979	50.892	53.672
31	35.887	41.422	44.985	48.232	52.191	55.003
32	36.973	42.585	46.194	49.480	53.486	56.328
33	38.058	43.745	47.400	50.725	54.776	57.648
34	39.141	44.903	48.602	51.966	56.061	58.964
35	40.223	46.059	49.802	53.203	57.342	60.275
36	41.304	47.212	50.998	54.437	58.619	61.581
37	42.383	48.363	52.192	55.668	59.892	62.883
38	43.462	49.513	53.384	56.896	61.162	64.181
39	44.539	50.660	54.572	58.120	62.428	65.476
40	45.616	51.805	55.758	59.342	63.691	66.766
41	46.692	52.949	56.942	60.561	64.950	68.053
42	47.766	54.090	58.124	61.777	66.206	69.336
43	48.840	55.230	59.304	62.990	67.459	70.616
44	49.913	56.369	60.481	64.201	68.710	71.893
45	50.985	57.505	61.656	65.410	69.957	73.166

附表 5　F 分布表

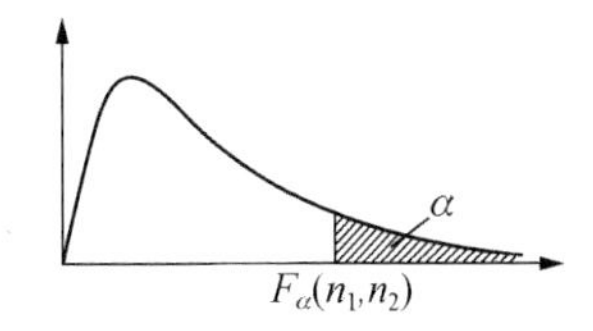

$$P\{F>F_\alpha(n_1,n_2)\}=\alpha$$

$\alpha=0.10$

n_2 \ n_1	1	2	3	4	5	6	7	8	9	10	12	15	20	24	30	40	60	120	∞
1	39.86	49.50	53.59	55.83	57.24	58.20	58.91	59.44	59.86	60.19	60.71	61.22	61.74	62.00	62.26	62.53	62.79	63.00	63.33
2	8.53	9.00	9.16	9.24	9.29	9.33	9.35	9.37	9.38	9.39	9.41	9.42	9.44	9.45	9.46	9.47	9.47	9.48	9.49
3	5.54	5.46	5.39	5.34	5.31	5.28	5.27	5.25	5.24	5.23	5.22	5.20	5.18	5.18	5.17	5.16	5.15	5.14	5.13
4	4.54	4.32	4.19	4.11	4.05	4.01	3.98	3.95	3.94	3.92	3.90	3.87	3.84	3.83	3.82	3.80	3.79	3.78	3.76
5	4.06	3.78	3.62	3.52	3.45	3.40	3.37	3.34	3.32	3.30	3.27	3.24	3.21	3.19	3.17	3.16	3.14	3.12	3.10
6	3.78	3.46	3.29	3.18	3.11	3.05	3.01	2.98	2.96	2.94	2.90	2.87	2.84	2.82	2.80	2.78	2.76	2.74	2.72
7	3.59	3.26	3.07	2.96	2.88	2.83	2.78	2.75	2.72	2.70	2.67	2.63	2.59	2.58	2.56	2.54	2.51	2.49	2.47
8	3.46	3.11	2.92	2.81	2.73	2.67	2.62	2.59	2.56	2.54	2.50	2.46	2.42	2.40	2.38	2.36	2.34	2.32	2.29
9	3.36	3.01	2.81	2.69	2.61	2.55	2.51	2.47	2.44	2.42	2.38	2.34	2.30	2.28	2.25	2.23	2.21	2.18	2.16
10	3.29	2.92	2.73	2.61	2.52	2.46	2.41	2.38	2.35	2.32	2.28	2.24	2.20	2.18	2.16	2.13	2.11	2.08	2.06
11	3.23	2.86	2.66	2.54	2.45	2.39	2.34	2.30	2.27	2.25	2.21	2.17	2.12	2.10	2.08	2.05	2.03	2.00	1.97
12	3.18	2.81	2.61	2.48	2.39	2.33	2.28	2.24	2.21	2.19	2.15	2.10	2.06	2.04	2.01	1.99	1.96	1.93	1.90
13	3.14	2.76	2.56	2.43	2.35	2.28	2.23	2.20	2.16	2.14	2.10	2.05	2.01	1.98	1.96	1.93	1.90	1.88	1.85
14	3.10	2.73	2.52	2.39	2.31	2.24	2.19	2.15	2.12	2.10	2.05	2.01	1.96	1.94	1.91	1.89	1.86	1.83	1.80
15	3.07	2.70	2.49	2.36	2.27	2.21	2.16	2.12	2.09	2.06	2.02	1.97	1.92	1.90	1.87	1.85	1.82	1.79	1.76
16	3.05	2.67	2.46	2.33	2.24	2.18	2.13	2.09	2.06	2.03	1.99	1.94	1.89	1.87	1.84	1.81	1.78	1.75	1.72
17	3.03	2.64	2.44	2.31	2.22	2.15	2.10	2.06	2.03	2.00	1.96	1.91	1.86	1.84	1.81	1.78	1.75	1.72	1.69
18	3.01	2.62	2.42	2.29	2.20	2.13	2.08	2.04	2.00	1.98	1.93	1.89	1.84	1.81	1.78	1.75	1.72	1.69	1.66
19	2.99	2.61	2.40	2.27	2.18	2.11	2.06	2.02	1.98	1.90	1.91	1.86	1.81	1.79	1.76	1.73	1.70	1.67	1.63
20	2.97	2.59	2.38	2.25	2.16	2.09	2.04	2.00	1.96	1.94	1.89	1.84	1.79	1.77	1.74	1.71	1.68	1.64	1.61
21	2.96	2.57	2.36	2.23	2.14	2.08	2.02	1.98	1.95	1.92	1.87	1.83	1.78	1.75	1.72	1.69	1.66	1.62	1.59
22	2.95	2.56	2.35	2.22	2.13	2.06	2.01	1.97	1.93	1.90	1.86	1.81	1.76	1.73	1.70	1.67	1.64	1.60	1.57
23	2.94	2.55	2.34	2.21	2.11	2.05	1.99	1.95	1.92	1.89	1.84	1.80	1.74	1.72	1.69	1.66	1.62	1.59	1.55
24	2.93	2.54	2.33	2.19	2.10	2.04	1.98	1.94	1.91	1.88	1.83	1.78	1.73	1.70	1.67	1.64	1.61	1.57	1.53
25	2.92	2.53	2.32	2.18	2.09	2.02	1.97	1.93	1.89	1.87	1.82	1.77	1.72	1.69	1.66	1.63	1.59	1.56	1.52
26	2.91	2.52	2.31	2.17	2.08	2.01	1.96	1.92	1.88	1.86	1.81	1.76	1.71	1.68	1.65	1.61	1.58	1.54	1.50
27	2.90	2.51	2.30	2.17	2.07	2.00	1.95	1.91	1.87	1.85	1.80	1.75	1.70	1.67	1.64	1.60	1.57	1.53	1.49
28	2.89	2.50	2.29	2.16	2.06	2.00	1.94	1.90	1.87	1.84	1.79	1.74	1.69	1.66	1.63	1.59	1.56	1.52	1.48
29	2.89	2.50	2.28	2.15	2.06	1.99	1.93	1.89	1.86	1.83	1.78	1.73	1.68	1.65	1.62	1.58	1.55	1.51	1.47
30	2.88	2.49	2.28	2.14	2.05	1.98	1.93	1.88	1.85	1.82	1.77	1.72	1.67	1.64	1.61	1.57	1.54	1.50	1.46
40	2.84	2.44	2.23	2.09	2.00	1.93	1.87	1.83	1.79	1.76	1.71	1.66	1.61	1.57	1.54	1.51	1.47	1.42	1.38
60	2.79	2.39	2.18	2.04	1.95	1.87	1.82	1.77	1.74	1.71	1.66	1.60	1.54	1.51	1.48	1.44	1.40	1.35	1.29
120	2.75	2.35	2.13	1.99	1.90	1.82	1.77	1.72	1.68	1.65	1.60	1.55	1.48	1.45	1.41	1.37	1.32	1.26	1.19
∞	2.71	2.30	2.08	1.94	1.85	1.77	1.72	1.67	1.63	1.60	1.55	1.49	1.42	1.38	1.34	1.30	1.24	1.17	1.00

$\alpha=0.05$ 续表

n_2 \ n_1	1	2	3	4	5	6	7	8	9	10	12	15	20	24	30	40	60	120	∞
1	161.4	199.5	215.7	224.6	230.2	234.0	236.8	238.9	240.5	241.9	243.9	245.9	248.0	249.1	250.1	251.1	252.2	253.3	254.3
2	18.51	19.00	19.16	19.25	19.30	19.33	19.35	19.37	19.38	19.40	19.41	19.43	19.45	19.45	19.46	19.47	19.48	19.49	19.50
3	10.13	9.55	9.28	9.12	9.01	8.94	8.89	8.85	8.81	8.79	8.74	8.70	8.66	8.64	8.62	8.59	8.57	8.55	8.53
4	7.71	6.94	6.59	6.39	6.26	6.16	6.09	6.04	6.00	5.96	5.91	5.86	5.80	5.77	5.75	5.72	5.69	5.66	5.63
5	6.61	5.79	5.41	5.19	5.05	4.95	4.88	4.82	4.77	4.74	4.68	4.62	4.56	4.53	4.50	4.46	4.43	4.40	4.36
6	5.99	5.14	4.76	4.53	4.39	4.28	4.21	4.15	4.10	4.06	4.00	3.94	3.87	3.84	3.81	3.77	3.74	3.70	3.67
7	5.59	4.74	4.35	4.12	3.97	3.87	3.79	3.73	3.68	3.64	3.57	3.51	3.44	3.41	3.38	3.34	3.30	3.27	3.23
8	5.32	4.46	4.07	3.84	3.69	3.58	3.50	3.44	3.39	3.35	3.28	3.22	3.15	3.12	3.08	3.04	3.01	2.97	2.93
9	5.12	4.26	3.86	3.63	3.48	3.37	3.29	3.23	3.18	3.14	3.07	3.01	2.94	2.90	2.86	2.83	2.79	2.75	2.71
10	4.96	4.10	3.71	3.48	3.33	3.22	3.14	3.07	3.02	2.98	2.91	2.85	2.77	2.74	2.70	2.66	2.62	2.58	2.54
11	4.84	3.98	3.59	3.36	3.20	3.09	3.01	2.95	2.90	2.85	2.79	2.72	2.65	2.61	2.57	2.53	2.49	2.45	2.40
12	4.75	3.89	3.49	3.26	3.11	3.00	2.91	2.85	2.80	2.75	2.69	2.62	2.54	2.51	2.47	2.43	2.38	2.34	2.30
13	4.67	3.81	3.41	3.18	3.03	2.92	2.83	2.77	2.71	2.67	2.60	2.53	2.46	2.42	2.38	2.34	2.30	2.25	2.21
14	4.60	3.74	3.34	3.11	2.96	2.85	2.76	2.70	2.65	2.60	2.53	2.46	2.39	2.35	2.31	2.27	2.22	2.18	2.13
15	4.54	3.68	3.29	3.06	2.90	2.79	2.71	2.64	2.59	2.54	2.48	2.40	2.33	2.29	2.25	2.20	2.16	2.11	2.07
16	4.49	3.63	3.24	3.01	2.85	2.74	2.66	2.59	2.54	2.49	2.42	2.35	2.28	2.24	2.19	2.15	2.11	2.06	2.01
17	4.45	3.59	3.20	2.96	2.81	2.70	2.61	2.55	2.49	2.45	2.38	2.31	2.23	2.19	2.15	2.10	2.06	2.01	1.96
18	4.41	3.55	3.16	2.93	2.77	2.66	2.58	2.51	2.46	2.41	2.34	2.27	2.19	2.15	2.11	2.06	2.02	1.97	1.92
19	4.38	3.52	3.13	2.90	2.74	2.63	2.54	2.48	2.42	2.38	2.31	2.23	2.16	2.11	2.07	2.03	1.98	1.93	1.88
20	4.35	3.49	3.10	2.87	2.71	2.60	2.51	2.45	2.39	2.35	2.28	2.20	2.12	2.08	2.04	1.99	1.95	1.90	1.84
21	4.32	3.47	3.07	2.84	2.68	2.57	2.49	2.42	2.37	2.32	2.25	2.18	2.10	2.05	2.01	1.96	1.92	1.87	1.81
22	4.30	3.44	3.05	2.82	2.66	2.55	2.46	2.40	2.34	2.30	2.23	2.15	2.07	2.03	1.98	1.94	1.89	1.84	1.78
23	4.28	3.42	3.03	2.80	2.64	2.53	2.44	2.37	2.32	2.27	2.20	2.13	2.05	2.01	1.96	1.91	1.86	1.81	1.76
24	4.26	3.40	3.01	2.78	2.62	2.51	2.42	2.36	2.30	2.25	2.18	2.11	2.03	1.98	1.94	1.89	1.84	1.79	1.73
25	4.24	3.39	2.99	2.76	2.60	2.49	2.40	2.34	2.28	2.24	2.16	2.09	2.01	1.96	1.92	1.87	1.82	1.77	1.71
26	4.23	3.37	2.98	2.74	2.59	2.47	2.39	2.32	2.27	2.22	2.15	2.07	1.99	1.95	1.90	1.85	1.80	1.75	1.69
27	4.21	3.35	2.96	2.73	2.57	2.46	2.37	2.31	2.25	2.20	2.13	2.06	1.97	1.93	1.88	1.84	1.79	1.73	1.67
28	4.20	3.34	2.95	2.71	2.56	2.45	2.36	2.29	2.24	2.19	2.12	2.04	1.96	1.91	1.87	1.82	1.77	1.71	1.65
29	4.18	3.33	2.93	2.70	2.55	2.43	2.35	2.28	2.22	2.18	2.10	2.03	1.94	1.90	1.85	1.81	1.75	1.70	1.64
30	4.17	3.32	2.92	2.69	2.53	2.42	2.33	2.27	2.21	2.16	2.09	2.01	1.93	1.89	1.84	1.79	1.74	1.68	1.62
40	4.08	3.23	2.84	2.61	2.45	2.34	2.25	2.18	2.12	2.08	2.00	1.92	1.84	1.79	1.74	1.69	1.64	1.58	1.51
60	4.00	3.15	2.76	2.53	2.37	2.25	2.17	2.10	2.04	1.99	1.92	1.84	1.75	1.70	1.65	1.59	1.53	1.47	1.39
120	3.92	3.07	2.68	2.45	2.29	2.17	2.09	2.02	1.96	1.91	1.83	1.75	1.66	1.61	1.55	1.50	1.43	1.35	1.25
∞	3.84	3.00	2.60	2.37	2.21	2.10	2.01	1.94	1.88	1.83	1.75	1.67	1.57	1.52	1.46	1.39	1.32	1.22	1.00

$\alpha=0.025$　　续表

n_2 \ n_1	1	2	3	4	5	6	7	8	9	10	12	15	20	24	30	40	60	120	∞
1	647.8	799.5	864.2	899.6	921.8	937.1	948.2	956.7	963.3	968.6	976.7	984.9	993.1	997.2	1001	1006	1010	1014	1018
2	38.51	39.00	39.17	39.25	39.30	39.33	39.36	39.37	39.39	39.40	39.41	39.43	39.45	39.46	39.46	39.47	39.48	39.49	39.50
3	17.44	16.04	15.44	15.10	14.88	14.73	14.62	14.54	14.47	14.42	14.34	14.25	14.17	14.12	14.08	14.04	13.99	13.95	13.90
4	12.22	10.65	9.98	9.60	9.36	9.20	9.07	8.98	8.90	8.84	8.75	8.66	8.56	8.51	8.46	8.41	8.36	8.31	8.26
5	10.01	8.43	7.76	7.39	7.15	6.98	6.85	6.76	6.68	6.62	6.52	6.43	6.33	6.28	6.23	6.18	6.12	6.07	6.02
6	8.81	7.26	6.60	6.23	5.99	5.82	5.70	5.60	5.52	5.46	5.37	5.27	5.17	5.12	5.07	5.01	4.96	4.90	4.85
7	8.07	6.54	5.89	5.52	5.29	5.12	4.99	4.90	4.82	4.76	4.67	4.57	4.47	4.42	4.36	4.31	4.25	4.20	4.14
8	7.57	6.06	5.42	5.05	4.82	4.65	4.53	4.43	4.36	4.30	4.20	4.10	4.00	3.95	3.89	3.84	3.78	3.73	3.67
9	7.21	5.71	5.08	4.72	4.48	4.32	4.20	4.10	4.03	3.96	3.87	3.77	3.67	3.61	3.56	3.51	3.45	3.39	3.33
10	6.94	5.46	4.83	4.47	4.24	4.07	3.95	3.85	3.78	3.72	3.62	3.52	3.42	3.37	3.31	3.26	3.20	3.14	3.08
11	6.72	5.26	4.63	4.28	4.04	3.88	3.76	3.66	3.59	3.53	3.43	3.33	3.23	3.17	3.12	3.06	3.00	2.94	2.88
12	6.55	5.10	4.47	4.12	3.89	3.73	3.61	3.51	3.44	3.37	3.28	3.18	3.07	3.02	2.96	2.91	2.85	2.79	2.72
13	6.41	4.97	4.35	4.00	3.77	3.60	3.48	3.39	3.31	3.25	3.15	3.05	2.95	2.89	2.84	2.78	2.72	2.66	2.60
14	6.30	4.86	4.24	3.89	3.66	3.50	3.38	3.29	3.21	3.15	3.05	2.95	2.84	2.79	2.73	2.67	2.61	2.55	2.49
15	6.20	4.77	4.15	3.80	3.58	3.41	3.29	3.20	3.12	3.06	2.96	2.86	2.76	2.70	2.64	2.59	2.52	2.46	2.40
16	6.12	4.69	4.08	3.73	3.50	3.34	3.22	3.12	3.05	2.99	2.89	2.79	2.68	2.63	2.57	2.51	2.45	2.38	2.32
17	6.04	4.62	4.01	3.66	3.44	3.28	3.16	3.06	2.98	2.92	2.82	2.72	2.62	2.56	2.50	2.44	2.38	2.32	2.25
18	5.98	4.56	3.95	3.61	3.38	3.22	3.10	3.01	2.93	2.87	2.77	2.67	2.56	2.50	2.44	2.38	2.32	2.26	2.19
19	5.92	4.51	3.90	3.56	3.33	3.17	3.05	2.96	2.88	2.82	2.72	2.62	2.51	2.45	2.39	2.33	2.27	2.20	2.13
20	5.87	4.46	3.86	3.51	3.29	3.13	3.01	2.91	2.84	2.77	2.68	2.57	2.46	2.41	2.35	2.29	2.22	2.16	2.09
21	5.83	4.42	3.82	3.48	3.25	3.09	2.97	2.87	2.80	2.73	2.64	2.53	2.42	2.37	2.31	2.25	2.18	2.11	2.04
22	5.79	4.38	3.78	3.44	3.22	3.05	2.93	2.84	2.76	2.70	2.60	2.50	2.39	2.33	2.27	2.21	2.14	2.08	2.00
23	5.75	4.35	3.75	3.41	3.18	3.02	2.90	2.81	2.73	2.67	2.57	2.47	2.36	2.30	2.24	2.18	2.11	2.04	1.97
24	5.72	4.32	3.72	3.38	3.15	2.99	2.87	2.78	2.70	2.64	2.54	2.44	2.33	2.27	2.21	2.15	2.08	2.01	1.94
25	5.69	4.29	3.69	3.35	3.13	2.97	2.85	2.75	2.68	2.61	2.51	2.41	2.30	2.24	2.18	2.12	2.05	1.98	1.91
26	5.66	4.27	3.67	3.33	3.10	2.94	2.82	2.73	2.65	2.59	2.49	2.39	2.28	2.22	2.16	2.09	2.03	1.95	1.88
27	5.63	4.24	3.65	3.31	3.08	2.92	2.80	2.71	2.63	2.57	2.47	2.36	2.25	2.19	2.13	2.07	2.00	1.93	1.85
28	5.61	4.22	3.63	3.29	3.06	2.90	2.78	2.69	2.61	2.55	2.45	2.34	2.23	2.17	2.11	2.05	1.98	1.91	1.83
29	5.59	4.20	3.61	3.27	3.04	2.88	2.76	2.67	2.59	2.53	2.43	2.32	2.21	2.15	2.09	2.03	1.96	1.89	1.81
30	5.57	4.18	3.59	3.25	3.03	2.87	2.75	2.65	2.57	2.51	2.41	2.31	2.20	2.14	2.07	2.01	1.94	1.87	1.79
40	5.42	4.05	3.46	3.13	2.90	2.74	2.62	2.53	2.45	2.39	2.29	2.18	2.07	2.01	1.94	1.88	1.80	1.72	1.64
60	5.29	3.93	3.34	3.01	2.79	2.63	2.51	2.41	2.33	2.27	2.17	2.06	1.94	1.88	1.82	1.74	1.67	1.58	1.48
120	5.15	3.80	3.23	2.89	2.67	2.52	2.39	2.30	2.22	2.16	2.05	1.94	1.82	1.76	1.69	1.61	1.53	1.43	1.31
∞	5.02	3.69	3.12	2.79	2.57	2.41	2.29	2.19	2.11	2.05	1.94	1.83	1.71	1.64	1.57	1.48	1.39	1.27	1.00

参考文献

1. 盛骤，谢式千，潘承毅. 概率论与数理统计. 第 3 版. 北京：高等教育出版社，2003.
2. 复旦大学. 概率论（第一册：概率论基础）. 北京：人民教育出版社，1979.
3. 李贤平. 概率论基础. 北京：高等教育出版社，1997.
4. 陈希孺. 概率论与数理统计. 合肥：中国科学技术大学出版社，2009.
5. 叶中行，杜之韩，等. 概率论与数理统计. 北京：科学出版社，2002.
6. 龙永红. 概率论与数理统计. 北京：高等教育出版社，2004.
7. 魏宗舒，等. 概率论与数理统计. 北京：高等教育出版社，1996.
8. 贾俊平，何晓群，金勇进. 统计学. 北京：中国人民大学出版社，2001.
9. 何晓群，刘文卿. 应用回归分析. 北京：中国人民大学出版社，2002.
10. 滕素珍，冯敬海. 数理统计学. 大连：大连理工大学出版社，2005.
11. 华东师范大学数学系. 概率论与数理统计习题集. 北京：人民教育出版社，1982.